中央研究院叢書

金三角國軍血淚史

（1950-1981）

覃怡輝　著

中央研究院
聯經出版公司

再版序

　　拙作的寫作，乃是採用論文的模式來撰寫而成。所謂論文的寫作模式，就是由作者先提出所要研究的問題，然後以此問題為研究的焦點，而去尋找或蒐集研究所需要的資料，加以整理和分析，最後找出該問題的答案。在這本書中，筆者一共提出了八個相關性的問題（見導論第3節），找出了答案之後，再依一個自然的順序，將它們按章節連續的撰寫出來，而完成了這本書。這樣的一種寫書方式，它先天就隱藏著一個缺陷，任何重要的課題，如果開始時未被列入問題之中，以後就會被本書所忽略、遺漏，而發生遺珠之憾。例如，本書名為《金三角國軍血淚史》，因金三角本身即為鴉片或毒品的代名詞，而本書居然未將「鴉片與國軍是否有何關係？」列為一個重要的問題加以討論，這實在是一個重大的失誤，所以中研院近史所的朱浤源教授，當他籌劃9月1日新書發表座談會的講題時，新書尚未印好，即能洞燭機先而將此課題列入，深令筆者敬佩。但是筆者的軍中長官和長輩們，卻都很擔心將此問題列為座談會的講題之後，深怕經過公開討論，發現那時的國軍和鴉片生意有某種關係，會讓外界認為國軍乃是鴉片販子，豈不惹來一身塵埃，有失光采。所以筆者乃利用本書再版的機會，根據所掌握到的資料，對這個問題作一個客觀的分析，以化解大家心中的疑惑。

　　關於鴉片的問題，在9月1日的新書座談會中，人瑞李拂一老先生就解釋得很清楚，他說英國是一個重利輕義的國家，英國首相巴馬史東就曾不避諱的說過：「只有永久的利益，沒有永久的敵人。」所以，自從緬甸成為英國的殖民地之後，在緬甸境內，鴉片是可以自由流通、自由買賣的，一直到緬甸獨立後，還是維持著這個傳統。但是鴉片的母親罌粟的生長條件是很挑剔的，並非任何地方所種植的罌粟都能開花結果。罌粟的最適生長條件到底挑剔到什麼程度呢？根據戰

友李學華先生在座談會中的解說，原來罌粟的生長條件有三：第一，它要上午有充足的日照，下午則要陰天；第二，它要白天炎熱，晚上則越冷越好；第三，它開花的時候不能下一滴雨，否則就無法結果。要怎樣的地方才能符合這些條件呢？顯然的，緯度較低的熱帶地方不行，因為它晚上太熱；平地不行，因為它下午不陰涼；太冷的地方也不行，因為它白天日照不足；因為只有緬甸（撣邦）北部和雲南南部面向東方的、海拔3000公尺以上的高山坡地具有這樣的條件，所以只有這個地區面向東方的高山坡地才是適合種植罌粟的好地方，並非整個金三角都適合種植。由於適合種植罌粟的地方非常有限，所以鴉片的產量就很少，其價錢就很貴。

既然盛產鴉片的地區是緬北和滇南，所以緬甸撣邦馬幫的鴉片生意動線，就是把鴉片（雅稱「特貨」）從緬北運送到金三角來賣出，拿到了金錢之後，除了購買北方需要的布匹、食鹽等民生用品之外，剩餘的金錢就換成黃金帶回北方，再購買下一批鴉片南下，如此循環不息。但是因為無論南下所運載的鴉片和北上所載運的黃金都是高價的商品，所以常會遭到強盜或緬軍的打劫，需要堅強武力的自衛或他衛。此外，因為從事馬幫生意的老闆或伙計都是雲南人，這時候國軍殘餘部隊撤退到了緬甸撣邦地區，馬幫們真是如獲救兵，非常歡迎。事實上，當年李彌部隊在緬甸撣邦地區重整旗鼓之後，也真的得到馬幫很大的幫助。例如，當李彌在反攻雲南之前，獲得美國中情局和台灣國府的兩批武器彈藥等軍事物質援助之後，都是先由泰國警察總監乃炮從清邁機場和曼谷碼頭將之車運至泰緬邊界上，然後再由馬幫最大的老闆馬守一派出兩百多匹騾馬，由邊界經蚌八千、猛漢、米津而運到猛撒的總部。後來李彌反攻雲南時，幾乎全軍出動，再加上糧草的運送，所需要使用的馬匹至少五百匹以上，這都是得力於馬幫的大力贊助。馬守一除了以馬匹贊助部隊之外，在金錢上也贊助了百萬以上。由於馬守一的出錢出力是如此之大，所以李彌特別對馬守一的馬幫隊伍頒發了一個相當於正規軍師級「第12縱隊」的番號。這時候，從李彌部隊的角度看，馬守一的第12縱隊其實就李彌部隊的一個運輸隊伍；但是李彌根本養不起這個龐大的馬幫運輸隊，所以馬守一的第十二縱隊還是要繼續做他的正常馬幫生意的。其次，李彌部隊的第26軍參謀長左治曾對筆者說：他在緬北所徵收到的稅收，足以養活整個緬北的部

隊。顯然的，緬北的這個稅收，其來源一定不是一般的農產品如稻穀，而是來自高價位的鴉片。面對著這兩個事實，這時候我們還能說國軍部隊和鴉片沒有任何的關係嗎？

在新書座談會中，人瑞李拂一老先生也透露了另外一個非常有價值的訊息。他說：當李彌的部隊正式成立之後，李彌曾問他希望擔任什麼職務？他因為親眼看到李彌安排幹部職務的煞費苦心，認為李彌身邊應該有一個朋友，如果他擔任了某個職務，他就成為李彌的部下，不可能再做朋友了，於是他決定要做李彌的朋友，就決定不在李彌部隊中擔任任何的職務。後來，就因為他在部隊中不擔任任何職務，於是引起參謀長錢伯英的錯誤猜測，認為他在暗中秘密違紀替李彌做鴉片的生意，所以開口向他要十萬銖泰幣，這擺明就是要向他敲一個竹槓。幸好李拂一先私下徵詢李彌，知道不是李彌要這筆錢，所以李拂一就不給他。顯然的，錢伯英已經探知李彌有做鴉片的生意，只是不知道李彌交給誰去做而已，這一次他以為是李拂一，結果猜錯了。實際上替李彌做鴉片生意的人是熊伯谷，因為檔案中即有熊伯谷被密告要將鴉片賣給荷蘭商人的電報。但李彌此舉也是為了部隊的財政，因為他的私人儲蓄10萬美金都已全部拿出用在招募人馬之上，他必須為未來龐大的軍費支出而預為籌謀。

由於熊伯谷是李彌的連襟，所以在政府下令部隊要全撤時，李彌便透過熊伯谷勸導一些部隊長不要奉命撤退。這個行動被人秘密向國府上級檢舉之後，參謀總長周至柔便電令代總指揮柳元麟命令熊伯谷即刻回台。熊伯谷因為鴉片尚未全部售出而無法回台，於是托詞不是李彌總部的正式人員，並且家中有老小需要照顧，無法回台應命等語。以後撤退案結束，熊伯谷不回台之事也就不了了之。事實上，國府也知道鴉片在緬甸乃是可以合法買賣的商品，所以並不禁止部隊保護從事鴉片生意的馬幫和向馬幫抽稅，但卻明令禁止部隊從事這種生意，並且絕對禁止將這種東西攜帶進入台灣，一旦查獲，一定沒收嚴辦。

從李彌時期進入到了柳元麟時期之後，部隊與鴉片的關係，基本上依然一切如故。但在柳元麟時期的鴉片稅收款項似乎比李彌時期更高。李彌時期因為美國每月補助七萬五千美元，所以國府每月只補助十萬銖泰幣；而到柳元麟時期因為沒有美元的補助，所以國府初期每月補助就增加為二十萬銖，到後期則再增為25

萬銖。但是當柳元麟和段希文發生了長期的衝突之後，李拂一老先生當年因為參與了調和的工作，意外發現柳元麟當時竟把全部的台灣補助款，都經由曼谷的一家銀樓匯到美國給其兒子，整個部隊只靠地方稅收即可維持，可見當時鴉片生意興隆之一斑。

柳元麟在江拉時期私吞了政府對游擊隊的每月二十五萬銖的補助款項之後，猶不滿足，1958年秋「西安計畫」之後，他還在江拉總部高級幹部之間聚集資金（主要是黃金）違紀經營鴉片生意，並利用馬幫在猛不了所興建的一個可供小型單槳飛機起降的機場，讓法國商人將特貨運走。但是這個秘密生意開始做了之後，就得要找一個信得過的專人來負責，但柳元麟也實在太沒有知人之明，他在一時找不到人時，竟然任用了他在兩三個月前革職的前第四處補給處長程時熾來擔任這項坐擁千金的重要工作，因為只有他一個人整天閒著沒事幹。（按：程時熾之所以會被柳元麟革職，乃是因為在當年柳元麟奉上級之命執行「安西計畫」時，為向台灣國府爭取計畫執行的經費，曾命身為第四處補給處長的程草擬了許多申請經費的報告。程把這些報告撰寫好之後，私下向柳要求給予一些好處，柳大怒而將之革職，於是程從此成為柳總部的無業遊民，四處閒逛。）但是，這個鴉片生意才做了一次，巨額的黃金終於把程時熾誘惑得產生了監守自盜之貪念，於是他把做鴉片賺來的黃金和本金一起都偷藏起來，埋在河邊的黃土裡（據云：這批埋在河邊的黃金金條，在部隊撤台後，被雨水沖了出來，被當地老百姓發現，報告給緬軍拿走了），然後向柳報告黃金被偷、遺失了。柳派人四出尋找，找了很久，都一直沒找到。這時補給處的一位科長程欣泉便說：「找什麼呀！把程時熾關起來就自然會出來的啦！」

這話被程時熾聽到之後，他就開始反制程欣泉。他知道總部將派鍾本洮和吳步棠兩人為調查官和審判官，於是他就收買這兩人，而將科長程欣泉扣押起來，並加以嚴刑拷打，四肢都打到傷爛，然後關在地牢中，一直不放。由於程欣泉是二軍之人，所以引起二軍之人的不平，群起向柳申訴抗議，並聲明要對程、鍾、吳三人不利，柳此時也心知程欣泉是一冤案，但苦於無解。次年，由於新拓建的猛不了機場的夜航設備的問題，柳派總台長沈家誠前往寮國公幹，因沈台長也耳聞此案之內情，於是在路過猛不了時，又蒙22師李黎明師長之強邀前往其師部夜宿一晚。第二天沈要離開師部時，請求李准許探望一個犯人。李問沈：「你要看

誰？」沈回答：「我要看程欣泉。」李說：「程欣泉是一個重犯，本來是誰都不
准看的，但是你老兄特別例外。」於是沈便請李派一個副官跟隨他去看程。沈到
了地牢，看到了程的慘狀，人躺在稻草上，其他什麼東西都沒有。沈從寮國回來
之後，便向柳報告程的慘狀，柳起初還責備沈為何要去看程。沈便回答柳說：
「我去看他是為了替你解決問題。」柳才不說話。沈便建議柳：給程一筆錢，並
請三軍的一位跌打名醫將程治好，然後放他遠走。柳都照做，這個程也真是命
大，居然完全康復。

　　程欣泉的事情解決之後，就輪到胖胖的程時熾被關了起來，他也被打得很
慘，受了很多酷刑，例如讓他在烈日下晒太陽，晚上被關入地牢，但他就是死不
承認，即使是副參謀長吳伯介前往擔保，說他承認之後一定給他一條生路，他還
是死不承認。最後，他被以逃跑之罪名而被人從背後將他擊斃。程時熾之案發生
之後，因為沈家誠台長也是上級派往邊區的眼線，於是上級電問沈有關程時熾的
為人如何？於是沈回覆上級：程為人海派，生活奢華，有如總指揮（大意如此）。
不料這份報告的內容竟讓柳知道了，柳乃生氣的問沈：「我的生活是如何奢華法
呀？」沈只好據實回答：「……你抽煙是加立克，喝酒是白蘭地，睡覺是彈簧
牀，吃飯是山珍海味，不對嗎？」柳一聽，再怒而革了沈的總台長之職，並將之
交由警衛大隊予以拘禁，讓沈與大隊長劉文華同住一室，就近管束。幸沈是上級
的眼線，獲得上級來電保護，謂沈案由本部自行處置，使柳無法獨斷處理本案。
不久部隊撤退回到台灣，沈即恢復其清白和自由。

　　到了第三階段的三頭馬車時期，段、李的5、3兩軍因為完全得不到國府的補
助，所以必然是要依靠鴉片的稅收，甚至需要自行經營鴉片生意，才足以維持浩
大的軍費支出。例如段希文在1967年3月接受倫敦《週末電訊報》（*Weekend
Telegraph*）訪問時便赤裸裸的說：「我們必須持續攻擊共產主義的罪惡，但攻擊
必須有軍隊，軍隊必須有槍枝，而購買槍枝就必須有金錢。但是在這山區裡，唯
一的金錢就是鴉片。」段希文如此，李文煥更是如此。所以段李兩軍是被時勢所
迫，必須仰賴鴉片的販賣才能生存。但兩個軍的作法各有不同，三軍是由軍長全
權掌控，全軍就是一支武裝的馬幫隊伍，軍下的個人是不允許自己私下從事鴉片
生意的；五軍的段希文自己不親自做這個特貨生意，而是由下面的師團各自去從

事，所以五軍的幹部都比較富有。在這種情勢之下，當1967年年初，昆沙把整個緬北地區的生鴉片全部買光之後，便大大斲喪了李文煥、段希文和馬俊國的生財之路，於是段李馬三方的聯軍也勢必要向昆沙討回一個公道，這種生存的衝突終於在緬泰寮三角地區的蠻關村，發生了一場驚動世界的鴉片戰爭(詳情見拙作281頁)。

至於得到台灣政府或黨部充分經費支援的情報局光武部隊和國民黨中二組的部隊，基本上他們並不需要靠保護馬幫或自己經營這種生意來維持生存，特別是中二組的部隊，在很短時間內便移交給了光武部隊，所以中二組根本就沒有條件來做這種工作了。但是令人疑惑和啟人疑竇的是，宣稱反毒和禁毒的情報局光武部隊，為什麼會和販毒的昆沙部隊維持這麼密切的關係，同時在部隊解散的時候，居然還把一半以上的部隊連人帶槍的移交給昆沙，許多美援的武器也都移交給了昆沙，投靠了昆沙的張書全(或作張書權，亦作張蘇泉)和梁仲英，其家屬則繼續領取台灣國府的軍人眷補，因此懷疑光武部隊和昆沙部隊之間的關係並不單純，透過張書全和梁仲英的仲介，他們之間一定也在鴉片生意上發生了某種利益共同體的密切關係，例如，寄望昆沙也反共，並寄望部隊解散後，情報人員能依附昆沙而生存，或是私下投資昆沙的鴉片生意……等，只是外人不得而知其內情而已。

總而言之，鴉片是國軍之所以能在金三角地區生存的重要憑藉，沒有鴉片，國軍就不可能在那個地區生存，所不同的是，李彌和柳元麟是間接的依靠它，而三五兩軍則直接的依靠它，情報局的1920區部隊則是可以不要依靠它。因為如此，所以我們要強調：鴉片雖然是一種毒品，但它同時也是一種良藥，尤其是在現代腫瘤和癌症已成為死亡的第一大因素之後，因為它是一種漫長而極其痛苦的疾病，而且是越末期越痛苦，這時候只有鴉片是病人的最大安慰。如此一來，鴉片在醫學和醫療上的需求就會越來越大，所以我們的結論是：「鴉片無罪，(濫)用者其罪」。基於這個觀點，所以筆者很相信黨部雲南處書記長李先庚所透露出來的一個秘密，他說：泰國警察總監乃炮曾請他向馬幫急購12噸鴉片，說是聯合國要用來製藥。筆者十分盼望：世界能早日給予鴉片一個公正客觀的「管制藥品」的新稱謂。

覃怡輝　2009年11月10日

序

　　我國對日抗戰八年，犧牲軍民三千多萬，財產損失不計其數，終於贏得勝利，躋身五強之列。不幸遭受西方帝國主義國家之忌，於民國三十四年二月被美英蘇三國，在雅爾達會議中祕密出賣，導致整個大陸赤化，淪於蘇聯第三國際一手孕育出來的中國共產黨，國府被迫，退處台灣。

　　李彌將軍，壯志凌雲，志切復國，乃隻身偷渡出國，潛往滇緬未定界邊區，應用其個人私蓄，收編在國內和共黨作殊死戰鬥，退居緬邊之殘餘國軍，並聯合不滿共黨，由滇境退入緬境之少數民兵三數千人，加以組訓，準備與擁兵百萬之共軍，一較長短。依將軍戰署，部隊分南北兩梯隊，向大陸反攻。北梯隊為反攻主力，由李國輝師長率領，至猛研後，繼續北上，李彌將軍躬親指揮；南梯隊是佯攻，至猛研後，轉兵東向，由93師師長彭程率領，副總指揮呂國銓指揮。

　　民國四十年元月，李彌部隊先由「雲南省綏靖公署」改組為「雲南省游擊軍總指揮部」，次月再改組為「雲南省反共救國軍總指揮部」，上級皆派令李彌將軍為總指揮。是(元)月，共軍攻克漢城，聯合國部隊被迫撤出南韓首都，中共並且拒絕聯合國韓戰八項停戰建議，及政委會五項停戰建議，美國歐斯金將軍乃派一美國人攜函來晤李彌將軍，希望了解部隊的實際情況。三月間，美國上校喬斯特及情報員伯特，至曼谷與李將軍舉行了一次會議。其後，即有一民航空運隊飛機，由沖繩島運達清邁武器一批，由泰國警察總監乃炮將軍派人點收，用牛車裝載，嚴密覆蓋，充作商貨，並即由乃炮將軍及兩位美國軍官，一為情報官司徒上尉，一為通信員麥克中尉，親為監督押運至泰緬交界處，交我方游擊隊接收。李將軍收到這批武器並裝備部隊後，即發出向雲南反攻的命令。

　　四月十六日，北梯隊的先遣隊出發，總部及李國輝將軍於十七日出發，至猛

研後，繼續北上，目標原訂為滇西的耿馬，後來行軍到邊境時，改為滄源。而南梯隊則先於四月十四日出發，至猛研後，轉兵東向，目的地是滇南的車里、佛海、南嶠等縣。總部參謀長錢伯英，因其所下達的行軍作戰命令，係根據八個多月前的敵情所擬辦，照當前的敵情，有陷北梯隊於被包圍、被殲滅的危境，同時所配屬的左右兩翼部隊，一為第2縱隊，徒手百餘人，非屬正規軍，不能作戰；一為第9縱隊，僅有一縱隊司令而無部屬，被李國輝將軍當面指謫為不合實際，等於兒戲，不予接受。錢參謀長於部隊出發後，無顏再留在游擊基地，即由馬守一司令護送回曼谷，未與部隊同行止。

　　五月十日，總部暨北梯隊進至猛茅（新地方），緬北各反共部隊，亦先後齊集該地待命，總部一一下達人事命令，分別調派部署妥當。五月二十一日，李彌將軍正式下達作戰命令，由李國輝將軍統率部隊，擎著青天白日國旗，由猛茅向雲南出發、浩浩蕩蕩向大陸進軍。自大陸淪陷後，此為國府第一次對大陸反攻的壯舉。五月二十四日，李國輝將軍勇克滄源，李彌隨即以省主席名義，派王少才在滇西設置，並代理滄源縣長；六月十五日，岩帥卡瓦王田興武統率二千餘卡瓦部隊，反正來歸；兩日後，我軍與田興武的部隊於十七日，聯合進克雙江縣城。此後，從十八日至二十七日之間，罕裕卿土司由國軍一連配合，得克耿馬；石炳麟支隊克瀾滄縣和西盟縣；文興洲支隊克緬寧縣的博尚街；羅紹文縱隊、李文煥縱隊和張國柱支隊分克班洪、孟定、孟連等土司地，勢如破竹，滇西震動。

　　我北梯隊克復滄源後，自六月五日至十二日之間，即有美方飛機在滄源河壩上空投補給，致引起中共的注意。共軍第14軍李成芳的第40、第41及第42等三個師，大舉來犯。我南梯隊未能攻克南嶠、佛海和車里，達成牽制的任務。我北梯隊雖擁眾三數千，而受過嚴格軍訓的不到1,000人，餘皆各路臨時湊搭組成的民兵，並肩與來犯的共軍作殊死戰鬥，每一地區的光復和失守，均使共軍蒙受慘重的損失，然終以彼眾我寡，孤軍深入作戰，缺乏後續部隊，空投補給亦驟而停止，乃復退出國境，重返游擊基地。這一場反攻大戰，雖被迫撤退，但由於起義來歸的武裝民兵及徒手丁壯，數倍於原有兵力，部隊因而更加壯大，士氣更加旺盛，而收穫最大的要算海內外恐共、徬徨沮喪的人心，都因此而有了轉變，大為振奮；對反共前途，也有了新的寄望。我駐聯合國首席代表蔣廷黻博士，也在聯

合國大會，讚譽李彌將軍為「中國的加里波的」。同時對共軍徬徨厭戰，伺機來降的情形，及國內被奴役同胞，以及邊疆民族對共產仇恨之深，也由這一次的反攻，得到了實際的體驗，對下一次反攻，當更具有把握。

李彌將軍正針對此次反攻的經驗，重新部署，加強整訓，準備再度大舉，特親蒞台灣，面報總統，得到首肯，獲得大批械彈；李彌將軍並物色到八百餘名幹部，僱海滇輪載往緬甸穆爾門海域，先期即派姚昭率一團人，約六、七百名前往伏於穆爾門東南方森林地區以待，接應由台運到的人員及械彈；該團人馬，先是由李彬甫指揮，隨後改派錢伯英指揮。錢伯英在四十年夏進攻大陸時，因所擬定的行軍作戰命令，遭李國輝師長當面指責為不合實際，等於兒戲，不予接受，失盡顏面，因此錢伯英雅不願海滇輪運來的人槍，落入李國輝之手；且進軍大陸，也使他對大陸交付的使命，有所違背。由是之故，錢乃篡改命令，令海滇輪停泊於穆爾門南方七百多公里的維多利亞角附近的哈絲丁小島，而不通知先期潛伏於穆爾門森林中，準備接應該輪之姚昭，而讓海滇輪在孤島上空等一晝夜，最後由國府參謀總長電令原船回航，使李彌將軍在台灣千辛萬苦，奔波勞碌的一場偉大計畫，廢於一旦。

錢伯英為掩飾其陰謀，慫恿李彌將軍進攻仰光，輔助克倫及蒙族主政。蓋以仰光為緬甸首善之區，攻下仰光，不愁軍費、兵源、武器無著落。錢將進攻仰光命令給李彌將軍簽署，然後將此信息交與柳興鎰，授予緬方，此舉終讓緬政府難以容忍，決定向聯合國提出控訴，聯合國以56票對零票通過了撤軍案，李部因而被迫撤台。李彌將軍亦被召回台灣禁足，鬱鬱以卒。

蜚聲國際的滇緬邊區反共游擊部隊，國府竟然下令全部撤台，國人不免困惑，而柏楊先生，並未一履異域，亦未參預異域事，而摭拾不實不盡的一些資料，化名鄧克保，逞其生花妙筆，寫成《異域》一書，風行一時，但所描寫，遠離事實，亦不少曲筆，大為異域人士所詬病！

覃怡輝博士，異域中之傑出者也，深以異域之真相不明為憾，因受其舊時長官沈家誠先生之鼓勵，慨然秉筆。唯茲事體大，牽涉多國，錯綜複雜，博士以其淵博之學識，弘毅之心志，今以其博訪周諮所得，並參據政府有關檔案，傾十餘年之心血，完成《金三角國軍血淚史》空前鉅著，都六十萬言。余亦異域之一份

子也，讀其偉著，對異域事，敘述精詳，鉅細靡遺，信而可徵，親切有味，探異域真相之寶典也。

李拂一

民國九十七年九月十九日

序文作者簡介

李拂一先生，1901年11月13日出生於雲南普洱，至今已高壽108歲。民國時期，先生曾當選為佛海縣的國民大會代表，並被省政府委任為車里縣縣長。先生對西雙版納文化史地之研究著力甚深，著作甚多，被尊為傣學之發軔人。1950年二三月間，滇境國軍殘部退入滇南，最後由西雙版納撤入緬甸避難，李彌將軍在台得訊，為倚重先生的滇南人脈，力邀之同赴滇緬邊區，收容殘部，反攻大陸。先生學健壽俱全，得以見證了金三角國軍全程的反共奮戰史，因此，先生實為本書撰寫序文最適當的不二人選。

後學覃怡輝謹識 2009.3.6

誌　謝：謝罪和感謝

　　1995年筆者接受「滇緬邊區歸國同仁聯誼會」的付託而編寫本書，到現在出版為止，歷經了14個年頭，這真是一段漫長的歲月。筆者之所以要花這麼長的時間來完成這項工作，最主要的原因是因為筆者的專業為研究國父思想及社會福利，並非研究歷史，回想1979年初進入中央研究院，雖然曾經做過一個「羅福星抗日革命事件研究」小型歷史研究，但那只因為羅福星烈士乃是內人的祖父，而且做了這個研究之後，就不再做其他的歷史研究了，因此，筆者歷史專業能力不足乃是本書遲遲未能出版的主要原因。

　　另外一個次要的原因，就是筆者以業餘時間從事本書研究約七年之後，獲逢暨南國際大學東南亞研究所於2001年5月主辦《台灣東南亞區域研究年度研討會》，筆者乃報名參加，並在會中宣讀有關本書的第一篇論文〈曼谷四國軍事會議與李彌部隊撤台事件〉。接著，中華軍史學會於同年11月召開《近五十年中華民國軍事史學術研討會》，筆者再於會中宣讀第二篇論文〈李彌將軍在滇緬邊區的軍事活動〉。第一篇學術會議論文經過修改後，論文題目改為〈李彌部隊退入緬甸期間(1950~1954)所引起的幾項國際事件〉，投稿於中研院社科所的《人文及社會科學集刊》，刊登於2002年12月出版的第14卷第4期。第二篇學術會論文經過修改後，亦於2002年7月以原題目刊登於中華軍史學會的《中華軍史學會會刊》第7期。那時候，由於相關的主要史料已大致蒐集齊全，筆者乃決定暫時閣置其他的研究，全力投入本書的撰寫工作，並計劃於一年之內將全書的初稿寫成。無奈人算不如天算，於2003年12月24日所召開的所務會議中，筆者的「續聘」案於投票時竟未獲通過，依規定必須於次年7月聘約期滿前離職，所幸於聘約期滿前，筆者剛好符合自願提前退休的資格，得以申請於2004年6月退休；筆

者雖然得以倖免遭受一場失業的災難,但是寫作環境和情緒都因退休事件而大受影響。由於這些原因,乃使得本書遲遲未能寫成出版,以致讓許多曾接受過筆者訪問、並且對本書懷有深切期盼的長官長輩們,他們都已因年高、得病而抱憾往生,看不到本書的出版,筆者首先要向他們深深的謝罪!

由於筆者的專業並非歷史,因此歷經漫長的時間之後,雖然勉強將本書初稿完成,但筆者都自覺並不滿意,只是自己已江郎才盡,不知如何進一步去改善。送審後,幸得三位匿名審查人指點迷津,得以找到努力修改的方向,最後才能修改成目前還可一看的樣子,因此筆者要向三位可敬的匿名審查人,致上十二萬分的感謝。

研究和寫作是一項孤獨的工作,除了必須依賴一點內在的忍耐之外,同時也必須依賴一點外來的激勵。在訪問的過程中,長官、長輩們對本書所懷有的熱切期待,以及訪問後的不時垂詢,乃是他們所帶給筆者強而有力的激勵;這種激勵雖然也是一種壓力,但是若缺少了它,筆者或許已走上了半途而廢之路;特別是百歲人瑞李拂一老先生允諾為本書作序,更是一個特別寶貴的鼓勵和紀念,筆者謹在此向所有提供協助的長官長輩們致上萬分的感謝。最後,在整個研究的過程中,內人秋昭不愧是一個全日制的、最盡責的鞭策者、監工者,出書之日,也藉此一角誌之、謝之。

覃怡輝　2008年8月17日

目　次

註：本書的附錄本來還有〈年表〉，由於篇幅甚長，改放於中央研究院的出版品
　　網站，其名稱為：http://www.sinica.edu.tw/info/publish/ 請自行參考。

地圖目次

相片組目錄

註：更多的相片亦存放於中央研究院的出版品網站。

導論

一、研究緣起

公元1964（民53）年，鄧克保的《血戰異域十一年》一書，由台灣的自立晚報社出版。該書的故事內容是描寫：國民黨政府丟掉中國大陸治權之後，李彌部隊在滇緬邊區奮戰的一段經過。因為李彌部隊是真有其事，因此在理論上，這本書應該是一種報導事實的報導文學，但是其作者為增加其可讀性和市場性，刻意在該書中加入了一個杜撰的第一人稱主角——李彌的副官鄧克保，並由鄧克保來見證整個歷史的真相。這本書的內容，一方面敘述李國輝等  下級官兵在邊區蠻荒中的犧牲奮鬥，另一方面則描述李彌等上級長官在曼谷和台灣享受他們的犧牲。這種強烈的黑白對比，喚起國人普遍的義憤，因此該書出版之後，一時洛陽紙貴。然而，因為李彌在滇緬邊區的前後三位副官——張磊平、劉光堯、劉學周——都已返台，因此這個選擇繼續留在邊區的副官鄧克保，顯然的就是一個百分之百的「假人」，而藉此「假人」所敘述出來的許多故事情節，也都是因應小說劇情的需要而杜撰出來的謊言。因此，使得該書所描寫的內容不但與事實出入甚大，而且有一些為出諸惡意的歪曲和抹黑，有損當事人的名譽和政府的聲望，因此使該書在當時遭受到了查禁的命運。雖然《血戰異域十一年》

遭受了查禁，但因其市場依然存在，所以該書作者乃將書名改為《異域》而繼續
地下發行，數十年後，以致其原始書名反而默默無聞。

　　事實上，鄧克保就是作家郭衣洞在《異域》一書中所用的一個筆名，他還有
另一個筆名叫「柏楊」。郭衣洞透過河南同鄉的關係，結識了孤軍的英雄人物李
國輝，他根據李國輝所提供的原始素材，而建構起整個孤軍故事的架構。由於在
整部書中，既有當事人李國輝所提供的第一手史料，也有郭衣洞自行虛構、杜撰
的部分，因此使得書中所描述的故事情節，虛虛實實，實實虛虛，若非故事中
人，根本無法辨別其中的虛實和真偽。許多當年《異域》的讀者，至今還以為該
書所寫的事情都是真的。文人誤人之深，由此可見一斑。

　　1990（民79）年9月，台灣的學者電影公司（導演朱延平）將《異域》故事搬上銀
幕。由於該書本身的真實性，本來就素有爭議，所以電影一經上映，立即引來前
滇緬邊區雲南反共救國軍官兵的反彈，而在該月16日的《青年日報》上，刊登了
一個半版的大廣告，抗議該電影歪曲史實，污衊李彌。由於受到這個電影事件的
刺激，那些先後由滇緬邊區撤回台灣的反共游擊部隊同仁們有了共同關心的話
題，所以逐漸增加聚會的次數，並於1993（民82）年10月間，有了籌組聯誼會的創
議，經過兩年時間的醞釀和準備，終於在1995（民84）年2月25日，正式成立「滇緬
邊區歸國同仁聯誼會」，由曾任總指揮的柳元麟將軍擔任會長，每年定期聚會聯
誼。就在成立大會上，他們通過了一項提案：為滇緬邊區反共游擊部隊，編纂一
部真實的戰史，以糾正坊間書刊和電影的不實報導。提案的原始構想為：由同仁
們集體口述歷史，最後彙編為史冊。該聯誼會期望：書成之後，得以糾正坊間書
刊及電影的不實報導。筆者因為少年時曾參加該部隊電訊總台的工作，來台後因
未到服兵役年齡而退役就學，學成後即在中央研究院中山人文社會科學研究所
（簡稱「社科所」，前身為「三民主義研究所」）服務，脫離了軍人的隊伍，但與當年的
直屬長官沈家誠總台長，一直保持密切的聯繫，因此該提案通過後，沈總台長便
向聯誼會力薦，由筆者擔任此項口述戰史的秘書和編纂工作。因為筆者初入中研
院時，曾做過一個「羅福星抗日革命事件研究」的小型歷史研究，以為自己有一
點治史的經驗；其次因為筆者也曾閱讀過柏楊所寫的《異域》，這本書當年曾經
讓筆者熱血沸騰、義憤填膺，而這些親身參與其事的長官們居然說這本書歪曲了

事實，因此引起筆者很大的好奇和興趣。開始時，以為做這件事只是校正《異域》一書的錯誤，可以輕鬆易為，所以一口答應下來。然而，事非經過不知難，等到開始工作、進入情況之後，才知道事情大不容易，因為這個事件在地理上牽涉到國府、緬甸、泰國、中共、美國等國之間的國際關係，時間上則從1950到1981年，長達31個年頭，戰事和人事縱橫交錯，它十足是一個大型的史學研究，大大超過了筆者的能力範圍，到了這個時候，筆者才知道自己騎上了虎背，但已無法回頭推辭，所以只好硬著脖子、全力以赴，這便是筆者參與這項歷史研究工作的一段因緣。

二、文獻回顧

本書所要探討的歷史事件，其內容為1950年中國大陸淪陷後，部分國民黨政府部隊雖然兵敗撤退到緬甸避難，但是仍然活動於滇緬邊區，奮鬥不懈，並力圖反攻雲南的一段始末。關於當年李彌在滇緬邊區所創始的這個反共游擊部隊，到1981年結束為止，歷經的時間已長達31年之久；而該游擊部隊結束後，至今又已事隔27年，仍然沒有一本著作，可以對整個事件作一個完整的描寫。因此，這無乃是一個值得予以填補的歷史空白，填補之後，才能還原、重建其歷史的真相。

考諸國外的文獻，許多談論到滇緬邊區游擊部隊的歐美知名著作，大體是出自下列兩類的學者專家：(1)第一類是研究金三角國家的政治外交者，(2)第二類是研究金三角的毒品問題者。分言之，第一類的著作如Kenneth Ray Young(1970)的*Nationalist Chinese Troops in Burma: Obstacle in Burma's Foreign Relations 1949-1961* 和 Robert H. Taylor(1973) 的 *Foreign and Domestic Consequences of The KMT Intervention in Burma*，這一類著作只針對游擊部隊，對緬甸外交關係和內政所產生的影響，雖然它對游擊部隊的描述頗為豐富，但是因其研究資料全賴相關政府所出版有限的出版品和媒體的新聞報導和評論等，因此它的描述和認知，就會和事實的真相有所差距，偏差和錯誤也因此而產生。

至於第二類的著作如Alfred W. McCoy(1991)的*The Politics of Heroin: CIA Complicity in the Global Drug Trade*, William O. Walker III(1991)的*Opium and*

*Foreign Policy: The Anglo-American Search for Order in Asia 1912-1954*和Bertil Lintner(1994)的*Burma in Revolt: Opium and Insurgence since 1948*，在這一類著作中也都提到滇緬邊區的游擊部隊，因此在美國大力反毒的時期，這些書籍都頗為暢銷，這個游擊部隊也因此而名傳國際，但是因為這些著作的目的是在探討鴉片問題在歷史、地理、政治和經濟上的根源，這個游擊部隊的存在只是其中的一個小配角，因此要想能從中求得對游擊部隊較深入、較全面的真相，幫助並不大。

在國內的文獻方面，滇緬邊區的這個游擊部隊，雖然也引起國人深切的關注，但由於它的軍事性質，在國家檔案法(1999)未通過之前，相關的官方檔案無「法」將之解密開放，因此學術界一直不能對它作深入的探討。回顧過去的文獻，雖有國防部史政編譯局出版的、曾藝編著的《滇緬邊區游擊戰史》一書，但因該書受到寫作年代的限制，只寫到1961年為止，它不但對李彌時期的部分著墨甚少，而且該書本身也被列為機密書籍，不能自由流通，該書也是檔案法通過後，才與有關檔案同時獲得解密。至於其他所能看到的兩岸有關游擊部隊的文章或書籍，有些是記者或作家所寫的報導文學或小說，如：于衡(1955)的《滇緬游擊邊區行》、柏楊(1964)的《異域》、鄧賢(2000)的《流浪金三角》、張伯金(2001)的《亡命金三角：國民黨殘軍寫真》、趙勇民、解柏偉(1993)的《蔣介石夢斷金三角》等；有些則是當事人紀錄其個人的經歷和見聞所寫的傳記文學，如：李國輝(1970)的《憶孤軍奮戰滇緬邊區》、吳林衛(1954)的《滇邊三年苦戰》、胡慶蓉(1967)的《滇邊游擊史話》、譚偉臣(1984)的《雲南反共大學校史》、李先庚(1989)的《奮戰一生》和劉開政、朱當奎(1994)的《中國曾參加一場最秘密戰爭》等。對這些非學術性的文獻，只需對其報導和敘述略作比較和對照，即可發現其間的人名、地名、時間等，各人所寫出入頗大，甚至完全不同，必須進一步仔細查證，才能分辨其真偽對錯。此外，有些作品添加了太多杜撰的情節，有些則受限於作者的見聞，以致都無法只憑單一的著作，即能得知事實的真相或是得窺其全貌。

各種中外的文獻雖然有著各種不同的優缺點，但是經過細心的研讀和歸納之後，還是可以由此建立一個初步的知識範疇，然後以此知識為基礎，進而提出各項新的研究問題，然後再以這些問題為起點，展開新的研究工作。

三、研究問題

　　筆者對滇緬邊區游擊部隊一事，所擬要提出的研究問題可以歸納如下數項：

　　首先，國軍進入緬甸境內避難一事，本來是一個可以經由外交途徑而解決的國際法事件，但因緬甸政府已於1949(民38)年12月17日承認了中共政權，並於次年6月8日互設大使館，和已遷至台灣的中華民國政府(以下簡稱「國府」)斷了邦交，無法直接交涉，不得不轉而求助於美國。當時，美國國務院也的確站在協助緬甸的立場，不斷勸說國府，將李彌部隊撤退回台灣。按常理，初期的李彌部隊在兵員折損和補給斷絕的情況下，連基本的生存都成問題，更遑論對抗緬甸和進軍大陸。幸而當時的緬甸還是一個新興國家，政局未穩，武力不強，一時無法以武力將前來避難的國軍驅逐出境。但後來令人意外的是，這支寄人籬下的國軍，竟然能在李彌的領導之下，爭取到一股來自美國力量的支持，因為有了這股力量的支持，李彌不但有能力長時期居留緬甸，並且還能進而糾合各路人馬，進軍大陸。等到事過境遷、機密檔案解密之後，許多研究金三角毒品問題的美籍學者赫然發現，原來當年美國內部支持李彌的最大人物，竟是美國總統杜魯門(Harry S. Truman)。這不禁令人大感驚奇，杜魯門為什麼會這麼做這件事？他的動機和目的又是什麼？其結果又如何？這是筆者所要探討的第一個問題。

　　其次，李彌部隊所駐紮緬北的撣邦(Shan State)地區，是位處於雲南和泰國之間的內陸地帶，與國府所在的台灣相距十分遙遠，很難和台灣進行有效的海空交通連絡，因此，按常理言，李彌部隊應該很難在如此遙遠的內陸地區生存發展。考諸地理條件，泰國陸路應該是李彌獲得外援的唯一關鍵路線，但問題是：身為緬甸鄰國的泰國，居然願意冒著得罪緬甸的風險而大力幫忙李彌，其背後的原因又是什麼？這是筆者所要探討的第二個問題。

　　第三，由於種種先天條件的限制，李彌部隊的兵力並不強，因此雖然有勇氣突擊大陸，卻沒有力量在大陸內地立足。基本上，當李彌部隊公開的突擊大陸，而又被迫退回緬甸之時，因為未能獲得地主國緬甸的同意，而且也不可能獲得，因此其逕行第二度的非法侵入，一定令地主國更加難以容忍，因此也就形成了一

個更加嚴肅的國際事件，注定了該部隊最後必須撤台的命運。面對這個棘手的問題，國府對李彌部隊的策略是：只承諾撤退2,000人，以對聯合國的決議作交待；然後實施「天案」，讓部隊暫時改旗易服加入克倫軍，以在滇緬邊區保存這一股反共實力。但是，最後竟陰錯陽差，演變成為「全部撤退」的局面。其間的轉折過程，眾說紛紜，其真相到底又是什麼？這是筆者所要探討的第三個問題。

　　第四，李彌在反攻雲南失利，再度退入緬甸之後，他應該就已體認到非法居留緬甸終非長久之計；而且在他創辦反共大學以訓練幹部和部隊的時候，他也一定體認到時間的迫切性，一定要在最短的時間裡把部隊壯大起來，壯大到能打入雲南境內建立基地，不要再回來緬甸，如此才能根本解決眼前的國際法問題；所以，才有「地案」的秘密規劃和執行。所謂「地案」，就是計劃利用比較廉價的海運從台灣運來所需要的幹部和武器，再與在當地訓練的新兵部隊結合起來，即可以最快的速度建立強大的部隊。然而，由於開闢海運線就必須利用到緬南克倫邦的陸地運輸線和蒙邦的穆爾門海港，勢必要和克倫和蒙兩邦結盟；因為當時美國已因蘇聯等國的抨擊而停止援助李彌，並傾向反對李部繼續留在緬甸，所以李彌和克、蒙兩邦秘密結盟之事，絕不可以讓美國知道。但是事情的發展卻是：此事不但很快就被美國知道和反對，而且在國府裡面，上自總統，下至參謀總長和外交部長，也都同聲飭止；李彌在中外上下各方都反對的情況之下，最後好不容易爭取到蔣中正總統的同意，並千辛萬苦從台灣各軍種單位招募到了880名幹部和335公噸的武器，等到人員和物資都登上了僱用的商輪，而且都已經神出鬼沒地開到了緬南的海岸，最後卻因為該商輪無法和陸上的接應部隊接頭，以致原船駛回，功敗垂成，以致整個「地案」計畫為之失敗。一個計畫都已經執行了99.9%了，最後卻會因為只差0.1%沒做到而整個失敗了，說起來實在離奇和不可思議，這個「失敗之謎」乃是筆者所要探討的第四個問題。

　　第五，無論在《異域》一書、電影或是在真實的歷史上，李國輝無疑都是一個英雄或是重要的幹部，對這樣一位高知名度的人物，他回來台灣之後為什麼就忽然變得默默無聞了呢？這應該是許多《異域》的讀者和觀眾所十分想知道的一個結局，所以筆者對這個問題，也要作一番深入的探討。這是筆者所要探討的第五個問題。

第六，游擊部隊在李彌領導的時期，以一千多名的正規國軍為基礎，以後逐漸發展成為一萬多人的非正規軍的游擊部隊，其力量雖然還是很小，但是它的趨勢是一直成長的，是樂觀的。但是到了柳元麟時期，因為原始的一千多名正規國軍幾乎都包含在撤退的7,000人之中了，所以就所留下來的五六千人而言，其軍人的平均素質和戰鬥力必然會為之降低，不如其前期。但是更糟糕的是，柳部時期還犯上一個「將帥不和」的大問題：柳元麟和他屬下5個軍長中的3個不和，柳和防區內的黨部書記長李先庚也不和，這些齟齬和不和，當然是部隊戰力的剋星，所以柳部的前景是很令人悲觀的。為什麼柳部的將帥會如此的不和？這是筆者在本書中所要探討的第六個問題。

第七，國府為避免柳元麟部隊再度成為緬甸向聯合國控訴的一個藉口，因此特別頒給柳部一個「雲南人民反共志願軍」的番號，以示柳部與國府無關。自李彌在緬甸成立游擊部隊以來，緬軍雖一再想憑自己的以武力將之驅除出境，但始終無法如願。即使如此，緬政府亦始終不願意讓中共部隊入境代勞。柳部成立志願軍不久，緬政府即興師前來征伐，結果是無法如願以償，但緬方還是情願坐下與柳部和談，取得和平相處的口頭協議，不願意邀請中共派軍前來幫忙，可見「不讓共軍入境」乃是緬甸政府一貫的政策。在緬甸政府的這個政策之下，柳部本可從此與緬方和平相處，私下壯大自己，待時機成熟，或許可以一舉成功的反攻雲南，在雲南境內建立基地，不須再回來緬甸，也不要再為難緬甸。但是，後來因為國府和柳部的某些措施失當，竟導致緬甸忍無可忍，主動要求中共解放軍入境協助，聯手而將柳部趕到寮國和泰邊。是什麼措施造成了這樣的後果？這是筆者所要探討的第七個問題。

第八，柳元麟部隊撤台之後，3、5兩軍因不同的理由而不撤，仍然留在滇緬邊區各自求生，後來聯合成立「五七三五」部隊。以後，國府因需要而再在原來的情報區和黨務系統下各自成立部隊，但卻不要招用現成的3、5兩軍人馬，因此形成了段李、情報、黨部三方鼎立的「三頭馬車」的局面。在本書中，筆者將要探討下列幾個問題：(1)3、5兩軍因何不同的理由而不撤？(2)國府為何不重新補給3、5兩軍、任用3、5兩軍，而要花費更多的金錢由情報局和國民黨中二組另外成立部隊？這樣做，效果會更好嗎？這都是筆者所要探討的問題。

四、研究方法

　　大凡對一個歷史事件的研究，不外乎史料的蒐集、史料的考證和史實的重建等三大項目。由於李彌部隊的原始人馬本來就是正規的國軍部隊，以後進入滇緬邊區成為游擊部隊後，不但由國府秘密予以補給，並且曾得到美國軍方的秘密支援，二者都是經由泰國的秘密協助而進行，因此，本研究的進行，在理論上和實際上，必須能兼顧台灣、大陸、緬甸、泰國、美國等五方面的觀點和史料，才能做出最完整的研究成果。但就本研究而言，由於受限於人力和物力，筆者僅能將研究資料的蒐集範圍，先界定於台灣一方面，至於其他國家方面的資料，則擬借重所能蒐集到的次級資料以補足之，無則付諸闕如。

　　關於本書所蒐集到的歷史資料，依其性質分，可以區分為基本資料和次級資料兩大類。所謂基本資料，主要的是指在國防部、外交部、國史館、國民黨中央黨部等單位所珍藏的有關檔案，其次是當事人所撰寫自身經歷的各類文字如文章、日記、筆記等，以及筆者對當事人所作的訪談錄音等。至於次級資料，則包括其他一切有關的文獻資料如書籍和文章等。

　　史料蒐集之後，接下來的重要工作，就是史料的考證。在本書所蒐集的基本資料中，檔案的內容主要為電報和公文，都是當時辦理業務和溝通的紀錄，不會有偽造和記憶錯誤的問題，因此這些檔案資料的正確性最高；至於當事人所提供的資料，則可區分為：(甲)事件當時所寫的日記或筆記，和(乙)事後回憶所寫的報導文章或所作的口述歷史；關於這二者的正確性，則是前者的正確性要比後者為高。至於不同出處的資料，若對同一事件作了不同或相矛盾的陳述，除依前面所述正確性等級的原則加以判別之外，將進一步看在其他相關的事件中，是否有一致性或矛盾性的描述，作為其真偽的判斷。雖然歷史事件都具有其獨特性和不重複性，但任何一個歷史事件或情節，都不是獨立發生的，都必定和許多其他事件或情節有所關聯，如能在其他歷史事件中找到相關記述者，則該事件就較為真實可靠，否則即要加以存疑或否定。但如某歷史事件或情節，既無其他一致性的相關記述，也無其他矛盾的反證，我們一時不能證明其為真，亦不能證明其為

假，這時我們即採用不矛盾即為真的原則，暫時接受其為真，直到有與其相矛盾的資料出現之後，再將之修正或否定。此外，任何當事個人所提供的資料，無論是文字的或口述的，由於受限於個人的經驗，往往會不自覺地產生一種「放大」的效應，考證時要予以適當的「還原」才行。

從1995(民84)年開始，筆者承諾擔任這項歷史研究的工作，從開始到現在，屈指算來，已經有十餘年了。由於筆者的研究專業領域不是歷史，加上是驟然從事一個如此複雜大型的專題研究，所以在研究的過程中碰上了許多的大困難。開始的時候，筆者還在做其他的專題研究，只能利用公餘的空閒時間，去拜訪健在的老長官們，聽他們講述這個反共游擊隊的故事，當時因為背景知識不夠，對他們所講或所寫的故事，聽得似懂非懂，銜接不起來，也組織不起來，肚子裡雖有滿腹的問題，也不知從何問起，真的是有如瞎子摸象。到後來故事聽多了，雖然比較能夠聽懂了，但又發現不同的長官們對同一事件的敘述，無論內容情節或時間地點，因為年代久遠，記憶有所偏差遺忘，說出來時，彼此有很大的出入，不知何者為是，十分困擾。因此工作了一段時間之後，不得不改變工作的策略，除了繼續做口述歷史的訪談工作之外，擬計劃採用比較正式的歷史研究方法，去蒐集官方的檔案資料，以探明整個歷史事件的真相。筆者雖然有了這樣的想法，但因為自己的專業領域並非歷史，也不知道這些官方的檔案資料存放在那裡，所以雖有想法，也無法展開實際的研究行動。

到1996(民85)年8月，反共游擊部隊第二任總指揮柳元麟將軍的「回憶錄」——《滇緬邊區風雲錄》，由國防部史政編譯局出版了。拜讀之後，找到了當時已被緊縮編制、改名為「史政處」，但不久又恢復原編制的史政編譯局，經由其處長的介紹，認識參與該書編纂工作的王素珍上校，再透過王上校的說明和協助，筆者才曉得有關的游擊部隊的檔案，就是收藏在國防部的史政編譯局裡。因為申請閱讀官方檔案資料必須由任職單位出具公文，所以筆者對這反共游擊部隊的研究，才被迫和被動地由業餘性質轉變為專業性質。

筆者開始閱讀檔案資料時，立法院尚未通過「檔案法」，檔案如何開放？如何解密？完全無「法」可循，全由主管檔案的單位自由裁定，但他們的原則總是寧嚴勿寬，以免出錯。雖然從目錄上看到很多相關的檔案，但絕大部分都是不能

看的機密檔案,所以在史政編譯局所能閱讀到的檔案非常有限。所以,筆者雖然花了大量的時間,但也只能蒐集到一點點的資料。以後,「檔案法」於1999(民88)年通過了,但筆者所要看的許多檔案都尚未解密,還是不能看。後來經過編譯局人員的大力協助,洽請有關單位前來審查解密,直到2001(民90)年2月農曆春節過後,才全部解密。許多由總統府、參謀總長室、陸總部所移送到那裡的檔案,都是到了這個時候才終於能夠看到,才算解決了「取得最主要研究資料」的難題。至於申請閱讀外交部、國史館、國民黨黨部等單位的檔案,因為是文職單位,就比較容易得多。

然而,歷史資料的蒐集總是越多越好,只有蒐集到多方面的資料後,史料真實性的驗證工作才能順利展開。基於這個想法和信念,不但許多居住台灣的長官長輩,筆者都拜訪了兩次以上,而居住在泰北的長官長輩,也訪問了兩次。此外,為考證泰國為何熱心幫助游擊部隊一事,需要全盤了解開羅會議的內容,筆者曾遠道前往英國劍橋大學的邱吉爾學院,查閱其圖書館所珍藏開羅會議的原始紀錄。其次,當筆者閱讀緬甸向聯合國控訴國府侵略的檔案時,獲悉緬甸政府曾多次向聯合國提供很多的證據如相片和文件等,因此筆者也曾於911事件的第二年,前往紐約聯合國的圖書館蒐集此項證據資料,無奈聯合國圖書館因911事件而停止對外開放,以致吃了一個閉門羹;後來是以通信的方式,購到了部分的圖文資料。所幸利用該次紐約之行的機會,不但順道前往哥倫比亞大學圖書館查閱美國國務院的外交公報,蒐集到國務院於1950到1961年間與其駐台北、仰光、曼谷大使館間所有有關游擊部隊的文電或文件;同時也藉此機會拜訪到曾經在李彌和柳元麟兩個時期都擔任高級幹部的羅漢清將軍,在這兩方面所獲得的資料都彌足珍貴,可謂不虛此行。

本書的目的,即嘗試以上述各項研究方法,探討前一節所提出的各項問題,以求得這些問題的解答,並探尋出這些歷史事件的真相,最後再以某種適當的論文架構把這些研究成果有條理的呈現出來。

五、論文架構

所有的歷史事件都是一種時間系列上的存在,所以,對具有31年歷史的滇緬邊區反共游擊部隊,筆者即依時間上的先後順序,並依其領導人的更迭而區分為「李彌時期」、「柳元麟時期」和「三頭馬車時期」三個階段。這三個時期或階段的差異性可以簡述如下:

(一)李彌時期——時間的範圍是從1950年5月,台灣的國府給予該部隊補助開始,到1954年5月,部隊撤回台灣為止,係屬初創的時期。

(二)柳元麟時期——時間的範圍是從1954年9月台灣的國府再授予該部隊新番號、重新恢復補給開始,到1961年4月,部隊撤回台灣為止,屬守成時期。

(三)三頭馬車時期——柳元麟部隊撤台後,其留下的不撤部隊可分為兩部分:第一部分為馬俊國和曾誠的部隊,他們因為人在緬甸北部,部隊倉促撤退,他們無法及時南下,所以由情報局繼續維持補給;第二部分為段希文和李文煥的部隊,段為奉命不撤,國府暫停補給,李為自願不撤,國府停止補給,雖然不撤退的理由不同,但是在沒有補給之時,都同要自謀生存。至於國民黨中二組在滇緬邊區所成立的「雲南處」,它在1952年7月即已奉命籌備成立,並以游擊部隊的總指揮為特派員,初期的任務只是推行黨務工作,並無部隊,但是到柳部撤台之後,雲南處才於1964(民53)年8月成立自己的部隊。所以柳元麟部隊撤台後,存在於滇緬邊區的反共部隊可以區分為:(1)情報局補給的馬、曾部隊,(2)自給自足的段、李部隊和(3)國民黨補給的黨部部隊等三個部隊,本書將這個時期稱之為「三頭馬車時期」。由於三頭馬車部隊中有兩個部隊本來即為柳元麟部隊中的未撤部隊,所以柳元麟部隊的撤退就是三頭馬車時期的開始;至於其結束的時間,因為情報局和黨部的部隊都在泰國和中共建交之前夕即予解散,所以這「三頭馬車部隊」是以段李部隊打完考牙山之戰以後的1981(民70)年4月為止,因為從該時之後,該部隊即逐步走向解甲歸田之路。

在這「三個時期」的架構之下,本書以第二到第四章等三章的篇幅,分別討論了三個時期的史事之後,這個游擊部隊的真相即已大體呈現,但為求對這段史

事的前因和後果得到更寬廣的、更深入的認識，因此在第二章之前加入「導論」和第一章「部隊的前身和要件」，先行敘述這件史事的問題焦點、研究方法與架構，以及這個部隊在撤退進入緬甸之前，在雲南國境內如何奮戰，最後如何轉進到緬甸的整個事件經過。在最後的「結論」，則是總結、歸納其前面三章的重要發現和結論，並期望本書也能夠發揮一些拋磚引玉的效果，吸引更多學者投入這個專題的研究，以寫出更多精彩的著作，這是筆者所最盼望的事。

第一章
部隊的前身和要件

第一節　複雜艱苦的前身背景

一、盧漢投共前的國共軍事狀況

　　1949(民38)年是中華民國國運最低潮的一年。在這一年裡，最先是在1月10日，國軍在「徐蚌會戰」(中共稱為「淮海戰役」)中，對共軍作戰失利，幾個精銳兵團在一兩月之內先後全被殲滅，長江以北地區，幾乎全為共軍所占領。接著，蔣中正總統在各方逼迫之下，於1月21日引退下野，由李宗仁代行總統職權，整個政治局勢，更加不穩定。4月21日，共軍強渡長江，23日攻陷首都南京；中央政府南遷廣州。在這局勢逆轉的情況之下，蔣中正只能以中國國民黨總裁的身份，往來飛奔於台北、廣州、重慶、成都之間，企圖穩住大陸西南的四川、西康、貴州、雲南、廣西等各省，以作為對抗共黨勢力擴張的基地。但是，到了10月14日，共軍攻下了廣州，中央政府西遷重慶；11月15日、22日和30日，共軍再分別攻下了貴陽、桂林和重慶，中央政府則再遷成都，而代總統李宗仁則在桂林淪陷前兩日，即由南寧棄職飛往香港，然後再藉詞就醫，而於12月5日再由香港轉往美國，棄國政於不顧。於是在該(1949)年12月以前，雲南成為大陸最後三個(雲南、西康、西藏)未被共軍攻陷的省區之一。而雲南省也就成為中華民國政府在大陸西南地區，對抗共產黨勢力的最後希望所寄，因此蔣中正乃於12月7日和9日，派原西南行政長官張群(西南行政長官於12月7日由顧祝同接任)密集拜會盧漢，商討中央政府遷至昆明及保衛雲南事宜。然盧漢眼看大勢已去，正秘密策劃投共事宜，深恐中央政府機構一旦遷來雲南，其兵力即居於弱勢而無法依計行事，因此

藉詞雲南窮鄉僻壤，元氣未復，拒絕中央政府遷滇之議[1]。

回顧盧漢於1945(民34)年12月1日就任雲南省主席之後，並於1949(民38)年1月30日再兼任雲南省綏靖公署主任，可謂集雲南省軍政大權於一身。在盧漢投共前的數月，中央政府為肅清雲南貴州兩省境內的土共騷亂，特別成立「滇黔清剿指揮所」，由貴州省主席谷正倫擔任總司令，並由第19兵團司令何紹周為前敵總指揮，統轄在貴州整訓之第89軍、在四川整訓之第8軍、以及在廣西新編成之第330師。9月間，該指揮所為配合盧漢奉行中央的清共政策，解散雲南省參議會，逮捕共黨分子及親共議員、記者和學生等，而進駐滇省，並配合原駐滇省之第26軍，對土共實施清剿。但是到了10月中旬，國軍在湘境作戰失利，黔東告急，中央乃將第89軍調回貴州，該指揮所亦同時裁撤[2]。後來，由四川調入雲南的第8軍，即歸雲南綏靖公署指揮。所以，在盧漢投共前，其雲南省綏靖公署所指揮的部隊，計分為雲南省保安司令部部隊和中央軍兩部分。其中，雲南省保安司令部轄有第74軍(軍長余建勛，下轄第277、278兩師)和第93軍(軍長龍澤匯，下轄第184、259兩師)兩軍和全省各縣15個保安團等；而在中央軍方面，則分為李彌第6編練司令部和余程萬第9兵團兩部分；在第6編練司令部(司令官李彌)之下，轄第8軍(兼軍長李彌)和第9軍(尚未編成)，第8軍之下轄第42師(師長石建中)、170師(師長孫進賢)、237師(師長李彬甫)和教導師(師長李楨幹)，而第9軍(尚未編成)所轄第3師(師長田仲達)，亦暫歸第8軍率領。此外，在雲南省境內的兩個憲兵團亦暫歸第8軍指揮。至於尚未編成的余程萬第9兵團，其下轄第26軍(軍長余程萬)和28軍(尚未編成)，26軍之下轄第93師(師長葉植楠)、161師(師長梁天榮)、193師(師長石補天)和最後編成的第368師(師長羅寨旭，由憲兵18團和補1、補2團新編而成)。盧漢叛變後，因李彌和余程萬皆被盧漢軟禁，國防部於次日撤銷第6編練司令部和第9兵團，以後並於1950(民39)年元月17日，將在滇部隊重整成立第8兵團，司令官為湯堯，副司令官為彭佐熙(仍兼26軍軍長)，下轄第8、第9和26軍三個軍，8軍軍長為曹天戈，轄42師和237師；9軍軍長為孫進賢，轄3師和170師；26軍編制同前。但因部隊三天後即被殲

1　國防部史政編譯局(1983)，〈西南及西藏地方作戰〉，刊於《戡亂戰史》第13冊。台北市：國防部史政編譯局。頁56。

2　同註1。頁56。

滅或先後退入越南、緬甸，故有關第8兵團之事未被史界所熟知[3]。

　　盧漢決心投共之後，乃派其財政廳長林南園飛往香港，與中共華南分局負責人張鐵生聯繫。林南園於1949(民38)年12月3日到達香港，6日獲得張鐵生的指示，謂雲南的情勢已十分緊迫，務必在中央政府機構和西南行政公署遷到雲南之前起事，於是林南園乃匆匆於次(7)日帶著「雲南起義通電」的草稿飛回昆明[4]。此外，據國府的情資顯示：前雲南省政府財政廳長盧松仁，偕同龍雲妻子顧映秋及其長子龍繩武，隨後亦於12月8日傍晚潛返昆明，帶回毛澤東致盧漢的一紙命令，對盧提出六項指示：(1)提前宣布投降、(2)接受劉伯承之指揮、(3)準備接應解放軍入滇、(4)防止中央官員潛逃並防範一切變亂、(5)令保安部隊向西康進擊、(6)保持中央政府及其官員之公私財產於現狀[5]。

　　在12月6日，李彌與余程萬前來昆明向盧漢請示補給問題，盧漢為求其投共計劃的安全，正想設法將這兩位軍長調離部隊，使其部隊群龍無首，於是正好藉此機會推託沒錢，而將此補給難題推給第二(7日)天傍晚前來昆明的張群，請他們與龍澤匯一同前往成都，向蔣中正總裁請求補給，而盧漢則利用7、8、9三天，秘密將其親信部隊快速由外地調來昆明[6]。

二、盧漢投共

　　12月9日午後4時半，張群和三位軍長由成都回到昆明，盧漢藉詞與張群在當晚9時召開會議為由，於5時發出會議召集通知給李彌(第8軍軍長)、余程萬(第26軍軍長)、李楚藩(憲兵副總司令兼憲兵西南區司令)、沈延世(空軍第5路軍副司令)、童鶴齡(憲兵西南區參謀長)、沈醉(軍統局雲南站站長)、馬瑛(省府秘書長)、謝崇文等軍政大員，都召至盧漢官邸開會[7]。該會議把中央派駐昆明的所有軍政情首長，另外加

---

3. （A）同註1，頁76。
　　（B）國防部史政編譯局檔案，《國軍在滇桂康越部署作戰經過》，民38年12月至民39年1月。見〈民39年元月16日顧祝同參謀總長致蔣總裁電〉。
4　樊強(1995)，《輝煌西南》，北京市：解放軍出版社。頁146，153。
5　同註1，頁52。
6　（A）同註1，頁56。
　　（B）柳元麟(1996)，《滇緬邊區風雲錄—柳元麟將軍八十八回憶》。台北市：國防部史政編譯局。頁74。
7　（A）同註4，頁163-8。

上陪隨三位軍長到成都的石補天(第26軍第193師師長)，全部一網召齊，然後押至省府大樓軟禁。盧漢扣押了這些軍政情首長之後，即全面實施戒嚴，將昆明對外的交通、電信，全部切斷，於晚上10時宣告投靠中共，並正式發布「雲南起義通電」[8]：

> 北京中央人民政府毛主席、朱總司令、周總理、人民革命軍事委員會並請轉人民解放軍各野戰軍司令員、副司令員、各政委、全國各軍政委員會、各省市人民政府、各省市軍事管制委員會公鑒：人民解放，大義昭然，舉國夙已歸心，仁者終於無敵。抗戰八年，雲南民主思潮普遍三迤，革命原有歷史，響應何敢後人。不意勝利甫臨，國民黨反動派政府私心滔天，排除異己，遂發生雲南政變，且借機將數萬健兒遠戍東北，地方民眾武裝剝奪殆盡，全省行政首腦形同傀儡，以特務暗探鉗制人民之思想，以警察憲兵監視人民之行動，誅求無屢，動輒得咎，官兵束手，積憤莫伸。父老則冤苦填膺，青年則鋌而走險，人民革命洪流，實已席捲地下，解放全滇，有如日月經天，江河行地，決非任何反動勢力所能遏阻，只以壓力太大，不忍輕率從事，重苦人民。漢主持滇政，忽忽四載，效傀儡之登場，處孤孽之地位，操心危而慮患深，左支吾而右竭蹶，懷威脅之多端，實智窮而力拙，既負滇人，復負革命。年來居心行事，無不以雲南1200萬人民之禍福為前提。此中原委，不敢求諒於人，亦不敢求恕於我，若執行迹而罪我，雖百死而不辭。時機未至，不(得不)委屈忍耐，權為應付，時機已至，不惜任何犧牲，解放雲南。茲以堅決行動，盡應盡之義務，但求有利國家有利人民，爰自本日起，脫離國民黨反動政府，宣布雲南全境解放，並遵照毛主席、朱總司令所宣布之人民解放軍約法八章及第二野戰軍司令員劉伯承、政治委員鄧小平

(續)————————————

(B)劉斌武編著(1997)，《陳賡兵團征戰記》，北京市：國防大學出版社。頁286-7。

(C)胡士方(1990)〈我所知道的李彌〉(上、下)，刊於《傳記文學》第56卷第5-6期，頁(上)107-114，(下)76-84。頁(上)113。

(D)曾藝(1964)，《滇緬邊區游擊戰史》。台北市：國防部史政編譯局。頁7。

8　同註4，頁163-7。頁169-70。

對川、黔、滇、康宣布之四項辦法，暫組織臨時軍政委員會，維持地方秩序，聽候中央人民政府命令。至於漢個人只求雲南解放之完成，即當引退而待罪。如有反動勢力為害鄉邦，漢當率三迤健兒負弩前驅，迎頭痛擊，完成人民解放大業。謹此宣言，諸維公鑒。盧漢率全體文武官員暨全省民眾叩。亥佳印。

　　盧漢遵照中共中央的指示，提前於9日宣布投共之後，毛澤東和朱德旋於10日和11日，連續致電盧漢表示歡迎，兩次來信的電文如下[9]：

昆明盧主席勛鑒：
　　通電敬悉，極為欣慰。昆明起義，有助於西南解放事業的迅速推進，為全國人民所歡迎。希望團結全省軍政人員與人民游擊隊共同維護地方秩序，消滅反動殘餘，並改善官兵關係，為協助人民解放軍建設人民民主專政的新雲南而奮鬥。
　　　　　　　　　　　　　　　　　　　毛澤東　朱德　亥灰（12月10日）

昆明盧漢主席勛鑒：
　　佳（9日）電誦悉，甚為欣慰。雲南宣布脫離國民黨反動政府，服從中央人民政府，加速西南解放戰爭之進展，必為全國人民所歡迎。現我第二野戰軍劉伯承司令員、鄧小平政治委員已進駐重慶，為便於具體解決雲南問題，即盼迅速與重慶直接聯繫，接受劉、鄧兩將軍指揮。並望通令所屬遵行下列各項：（1）準備迎接人民解放軍進駐雲南，並配合我軍消滅一切敢於抵抗的反革命軍隊；（2）執行人民解放軍今年四月二十一日布告與今年十一月二十一日劉鄧兩將軍四項號召，保衛國家財產，維護地方秩序，聽候接收；（3）逮捕反革命分子，鎮壓反革命活動；（4）保護人民革命活動，並與雲南人民革命武裝建立聯繫。專此並希裁復。
　　　　　　　　　　　　　　　　　　　毛澤東　朱　德　亥真（12月11日）

9　（A）同註4。頁171，177-8。
　　（B）馬曜主編、李惠銓編輯（1991）《雲南簡史》，昆明市：雲南人民出版社。頁409。

　　到12月12日，盧漢宣布成立「雲南人民臨時軍政委員會」[10]成員除盧漢外，包括宋一痕、楊文清、謝崇文、安恩溥、林毓棠、吳少默、曾恕懷等7人，李彌與余程萬亦名列該委員會之中。

　　由於盧漢在宣布投共前，即已事先扣押了李彌(及隨行的副軍長柳元麟)和余程萬(及隨行的第193師師長石補天)，以致兩軍不但群龍無首，而且第26軍之主力遠在開遠、建水，而第8軍之主力亦遠在昭通、宣威、霑益一帶，因此盧漢認為，如能控制機場和取下第6編練司令部，即能徹底瓦解中央軍之指揮中心，於是他乃於10日拂曉，派1個保安團圍攻機場，並派3個保安團(約1個師之眾)圍攻位於大板橋的第6編練司令部，預計一天即能達成任務。機場方面因只有1個空軍特務連和1個憲兵連，故被盧軍很快順利取下；但在第6編練司令部方面，因有司令部副參謀長李楨幹毅然指揮其直屬部隊、特務團及警衛營(營長李心側)，奮力迎戰，兩軍戰至次晨，盧軍未能得手，無功而退[11]。

三、國府下令兩軍攻城

　　由於10日發生了大板橋戰鬥事件，加以李彌、余程萬兩軍長被扣後，被迫簽名投共及廣播，謂已接受收編(第8軍為暫解9軍，第26軍為暫解11軍，第74軍為暫解12軍，第93軍為暫解14軍)[12]，因此國府中央為弭平亂源，穩定時局，除通令討伐盧漢外，並於同(10)日之夜撤銷第6編練司令部和余程萬之新兵團(第9兵團)司令部，真除王伯勳為第19兵團司令官(原司令官何紹周調渝述職)，曹天戈為副司令官，統一指揮第8、26、89各軍，擔任防守北盤江及進攻昆明之行動[13]。

　　此外，為健全第8、26兩軍的指揮系統，中央於10日並電令第19兵團副司令

10　同註7(C)。頁(上)114。
11　同註1。頁56。
12　(A)同註7(C)。頁(上)114。
　　(B)同註1。頁54，64-5。
13　(A)國防部史政編譯局檔案，《雲南戡亂作戰經過概要》，民38年10月至民38年12月。見〈民38年12月10日顧祝同參謀總長致蔣總裁電〉及同日致王伯勳、曹天戈、彭佐熙等之函電。
　　(B)同註1。頁57。

官兼第8軍副軍長曹天戈升兼第8軍軍長，第26軍副軍長彭佐熙升任軍長，副軍長則由該軍93師師長葉植楠升任，仍兼原師長，而該軍193師因師長石補天亦被扣，其師長缺亦由副師長呂維英升任，以維持部隊的指揮系統。部隊指揮系統重建之後，中央即令第26軍向昆明附近之路南和宜良集中，準備配合楊林附近第8軍的一個師，進攻昆明；並令曹天戈率8軍全部及26軍之193師立即在霑益、曲靖、馬龍地區集結，協同26軍進攻昆明[14]。此後，中央並於12月11日和12日，先後電示第8軍和第26軍，謂李彌、余程萬二將軍之簽名為偽造，而兩將軍之廣播亦是受強制壓迫，希兩軍奮力攻克昆明，解救長官[15]。(雲南省及昆明市地圖附於本節之末)

　　國防部的部署命令雖然下達，但嗣後數度與王伯勳連絡，均未獲回應，且態度曖昧，行動詭祕，中央疑慮其不穩(按：王伯勳後來果然於12月21日率黔境的89軍投共)，於是再改令陸軍總司令部的參謀長湯堯(亦作湯垚)，統一指揮雲南地區的國軍部隊，並執行指揮反攻昆明的工作[16]。然而，由於第8軍和第26軍兩軍的幹部間，過去並無淵源，事變發生後，兩軍間電信無法連絡；而湯堯與兩軍幹部亦甚少淵源，且與第26軍軍長彭佐熙素未謀面，無法有效指揮協調。於是於12月14日，勉由遠在成都的參謀總長兼陸軍總司令顧祝同，直接電令兩軍，其命令要旨如下[17]：

一、以徹底殲滅昆明叛軍之目的，保持主力於霑(益)昆(明)路以北地區，向富民、昆明、呈貢之線進出，在我另以一部截斷安寧之支撐下，向左旋迴，壓迫叛軍於滇池以西地區而殲滅之。

二、第8軍主力(第42師、第170師)及第26軍之第193師，應於12月16日以前，躍進於楊林、舊關、大板橋間地區，16日開始攻擊，儘速進出富民、昆明之線。

14　同註1。頁56-7。
15　同註1。頁62。
16　同註13(A)。見〈民38年12月15日顧總長致蔣總裁電〉。
17　(A)同註1。頁61-2。
　　(B)同註13(A)。見〈民38年12月10日顧祝同總長分致王伯勳、曹天戈、彭佐熙電〉。

三、第26軍主力(第93師、第161師),即向宜良、湯池、陽宗、㵲江間地區躍進,並於16日開始攻擊,擊破當面之敵,進出昆明、呈貢之線。

四、本作戰著由陸軍總司令顧祝同負責指揮,由兼參謀長湯堯代行。

五、空軍以西昌為基地,霑益、蒙自為前進著陸地,協同陸軍反攻昆明。

湯堯和兩軍奉令後,第26軍於12月15日即由開遠推進至宜良,原訂16日進攻昆明之計劃,因湯堯於16日拂曉時發現,第26軍所展開之宜良互㵲江之線過於落後,不能發揮統合戰力,乃令該軍迅速再往前推進,改為展開大板橋互呈貢之線,於是進攻昆明的日期,亦隨之延至17日拂曉。為方便作戰之指揮,中央復於16日晉升湯堯為陸軍副總司令(仍兼參謀長),代總司令執行前線的指揮任務。

在盧漢方面,他為化解國軍攻城之壓力,於16日同意以李彌夫人龍慧娛女士和第8軍副軍長柳元麟為人質,而於正午釋放李彌返回原第6編練司令部,以命令兩軍停止進攻昆明之計劃[18]。李彌回到大板橋編練司令部後,態度本來十分消極,認為即使攻下昆明,軍紀亦難維持,頗有放棄之意,但在孫進賢和石建中等師長堅決主戰並下跪請求之下,李彌才被動尊從眾意,並當眾宣示,願犧牲其為人質之妻室,於是兩軍決定維持原議不變:決定17日拂曉攻城[19]。身在海南島的參謀總長顧祝同於17日得悉李彌獲釋後,以為余程萬亦同時獲釋歸來(實際上余程萬尚未獲釋),隨即以電話報告台北之蔣總裁,謂李彌與余程萬皆已脫險歸來,於是蔣總裁即下口諭:任命李彌為雲南省政府主席,余程萬為雲南綏靖公署主任[20]。同(17)日,行政院將雲南省綏靖主任兼省主席盧漢撤職緝辦。尋於12月20日,國民黨中央非常委員會第13次會議即追認余、李之任命案,政府也於次(21)日正式批准任命。

國軍原訂17日拂曉攻城之計劃,復因國防部參謀次長蕭毅肅已馳電盧漢,勸其率部退出昆明,並派被扣之第8軍副軍長柳元麟和第193師師長石補天,出城迎接國軍入城[21]。於是將攻城時間,奉令再順延至18日正午。到了12月18日正午,

18 同註1。頁63-4。
19 (A)同註1。頁63。
　　(B)同註7(C)。頁(上)114。
20 同註13(A)。見〈民38年12月18日顧總長經由陸軍副總司令湯堯轉致李彌電〉。
21 同註1。頁63-4。

盧漢沒有反應，副總司令湯堯即遵國防部之指示，斷然下令發起攻擊。攻擊之陣勢，第26軍展開大板橋亙呈貢之南線，第8軍則展開大板橋亙舊關之北線，兩軍都是以二師並列，南北連成一線，一同西向昆明，展開攻擊。第26軍以第193師為右翼，第161師為左翼，第93師為預備隊（控置於宜良）；第8軍則是以第170師為右翼，第42師為左翼，第237師為預備隊（跟隨在第170師之後）。其餘者，第26軍之第368師擔任蒙自地區之守備，而第8軍之第3師則與直屬陸軍總部的第370師，一同負責守備曲靖和霑益[22]。

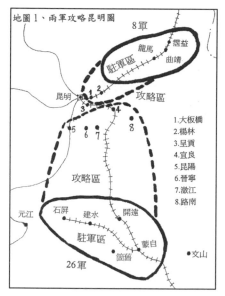

地圖1、兩軍攻略昆明圖

8軍

龍馬　霑益

駐軍區　曲靖

昆明　1　2　攻略區

3　4

5　　8

6　7

攻略區

1.大板橋
2.楊林
3.呈貢
4.宜良
5.昆陽
6.晉寧
7.激江
8.路南

石屏　建水　開遠

駐軍區　蒙自

元江　箇舊　●文山

26軍

兩軍接觸後，南線第26軍左翼161師當面之敵是土共朱家璧部，右翼193師當面之敵是暫解第14軍（即原第93軍龍澤匯部）之一部，在第26軍兩師強力壓制下，盧軍紛紛不支而後撤，到入夜前，第26軍的兩個師已順利占領昆明東南方的巫家壩機場和五里壩機場，並進抵昆明城東之東關。在北線的第8軍方面，其左右兩翼之敵皆為暫解第14軍之主力，一經接觸，即退守呼馬山南北之既設陣地，以阻止國軍之西進。當日黃昏前，第8軍之後備部隊第237師，由右側超越第170師，直撲呼馬山左後方、昆明北方的崗頭村，使呼馬山陣地之敵，側背遭受威脅，連夜倉皇撤回昆明城中[23]。

19日拂曉，全線國軍再興攻勢，空軍亦大舉出動，臨空助戰，士氣十分旺盛。接近中午時分，第26軍的第161師，由昆明南側攻入城區，第193師亦同時攻占東關，占領太和殿和汽車東站一帶；而後備部隊第93師則於午後繞越至昆明西南，擬於入夜前，完成對昆明之包圍。在北線之第8軍，左右兩翼相互掩護前進，也在中午時分，由第170師由北門攻入城區，展開逐屋巷戰，十分慘烈；而

22　同註1。頁65。
23　同註1。頁65-6。

第237師則在昆明西北隅,切斷昆明對外之交通線,使昆明成為一個孤城[24]。

四、余程萬反對攻城

當國軍即將完成包圍合攻之際,盧漢於當(19)日下午2時,首先在昆明東門釋放第193師師長石補天,由石補天以廣播命令第193師官兵停止攻擊,石補天回到小石壩的師指揮部後,立即召集該師主要幕僚,說明必須停止攻擊,才能營救余程萬。石補天並立即以電話通知已攻入城內的第161師和8軍的第170師師長,於是全線之攻擊行動,奉令全部停止。如此僵持至黃昏時分,余程萬才全身佩掛手榴彈,在盧漢爪牙押送下,乘坐吉甫車由南門出城,然後逕自驅車前往呈貢的軍指揮所[25]。

余程萬返回軍指揮部之後,立即召集軍部主要幕僚及全軍團長以上(包括部分營長)主官,舉行緊急會議,會前並下令切斷對外一切通信。在會議中,余程萬首先轉述盧漢所提供之共軍動態,謂(1)滇東、黔境之第89軍已投共,王伯勳正率兩個師由盤縣向霑益推進;(2)共軍第四兵團的右翼已占領宣威,並繼續向南推進中,其左翼已通過黔西之晴隆,隨著第89軍前進;(3)廣西百色之共軍正向滇南急進中;(4)土共(中共稱之為「邊縱」)余衛民部已進抵建水以東,即將會同土共莊田部,向蒙自實施夾擊。因此,余程萬認為第26軍已處於腹背受敵之危境,主張投共,接受共軍暫解第11軍之番號。此議受到全體與會人員之反對,現任軍長彭佐熙主張再興攻勢,以竟全功,而余程萬則堅不同意。由於正反意見強烈對立,余程萬不得已,再提出第二個方案。余程萬認為,在當前情況下,攻擊昆明已喪失價值,且會遭受重大損失,為替國家保存一份實力,全軍應急速向滇南轉移。此案雖較緩和,但還是未獲與會人員同意。如此,余程萬在會中反覆陳述「為國家保存一份實力」的意見,使會議時間持續長達22個小時之久。最後,余程萬終於爭取到多數人員的勉強同意,採行「保存實力」的南撤方案。這時已是20日的夜晚。21日拂曉,第26軍自行撤退,向宜良、呈貢集結。部隊集結完成後,余程萬一面派副軍長石補天為代表,往來於呈貢和昆明間,與盧漢保持聯

24　同註1。頁66-7。
25　同註1。頁67。

繫，以防啟疑；另一方面則秘密向滇南轉進，26日到達蒙自，當日在蒙自軍中就任雲南綏靖公署主任之職；到28日，軍部再轉進至開遠。在轉進途中，第193師第577團之蕭傳賢營長，不願隨軍轉進，率部潛留敵後，從事游擊[26]。

在第8軍方面，自19日下午第193師停火之後，軍長曹天戈雖知道石補天和余程萬已先後獲釋，但卻從此連絡中斷，動向完全不明，深恐第26軍會決定投共，而陷於盧、余聯軍的夾擊，不敢貿然孤軍作戰，因此，一方面令進城之第170師退守呼馬山南北之線，掩護第8軍主力向大板橋地區集結，另一方面則派員進入昆明城，以函文向盧漢要求釋放李彌夫人及第8軍幹部。21日晨，盧漢派投共的原第6編練司令部參謀長卓立為代表，前來第8軍指揮部，要求第8軍派全權代表前往昆明，共商「投共易幟」事宜，接受暫解第9軍番號。軍長曹天戈為圖釋放人質，乃虛與委蛇，派副參謀長李灝為代表，向盧漢提出三個同意投共的先決條件：(1)立即釋放李彌夫人及第8軍被扣幹部；(2)嚴懲在大板橋戰鬥中搶劫、侮辱軍眷之兇犯；(3)清發10至12月薪餉。盧漢完全接受這些條件，並立即釋放人質，隨李灝於23日返回大板橋[27]。

而曹天戈軍長則因不明第26軍之動向，不但不敢與之接近，而且刻意與之隔離，於21日夜，暗地將部隊東向霑益方面移動，以與駐在霑益的第3師會合，再圖後策。不料第8軍之動向於23日被盧漢偵知，當即派其暫解第14軍前往追擊，於24日拂曉，在馬龍以西15公里之馬過河附近，追及第8軍。第8軍後衛第170師乃與之激戰，戰至黃昏，才將盧軍擊退。

負責指揮滇境國軍的陸軍副總司令湯堯，因一直隨著第8軍行動，到了24日中午，才間接獲知第26軍並未投共，並獲知該軍正向滇南的開遠、蒙自地區轉進中。同時，也獲知甫投共的第89軍，正由王伯勳率領其主力，由貴州盤縣向西急進，其先頭部隊已通過平彝，即至霑益，勢將與第8軍發生對戰。於是第8軍和陸總部直屬單位，乃迅速沿霑益、曲靖、陸良、路南之線，而向澂江、江川間地區轉進，以與第26軍相互支援。直到28日夜，第8軍的直屬部隊和第3師才進抵澂

26　(A)同註1。頁67-8。
　　(B)同註7(C)。頁(下)78。
27　同註1。頁69。

江、江川間地區，第42師則進駐呈貢東西之線，其餘各部亦皆到達晉寧、昆陽、玉溪間地區集中，並在同(28)日，與第26軍再度取得聯絡。

23日凌晨，國防部曾電示李彌、余程萬、曹天戈和彭佐熙，令第8軍和第26軍兩軍撤至南盤江以南地區，並以主力集結於開遠、蒙自間地區[28]。但因兩軍均在轉進途中，並無反應，電文可能並未送達，因彭佐熙當天午夜的來電，並未提及該電[29]。24日，余程萬致電總裁蔣中正，誣指友軍先撤，致昆明攻城，功敗垂成，並請求撥補糧款，以免餓莩[30]。於是國防部於26日先行空投銀元30,000元應急，並於27日提出三案，請雲南綏靖主任余程萬研究具報。這三個方案如下[31]：

(1)由貴官統率第8、第26軍及其他國軍部隊，先在滇南建立據點，站穩腳跟，並確保蒙自機場，由空中取得補給，繼續與匪周旋。

(2)由貴官統率第26軍，準備自蒙自空運海口。

(3)由貴官統率第8、第26軍，於不得已時進入越南，然後循外交途徑，交涉船運至海南島。

余程萬接到國防部所提示的方案後，立即召集第26軍主要幹部研商，一致認為第二案最為有利，但為顧及國軍現有空運能力及共軍之干擾因素，要全軍撤退，很難做到，因此向國防部提出如下的建議[32]：

(1)空運海南島。

(2)眷屬建議先行撤離，俾官兵無後顧之慮。

(3)儘可能利用蒙自機場撤離。

(4)當狀況不得已時，向滇南之南嶠地區轉移，利用南嶠機場繼續撤離，抑或由此進入越南。

為避免匪軍地面或空中之干擾，並建議於撤運期間，經常派機攻擊昆明四週和機場，並對敵後保持監視。

第26軍的這個建議，獲得了國防部的同意。但是余程萬與第8軍連絡上之

28　同註1。頁70。
29　同註1。頁10。
30　同註1。頁72。
31　同註1。頁71。
32　同註1。頁76。

後，第8軍卻決定選擇第一案——繼續留駐滇南。對兩軍不同的選擇，國防部勉力尊重，並作成如下決策：(1)利用蒙自機場，將第26軍空運至海南島，然後再船運回台灣，撤運後基地由第8軍接管；(2)將第8軍擴編為第8兵團，繼續留駐滇南，與雲南省政府合力向滇西發展，建立新基地；(3)第8兵團轄第8、第9兩軍，調任陸軍副總司令湯堯為兵團司令，副司令曹天戈兼第8軍軍長；升孫進賢為第9軍軍長仍兼第170師師長；(4)第26軍在撤運前歸第8兵團統一指揮[33]。決策作成之後，空運作業旋於1950年元旦開始，但由於運輸機有限，兼以機場設備簡陋，以致眷屬之撤運作業，費時兩週，才告完成。

　　而在共軍方面，劉伯承親率其所屬第2野戰軍第4兵團(司令員陳賡)第15軍(軍長秦基偉)，經霑益而於1950(民39)年元旦進駐昆明之後，即坐鎮昆明，統一指揮滇南地區之作戰。劉伯承為徹底圍殲國軍，使不致由空中、地面逃脫，於是調集各路共軍和土共，全面包圍滇南之國軍，以一舉而殲滅之。其布署計劃如下[34]：

(1) 由林彪所屬第4野戰軍第13兵團(司令員程子華)第38軍(軍長梁興初)的第114師(師長劉賢權)和第39軍(軍長劉震)第115師(師長王良太)組成南路軍，於1949(民38)年12月27日從廣西百色出發，經剝隘、富寧、硯山、文山、馬關，沿國境線隱密地向西疾進，全程一千多里，於1950(民39)年元月11日占領滇越邊境上的重鎮河口和南溪地區，並於元月14日，猛攻紅河上的渡口蠻耗，將國軍架設的浮橋炸毀，並於同日占領屏邊，封鎖國軍由陸上交通幹線撤入越南的通路。

(2) 由劉伯承所屬第2野戰軍(司令員劉伯承)第4兵團(司令員陳賡)第13軍(軍長周希漢)的第37師(師長周學義)和38師(師長徐其孝)組成中路軍，於1950(民39)年元旦從南寧地區出發，先乘車到百色，然後沿南路軍的路線，徒步強行軍，晝夜兼程，到了文山之後，改向直取蒙自，其先頭部隊37師110團，於元月16日凌晨即趕到了目的地，並於該日上午攻占了蒙自機場，切斷了國軍第26軍由空中撤運至海南島的通路。

33　同註1。頁76-7。
34　(A)同註1。頁77。
　　(B)同註9(B)。頁413-4。

(3)在北路軍方面，可細分為三部。第一部是由第2野戰軍(司令員劉伯承)第4
兵團(司令員陳賡)的第14軍(軍長李成芳)，由貴州的威寧南進，沿宣威、曲
靖、陸良、路南，向彌勒附近地區前進，準備向開遠攻擊。第二部是由
朱家璧率領各路土共組成，於元月13日分別從晉寧和呈貢出發南下，計
劃向石屏、寶秀一帶的國軍出擊，後因戰情變化，改向陽武、元江方面
截擊西撤之國軍。第三部是由投共的暫解14軍(原93軍，軍長龍澤匯)和各
保安團組成，沿滇池西畔，向峨山、石屏之國軍攻擊，並以有力之一部
向元江及其以南地區進出，切斷國軍西撤之路。

(4)第2野戰軍(司令員劉伯承)第4兵團(司令員陳賡)之第15軍(軍長秦基偉)留駐昆
明，作為總預備部隊。

因此，共軍於發起全面總攻擊之前，基本上已大致完成了以大軍包圍國軍的
態勢。而在國軍方面，雖然在雲南還有兩個軍之眾，但因為第26軍正準備空運撤
至海南島，到元月14日，完成了眷屬的撤運工作；元月15日，完成第一梯次的撤
軍，撤走了軍前進指揮所、第368師之第1102團和第1104團的一部；而擬於元月
16日撤退的第二梯次(預定撤退的部隊為第161師之482團和第93師之279團)，則因共軍的
中路軍於16日凌晨即開始進攻機場，無法再行實施，當日的飛機只能倉皇地撤離
空軍地勤人員和部分的國防部留滇人員。

國、共軍兩軍於16日在蒙自開始交戰之後，國軍方面，因為第26軍正準備全
軍撤運海南島，在二、三天前即將文山、硯山的警戒部隊撤回蒙自，對當前的共
軍動態，完全沒有情報和警戒，當然也沒有應戰的心理準備，而決定留駐滇南的
第8軍則尚在移動之中，還沒完成接防的工作，因此，無論第8軍和第26軍的應
戰，都甚為倉忙。由於蒙自在東、南、北三方面都已直接受到共軍的強力壓迫，
於是第8兵團司令官湯堯主動放棄蒙自，於16日上午10時下令第26軍向元江以南
轉進，第8軍則沿建水、石屏、元江向西轉進[35]。

五、兩軍分別轉進滇南

35　同註1。頁78。

　　第26軍長彭佐熙奉到南撤之令後，即令已進駐機場待運之第93師第279團和第161師482團，歸第193師師長呂維英指揮，防禦蒙自機場，掩護空軍地勤單位及國防部留滇人員，完成空中之撤運，然後擔任全軍轉進之後衛。彭佐熙親率全軍(除已撤海南島之部分)於當日從蒙自先向西撤至箇舊。次(17)日晨，全軍經卡房南下，於17日晚抵達蠻板。18日拂曉，遭到由屏邊方面北來共軍南路軍(38軍一部)之攻擊，損失頗重，但在先頭部隊第368師(師長羅摹旭)第1103團和1104團(撤海南島一部)的全力掩護下，第26軍主力勉力渡過元江。而在卡房擔任後衛之第161師(以第482團為主幹)，則由卡房逕赴新街附近渡越元江，而單獨向滇緬邊境轉進，以後在瓦渣與李國輝團(第8軍第237師709團)相遇。

　　第26軍主力渡過元江後，改由第368師擔任後衛，該師先後於太平子(蠻板以南約16公里)和沙人寨兩線之間遭到共軍阻擊，師長羅摹旭不幸於沙人寨戰鬥中壯烈成仁。為擺脫共軍之糾纏和攻擊，26軍抵達犒吾卡(逢春嶺)後，即部隊分為左右兩路轉進，計劃至猛丁會師。「右翼」為第93師直屬部隊、第278羅伯剛團(欠第3營)、第279團第1營(孫營)及部分未及空運之空軍人員和國防部高級人員；「左翼」則為軍直屬部隊、第93師第277團、第161師、第193師和第368師之未撤人員。詎料晝夜行軍，連絡中斷，以致從此分道揚鑣[36]。

　　第26軍之左翼部隊繼續向南轉進，全軍於18日晚進至老磨多(蠻板以南約22公里)，19日再進至猛喇(老磨多以南約25公里)。20日晨，共軍38軍之一部追至猛喇以北，國軍將之擊退後，於同日午頃從容進抵中越邊境之金水河畔，稍事休整後，進入越南，向萊州方向前進。於25日在萊州被法軍繳械，29日移駐金蘭灣，以後再移富國島。

　　而第26軍之右翼部隊，於元月18日晚進抵新街(箇舊縣境)，然後徹夜行軍，經灰竹坪、冬瓜林、堆頭鎮，於19日晚渡籐條河夜宿麻山；21日經馬撒水，夜宿老集寨；休整人馬後，原擬逕入越南，但因與軍部無法通訊而作罷。23日改變方向，經者米至巴哈；24日至老勇，再擬由此經課馬而轉往越南萊州，適獲土人告知，謂萊州已被胡志明占有，於是決心改道西向江城。25日晚夜宿哈播，與軍部

恢復聯絡，彭佐熙軍長告知該等已被法軍繳械，電飭葉植楠師長：「切勿入越，應即赴車佛南，自覓生存基地。」26日抵達騎馬壩。這時，279團殘部第1營決定離隊入越，追隨軍部。而部隊則繼續西進，於29日渡墨江(李仙江)，經高寨、拉虎壩，於31日抵達江城，肅清該地之土共。2月2日，葉師繼續前行，經大過梁、漫湯、漫禮，於6日晚抵達漫沙；7日，在途中與土共數度交戰，然後進入鎮越城，當日再奉顧總長電令：「切勿入越」。8日經猛醒，9日經小猛崙，10日至蠻桂，聚集在橄欖壩之土共聞風逃跑，葉師遂在橄欖壩渡瀾滄江，而到景哈、蠻飛櫳；2月14日葉師進抵佛海。15日葉植楠派羅伯剛團長率團部及第2營以及師部警衛營前往南嶠視察，並於次(16)日發動兵工修理機場。17日，駐海南島國府空軍派機試飛至車里，擬於次(18)日開始空運。但共軍13軍(軍長周希漢)第37師(師長周學義)一部與土共第9支隊已從後追及，於17日下午5時托地方民眾帶來一封招降信，要國軍於晚間7時派員至頂真洽降，否則即開始攻擊。同日24時(18日凌晨零時)，共軍開始以猛烈砲火攻擊，第一線不支，旋即被衝破，葉植楠和羅伯剛見事不可為，乃率部向西北突圍，再轉向西南撤退，經一晝夜之行軍，到達離緬甸不遠之阿卡寨，並於19日凌晨渡過界河，進入緬境，集中於木梘(Mawn Sang)，得全部人數員約400名、機槍6挺、步槍數十。20日下午2時，第26軍副軍長石補天、第93師師長葉植楠、第278團團長羅伯剛、五縣自衛總隊隊長羅庚、南嶠鄉刁鄉長等，行經景棟(Keng Tung)江邊時，被緬甸警察拘捕，數日後由華僑協力保釋出來。2月24日，石、葉、羅等長官由景棟僱車前往大其力，而部隊則由副團長譚忠率領著第2營(營長申鳴鐘)和師部警衛營(營長李任遠)兩營人馬，繼續沿公路徒步南行，經孟勇(Mong Yawng)、孟叭(Mong Hpa Yak)、孟海(Mong Hai)、阿卡山林，於2月底到達大其力東方約40華里的(小)猛捧(Mong Pong)。而石補天、葉植楠、羅伯剛和國防部及空軍人員等(如易國瑞、烏鉞、程大千等)，則經由大其力(Tachileik)進入泰國，於3月2日到達曼谷。以後，經由國府駐泰武官陳振熙的協助，石、葉、羅等人終能於3月4日分三批飛往海南島，然後再輾轉返台。石、葉、羅三人離開部隊時，曾聯名寫一字條給譚忠，提示幾條出路：(1)向泰國繳械投降；(2)向緬甸繳械投降；(3)向寮國繳械投降；(4)回頭向中共繳械投降；(5)自力更生打游擊。不久，李國輝團亦來到大其力的(小)猛捧會師，才決

定不繳械、不投降[37]。

在第8軍方面，曹天戈奉到向西轉進的命令後，因其第3師正在澂江和昆陽之線擔任後衛之任務，於16日晨起遭遇優勢共軍之攻擊，即失去連絡，不忍撒手而退，遂決心暫於建水、石屏間地區集結待命，迄17日仍無該師之消息，且與第26軍之通信亦告中斷。同(17)日，共軍第14軍之一部，已迫近建水之東，局勢已極為不利，第8兵團司令湯堯深感不宜再事等待，乃令飭所屬於18日晨，分沿建水、石屏、元江間兩側諸平行道路，向西轉進，預定到墨江後南行，進入寧洱、思茅間地區，與當地之反共組織會合[38]。

依16日晚所訂的轉進計劃，以第170師為先頭部隊，第8軍軍部和第42師在後，將沿元江北岸西進，而第237師則是渡江後沿南岸西進。但在17日，第237師師長李彬甫聽從副師長王聖宇的建議，改為不渡江，仍然在江北追隨軍部行動。18日拂曉，部隊準時開始行動，先頭部隊前進順利，但是最後行動的第237師，當日即遭到共軍第13軍和第14軍的攻擊，師長、副師長聞是共軍正規軍，臨陣逃走；該軍第237師的白生俊團和警衛團(李團)，白、李二團長找不到師長，亦隨之逃走，兩團人馬因無人領導指揮，不到一個小時，即被共軍擊潰、繳械。祇剩下709團團長李國輝，率領其團下3個營(三個營長為吳金銘、陳昌盛、董衡恆)，在名為捷克的山寨，擊退了共軍3個團(第13軍第39師的第115團和第117團以及第14軍第41師的第122團)的進攻，虜獲共軍步槍衝鋒槍200餘枝、迫炮1門、擲彈筒3具，俘虜33人，都是徐蚌會戰時被俘的原國軍官兵，隨即編入各連參加戰鬥行列。當日，李國輝脫離了戰場之後，連夜行軍至炭山宿營，並在該地停留至次(19)日下午，收容散兵[39]。

至於走在前方的第8軍主力部隊，第170師的先頭部隊於20日抵達元江鐵索橋，以優勢兵力解決了少數戍守的投共保安團和土共之後，順利搶過了元江；但是其擔任後衛的501團(團長左豪/左舜生)約1,000餘人，則被土共擊潰。當時，由於

37　同註7(D)。頁7-11。
38　同註1。頁79-80。
39　李國輝，〈憶孤軍奮戰滇緬邊區〉(一)，刊於《春秋雜誌》第13卷第2期，1970年8月。頁10。

有一部份土共和投共的盧漢部隊來到了橋邊，加上師內共諜造謠，調第42師和教導師及軍直屬部隊，在江北青龍廠與共軍作戰失利，於是師長孫進賢聽信了陳自強中校參謀的建議，用TNT炸藥將鐵索橋炸毀，以斷共軍的追兵。但實際的情形是：第42師在未到青龍廠之前，即在其以東地區，遭到共軍第13軍第37師的截擊，第42師石建中師長率軍奮勇迎戰，掩護軍直屬部隊通過青龍廠，前往元江鐵索橋，當全軍近20,000人(包括隨軍眷屬)到達橋邊時，而該鐵索橋已被孫進賢炸毀，無法渡江。湯堯和石建中在前無進路、後有追兵的情況下，決心在元江北岸的二塘、黃土坡、路通舖、三家村、玉台山一帶，與共軍對戰。只是共軍除了37師和土共之外，再加上盧漢的投共部隊，兵力佔了絕對的優勢，經過一晝夜的衝鋒激戰，最後，湯堯和曹天戈被生俘，石建中自殺成仁，未過江的部隊，全部被共軍殲滅。至於過了元江鐵索橋的第170師孫進賢部，走到墨江時與共軍作戰一晝夜，俘敵800；但在鎮沅縣境時被優勢共軍包圍，孫進賢雖以敢死隊多次衝鋒突圍，都未能成功，最後經過談判，孫進賢率部約3,500人，在鎮沅南前田街/景街繳械投降。關於失去聯絡的第3師師長田仲達，脫離了瀓江和昆陽一線的戰場之後，帶著兩個團，一心打回建水的軍部，但當他回到建水時，軍部早已他移，不知去向，他在建水和雞街間的安邊哨地區遭到優勢土共的狙擊，自忖逃脫無望，遂率部2,000餘人向土共繳械投降[40]。

　　至於擺脫了共軍追擊的李國輝團，於19日下午由炭山行軍至紅坡，20日由紅坡至土崖。21日李團繼續向西南行，途中收到土人送來共軍41師師長查玉昇的招降信，知自己已被包圍，李團長當時心生一計，令全軍在帽徽上貼上紅色五角星，冒充共軍，然後以「友軍」姿態安全通過共軍警戒線，而於次(22)日之夜，到達東郭村，再於次(23)日抵達永和鄉，並在該鄉休息一日。25日下午，李國輝團開向西北之瓦渣，巧遇第26軍161師482團(團長田樂天)，共同擊潰共軍第13軍第39師116團的一個營，兩團決意一同前往墨江與第8軍會師。但26日拂曉，有第170師官兵5人逃來，告知8軍已全軍被殲滅，於是兩團人馬改向越境行軍。元月29日，李、田兩團由猛縱行軍至六春，30日經后播，31日經硬卡，2月1日經趕馬寨，

40　(A)同註39(二)，第13卷第3期，1970年9月。頁23。
　　(B)同註9(B)。頁416。

2日經者米至巴哈。當晚，田樂天團長接獲彭佐熙軍長之通電，謂入越部隊必須繳械，命令該團萬勿入越，速向車佛南與93師長葉植楠聯絡，自覓生存基地[41]。於是田團決定遵照彭軍長之指示，與李團一同將部隊開向車佛南地區。但是因為田團之第2營受了安南人之活動，在當夜即偷渡進入越境，所以次(3)日，田團為追趕其第2營，亦隨之入越，而原來追隨田樂天團之丁作韶，則改為追隨李國輝團。

　　2月4日，李國輝團行軍至哈播。5日，繼續行軍，於6日經惡虎寨，夜宿豹坪；7日經騎馬壩，下午渡墨江，夜宿李仙渡；8日經高寨，夜宿拉虎壩；9日凌晨及白天，曾遭土共攻擊，均將之擊退，行軍至拉馬壩(江城附近)；10日行經大過梁，亦曾遭土共伏擊，夜宿蠻湯(漫湯)；11日之行軍亦遭土共攻擊，夜宿蠻禮(漫禮)；12日經蠻沙(漫沙)，抵達鎮越以北山上鬼門關時，李團遭到土共朱家壁部和共軍13軍第39師117團第2營約2,000人的三面伏擊，李國輝以第2營正面吸住共軍火力，然後派第1、3兩營分別從左右兩翼迂迴側擊，占有左右兩邊之制高點，敵軍不支而撤逃，敵人遺屍81人，李團陣亡21人。李團順利入鎮越，百姓多已逃亡；13日宿猛星(猛醒)。14日，李團在橄欖壩渡瀾滄江，夜宿蠻地。2月15日上午11時，李國輝團到達車里，並於次(16)日除夕，在車里過年[42]。

　　在車里、佛海、南嶠、瀾滄、江寧等五縣，有一「五縣局剿匪指揮部」，指揮所設在佛海，指揮官是羅庚，副指揮官為曾憲武和張偉成。在車里有一大隊，大隊長葉文強是抗戰後留下之93師軍官；曾憲武的大隊在南嶠，張偉成的大隊則在佛海[43]。

　　2月17日(正月初一)晚8時許，葉文強大隊長接獲情報：共軍千餘向佛海指揮部及93師警衛營進攻，另2,000則向南嶠師部及其278團進攻，於是李國輝團率部向佛海急進，擬支援第93師之作戰，然於18日凌晨得知葉師已不戰而撤入緬境，於是於天明前趕回車里之十里舖，然後再轉向大猛龍，天明後經過蠻果，夜宿溫帕卡。19日凌晨4時，李團集合出發，途中遭遇接觸戰，行經卡盆，夜宿山上的

41　同註39(二)，第13卷第3期，1970年9月。頁24。
42　同註39(二)，第13卷第3期，1970年9月。頁24。
43　同註39(二)，第13卷第3期，1970年9月。頁24-5。

蠻宋(孟宋，阿卡寨)。20日，李團在蠻宋構築工事，準備與共軍國境內作一決戰。
21日，共軍第13軍軍長周希漢托土人帶來招降信。李國輝回信反勸其起義。據情
報，共軍第13軍第37師(師長周學義)、第39師(師長黎錫福)、投共保安團和思普、
瀾滄土共約20,000人，集結於大猛龍一帶。22日晨6時，共軍從大猛龍分三路進
犯，戰至晚6時，未能得逞而退回大猛龍。23日，共軍分五路包圍攻擊李團，戰
至晚上7時。24日凌晨1時，共軍零星偷襲；到晨7時，共軍再分四路猛攻，皆被
李團擊退，共軍遺屍100餘具，虜獲82迫炮1門、79重機槍1挺、步槍42枝、衝鋒
槍2枝，俘敵3人，李團陣亡32人，傷2人、失踪2人[44]。

李團雖然戰勝，但因彈少糧絕，全軍均需整理休息，遂由副團長虞維銓率第2營先行進入緬境猛瓦(Mong Wa)，李國輝隨後率其餘二營進入緬境，行經緬境的溫索休息時，李國輝被過度神經緊張的排長周定西意外擊傷右腿，所以只得乘擔架而至猛瓦。進入緬境後，李國輝團於25日由猛瓦行經什累(三島地境)、猛定、猛叭、猛海、猛果(孟哥或孟可盤)(Mong Kok)，並於三月初抵

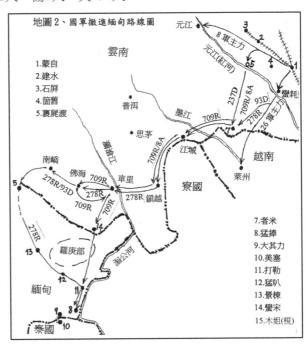

地圖2、國軍撤進緬甸路線圖

雲南
1.蒙自
2.建水
3.石屏
4.簡舊
5.裏屍渡
普洱
思茅
元江
元江(紅河)
墨江
瀾滄江
南崎
佛海
車里
江城
寮國
越南
萊州
鎮越
羅庚部
湄公河
緬甸
泰國

7.者米
8.猛捧
9.大其力
10.美塞
11.打勒
12.猛叭
13.景棟
14.蠻宋
15.木姐(梘)

達小猛捧，與第26軍第93師278團(由副團長譚忠率領)到達之時間，約稍晚一週左
右[45]。

44　同註39(二)，第13卷第3期，1970年9月。頁25-6。
45　同註39(二)，第13卷第3期，1970年9月。頁26。

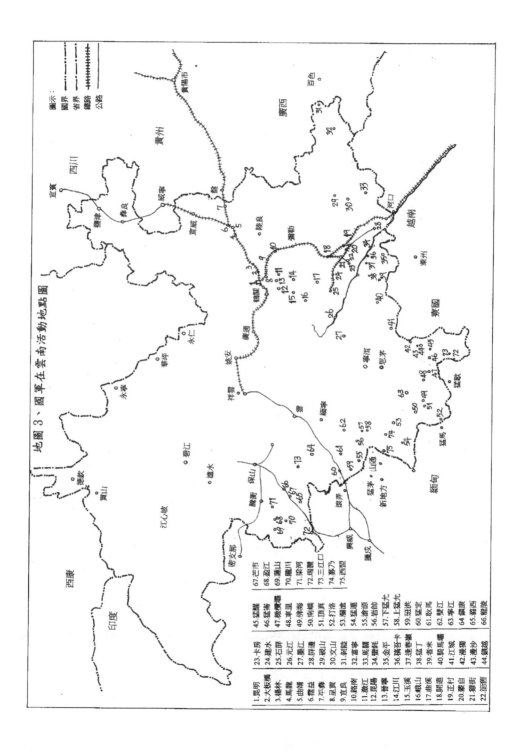

地圖 3、國軍在雲南活動地點圖

第二節　不可或缺的無線電通信

　　1949(民38)年12月9日，雲南省綏靖公署主任兼省主席盧漢投共之後，國府中央原計劃以雲南為反共基地的構想落空，而攻城之行動也因余程萬之畏戰而功敗垂成，於是國府國防部乃依第26、第8兩軍之志願，自1950(民39)年元月起，將第26軍從蒙自機場空運海南島，而第8軍則留在滇南或滇西建立基地。但因主客觀條件的限制，第26軍未能順利撤至海南島，而第8軍也未能順利接防，倉忙之中，兩軍都無法迎戰驟至的各路共軍人馬，於是兩軍分別向滇南和滇西轉進。向南轉進的第26軍渡過元江之後分為左右兩路，右路以第93師為主，帶領國防部高級人員及空軍人員；左路則是以軍部帶領第161、193和368三師人員；兩路人馬計劃行至猛丁會師，但不料晝夜行軍，失去連絡，以致從此分道揚鑣：左路一直向南轉進，最後進入越南，被法軍繳械，先移金蘭灣，後移富國島，最後海運撤台；而右路則一路沿中越邊界轉進至滇南的西雙版納，最後在南嶠附近進入緬甸，成為日後在緬游擊部隊的種籽部隊之一。而向西沿元江(江名)轉進的第8軍行至元江(地名)之後，因渡江的鐵橋被先頭部隊第170師炸毀，全軍20,000餘人被優勢的共軍殲滅於元江江邊，而已渡江的170師也在墨江被圍投降。最後只有李國輝的709團，因在部隊抵達元江(地名)之前即已與共軍交戰，提早擺脫共軍的追擊，渡過元江後沿第26軍93師的路線也來到了滇南的西雙版納，最後從車里南方的蠻宋進入緬甸，成為日後在緬游擊部隊的另一個種籽部隊。

　　檢討第26軍和第8軍兩軍在國境內的最後轉進之戰，兩軍之所以會潰敗、潰散，除了指揮官的無能或不適任之外，其中「通信失靈」乃是其中最重大的主因。試想，如非通信失靈，第26軍的左右兩翼怎會分道揚鑣後不能再會師？如非通信失靈，第8軍的先頭部隊170師怎會炸掉元江鐵橋，以致斷送了整個第8軍的生路？幸好後來第26軍在關鍵時刻電訊又復通了，已被繳械的軍長彭佐熙才能指示第93師不要入越，命其前往西雙版納另尋生路。所以，舉凡戰地遼闊的戰爭，不管是那一種戰爭，通訊靈活與否，乃是戰爭勝敗的重要因素之一，尤其是在叢林山區的游擊作戰，因為人員往來交通更加不便，所以無線電通訊是否靈活，乃

成為部隊是否能存活的必要條件，其重要性由此可知。

　　回顧1950(民39)年入緬的兩支國軍殘餘部隊，幸好其中的93師的通信連連長李建昌仍保有一個電台，因此當該師在轉戰進入西雙版納之前後，不但能和其軍部繼續電訊的聯繫，而且在退至泰緬邊境大其力附近的猛捧之後，還能和海南島和台灣國府國防部直接電訊聯絡，請求國府給予救援；因此才讓國府和李彌知道，雲南仍有一支國軍部隊轉戰於滇南，最後撤退至泰緬邊境的猛捧待援。而行動積極的李彌，則於該支部隊還轉戰於滇南西雙版納的時候，就已經和李拂一聯袂由台灣基隆偷渡至香港，計劃經由泰國的泰北轉往滇南，領導雲南這一批最後殘存的國軍，繼續反共。只是因為辦理護照和簽證耗時，當他們兩人於4月11日進入到泰國時，這批國軍部隊已經到達泰緬寮三國交界地帶的猛捧一個多月了。

　　李彌到達曼谷之後，由於當時的駐泰武官陳振熙曾經協助93師師長葉植楠、團長羅伯剛以及追隨該師轉進的國防部高級官員和空軍人員辦理返台手續，因此經由陳振熙的協助，李彌很快就和駐於猛捧的李國輝部取了書信的聯繫，並且馬上以其私款支援李國輝部、譚忠部和不期在曼谷相遇的呂國銓，各給予泰幣20,000元以救一時之急，以後再加上僑界和國府的援助，終於及時把這批僅存的、尚未潰散的國軍部隊保存了下來，以後再繼續以李彌個人的聲望來號召和收容，終於在滇緬邊區，建立了一支能被國府和國際都給予高度重視的反共部隊。

　　1951(民40)年年初，李彌在猛撒成立其反共救國軍總部之後，由雲南各地逃到緬境的反共武力陸續來歸，所幸來歸的反共武力和人員中，包含了不少的電訊專業人才，除了前述的通信連連長李建昌之外，尚有譚德和(抗戰時任職於民生公司重慶總台，後轉任空軍通信單位)、張根發(交通部派駐雲南鎮康縣電報局局長)、呂日良(93師通信官)、易鴻洵(李國輝團通信官)、歐陽旻(李國輝團通信官)、張友賢、李克溫、周輝宇、劉天鵬、馮澤芬等。然而由於來歸的武力甚多，各單位發展迅速，尤其是各單位分布於遼闊的防區中，在地理上交通不便，連絡不易，勢必要建立有效的無線電通訊網，始克有成；而當前可用的通信人員雖有十餘人，人數本已不敷派用，而且更大的問題是缺乏電機，於是緊急請求上級配發無線電人員及電機。國府國防部應雲南總部之請求，乃專案派遣石牌訓練班第四期畢業的通訊人員周遊、劉濤、何奇，和第五期的許永鴻、陳明亮、陳興衡、周治平(在台北等待

期間意外溺斃於淡水河)、沈家誠、孟省民等9名前往應急。經派遣的人員,由國防部大陸工作處處長鄭介民親自授予:「健全滇游通訊、實施保密通訊、了解部隊狀況、相機敵後布建」等四項任務。稍後,國防部再從部隊調派另一批通訊人員9名:張武鈞、楊光華、陳旭昇、李銳翔、張彩文、柯文軒、羅家柱、郭光旭、郭振林等;並另外派遣譯電人員14名:盛紹庚、張維中、單誠、張慶桐、番明遠、張純興、陳膺聘、黃太仁、王憲章、彭吉三、向幹、龔曙生、馮鵬飛、鄧高超。

　　通信人員的調派工作完成之後,於當年端午節(6月9日)過後,石牌四期畢業的周遊、劉濤、何奇,及國防部二廳派遣的張純興,他們4人先搭乘2架載運電台及2,000步槍及彈藥飛往泰國清邁的C47便機,飛機先飛到曼谷接了副總指揮李則芬和參謀長錢伯英之後再轉飛清邁,然後再由清邁車運至泰緬邊境的那外(Na Wai),再由駐於緬甸猛漢(Mong Hang)的馬守一第12縱隊以騾馬將武器及器材載運至總部猛撒(Mong Hsat)。當時即暫派何奇攜E2-2.5W機駐於猛漢的第12縱隊,負責與曼谷和總部連絡。而周遊(攜RT-3-15W電機)等3人則隨李、錢二將軍繼續向猛撒前進。

　　至於稍後再啟程出發的其他14位通信人員和13位譯電人員,因為李彌已率部隊攻入雲南,並且泰國又於6月29日發生海軍的流產政變,所以他們的行期乃延遲到11月20日,並且加上其他兵科的專業人員一共76名,分乘兩架C47飛機於次(21)日直接飛到清邁。當時除派陳明亮一人留駐清邁,建立情報台專門連絡台灣、曼谷、總部和猛漢12縱隊外,其餘人員直接由機場坐上由乃炮代為僱用的軍用卡車,開往泰緬邊境的那外下車,然後步行進入緬甸,沿途爬山涉水,途經蚌八千(Ponpakyem)、猛漢、米津(Me Kin),走了5天,最後走到雲南總部的所在地猛撒。當時,反攻雲南失敗的李彌部隊早已回來緬甸境內的各基地,而且來歸的武力單位甚多,新由台灣派來的通訊人員正好派上用場。當時派到各單位的新舊通訊人員大致如下表:

表1.1　李彌部隊時期各單位通信人員一覽表

部隊番號	主官	台長	使用機器
總指揮部	李　彌	李　奇(隨行台)	2.5 W
通信營		李建昌(營長)	
電訊總台		譚德和(總台長)	
第一支台		周　遊	RT-3-15 W
第二支台		許永鴻	RT-3-15 W
反共大學通信隊	李建昌/陳明亮	教官：郭振林、譚德和、周遊、李奇、梁雲青、沈家誠…等	
第26軍	呂國銓	呂日良	CMS-15 W機
第 93師	彭 程	劉天鵬、陶君志	2.5瓦
第161師	王敬箴	陳旭昇	
第193師	李國輝	易鴻洵(通信連長)	15 W機
		台長：歐陽旲、高子平、張容輝	
		彭子明、傅萬清	
保1師	甫景雲	梁雲青	E-5-2.5 W機
保2師(特1、特2團)	王有為	孟省民	E-2-2.5 W機
第5路	朱家才	沈家誠	15 W機(41年底番號撤銷)
第1軍政區	李希哲	陳興衡	
第2軍政區	葉植楠	陳興衡	SST-15 W機
第3軍政區	許季行	嘉良傑	
第2縱隊	刀寶圖	(後來部隊垮了)	
第3縱隊	罕裕卿	李克溫	CMS-2.5 W機
第4縱隊	李祖科	嘉良傑	
第7縱隊	羅紹文	(後來部隊垮了)	
第8縱隊	李文煥	張根發	2.5 W機
第9縱隊	馬俊國	沈家誠(41年底~43年初)	
第10縱隊	李達人	郭光旭	
第11縱隊	廖蔚文	周輝宇	2.5 W機
第12縱隊	馬守一	楊光華	2.5 W機
第13縱隊	王少才—李崇文	張彩文	2.5 W機
第16縱隊	(後來編入保1師)		
保3團	彭懷南		
特務團	胡景瑗	何　奇	
第579團	姚 昭(緬南)	高子平	15 W機
獨立第7支隊	黃經魁		
獨立第8支隊	蒙寶葉		
獨立第10支隊	張偉成	馮澤芬	2.5 W機
獨立第11支隊	田興文		
獨立第18支隊	李泰興		
獨立第21支隊	史慶勛	何　奇(卡瓦山)	E-5-2.5 W機
前進指揮所	陶大剛	李銳翔	2.5 W機
滇西指揮所	李文彬	張友賢	V101B機
第5路(東南亞反共聯軍)	段希文	張友賢	15 W機
清邁		陳明亮	75 W商報台

註：(雲南總部所使用無線電機說明)

(1)CMS電機分為2.5W及15W兩用機，如用兩隻3Q5真空管，高壓為135V，低壓為1.5V，輸出功率則

為2.5W；若用6V6或6L6真空管，高壓用450V，低壓用6.3V，輸出功率即為15-20W。前者用乾電池，後者用手搖發電機或交流電。CMS型為保密局製造；為雲南總部廣泛使用之通信器材。

(2)E-2或E-5型電機均使用直流電，輸出功率亦均為2.5W。此類機種構造較簡單，故障率較低，但使用效果需要使用者具有良好的經驗和技巧。此類機型為國防部第二廳所製造，亦為雲南總部廣泛使用之機種。

(3)SST電機為美國製造，發射頻率由石英晶體控制，輸出功率為1.5W，可用交流電，在山區則必須使用手搖發電機，接收機為超外差式，頗為好用。

(4)RT-3電機為美國特工機，由西方公司取得。發射頻率亦用石英晶體控制，十分精準；收訊機亦為超外差式，選擇性和靈敏度均高，十分好用；電源可使用交流電或手搖發電機。1953(民42)年2月間，雲南總部即是以此型電機與海滇輪維持電訊連絡，十分暢通。

(5)V-101-15W報話兩用機；該機效能甚好，使用手搖發電機，方便移動，缺點為十分笨重，只適合安裝在車上使用。雲南總部將之用在對空聯絡，效果十分良好。

(6)75W電機使用於清邁，為雲南總部與台北間擔任轉報之工作。

　　李彌部隊經過反攻雲南之役後，在邊境地區打開了知名度，在其後的兩年期間，各方的反共武力陸續來歸，現有的通訊人員只足以分派到師或縱隊級的單位，至於單位數更多的團或支隊則幾乎是付諸闕如，所以當時的反共大學雖已開學4個月之久，還是緊急於1952(民41)年4月即增加開辦「通信隊」第一期，並於次(民42)年2月和7月再開辦第二期和第三期，只是第三期還沒有結訓，李彌部隊即開始撤退回台，影響了受訓的課業，以致本應10月結業的第三期，一直拖延到當年12月底才結訓。

　　反共大學所開辦的「通信隊」，其全名是「無線電通信訓練班」，其最主要的學習課程，就是訓練學員以**國際摩爾斯符號**來傳送和接收電報。而所謂「無線電通訊」，就是利用無線電波來傳遞這種國際摩爾斯符號，以突破有線電的空間限制，無遠弗屆地完成傳送電報的目的。國際摩爾斯符號是以兩個最原始的長短單音符號：「‧」(點，唸短音「滴」)和「—」(橫，唸長音「達」；一個「達」的聲音長度約為三個「滴」的長度)去構成26個英文字母，另外再加10個**小寫的**從「1」到「0」的阿拉伯數字，和10個**大寫的**從「1」到「0」的阿拉伯數字，就一切夠用了。為什麼阿拉伯數字要區分大小寫之別呢？那是因為有7個小寫的阿拉伯數字，其符號和7個小寫的英文字母完全相同，它們是1和A，2和U，3和V，7和B，8和D，9和N，0和T，所以當英文中有數字時，其數字就一定要使用大寫的數字符號，才能避免混淆不清的困擾。國際摩爾斯符號如下表列如下：

(1)英文字母(一律用大寫)

A(‧—)、B(—‧‧‧)、C(—‧—‧)、D(—‧‧)、E(‧)、F(‧‧—‧)、

G（— —．）、H（．．．．）、I（．．）、J（．— — —）、K（—．—）、L（．— ．．）、M（— —）、N（—．）、O（— — —）、P（．— —．）、Q（— —．—）、R（．—．）、S（．．．）、T（—）、U（．．—）、V（．．．—）、W（．— —）、X（—．．—）、Y（—．— —）、Z（— —．．）

（2）阿拉伯數字

小寫：1（．—）、2（．．—）、3（．．．—）、4（．．．．—）、

5（．．．．．）、

6（—．．．．）、7（—．．．）、8（—．．）、9（—．）、0（—）

大寫：1（．— — — —）、2（．．— — —）、3（．．．— —）、4（．．．．—）、5（．．．．．）、6（—．．．．）、7（— —．．．）、8（— — —．．）、9（— — — —．）、0（— — — — —）

對一個無線電台的報務員而言，就靠著從開放的天空中收聽和發出這些聲音的電波符號來收發電報。只是因為中文是方塊字，無法像英文那樣直接以英文字母來收發，所以中文電報的收發是靠著一本由交通部頒布的「電報明碼表」（把常用的漢字依部首及筆劃數排列出來，依次編上0001到9999的數字代號），要發電報時，先把電報逐字翻成四個數字的代碼，然後將數字逐組發出即可，例如0001是「一」，0002是「丁」，0003是「七」；反過來，「二」的代碼是0059，「人」是0086，「中華民國」是0022-5478-3046-0948，「台灣省」是0669-3494-4164；如果是軍事電報，需要保密，則需要先在電報上的某個位置臨時約定，從密碼本中的某頁、某行、某組數字開始，逐組對應相減；當對方收到電報後，就必須依電報上的約定，從某頁、某行、某組數字開始，逐組對應相加，即可復原為明碼，然後再依「電報明碼表」將該電報譯出。因為電報的密碼表都是以隨機方式編成，除非密碼本已被敵方複製，否則敵方要想憑空破解經過保密措施的電報，那是一件不可能的事。只是這種加密和解密的工作十分單調煩瑣，需要專門的譯電人員來從事，增加行政上不小的負擔，而且在效率上也是一個負數。

相對的，拼音系統的英文或法文等，因為無法採用類似中文的保密措施，他們只好從收發報機性能的改良上著手。因為傳統的收發報都是以人工來收發的，而且速度很慢，所以敵人很容易也可以來收聽。所以科學家就針對這個問題，設

計、製造出一種非人工收發的收發報機，速度快到無法以人工收聽和抄寫的地步，到那時候，即使以明碼來收發軍事電報也都無所謂了。後來，才隔不到10年，這種收發報機果然就發明出來了，以後的1920區部隊已經使用到這種最新的快速電報機了，真是功德無量！

　　話說回頭，1954(民43)年2月下旬，當緬北的李彌部隊於撤退將告結束之際(雲南總部於2/26撤離猛撒，2/27抵猛董，2/28抵猛寬，3/9抵帕老，3/15抵泰國美塞)，由石牌訓練班結業的幾位通信人員突然都奉接台灣上級的指示：留下在緬境繼續工作，並暫歸黨部中二組的雲南處來接管。但因電令轉達不夠清楚，有些人跟著黨部到了清邁，而有些人則去投靠不撤退的部隊。其中決定投靠5軍段希文的沈家誠和許永鴻二人，蒙代理總指揮柳元麟各發泰幣200銖及手槍一支，次日晨即一同從猛撒出發，途經米津、猛漢，這些地方都已成真空地帶，各不撤部隊都已進入山區，於是他們兩人遂兼程星夜趕路，脫離危險地境，來到蚌八千，只見周遊電台還在，不見其他單位，於是協助周遊將電台撤離蚌八千，來到新寨(Pha Khat)。所謂新寨，它位於猛漢和蚌八千直線中心點以東約5公里之處，原為渺無人烟之山谷，四面環山，地形險要，是一易守難攻之地，命名為新寨，意為新開闢的村寨。來到該地，發現總部留下的槍砲、彈藥、被服裝具、通訊和醫藥器材、軍品甚多，堆積如山，實在太多，無法搶運。專業為無線電通訊的沈、許二人，深知通訊器材得來不易，丟之可惜，必須設法搶運；而當時局勢已經非常危急，猛撒、米津、猛漢、蚌八千等地都已淪陷，新寨外圍已有緬軍行蹤，新寨也被緬機掃射、轟炸，時不我予，不能再耽延，於是沈許二人相約同去拜見當地12縱隊副司令馬雲庵商借馬匹，搶運通材，不料馬副司令答稱：「那我的鴉片怎麼辦？」於是他倆二話不說，回頭就走。回來後，沈家誠想想覺得不對，目的不達，怎可罷休，到了中午時分，膽大的他便毅然決定冒著偽造軍事文書之罪，以段希文軍長之名擬就了一份假電報，再去向馬雲庵要馬來搶運通材，電報內容為：「雲庵弟：希即派騾馬20匹交沈家誠同志搶救通材來部。特電知照。段希文寅虞」。馬雲庵看了電報之後，問沈：「何時要？」沈說：「現在就要。」於是馬雲庵就命騾馬隊派出20匹騾馬給沈，並問沈：「要載那些器材？」沈便指著那堆通材說：「那一堆全部運走。」約在當天傍晚時分，全部通材裝載完畢，並約定次日凌晨

3時出發。

就在沈家誠監督馬夫裝載通材的時候，許永鴻決定次日改隨周遊離開新寨前往清邁待命，周遊當時還帶著十幾個通信隊二、三期的學員，如吳大發、楊杰、劉應超、黃輝雲、余學讓、仇紹安、黃金華、段應鵬……等，以及有線電排長王志清、趙明清和士兵黃文華等，因為周遊也無法把這麼多人都帶去清邁，因此他只好當眾宣布：「總部番號已撤銷，大家各奔前程。」這些通信隊的學員等，聽了長官周遊的宣布之後，如同晴天霹靂，前途茫茫，緬軍就在附近，不知所措。當此危急存亡之秋，沈家誠乃毅然出來安撫收容這批通信隊的專業學員，他表示自己要去投靠5軍，有意留下的同學，可以隨他同往，當時除余學讓一人投靠親戚外，其餘同學都願意追隨沈家誠到第5軍。因為路途不熟，又逢戰時，需要避開戰地，由沈帶領著馬夫10人和通信隊官兵20餘人，歷經了三天的辛苦行軍，最後終於到達5軍的大洪山防地。沈家誠為5軍帶來一批通信人才和一批通材，段軍長喜出望外，十分讚賞，隨即傳令嘉獎，並發布沈家誠為軍部掌管通訊業務的第四科科長，並兼第二台台長和機務室主任，第一台台長為張友賢。沈家誠一人身兼三職，一時之間成了5軍軍部的紅人。

沈家誠把新寨的通材都搶運走之後，待緬軍佔領了新寨，果然擄獲了大批的軍用物資，可惜其中還有一台分裝於3個箱盒中的美製大型無線電報機，沒被沈家誠發現運走，其型號為WRL 400-BGLOBE KING，為李彌總部以國府駐曼谷大使館的名義而委託曼谷金都行向美國愛荷華州Council Bluff的「世界無線電試驗室」(World Radio Laboratories)所購買，因此箱盒上有「曼谷中國大使館」的字樣。但是李部為了運輸的方便，並沒有把這個印有大使館字樣的原箱換掉，以致被緬甸抓到了國府大使館支援李彌的證據，被緬甸拿來大肆攻擊國府，而國府外交部則痛斥大使館的代辦孫碧奇失職。

李彌部隊被迫撤台之後，總部番號撤銷，通信營亦隨部隊撤台，電訊總台解體，電訊靜止，留緬部隊各據一方，電訊互不相通，形成群龍無首的局面。而沈家誠為5軍搶運來了一批通訊人才和一批通訊器材之後，他首先為第5軍做的第一件事，就是將搶運回來的有線電話，在軍部各處室之間架設起來，使可以相互通話，官兵士氣為之一振。第二件事，他利用所搶運回來的通材建立了他自己的第

二台之後，以「寓訓練於工作」的方式，繼續訓練這批養成中的通訊新兵，每天教導他們如何上台擔任CQ呼叫，一旦聽到有電台回應，才由「師父」出馬接手，問明來歷，加以確認，並約定以後如何繼續保持連絡。經過他們師生努力工作了兩週之後，而且是在事先沒有約定的情況之下，居然把5軍之外的全部留緬不撤部隊都取得了聯繫，使5軍儼然成為不撤部隊的共主。這些被聯絡上的不撤部隊，包括遠在三島(Hsan Kho)、猛馬(Mong Ma)一帶的第1軍呂人豪部，駐於猛羊(Mong Yang)的31縱隊張偉成部，駐猛研(Mongnyen)的29縱隊李黎明部，駐猛派克(Mong Pak)的獨立第2支隊朱鴻元部，駐防賴東(Doi Tung)的第9軍第26師甫景雲部和第27師李崇文部，曾經南下緬南的第3軍第7師文興洲部，未南下的第3軍第9師馬俊國部等等。這個不平凡的成果令段希文軍長大為驚奇不已，連稱佩服。第三件事，就是沈家誠利用空暇的時間，將搶救回來的無線電機加以檢修，並搭配成為整套的收發機組共30餘部，報請軍部核備，供部隊指揮官靈活運用。自總部於1954(民43)年10月重新成立到1959(民48)年之間，部隊擴展迅速，幸有這批電機調配使用，部隊才能建立電訊的溝通，否則部隊的發展就會遇到無法克服的瓶頸。

　　柳元麟總指揮於1954(民43)年10月底，從清邁率領了當時留在該地的幹部來到5軍軍部所在地乃朗(Doi Nawng)，重新成立總部之後，由於當時只從清邁帶了周遊和許永鴻兩位電訊人員，並無電機，所以5軍為防止總部把沈家誠挖角過去，於是其軍長和參謀長便施展「美人計」，介紹沈和軍部一位女兵楊菊美小姐成親，以使沈婚後還繼續留在5軍。而柳元麟總部從成立一直到緬東戰役結束，雖然在參謀處設有主管通信業務的第四科和電訊總台(科長和總台長都是周遊)，但卻沒有自己的電台，戰爭時期一直都是使用5軍的電台和部隊聯絡。在該次戰爭之前，總部雖然曾經下過三道命令向5軍調借人機，但公文到了5軍軍部之後，段軍長僅批一個「存」字即予以存檔，總部一點辦法都沒有。後來柳元麟得到其參謀的指點，建議把段軍長晉升為副總指揮，讓他也成為總部的一員，就可以把電訊的人機調度過來了，所以柳元麟乃先後於1955(民44)年2月27日、3月5日、5月12日三次上電呈請上級將段希文軍長升為副總指揮，最後上級終於在6月批准了，於是段希文乃於6月所召開的軍事會議中就任副總指揮之職。接著，沈家誠

便將5軍的台長職務移交給李克溫,他自己則於7月1日被調至總部擔任電訊總台的副總台長,其新任的總台長則為許永鴻。在該次的基地保衛戰中,經由全體官兵的奮力應戰,算是擊退了緬軍,打了勝仗,所以總部對有功的官兵,每人都發一枚金戒指獎賞,而唯獨通信人員沒有一個人有功得獎。沈副總台長趁就任之時,為所有參戰單位的通訊人員爭取到每人一枚兩錢重的金戒子,鼓舞電訊人員士氣不少。不久,總部再將李克溫人機一併調到總部的電訊總台,成立電訊總台的第一個支台,李即出任第1支台台長。到該(民44)年年底,總部遷至北邊的蕩俄(Tang-aw),再派梁雲青為第2支台台長。

由於整個部隊繼續發展,單位不斷增多,通訊人員已漸感不足,於是當總部在蕩俄時期,於1956(民45)年8月開始召訓通信班第四期,結業學員約20人,經分發總台實習及格後,再分派各部隊或總台工作。到1957(民46)年元月,總部再由蕩俄遷至江拉(Keng Lap),當時電訊總台被安排在總部山下靠河邊之處,因為當時發送電報時還是使用手搖發電機,由於搖機兵人數不足,而發報量又與時俱增,電台數也增加第3支台(台長楊光華)和第4支台(台長黎際有),致使搖機兵體力不勝負荷,沈家誠為體恤搖機兵的辛苦,特別利用附近的河流構思、設計,興建一個發電用的河流水壩,舉凡建材、土木工、鐵工及水輪的製作工程等各項費用,悉由沈家誠私人支付,未曾動用到公帑,水力發電工程於3月18日落成啟用,總指揮柳元麟前來參觀褒獎,他亦有意興建一大水力發電為總部各單位所用,但因限於河流水量不足而作罷。同年中,總台長許永鴻因個人健康因素請調至中二組的雲南處獲准,由沈家誠續任電訊總台的總台長,副總台長則由第1支台台長李克溫升任,仍續兼任支台長。

1958(民47)年春,總部為奉命實施「安西計畫」,擬向國內施行突擊,於是在總部的幹訓團召訓大量的各級幹部,總部地區一時車水馬龍,人烟鼎盛,因而招來緬軍之注意,不但四處攻擊各地的游擊部隊據點,而且經常出動空軍到處掃射轟炸,總部自然首當其衝,電訊總台因為靠近幹訓團,目標暴露,因此經常成為緬機攻擊的目標;為避免損失,電台只好搬遷到較為偏遠的地點,放棄歷經千辛萬苦完成的水力發電站,改用汽油發電機供電。

柳部實施安西計畫之後,導致大陸人民紛紛外逃來歸,而國府國防部亦依照

蔣總統的指示，於1959(民48)年年初擬妥了一個「興華計畫」的方案，主要的目的就是把滇緬邊區建立為陸上的第一反攻基地，真的是要從滇緬邊區反攻大陸了[46]。既然計畫的目的如此，具體的行動方案就是開始培養、訓練各種必要的初高級幹部，然後開始招兵買馬，短時間內就建立一支有力的反共大軍，所以就在當年的7月14日，幹訓團的初級班第一期和通信班第五期同時開訓；到了11月1日，幹訓團正式掛牌為「軍官訓練團」，高級班第一期也於同日開訓；此外，其他陸續開辦的專業訓練班，如醫務班、爆破班、參謀班等等，不計其數。而通信班第五期的開訓，正顯示通信人才仍有不足的問題。

　通信班第五期的全班人數為34人，於7月14日開學，受訓時間延長為20週，所以該期是到了11月30日才結訓，結訓後即分配到電訊總台的4個支台實習，實習時間大約為2-3個月，直到學員能夠獨立擔任收發電報工作之後，才送回原保送單位，或是分發其他缺人的單位任用。第五期通信班正期生結訓之後，該期的畢業僑生陸祖涇因事返回泰南探親，當他於1960(民49)年元月4日離家返防時，又順便從僑居地帶領了5位同校的小學弟僑生一起出來，並於同月10日來到江拉的電訊總台。這5個少年僑生來到電訊總台報到之後，電訊總台竟然特別為他們5個人，再加上一個部隊的保送生(張宗舜)，而舉辦一個6個學員的小小通信班，訓練時間也是20週：從4月9日到8月6日，所有的課程也是像第五期一樣，由總台長和4個支台長輪流為他們上課，完成全套的訓練。結訓後，在實習期間，因電訊總台已奉命改制為通信營，其下增設有線電連，總部下令通信營鋪設一條連接江拉總部和猛不了(Mong Pa-liao)飛機場之間約有20公里的有線電話，由於第五期正期的學員都已實習及格回去原部隊，通信營中只有那6個額外的新學員算是可以調用的人力，所以他們就由一位由台灣派來的有線電通信官帶出去架設這條有線電話線。因為電話線材料乃是運送到猛不了，所以他們就從猛不了開始，而往江拉的方向鋪設，以行軍露營的方式去工作，工作到那裡天黑，就在那裡露營住宿，一直做到11月24日，也就是中共部隊開始越界突擊柳部後的第三天，他們才把這條有線電話拉好，並且成功通話。但是這條辛苦拉成的電話線還使用不到一

46　曾藝(1964)《滇緬邊區游擊戰史》。台北市：國防部史政編譯局。頁27-55；97。

個月，總部就已於蔣經國來到邊區視察的12月20日之前，遷到了猛不了機場附近的南片，以致這條有線電話線形同作廢，白白浪費了大好的人力資料和物質資源。

　　總括而言，滇緬邊區的反共游擊部隊，也因為有了靈活的無線電通訊，指揮官才能確實掌握自已部隊的動態和瞬息萬變的敵情，並迅速傳遞指揮官的命令和其他訊息，最後達到知己知彼、克敵致勝的目的。故無線電通訊乃是這個部隊的神經系統，也是其指揮官的耳目，沒有無線電的傳達通訊，則這個部隊就根本無法存於那塊廣大的蠻荒森林地區，故無線電通訊對這個游擊部隊之重要性，由此可見一斑。

表1.2　柳元麟部隊時期無線電台聯絡單位一覽表

部隊番號	主　官	台長/報務員	使用機器
電訊總台(43/11~49)		總台長：周遊(43-44)—許永鴻(44-46)—沈家誠(46-49)	
通信營(49-50)		營　長：梁雲青(49-50)	
第1支台		台長：李克溫—黎際有—李榕生	15W
第2支台		台長：梁雲青—何大順、韋達光—	15W
第3支台		台長：楊光華—陳彥強—孫宏權	15W
第4支台		台長：黎際有—楊天舜	15W
第5支台		台長：楊樹基—楊國保、覃怡輝	15W
有線電連		連長：姚　碧	
1軍	呂維英(呂人豪)—吳運煥	酈建民、田永清、吳祖順	15W
2師	蒙寶葉	黎榮佐	2.5W
3師	曾憲武	白泰德	2.5W
索永指揮所	王敬箴		
2軍	甫景雲—吳祖伯	蔣炳忠、馬振南	2.5W
7師	曾　誠—環向春	饒伯群	2.5W
8師	趙丕承	蔣炳忠、汪明聲	2.5W
3軍	李文煥	張根發、李如構	2.5W
12師	景壽頤	吳大發	2.5W
13師	魯朝廷	段日芬	2.5W
14師	劉紹湯—楊紹甲	趙國璽	2.5W
4軍	張偉成	馮澤芬、馮嘉樂	15W

部隊番號	主　官	台長/報務員	使用機器
5師	張偉成—李　泰	劉明卿、雷光輝	15W
6師	黃琦璉	龐耀光	15W
5軍	段希文	張友賢、尹連本、張文煥	15W
15師	馬雲庵—雷雨田	馬家才	2.5W
16師	王畏天		
17師	朱鴻元	張大培、楊太昂	2.5W
18師	張鵬高	劉應超	2.5W
暫19師	楊一波(原第19縱隊)		
暫20師	楊文光(原第20縱隊)		
滄緬縱隊	彭委濂		
西盟軍區	馬俊國	陳啟祐	15W
第9縱隊	馬俊國	陳啟祐	
第10縱隊	蘇文龍		
怒江總隊	徐劍光		
猛不了機場	王少才	柯文軒	75W
南昆(孟不了)守備區	胡開業	熊如沐	15W
10師(20師)	胡開業	熊如沐	15W
1師(22師)	李黎明	羅家柱、曹國良	2.5W
獨立　1團	向湘騏	黎富恩、陳文盛	2.5W
獨立團	何子鈺		
獨立團	文興洲		
滄緬縱隊	彭季謙		
孟新訓練基地	彭　程		
孟龍訓練基地	段希文		
南昆訓練基地	王少才		
台灣總台	葉翔之	馬良規	
清邁辦事處	符　昺	楊新鼎	75W
曼谷大使館		歸兆玉	100W
永告辦事處	吳公俠	仇紹安	2.5W
情報局周同站	周　同	王大文、林家平	15W
景棟情報站	李傳德	孔　智、左大鈞(左於1960.12.23失事被捕)	2.5W
卡瓦山情報站	魏道炳	陳彥強	2.5W
緬北情報站	屈鴻齋	李銳翔	2.5W
寮國猛信情報站	曾　誠	黃　健	2.5W

無線電通信隊

↑通信隊第二期上收聽電報課情形：講台上為助教葉雲龍，左立者為助教石安貴。

↑通信隊第二期畢業同學。
前排左起：段曰芬、劉應超。
後排左起：趙國璽、張大培。
1954年年底攝於乃朗時期第5軍軍部。

↑○○○、李如構、○○○

↑段應鵬

↑吳大發台長(第3期)

↑吳相文軍醫、張根發台長

↑後排：余學讓、仇紹安、李學貴、張大培
　　　、梅學宏
　　前排：沈文邦、黃永慶、劉應超

↑沈家誠台長與女兵楊菊美在乃朗五軍結
　婚，男女儐相分別為孟省民和趙全英。
　1954.11.9

↑通信班第五期結業生與團長(中)、副團長(右)、教育長(左)等三長合影。
　後排：王學賢、陸祖涇、徐梅章、李發坤、○○○、馬振南、李鎮光、○○○、○○○、○○○
　中排：黃○○、陳文盛、[三長]、孔祖蔭、王建元、雷光輝、黎富恩
　前排：梁振東、曹國良、何雲生、[三長]、郭繼元、王學琨、李旦元

↑電信總台的水力發電站於1957年3月18日落成啟
用,坐著吸煙者為總台長沈家誠,站立者為台
長楊光華。

↑晚會表演:疊羅漢。

↑軍官訓練團通信隊(班)第五期全體泰國僑生合影留念(缺席2人)
　後排:副隊長趙石天、梁振東、徐梅章、馬振南、陸祖涇、王建元、李鎮光、沈玉麟、
　　　　指導員李明訓。
　前排左起:黎富恩、陳文盛、韋達光(站立者)、李旦元、郭繼元。
　1959年10月攝於江拉通信隊校舍。

↑ 由黎際有帶到江拉戰地的泰國僑生。1959.3
　後排：邱國苑、李鎮光、沈玉麟、馬振南。
　前排：黎富恩、黎際有、陸祖涇、韋達光、
　　　　梁振東。

↑ 穿上了軍裝的泰國僑生。
　後排：李旦元、黎富恩、郭繼元、韋達光；
　前排：梁振東、邱國苑、陸祖涇、馬振南。

↑ 由陸祖涇帶到江拉戰地的泰國僑生1960.
　01，左起：覃宏球、盤漢南、吳廣生、覃
　怡輝、周世禎。

↑ 通信營大門對聯：通信最急，後勤為先。
　反共抗俄紀念碑、籃球場、單槓、雙槓等。

第二章
李彌時期

第一節　初入緬境的國軍

　　1949(民38)年，中共解放軍席捲整個中國大陸，除西藏地區外，雲南和西康是中華民國在大陸最後淪陷的兩個省。雲南淪陷前，駐守在該省的國軍，有雲南省主席盧漢嫡系的第74軍(軍長余建勳)和93軍(軍長龍澤匯)，還有國府中央派駐雲南的第26軍(軍長余程萬)和第8軍(軍長李彌)。這4個軍和所有的地方保安團隊，都歸雲南省綏靖公署主任盧漢統一指揮。12月9日，盧漢藉著召開會議的名義，軟禁了余程萬和李彌，當天晚上10時即率部宣布投共。國府中央為敉平盧漢的叛變，次日即晉升第26軍和第8軍的副軍長(彭佐熙、曹天戈)為軍長，並下令兩軍圍攻昆明。兩軍猛烈攻城之後，迫使盧漢先後釋放余、李兩位軍長，余、李兩位軍長並分別獲任為滇省綏靖公署主任和省府主席。但因余程萬喪失了鬥志，強令第26軍撤退，而第8軍因為不明第26軍的立場，不敢單獨攻城，亦隨之撤退，以致攻城之舉功敗垂成，最後兩軍相繼向滇南轉進。以後，國府中央依據兩軍的意願(26軍撤到海南島，8軍留在滇境)，下令將第26軍從蒙自機場轉運到海南島，而第8軍則準備掩護26軍空運完畢後，轉進至滇西建立基地，以與駐西康的國軍相互策應，因此在人事上，當時顧祝同總長已攜去中央命令，要發表李彌為雲南省綏靖公署主任兼雲南省主席[1]；但因後來軍事驟然逆轉，26軍來不及空運，8軍也未能在滇境

1　(A)國防部史政編譯局(1983)，〈西南及西藏地方作戰〉，刊於《戡亂戰史》第13
　　　冊。台北市：國防部史政編譯局。頁56-7、63、71-2。
　　(B)曾藝(1964《滇緬邊區游擊戰史》。台北市：國防部史政編譯局。頁7。

立足,以致這個人事命令就沒有機會發表了。

次年(1950)元月中旬,當第26軍正從蒙自機場開始撤運時,中共部隊即向機場撲至,以致無法繼續撤運,於是國共兩軍即在滇南展開戰鬥。之後,第8軍主力於20日在元江附近被共軍擊潰。第26軍主力則於25日退入越南,在萊州被法軍繳械[2]。後來第26軍的93師(僅278團)和第8軍237師的709團,在滇南經過千里轉戰之後,不敵共軍的優勢兵力,分別於元月中下旬,由車里、佛海、南嶠一帶退入緬甸。他們於2月底和3月初,先後抵達緬泰邊境大其力(Tachileik)附近的猛捧(Mong Pong)地區,總人數只剩下約1,400餘人,這便是滇緬邊區游擊部隊的種籽部隊[3]。另外,由在鄉軍人在滇南所組成的地方自衛團隊七、八百人,也追隨國軍部隊撤至緬北的三島(Hsan Kho)地區[4]。不久,這三批人馬在3月底,聯合組成一個統一的臨時指揮部,並由三隊人馬分別編成三個縱隊。因為93師師長葉植楠和278團團長羅伯剛,已經由泰國返回台灣,所以在開始時,這個新成立的部隊由93師的參謀長何述傳擔任指揮官,蒙振聲為參謀長;至於三個縱隊的司令,則由709團團長李國輝、278團副團長譚忠、地方自衛團隊總隊長羅庚分別出任[5]。不久,部隊透過海南島的榆林第六區電台,與台灣國府取得連繫。但是到4月25日,指揮官何述傳離開防地(與丁作韶同行),前往泰國曼谷,於5月5日返台後,駐在猛捧地區的李國輝團和譚忠團為對付緬軍的壓力,重新組成聯合部隊,由李國輝和譚忠聯合共同指揮。

(續)————————————

　　　(C)顧祝同(1981),《墨三九十自述》。台北市:國防部史政編譯局。頁273,
　　　　276。
　　　(D)國防部史政編譯局檔案,《雲南戡亂作戰經過情形》,民38年10月至民38年12
　　　　月。見〈民38年12月全月各電〉。
　2　(A)同註1(A)。頁79。
　　　(B)國防部史政編譯局檔案,《滇桂越緬邊國軍戰況及劉嘉樹等部求援情形》,民
　　　　39年1月至民39年3月。見〈民39年2月10日顧祝同致總裁辦公室第三組代
　　　　電〉。
　3　(A)同註1(A)。頁79。
　　　(B)同註1(B)。頁8-10。
　　　(C)李國輝,〈憶孤軍奮戰滇緬邊區〉(二),刊於《春秋雜誌》第13卷第3期,
　　　　1970年9月。頁26。
　4　所謂在鄉軍人,即二次世界大戰時派往緬甸的遠征軍,戰後復員留駐於滇南,並
　　　在當地成家立業,而定居在該地之官兵。
　5　同註3(C)(3),第13卷第4期,1970年10月。頁48。

到「大其力之戰」結束，部隊於8月底遷移到猛董(Mong Tom)時，深感部隊統一指揮的重要，於是李譚兩團決議組成一個統一指揮的部隊，由李國輝出任指揮官兼團長，譚忠為副指揮官兼團長，新到部隊的何永年為參謀長，並以李團團內所使用的「復興部隊」番號為名。新部隊成立後，為促進兩團官兵的精誠團結，特別由政治部主任修子政擬訂「四大公開」的信條[6]。然而這個新部隊的成立，不幸也為兩個月以後的「盧維銓事件」埋下了伏筆。

李彌於1950(民39)年元月15日，陪隨參謀總長顧祝同由蒙自前往西昌會晤胡宗南，本擬於16日再回蒙自，但不幸蒙自機場於16日凌晨即被共軍攻陷，李彌只好隨著顧祝同飛往海南島，再轉飛台灣[7]。李彌回到台灣後，一方面上書國民黨總裁蔣中正，請纓前往滇緬邊區收容舊部，一方面四處邀約志士賢能，一同前往邊區，共圖大舉。元月22日，他經雲南籍立委楊光宇的介紹，拜訪研究滇南西雙版納傣族文化的專家李拂一，請他一同前往滇緬邊區，號召反共志士[8]。由於事機緊迫，李彌等不及國府上級批准其普通護照(化名陳炳恆)，即於2月6日，與李拂一由基隆乘輪偷渡前往香港，該護照是於3月29日才收到[9]。但在李彌收到其國府護照之前，他已先以「龍惠農」[10]的化名，購買一本葡萄牙籍的澳門護照，並已簽好了前往泰國的簽證，4月11日即以此葡籍護照搭機飛往曼谷，並於第二天意外的與呂國銓(前國軍93師師長)在泰國移民局不期而遇，讓他輕易找到了這位適當的副手；因為大其力的國軍臨時指揮官何述傳，一再上電向國防部爭取呂前來領導，而且蔣總統也於4月15日在李彌的〈入滇工作計畫書〉附函上也批示：「周總長：可派呂國銓協同處理滇西軍政事宜」[11]。後來李彌透過國府駐泰武官陳振熙的協助，終於與暫駐於大其力附近的國軍部隊，取得了書信的聯繫。

6　修子政將軍訪問錄音。1998年12月26日於台北市修宅。

7　同1(C)。頁276。

8　李拂一(筆名：移山)(1997)〈李彌將軍隻身前往滇緬邊區收拾殘敗反攻大陸之經過〉，刊於《雲南文獻》第27期，台北市：雲南省同鄉會。頁57。

9　國防部史政編譯局檔案，《李彌入滇工作計畫》，民國39年4月至41年2月。見〈民39年4月7日李彌上蔣總統函〉

10　據李拂一說明：李彌的化名之所以姓「龍」，其直接的原因是其太太姓龍，另外更深一層的原因是想藉此和龍雲建立關係，以便號召。以後，李彌為行動方便，再以陳炳恆的化名買了另一本香港籍的護照。

11　同註9。見〈民39年4月13日李彌自曼谷致俞濟時電〉。

　　李彌部隊自滇南轉戰到進入緬甸猛捧的三個月裡，補給完全斷絕，最後可說已到了山窮水盡的地步，部隊必須變賣一切值錢的東西，以購買糧食，到無錢購買糧食時，就只好先向村民賒借[12]。到3月底，除台灣國府匯來50,000泰幣外，其他的來源只有僑界的小額捐助；到4月李彌來泰，才帶來其私人儲蓄10萬美金，暫為救急[13]。

　　李彌於4月11日來到曼谷之後，即積極進行下列幾項工作：第一、李彌是以一般外僑身份申請簽證入境，只能停留一個月，為了工作方便，請國府以龍惠農化名派他為駐泰使館人員，發給外交紅皮護照，以便其出入和居留泰國。他在等待外交護照期間，因簽證期滿，曾一度進出香港，直到7月28日才收到國府所發以「陳炳恆」為名的紅皮外交護照，派為駐泰使館隨員；次年12月29，再以「董文惠」之化名派為駐使館三等秘書[14]。第二、請李國輝前來曼谷，報告部隊情況，李國輝因故（語言不通、地理不熟）不能前往，請丁作韶（丁為留法博士）為代表，丁與指揮官何述傳於4月25日離開防地，於28日抵達曼谷[15]。丁何兩人和李彌會面後，何於次（5）月5日返回台灣，而丁則帶了李彌的親筆激勵部屬之信回到防地；據修子政的回憶，該信的大意是：「…前進是為聖為賢，後退則是作俘作虜。…以前在國內做俘虜還沒關係，但是現今在這裏做俘虜，那是做洋俘虜啊！除了第三次世界大戰之外，那是永無翻身之日啊。」李彌的這封信曾油印發給所有官兵，發揮了很大的激勵作用[16]。第三，李彌於4月15日即向台灣國府國防部周至柔總長呈請核准其部隊編制，希望准予恢復第8、第9兩軍番號。但國防部4月26日批示，在糧餉自籌的前提下准予恢復，且需等到部隊推入國境後再實施。因為部隊不可能在無補給的情況之下推入大陸，因此這等於是一種變相的否決。

12　同註6。
13　(A)同註1(B)。頁13。
　　(B)丁中江(1984)《濁世心聲》，作者自印。頁45。
14　(A)外交部檔案，《緬境游擊部隊續撤案》（第3冊），民42年11月23日至民44年7月
　　　29日。見〈民43年9月18日外交部人事室致外交部亞東司函〉
　　(B)同註1(B)。頁14。
15　(A)胡慶蓉(1967)，《滇邊游擊史話》，台北市：中國世紀出版社。頁85。
　　(B)國防部史政編譯局檔案，《游擊部隊編裝案》（第1冊），民39年4月至民44年11
　　　月。見〈39年5月8日國防部大陸工作處備忘錄〉。
　　(C)同註9。見〈民39年4月29日李彌致俞濟時局長電〉。
16　同註6。

當國府於1949(民38)年12月21日正式發表余程萬為滇省綏署主任、李彌為省府主席之後，不到一個月，國府又因重新調整軍事部署：將26軍撤到海南島，8軍留滇境建立軍事基地；並且在人事上已決定要發表李彌為雲南省綏靖公署主任兼雲南省主席。但因後來軍事驟然逆轉，26軍來不及空運，8軍也未能在滇境立足，以致這個人事命令就沒有機會發表了。因此李彌於次(1950)年元月下旬從海南島飛回台灣，需要一個職位回去雲南從事反共事業的時候，他需要一個類似綏靖公署主任的軍權，但他沒有，所以他只能向行政院申請頒發雲南省政府的印信；因此他乃於2月4日向行政院提出報告，請領這個印信；行政院於3月6日通知李彌已核准所請，而李彌則於3月23日回報行政院，將於24日啟用該印信[17]。20天後，於4月15日，李彌就以該雲南省政府的公文和省主席的名銜，向國防部呈請恢復第8、9兩軍的番號，結果被周總長變相否決(如前段所述)。

4月29日，李彌很技巧地，改為打電報給行政院長、國防部長和參謀總長，請求准派呂國銓為雲南綏靖公署副主任兼第26軍軍長。這份電報經由駐曼谷大使館武官處代寄到國防部二廳後，二廳改為轉送總統、行政院長和參謀總長。因為李彌在該電報中未提及保留或恢復8、9軍之事，參謀總長以為他已放棄該兩軍的申請，故很快同意李彌的這項請求，並簽呈總統。蔣中正總統亦於5月6日即批准所請，故周總長於5月12日即布達此項人事命令，並自5月起每月補助李部經費泰幣10萬銖(到7月再增為20萬)[18]。當總統和參謀總長批准了李彌的這項請求之後，就等於是李彌雖然未曾被上級發表為滇省綏靖公署主任的職位，但是等於是實質上承認了李彌的這個職位，於是李彌乃打鐵趁熱，於5月29日即向周總長申請雲南綏靖公署的關防和編制；然而參謀總長雖然也於7月5日頒發了綏靖公署的關防，但在此之前，先於6月29日發給李彌一份代電，謂綏靖公署只保留名義，不給編制，不設機構，讓李彌空歡喜一場。

第26軍獲准成立後，李彌並未立即著手組織其軍司令部，而是先後派邱開

17 國防部史政編譯局檔案，《雲南省反共救國軍總指揮部編成案》，民39年3月至民43年6月。見相關日期的報告和命令。
18 同註15(B)。見〈民39年4月29日李彌呈行政院長、國防部長、參謀總長電〉、〈民39年5月6日蔣中正總統致周至柔總長代電〉及〈民39年5月12日周至柔總長致李彌電〉。

基、李則芬和李拂一等，分別北上緬北招兵買馬，但還是企圖同時成立至少兩個
軍的部隊，所以他再於5月31日和8月22日，兩度繼續向上級呈請准予恢復第8、9
兩軍或只申請第8軍的番號，但國防部始終都未予核准。以後部隊經歷了「大其
力之戰」，並且從大其力遷到了猛撒兩個多月之後，因為該部隊當時還是「復興
部隊」，由李國輝當指揮官，而李國輝居然指使部下於10月中旬殺了他的副團長
虞維銓，發生了「虞維銓命案」，李彌雖然還不死心放棄成立兩個軍的企圖，但
是這個部隊也不能再放在李國輝的手中，以免再發生其他的危險，所以他才勉強
於11月10日在已於5月批准的26軍之下，向參謀總長申請設置軍司令部的組織，
由原來的第26軍和第8軍的兩組人馬，分別組成新的第93師和第193師；其副軍長
為葉植楠、李彬甫，軍參謀長為左治(夢符)；第93師師長為彭程，副師長宋瑊(朝
陽)，參謀長蒙振聲，第278團團長為譚忠；第193師師長為李國輝，副師長何永
年並兼參謀長，第577團團長為張復生。而周至柔總長於11月19日即准其所請[19]。

　　1951(民40)年1月11日，國府為統一整編大陸地區的游擊武力，於是參謀總長
周至柔下令，撤銷各省綏靖公署的制度，另外成立各省的「游擊軍總指揮部」，
於是「雲南省綏靖公署」便改制為「雲南省游擊軍總指揮部」，仍由李彌出任總
指揮，並於1月20日再頒發番號調整辦法，要求李彌儘早完成建制的工作，並向
國防部報備。在這除舊布新的過程之中，國防部和行政院發現余程萬竟然還是在
職的綏靖公署主任，才於1月24日補予免職。時隔不到一個月，國防部為了統一
名稱，於2月11日再通令各省「游擊軍總指揮部」改名為各該省的「反共救國軍
總指揮部」，於是李彌部隊的總部乃又再度改名為「雲南省反共救國軍總指揮
部」；國防部並於3月15日頒發「雲南省反共救國軍總指揮部」關防及「總指
揮」官章，而李彌則於4月2日正式啟用該關防及官章[20]。

　　李彌部隊進入緬境，本是一時的權宜之計，計畫一到整訓完畢、獲得補給
後，將再度返回大陸，對緬甸並無侵佔領土之意。然而中共則視該部隊為心腹大
患，擔心星星之火可以燎原，因此關照緬甸政府，要求緬方予以驅離或繳械。緬

19　同註17。見〈民39年11月19日周至柔總長致李彌主任電〉及〈民39年11月10日李
　　彌上周至柔電〉。
20　同註17。見該檔案相關日期的電報。

甸政府到1950(民39)年3月下旬，才派少數兵力到大其力，邀約李部代表作了兩次
會談，希望李部於4月底前撤離或繳械，否則即以武力解決。李部代表不接受這
項建議，反而要求緬方在互不相擾之原則下，容許暫時駐紮，等待補給完畢即行
離去。緬方也不能接受這項要求，以致雙方談判破裂[21]。到6月8日，緬甸和中共
正式互建大使館，中共再對緬政府施壓，謂緬政府若無法自行驅離，則願為代
勞。緬政府深恐中共軍隊一旦深入緬境，不再離開，而在緬地建立人民政府，那
將是引狼入室，後患無窮，因此不敢貿然接受共軍入境，而決定自行解決李彌部
隊非法入侵的問題。

　　一開始，緬甸對李彌部隊同時採取軍事和外交兩方面的行動。在軍事行動方
面，緬政府首先命令景棟(Keng Tung)區的駐軍，閃電逐戶搜查華僑，因為華僑
多為馬幫行商，撣邦土司政府准予擁槍自衛，因此藉此誣為擁有武器，圖謀不
軌，大肆逮捕，以斷絕李部之支援[22]。其次從6月13日開始，先以空軍偵察李部
陣地，並連續掃射轟炸兩天[23]。從6月16日起，則正式以其陸軍進攻，爭戰兩個
月，發生轟動一時的「大其力之戰」(詳見本章第二節)[24]。結果緬軍折兵損將，無
功而退。在外交行動方面，緬甸政府在對李部發動軍事攻勢之後，多次透過美國
駐緬大使館和緬甸駐美大使館，請求美國轉告台灣的國府，下令李部向緬甸繳
械，接受集中看管，或是繳械後自行在緬甸定居，要不然即應撤離緬境，以維護
緬甸領土和主權之完整，否則，緬甸將向聯合國提出控訴[25]。緬方並且表示，這
批部隊在緬境的活動，使緬甸必須分一部分軍力去應付，削弱了緬軍清剿其內部
共黨及克倫(吉仁)族叛軍的力量，致使該等叛亂分子得以乘勢坐大，不但威脅緬
甸之政治安定，而且影響整個東南亞之安全[26]。

21　同註3(C)：(3)，第13卷第4期，1970年10月，頁34；(4)，第13卷第5期，1970年
　　11月，頁24。
22　同註3(C)，(4)，第13卷第5期，1970年11月。頁25。
23　(A)外交部檔案，《緬境國軍》(第1冊)，民39年6月14日至民39年9月30日。見
　　〈民39年8月3日孫碧奇致外交部第206號電〉及〈民39年6月14日孫碧奇致外交部
　　102號電〉
　　(B)同註3(C)，(4)，第13卷第5期，1970年11月。頁26。
24　同註3(C)，(4)，第13卷第5期，1970年11月，頁27。
25　Department of State, United States(1950), *Foreign Relations of the United States.* Vol.
　　6. Washington, D.C.:U.S. Government Printing Office. pp244-6.
26　同註23(A)。(第1冊)，見〈民39年7月29備忘錄〉。

美駐緬大使大衛・凱(David Mck. Key)於7月7日將緬甸的這項請求電告美國
國務院,當天下午,美國務院助理國務卿魯斯克(David Dean Rusk)即邀約國府
駐美大使顧維鈞到國務院,傳達美國政府對中國軍隊駐在緬甸的意見。魯斯克希
望國府准許緬甸政府解散這支軍隊,並將士兵拘留,以免給中共部隊以任何口
實;他說他將保證他們受到優待。顧維鈞則解釋說,中國軍隊進入緬甸並非自
願,他們也急於返回雲南;但令人遺憾的是,緬甸當局對之非常粗暴,還派飛機
去轟炸,這就發生了衝突;然而中國軍隊對緬甸人決無惡意或抱有野心,只求寬
容一點時間,以便返回雲南。魯斯克進一步說,緬甸擔心如果不解散和拘留國軍
部隊,中共軍隊就會開進緬甸,這樣將使局勢惡化。此外,魯斯克也說,他不知
道這支部隊怎樣才能返回雲南而不和中共軍隊發生衝突。到7月25日,國務院
再對國府作第二次的轉達[27]。同時於7月13日,由美國駐泰大使史丹頓(Edwin E.
Stanton),也向國府駐泰代辦孫碧奇傳達同樣的訊息[28]。可見美國國務院對於此
事,自始即十分重視。基本上,美國國務院的態度為同情緬甸的立場,自始即反
對李彌部隊停留在緬境,認為該部隊的軍事作用並不大,不如向緬繳械,或趁共
軍在滇兵力不多時,儘速開回滇境,以免威脅緬甸和東南亞的安全。

到7月25日,緬甸政府向美國駐緬大使大衛・凱再次提出請求:謂該部隊留
在緬甸,在軍事上非但無益,反墜中共計策,緬政府因須對國軍部隊採取軍事步
驟,以致其清剿內部共黨及克倫族叛亂分子之力量竟被削弱,若該國軍部隊之活
動致使叛亂分子得再行竄踞其已失之土地,則緬甸之政治安定自將遭受威脅,整
個東南亞之安全,亦遭危及。緬甸為解決國軍部隊,擬於7月29日訴諸聯合國安
全理事會以求協助(後來到8月初時,將日期延至8月15日),此舉或將陷國府於窘境;
故為避免此一窘境計,國府應即下令該批部隊放下武器並接受緬政府之集中看
管。

為了此事,美國助理國務卿魯斯克再次召見顧維鈞,彼謂在緬國軍人數不

27　(A)同註23(A)。(第2冊),民39年6月至民41年8月。見〈民39年7月8日顧維鈞致外
　　交部408號電〉。
　　(B)顧維鈞(1994),《顧維鈞回憶錄》(第8冊)。北京:中華書局。頁35-39。
28　同註23(A)。(第2冊),民39年6月至41年8月。見〈民39年7月13日孫碧奇致外交部
　　122號代電〉。

多,力量薄弱,而中共在滇集中軍隊,恐其藉口進攻,緬當局甚為焦灼,亟盼和
平解決。於是魯再向國府建議,為避免引起國際糾紛及東南亞地區之不安,國府
應即下令該部隊放下武器,接受緬方集中看管,並表示願代為轉告仰光各項意
見。美方強調:一旦緬政府向聯合國提出控訴,美國和國府的處境,都會感到困
窘,且美國歉難在聯合國中支持國府,國府在國際上將陷於孤立的地位。國府駐
美大使顧維鈞亦在其致外交部的急電中表示:李部駐緬一事,自公法與和平觀點
來看,我方立場皆為不合,將使我在國際上遭受打擊[29]。

　　國府對於美國國務院的善意建議,原則上願意接受,但因在緬境內的李彌部
隊來電表示,不願向已承認中共政權之緬政府繳械,如強迫辦理,恐怕部隊官兵
有挺而走險之虞,因此一時左右為難。國府為顧慮國際關係及美國友誼,乃由參
謀總長周至柔於8月3日去電李彌和呂國銓,命令李、呂二人於8月14日前,將部
隊撤入雲南,從事游擊[30]。如果該部隊能撤回雲南,既可以不必向緬政府繳械,
也避免影響中美邦交,這是一個兩全其美的政策;但是十分不巧,自8月6日起,
泰國封鎖了邊境交通,使李部不能獲得補給,因此國府雖允諾美國,對入緬部隊
下了撤回滇境的命令,李部還是無法遵命於8月14日前撤回雲南。直到國府向泰
國提出交涉,泰國重新開放邊境交通。駐泰武官陳振熙才能押運大批米糧藥物蚊
帳等進入緬甸後,李部才於8月23日撤離大其力,向猛撒(Mong Hsat)進發,緬軍
則於24日下午進入大其力,並舉行升旗典禮,宣示其主權[31]。

　　其實早在8月10日之前,美方即已告知緬政府,謂李部將於近期內撤出緬
甸,因此緬總理宇努(U Nu)乃於8月13日經由美駐緬大使館向美方表示欣慰,不
再將此案控訴於聯合國,並表示李部撤退時,也不會將消息轉告中共[32]。美方尋
即將此項訊息,於8月15日告知國府。由此可見,緬政府對解決李彌部隊問題,

29　同註23(A)。(第1冊),民39年6月至民39年9月。見〈民39年7月27日顧維鈞致外交
　　部451號電〉及民39年8月11日美國駐台北大使館代辦師樞安送交外交部之〈美國
　　國務院命令通知〉。
30　(A)同1(A)。頁85。
　　(B)同1(B)。頁60。
31　同註3(C),(6),第14卷第1期,1971年1月。頁47。
32　(A)同註25,p250。
　　(B)同註23(A)。(第2冊),民39年6月至41年8月。見〈民39年8月31日孫碧奇致外
　　交部266號代電〉。

自始即甚具善意。

第二節　大其力之戰

　　公元1950(民39)年2月下旬，李國輝和譚忠所率領的國軍殘餘部隊，從雲南撤退到緬甸大其力(Tachileik)一事，本是一時權宜之計，暫時棲身，等到整訓完畢，獲得補給後，即將再度進軍大陸，對緬甸並無侵佔領土之意。尤其是當地的撣邦土司政府，於抗戰時曾有與中國遠征軍相處的經驗，對漢人部隊素來友善；而立國未久的緬政府，起初似亦睜一隻眼，閉一隻眼，不以為意。但中共則視該部隊為心腹大患，認為星星之火可以燎原，因此不久即關照緬甸政府，要求予以驅離或繳械；緬甸政府不得已，到了3月下旬，才派少數兵力進駐大其力，邀約國軍部隊代表作了兩次會談，希於4月底前撤離或繳械，否則以武力解決。但這項建議為國軍部隊所婉拒，國軍部隊反過來要求，在互不相擾之原則下，容許暫時駐紮，一旦補給完畢，即行離去；這項要求也未為緬方所接受，以致雙方談判破裂[33]。到6月8日，中共正式在緬甸建立使館之後，施予緬甸更大之壓力，謂緬政府如無法驅離，則願為代勞[34]；緬政府亦考慮要求中共協助驅逐境內國軍，但深恐中共軍隊一旦深入緬境，不再離開或是協助緬共建立人民政府，因此不敢貿然接受共軍入境，決定自行解決李彌部隊非法入境的問題[35]。

　　緬甸對李彌部隊所採取的政策，除透過外交途徑，請美國傳達台灣國府，要求將部隊撤走外，並積極進行軍事行動的準備，擬以武力將國軍予以驅逐或繳械。從5月中旬起，緬陸軍就不斷向景棟地區集結，開來陸軍約5,000人，砲兵2連，約有山砲6門、81砲9門、平射小砲3門，戰車1連，有小型戰車3輛，每日以

33　(三)同註3(C)，(3)，第13卷第4期，1970年10月。頁48，50；(4)，第13卷第5期，1970年11月。頁24-6。

34　Taylor, Robert H.(1973), *Foreign and Domestic Consequences of the KMT Intervention in Burma.* Ithaca, New York: Dept. of Asian Studies, Cornell University. P6.

35　(A)Young, Kenneth Ray(1970), *Nationalist Chinese Troops in Burma: Obstacle in Burma's Foreign Relations 1949-1961.* Doctoral dissertation, Department of History, New York University. pp58-62.
　　(B)同註23(A)。(第3冊)，民40年9月至民41年8月。見[1952年2月1日日本〈朝日晚報〉相關新聞剪報]。

飛機空運彈藥至景棟[36]。到5月下旬，緬軍開始向景棟以南地區集結，一連駐猛林(Mong Linn)，一連駐猛叭(Mong Hpa Yak)，向國軍的駐地逼近。

緬軍認為，國軍的主要援助者為當地華僑，因此為斬斷國軍的後援，在用武前，乃閃電逐戶搜查華僑(商家和馬幫)，誣為擁有武器，圖謀不軌，逮捕百餘人，以致華僑均驚惶萬狀。僑領們紛紛請求李國輝寫信軍指揮官及景棟王，籲請緬方放人。於是李國輝以「李忠」之名義，向緬方提出第一次照會，請緬方釋放華僑。緬方回信，謂為干涉內政[37]。但是該信在英譯時並未把「李忠」之名字譯出，而是譯為「The Commander of The Anti-communism [Army] Camp in Kengtung, Major General Lee」，即「駐景棟之反共軍指揮官李少將」。

1950(民39)年5月25日，緬軍總指揮官左蘇上校請景棟王派人送來照會，請國軍及大其力華僑各派一名代表，於6月3日到景棟談判。國軍派丁作韶為代表，大其力華僑則派馬鼎臣為代表，於該(3)日由大其力乘汽車至景棟，當晚即與左蘇上校談判，沒有結果；次(4)日雙方代表再談，亦不歡而散。當(4)日晚上，緬軍下令戒嚴，再逮捕華僑1,000多人，丁、馬兩代表亦同時被捕[38]。

6月6日和7日，李國輝再以李忠名義，連續兩次向緬軍提出照會，謂近日開始即撤軍回國，路經猛果/猛可克(Mong Kok,在大其力之北,打勒之南)、猛林、猛勇(Mong Yawng)等地，請撤出以上路線之部隊，並請三日內將我方談判代表及無辜華僑釋放，最後強調國軍是反共部隊，無領土野心，願保持中緬友好關係，請勿採取敵對行為，否則一切後果由貴方負責。但緬軍總指揮官於9日回信拒絕[39]。次(10)日，李國輝再向左蘇上校發出第四次照會，請其讓路、釋放和談代表、華僑和被擄官兵。緬軍不理，反而於12日向國軍下最後通牒，限國軍於13日中午12時以前繳械，並派員到景棟接洽投降事宜。李國輝接信後，馬上發出第五次照

36　(A)同註1(B)。頁81。
　　(B)同註23(A)。(第1冊)，民39年6月至民39年9月。見〈民39年8月3日6駐泰大使館第206號代電〉。
37　(A)同註3(C)。(3)，第13卷第4期，1970年10月。頁50。
　　(B)Ministry of Information, Union of Burma(MOI)(1953) *Kuomintang Aggression against Burma*. Rangoon: MOI. p139-141.
38　同註3(C)。(4)，第13卷第5期，1970年11月。頁25。
39　同註3(C)。(4)，第13卷第5期，1970年11月。頁25。

會,提出嚴重警告。這一次,左蘇沒有親自回應,而是於當夜(14日)凌晨2時,請景棟王代為回答國軍照會,謂十分同情國軍之反共立場,但他們是奉命行事,情非得已,願將問題轉告仰光,請原諒他們無能為力,萬一採取軍事行動時,將先行告知[40]。

從6月13日起,緬軍先以飛機偵察李部陣地,並開始不斷掃射轟炸[41];6月14日上午,緬軍繼續轟炸、掃射,到下午2時,緬空軍司令親自率軍機3架,前來低飛掃射約半小時,不幸其司令座機被李軍以機槍擊落,並傷另一架[42]。次(15)日下午4時,緬軍送來第一次攻擊通知:明(16)日上午8時將前來攻擊[43]。

16日上午8時,緬軍果然準時由猛叭出發,前來攻擊國軍駐猛果的基地。緬軍部隊約3個連,共乘14輛大卡車和4輛吉甫車由猛叭出發,車隊先向東南行至打勒(Tarley),再向南朝大其力方向行駛,行至距猛果約10里之山地轉彎處停止。然後派尖兵連乘4輛大卡車和1輛吉普車繼續向猛果方向搜索,5輛車魚貫而行,連長乘坐的吉普車居中,第一輛和第二輛大卡車之間相距200公尺,而第二輛大卡車和吉普車之間則相距100公尺,沿途用機槍和81迫擊砲向公路兩側高地盲目射擊,邊打邊走。而其他10輛大卡車則停在原地,然後全部掉頭,以每兩車為一組,以倒車方式前進,向前支援[44]。

約在上午9時半,第一輛尖兵卡車行至猛果山口,遭到國軍鄒浩修副營長從東方開火還擊,緬軍的立即反應就是想掉頭後撤,但因受地形限制,卡車無法掉頭,於是車上的部隊紛紛下車,向西邊的高地逃跑,鄒副營長率兩個連在後面追殺。但緬軍剛跑到山上,就又遭到西方山上申鳴鐘營長的阻擊,再往山下回跑,於是這個沒有後援的緬軍尖兵連,在鄒、申兩營不斷來回的追殺下,不是被擊斃,就是被俘虜。他們所乘坐的4輛大卡車和吉甫車,都成了戰利品。

40　同註3(C)。(4),第13卷第5期,1970年11月。頁26。
41　同註23(A)。(第1冊),民39年6月至民39年9月。見〈民39年8月3日6駐泰大使館第206號代電〉及〈民39年6月14駐泰代辦孫碧奇致外部102號電〉。
42　同註3(C)。(4),第13卷第5期,1970年11月。頁26。
43　同註3(C)。(4),第13卷第5期,1970年11月。頁27。
44　(A)同註3(C)。(4),第13卷第5期,1970年11月。頁27。
　　(B)同註23(A)。(第2冊),民39年6月至民39年9月。見〈民39年6月21日孫碧奇代辦致外交部第105號電〉

　　至於10里外的10輛大卡車,以倒車的方式慢慢前進,剛一接觸,還未進入國軍防地,緬軍指揮官便令所有部隊下車,向高地上爬,當他們爬到山上時,已是日落西山,根本不知道國軍陣地的具體位置,只是朝著國軍的方向亂射,不但機槍射不到,甚至其迫擊砲也在射程之外,他們胡亂射擊了一個多小時,便收兵返回猛叭。國軍並未加以追擊[45]。

　　這一天戰爭的戰果是:俘緬兵32人,斃73人,逃回景棟8人,失蹤50-60人;擄獲大卡車4輛,吉甫車1輛,81砲1門,303機槍6挺,30步槍43枝,左輪手槍2枝,其他彈藥、緬刀、手榴彈,為數甚多[46]。

　　次(17)日,李國輝以李忠名義致緬指揮官左蘇第六次照會。聲明昨日之戰是被迫應戰,雖擊潰緬軍的先頭部隊,但並未攻擊其餘10輛撤退之卡車,證明國軍並不把緬軍視為敵人,仍希望友善和談,請釋放被扣代表和被捕華僑,而所俘緬軍官兵均將優待放回。緬軍指揮官左蘇於19日回信,仍望國軍繳械,建議再派代表至景棟或猛叭會談[47]。

　　6月20日,李國輝回信緬軍指揮官,建議24日10時在打勒(Tarley)或猛海(Mong Hai)和談。次(21)日緬指揮官回信,改約在23日談判。6月22日,國軍釋放俘虜19人,其中11人逃回家,只8人回營。到了會談之日,國軍派崔應聲上校為代表去談判,緬要求國軍24小時內撤離,並限24日晚之前回信,否則向國軍進攻。李國輝於24日去信請寬限三日,以便離境[48]。

　　6月25日下午,緬軍打來第二次戰表,通知明(26)日上午8時將分六路進攻,如果懼怕,就請即刻接洽繳械。當晚進駐猛林兩個營,猛叭以南山頭一個營,打勒一個營,上下猛海兩個營,並在景棟附近徵集民伕500人,幫助搬運彈藥及準備抬擔架[49]。

　　6月26日上午8時,由駐在猛叭、猛林、打勒的緬軍,分四路向國軍陣地作第二次的進攻(駐猛海的緬軍則保持不動)。緬軍先用砲兵射擊,11門迫擊砲,9門山

45　同註3(C)。(4),第13卷第5期,1970年11月。頁27。
46　同註3(C)。(4),第13卷第5期,1970年11月。頁27。
47　同註3(C)。(4),第13卷第5期,1970年11月。頁28。
48　同註3(C)。(4),第13卷第5期,1970年11月。頁28。
49　同註3(C)。(4),第13卷第5期,1970年11月。頁28。

砲、6門小型平射砲,齊向山上陣地猛轟,砲擊約一小時,然後再以密集的機槍掃射,掩護一群一群的步兵交互前進。緬軍以為,國軍陣地必定設在山頭之上,因此每至一個山頭,都是先用砲火摧毀,然後以機槍掃射,步兵都爬著前進,靠近陣地時,又先投擲手榴彈,然後殺聲震天的衝鋒上去,結果連衝十數個山頭,都空無一人,衝得緬兵個個精疲力盡,以為國軍畏懼,都撤走了,於是無精打彩的在山上吃午餐和喝水。午飯之後,以為前面沒有山頭的山地無人防守,都大搖大擺的前進。到下午3時,當緬軍走到真正的國軍陣地前4、50公尺至100公尺時,國軍槍砲齊放,緬兵掉頭就跑,而埋伏在山腳山腰的機槍再從側背射擊,步兵上著刺刀衝出陣地捉活的,嚇得緬兵槍都不敢放,只是拼命的亂逃亂竄。打到夜晚7時,緬軍敗走,遺屍100餘具,生俘20人。第二次戰鬥結束[50]。

6月30日,李國輝以「李忠」名義致函左蘇:為顧全友誼,願撤出猛果以北防地,退至猛果河以南地區防守,所俘緬軍將於移防時釋放。而緬軍經過數日的整備之後,於7月2日晚,再次來函告知:將於次(3)日晨8時大舉進攻猛果河以南的國軍陣地。

7月3日晨6時,雷電交作,接著傾盆大雨,連續兩小時,河水暴漲,形成天然障礙,國軍據河而守。8時,緬軍先以各種大砲射擊國軍陣地,射擊一個小時以後,以小型戰車排成一列在前面行進,步兵則跟在後面進攻。後因4輛戰車掉入陷坑內,中(地)雷爆炸,人車俱毀。緬軍不敢再前進,即在原地射擊,形成對峙,緬軍以各種砲亂射,國軍則以所虜獲之81砲還擊,戰到夜晚6時才停止。次(4)日緬軍繼續砲擊,步兵數次進攻,攻至河邊,都傷亡而退,打到下午4四時停止。第三(5)日拂曉,緬軍欲從兩翼渡河進攻,都被擊退;並有猛海緬軍亦前來助攻,皆被搜索隊擊退。當天(5日)晚上,李國輝派陳良少校率突擊隊100人實行夜襲,於(6日)凌晨2時攻入緬軍指揮部,放火燒殺、造成混亂狀態後撤回[51]。

7月6日,原緬軍指揮官左蘇被戰事累到病倒,調仰光休養,另派宇欽上校接替,宇欽上校來信責備不應偷襲、夜襲,如不能久戰,即應派員接洽投降。次(7)日夜晚,李國輝再派張復生中校率5個步兵連向猛果緬軍指揮部實行夜襲。第

50　同註3(C)。(4),第13卷第5期,1970年11月。頁28。

51　同註3(C)。(5),第13卷第6期,1970年12月。頁30。

一營第一連上尉連長楊金堂率領穿著緬兵軍服尖兵連，並學會簡單緬語，於次
(8)日凌晨1時，混進了戰壕和鐵絲網之內的緬兵指揮部，內外夾攻，戰鬥約一小
時收兵，返回原防，緬兵指揮官宇欽穿著內褲逃出，被嚇破了膽，在景棟醫院拉
綠屎。這次夜間突襲，緬軍死亡200餘人，負傷100餘人，俘緬軍軍官3人，士兵5
人，擄獲303機槍12挺，步槍31枝，彈藥一批。而在國軍方面，亦陣亡官兵61
人，負傷34人；陣亡軍官除楊金堂連長外，尚包括第九連上尉連長姜興榮，第一
排排長楊吉通，排附周國武，班長李盛銘、高國武，第七連上尉指導員李建達
等。當時，身負重傷的排長陶保之被認為已經死亡，於第二日清理戰場時，
將陣亡官兵集體埋葬在緬軍的砲兵陣地內，他被放在最上面，將要掩埋時，
他動了一動，於是把他抬了出來，送到泰國治癒，至今仍健在。而當時只是
手臂負輕傷的第三營營長董衡恆，卻不幸因後來感染了破傷風而於次月病逝
於猛董[52]。

　　7月9日，緬陸軍總司令尼溫（Ne Win）由仰光乘專機來景棟親自指揮，將指
揮所由猛果退至猛林以南的打勒。尼溫到防後改變策略，一切行動不再通知國
軍，每天於早飯後、午飯前及晚餐後，三次定時實施砲襲，空軍於10日後每日上
午10時左右，以4架飛機前來投彈十餘枚[53]。10日晚，小猛捧老叭派人來報告，
緬兵兩營進駐小猛捧附近，將於夜間偷襲國軍陣地後方的大其力，截斷國軍後方
的交通線。於是李國輝先發制人，當即派董衡恆營長率四個連先渡河設伏。到11
日凌晨3時，當緬軍的兩個營行經伏擊點時，被董衡恆率兩連人馬衝入隊伍，打
得緬軍一片混亂，亂逃亂竄，交戰約一個多小時，兩營緬兵全部被瓦解，董營長
至上午9時始回防。這次夜襲，國軍陣亡6人，傷18人；緬軍遺屍200餘，俘緬軍
62人，81砲1門，擲彈筒3具，輕機槍11挺，步槍81枝，左輪手槍11枝，及大批彈
藥。國軍傷兵均送大其力醫院，由郜霞飛醫師免費治療[54]。

　　從11日以後，國軍和緬軍雖然還在對峙中，緬機也定時來射擊，但兩軍並無

52　（A）同註3(C)。(5)，第13卷第6期，1970年12月。頁31。
　　（B）劉維學的書面補充。2007年6月20日。
53　同註3(C)。(5)，第13卷第6期，1970年12月。頁31。
54　同註3(C)。(5)，第13卷第6期，1970年12月。頁32。

戰鬥，直到7月20日，緬軍指揮官尼溫來信告知：被捕華僑和馬鼎臣已釋放，丁作韶刻在眉苗，要求國軍依照國際法接受繳械或早日離境[55]。22日李國輝覆信，謂國軍本擬6月離境回國，但被緬軍封鎖歸路，並以大軍圍攻，實屬不當；為顧全對方體面，再讓出猛果河一帶防地，撤至大其力。以後，李國輝和緬軍指揮官尼溫再經數次書信往來，皆以緬軍不願讓出猛海、猛叭、猛林、猛勇等地撤軍路線，而要求國軍從湄公河東岸回國，以致無法達成協議[56]。

到了7月28日，緬軍經過一段時間的整理之後，於該(28)日凌晨3時出發，向大其力之國軍實施夜襲，結果因遇大霧，誤觸地雷，被國軍以機槍循聲射擊，大敗而回。以後連續4天的拂曉，緬軍皆以戰車、大砲配合人海戰術方式，每天多波地向國軍進行攻擊，結果都被國軍奮勇擊退。這幾次的戰鬥，緬軍遺屍251具，國軍陣亡4人，傷7人，擄獲衝鋒槍21枝，輕機槍11挺，手槍8枝，擲彈筒2具，其他彈藥亦甚多[57]。

8月2日以後，緬軍一面零星砲擊，一面增加援兵和裝備，並於8月6日通知國軍：將於明(7)日9時進攻。7日緬軍進攻時，認為大山頭上都是假陣地，砲火機槍的火力都集中小山頭上，連續攻占了4個小山頭之後，再向一座大山頭爬進時，被國軍一陣手榴彈投下，接著衝殺出來，嚇得緬兵向山下滾著跑，偏偏緬機又向緬兵陣地投彈而去，戰鬥到下午4時即結束[58]。這一天的戰鬥，緬軍遺屍32具，俘緬兵2名，擄獲機槍4挺，步槍30枝，擲彈筒4具。晚上，緬方通知，明(8)日10時將以10路陸空聯合進攻。

8日上午9時半，緬軍先以轟炸機向國軍陣地投彈10餘枚，再以兩架射噴戰鬥機掃射，到了10時，以山炮4門、81迫擊砲10餘門、平射小砲4門，按次序向著每一個大小山頭轟擊，然後以大批步兵攻一山、占一山，步步為營，向前推進，但從上午10時打到下午5時，一直都打不到國軍，於是緬軍以為國軍已經事先撤走，安心的脫下大皮靴，在山上休息開飯。大約6時許，國軍忽然由山地兩翼向

55　同註3(C)。(5)，第13卷第6期，1970年12月。頁33。
56　同註3(C)。(6)，第14卷第1期，1971年1月。頁46。
57　同註3(C)。(6)，第13卷第6期，1970年12月。頁33。
58　同註3(C)。(6)，第13卷第6期，1970年12月。頁33。

緬軍左右夾擊，嚇得緬兵來不及穿上大皮靴而向山溝逃命，一直追殺到晚上8時才停火。清理戰場後，緬軍遺屍○○人，俘虜緬兵34人，擄獲81迫擊砲1門、輕機槍16挺、步槍102枝、擲彈筒2個，及許多彈藥；但國軍亦陣亡10人[59]。

　　緬軍經過數日的進攻，依然慘敗，於是大部退回景棟，僅留一連駐守猛叭。9日晚，緬指揮官來信指責國軍專憑欺詐行為交戰，如對談判有誠意，希國軍於緬軍再次進攻時，請向後撤退，以便對上對外有所交待為盼。8月17日，李國輝致函緬軍指揮官尼溫：強調無領土野心，希望停止戰爭，和平相處。8月21日，緬軍指揮官尼溫來信：表示同情反共立場，請求國軍撤離大其力，進入山區，給地主國體面；當國軍進入山區後，將通知地方政府盡力協助供糧，永保友誼。次(22)日，李國輝覆函同意照辦[60]。「大其力之戰」終告全面結束。

　　綜觀大其力之戰中，緬軍之所以失敗，國軍之所以獲勝，根據以上曾述及及一些未述及的理由，大約可歸納為下列數端：

　　第一，緬甸於1948(民37)年元月才獨立，因此緬軍皆為新兵，沒有作戰經驗，而國軍則都是身經百戰的沙場老將。緬軍因為都是新兵，無法克服戰場的恐懼，因此一開戰，便因為恐懼而逃跑，無法沈著迎戰、應戰，使國軍的攻擊，有如猛虎之衝入羊群，或如飛鷹之衝入雞群。緬軍雖然也從每次的作戰中學會了一些教訓，但是經驗總是不夠，無法在戰場中看出國軍布陣的虛實，因此交戰中吃了大虧。

　　第二，緬軍因為都是新兵，除了戰鬥技能訓練的不足之外，軍紀的養成和維持亦十分不夠。一般說來，緬軍的軍紀並不好。在國軍進駐的撣邦地區，本為土司自治，並無緬軍駐防。軍紀不佳的緬軍進駐撣邦後，姦淫搶劫，無惡不作，軍官則強徵民女陪宿，居民十分痛恨，因此主動提供國軍緬軍行動的情報。被俘或被釋之緬軍，也常被居民加以殺害。因此緬軍之進入撣邦，有如進入敵國，孤立無援。反之，國軍的93師因在抗日期間曾經進駐撣邦地區，與撣邦土司和居民都建立了良好的軍民關係，因此主動提供國軍援助和情報，使國軍之進入撣邦，有如駐在自己的國土。因此，親近國軍者，並非只有華僑，而是整個撣邦上下。這

59　同註3(C)。(5)，第13卷第6期，1970年12月。頁33。
60　同註3(C)。(6)，第14卷第1期，1971年1月。頁46。

是緬軍和國軍之間所具有的重大差別。

第三,因為緬軍是新軍,其帶兵官亦抱著一種「公平交戰」的觀念來指揮作戰,因此他們十分不能認同國軍所實施的「摸營」、「奇襲」和「夜襲」等狡詐戰術,認為不夠光明正大,屢屢來函要求國軍改正,要求國軍應該公平交戰,規勸國軍如自覺戰不過,就應該投降繳械,不應使用詐欺騙術。緬軍的戰技和軍紀本來都不如國軍,再加上指揮官的此種「公平交戰」觀念,自然更形吃虧。

第四,緬軍的前線指揮官,基本上十分同情國軍的反共立場,無心與國軍交戰,但因為緬政府為應付中共的政治壓力,又頻頻催迫軍方對國軍使用武力,將國軍繳械或驅離國境,以解除中共的壓力。由於緬軍本來並沒有與國軍作戰的意願,因此在奉命與國軍開啟戰端時,內心總是抱有著幾許的愧歉,再加上前述「公平交戰」的道德觀念,因此交戰前乃有預先告知國軍之舉。由於緬軍本無求戰之心,而國軍則是存亡之戰,再加上緬軍得不到居民之助,情報不靈,地形又不熟,這些不利條件的相乘效果,使緬軍在交戰時,必然吃盡大虧。

緬甸政府的軍政首長

↑緬甸總理宇努1959.10　　　　　　　↑緬甸陸軍總司令尼溫1959.10

↑復興部隊部分幹部攝於大其力戰後。1950.8
後排：何永年、○、○、○、董衡恆。前排左起：余興名、譚忠、李國輝、蒙振聲。

　　第五，退入緬境之國軍，本如斷了線的風箏或斷了源頭的流水，雖有華僑和馬幫的支援，但杯水車薪，斷難作有力之支援，因此就常理而言，該國軍部隊或許能一時苟且生存，應無發展之餘地。所幸當時中華民國駐泰武官陳振熙與泰國警察總監建立了深厚的公私友誼，不但順利幫助當時的國防部和空軍人員和93師官長，經由大其力進入泰國，然後轉往台灣；並且經由這種關係，使得國軍能從泰國獲得部分後勤糧彈的支援，並能將眷屬安頓在泰國，使國軍能在對緬軍作戰時，無眷屬的拖累之憂，而能將戰力發揮到最大的程度。

第三節　韓戰與反攻雲南

一、韓戰帶給李彌機會

　　1950(民39)年6月16日，緬甸興兵攻打李彌部隊的時候，韓戰也於同月25日爆

發。韓戰爆發之後，美國採取了兩個相對的政策：第一是將戰爭局部化，即將韓戰局限於朝鮮半島境內，並派遣第七艦隊巡防台灣海峽，其目的固是防止中共進攻台灣，也是防止台灣的國軍趁機挑釁或反攻大陸，以避免在朝鮮半島之外也發生戰爭；基於這個政策目標，美國對國府指控蘇俄為韓戰的幕後指使者，十分不悅，反而要求蘇俄從中斡旋南北韓之戰[61]。第二是將反攻北韓軍的部隊予以國際化，即以美軍為主而籌組一支聯合國部隊，除爭取西方民主國家的支持外，並努力爭取亞非第三世界國家的參與，以對抗北韓軍的南侵。當美國派遣梅爾比將軍(Gen. John Melby)率領「東南亞軍援顧問團」前往泰國，與泰方洽談軍援並請泰方出兵參與韓戰時，李彌趁機透過駐泰武官陳振熙與之聯絡，請求美方也給予援助，並向美方表示，可以進軍雲南，牽制中共軍力於大陸西南，以減輕美軍在韓戰的壓力。9月8日，李彌與該顧問團的副團長爾斯金(Graves B. Erskine)少將首次在曼谷見面相談，雙方意見頗為投合，他們共會談了三次。美方代表原則上允諾給予武器、器材及經濟上的支援，但為避免違反國際法，美方代表強調，必須在部隊推入大陸國境之後，才方便在大陸地區進行空中補給[62]。

　　1950(民39)年9月中，聯合國軍隊在仁川登陸成功，9月底收復漢城，10月19日攻陷平壤。由於聯軍勢如破竹，促使中共解放軍於11月5日公開以「志願軍」的名義，派出32萬人參與北韓軍，聯手對聯軍展開作戰[63]。這時，由於中共「志願軍」的介入，美國又不願將戰場擴大到韓國以外，以阻斷中共的援助，因此聯軍感到了沉重的壓力。就在這個關頭，美國中央情報局(Central Intelligence Agency，簡稱CIA)之下的「政策協調辦公室」(Office of Policy Co-ordination, OPC)，根據「東南亞軍援顧問團」副團長爾斯金所提供的資訊，於同一日即向

61　同註27(B)。第8冊，頁6。
62　(A)同註8。頁65-6。
　　(B)同註23(A)。(第2冊)，民39年6月至民41年8月。見〈民40年1月14日駐泰代辦孫碧奇致外交部201號電〉及〈民40年1月19日外交部致行政院長、參謀總長、總統府秘書長密函〉。
　　(C)同註1(B)。頁57。
63　(A)同註27(B)。第8冊，頁132。
　　(B)張筱強、劉德善、李繼鋒合編(1994)，《圖片中國百年史：1894~1994》(上、下)。濟南市：山東畫報出版社。頁815。
　　(C)Jones, DuPre (ed)(1980), *China: U. S. Policy since 1945.* Washington, D.C.: Congressional Quarterly, Inc. p92.

杜魯門(Harry S. Truman)總統提出一個「白紙方案」(Operation Paper)──建議
支援李彌部隊進攻雲南,以牽制中共部隊,化解中共「志願軍」在朝鮮戰場的軍
事壓力。討論這個方案時,當時的中情局局長史密斯(Walter Bedell Smith)將軍
認為中共兵源充足,這種冒險行動不可能將共軍拉出朝鮮戰場,因此強烈反對這
個方案。但是杜魯門認為此舉可以培植中國的第三勢力,因而認同並批准了這
個方案[64]。這個「白紙方案」是由中情局秘密進行,國務院完全不知情,直到
1951年9月底,國務院因指示其外交官和英國外交官合作,共同勸阻泰國協助李
彌部隊,經泰國總理披汶(Plaek Pibunsongkhram,其姓常簡稱為Pibun)向英國駐
泰大使華林格(Geoffrey Wallinger)披露真相,國務院才從其駐外官員的通報而獲
知真相,並由其遠東事務助理國務卿麥肯特(Livingston T. Merchant)於11月底作
成備忘錄,記載該事件的本末[65]。

　　杜魯門總統批准了「白紙方案」之後,中情局即秘密爭取泰國政府的支持和
協助,首先是以泰國為中繼站,以推動李彌部隊在緬甸境內的軍事活動;其次請
泰國提供外交掩護,以便一旦事機敗露,泰國可以協助美國撇清與李部的關係。
而泰國的披汶總理亦樂於提供協助,因為:(一)泰緬兩國雖然相鄰,但在歷史上
則為世仇,因為泰國在阿瑜陀耶王朝時曾被緬甸迫降和滅亡各兩次[66],如今能與
強國美國結盟,可以大幅度增進對抗緬甸的力量,何樂而不為。(二)在二次大戰
時,披汶總理曾與日本結盟,不但讓日本軍隊過境泰國進攻緬甸、馬來亞和新加
坡,並且從英法的殖民地中,取回不少當年被英法掠走的土地。他為掩飾過去的
「聯日」不良紀錄,並強化和美國的關係,以爭取美國的經援和軍援和對抗英法
兩國的報復,不但答應參加韓戰的聯合國部隊,並且願意秘密協助美國中情局執

64　(A)Kaufman, Victor S.(2001) "Trouble in the Golden Triangle: The United States,
Taiwan and the 93rd Nationalist Division" in *The China Quarterly,* No. 166, June
2001. p441.
　　(B)Fineman, Daniel(1997) *A Special Relationship: The United States and Military
Government in Thailand 1947-1958.* Honolulu: University of Hawaii Press. p137.
　　(C)McCoy, Alfred W.(1991) *The Politics of Heroin: CIA Complicity in the Global
Drug Trade.* Chicago: Lawrence Hill Books. P166.
　　(D)Leary, William M.(1984), *Perilous Missions: Civil Air Transport and CIA Covert
Operations in Asia.* Alabama: The University of Alabama Press. p129.
65　同註25。(1951), vol.6, pp298-9, 316-7.
66　林家勁、許肇琳等(1987),《泰國史》,廣州市:廣東人民出版社。頁78,82-3,110。

行「白紙方案」。

在一般的常理和邏輯上，泰國雖然願意幫助美國，並不一定表示泰國也願意幫助退居台灣的國府，因為在這次的「白紙方案」中，恰好是美國要支援國府的李彌路經緬甸而去進攻雲南，所以泰國要幫助美國，就要去幫助李彌；所以泰國當然會心甘情願的幫助李彌。但是從1952年4月以後，美國不再支援李彌繼續對中共用兵，也不再支持李彌部隊留在緬甸了，而泰國政府依然支持李彌，而且還繼續支持繼任的柳元麟。這就表示，泰國之所以會長期支持留緬的國民黨部隊，自有其另外獨特的理由。而這個理由，又到底是什麼呢？這也是筆者甚感興趣的一個問題。

根據當年雲南處黨部書記長李先庚的說法，他認為泰國之所以大力協助在緬的國軍部隊，乃是因為在開羅會議時，邱吉爾曾主張由四強瓜分泰國，而蔣委員長則力主比照日本，也保留泰國領土的完整和泰皇制度，泰國和泰皇為感激國府和蔣委員長的這番恩德，因此在泰皇的指示下，泰國願意大力幫助國府的駐緬部隊[67]。

為查證這個「說法」的真實性，筆者起初曾查閱了國史館中的開羅會議紀錄檔案，後來再親至英國劍橋大學邱吉爾學院的邱吉爾檔案館，查閱有關開羅會議的原始紀錄檔案，都沒有發現這個說法的文字記錄。後來在《邱吉爾傳》中，看到了這樣的文字：「不同於美國和中國，他(邱吉爾)拒絕同意這樣的一個公開宣言：讓暹邏於戰後維持獨立和領土完整；同時也拒絕容許其外交官員，私下對暹邏人作此承諾。」[68]因為邱吉爾發現到，戰後可能需要將克拉半島(泰國南端半島的最狹段)設為保護地，防止泰國在此開鑿運河，以確保新加坡的衝要地位。美國也認為，英國為於戰後獨霸泰國的商業利益，對泰國所設下的和平條件，實在太嚴[69]。另外，再看蔣中正委員長在1943(民32)年2月26日在重慶對泰國軍民發表談話：「中國及其盟國對泰國的領土絕無野心，……我們……只把泰國看作日本軍隊的占領地，並不看做我國的敵國。」[70]根據這些文獻，可見在開羅會議中，

67　李先庚將軍訪問紀錄。1997年10月12日（星期日）於沈家誠宅。

68　Ponting, Robert H.(1994), *Churchill*. London: Sinclair-Stevenson. p677.

69　Dear, I. C. B.(ed)(1995), *The Oxford Companion to the Second World War*. Oxford: Oxford U. Press. p1107.

70　余定邦(2000)，〈1937-1946年的中泰關係〉，刊於中國社會科學院世界歷史研究

中國和美國的確對保全泰國領土的完整，具有積極正面的貢獻。因此，邱吉爾所主張「由四強瓜分泰國」的說法，應該是在非正式會議的會前會或會外會中所提出，所以才沒有出現在正式的會議檔案之中，否則邱吉爾在後來文獻中所顯示的言行，就不會和李先庚的說法那麼契合。

美國中情局得到了泰國政府的協助之後，為執行「白紙方案」，特別在曼谷設立了一家掩護其行動的公司，即「東南亞國防用品公司」(Southeast Asia Defense Supplies Corporation)，簡稱為SEA Supply Company，中方稱之為「西方公司」；這家公司由中情局曼谷站站長喬斯特(Sherman B. Joost)為公司的負責人，重要的幹員有伯德(Willis Bird)[71]。次(1951)年2月初，正式開始執行「白紙方案」，雇用陳納德所創立的「民航空運隊」(Civil Air Transport，簡稱CAT)，由日本沖繩島的CIA倉庫，載運第一批武器，送交給曼谷的SEA公司；到了3月，再將另一批武器，計有美製輕機槍200挺、60迫擊炮12座、卡柄槍150枝、無線電收發機4具、彈藥等一批，直接空運到清邁。這些武器都由泰國警察副總監乃炮(Phao Sriyanond)及美國情報官司徒上尉(Stewart)、通信官麥克(Mark)中尉押運至泰緬邊界，送交李彌部隊[72]。此外，在美國CIA的協助下，國府國防部亦於2月28日下午5時，雇用台灣航業公司之嘉義輪，由高雄港將另一批軍品，其中計有美製90衝鋒槍100枝、79步槍彈20萬粒、60迫擊炮彈2000顆、82迫擊炮彈600顆，以及少量通材、衛材等，啟運前往曼谷，運交曼谷的泰國國營機構(Government Purchasing Bureau)；該批軍品於3月9日運抵曼谷，並於3月19日由乃炮押運至泰緬邊界，送交李彌部隊[73]。

李彌獲得了美國和國府兩方面的武器，雖然數量不多，但是在精神上具有莫大的鼓舞，於是毅然親至猛撒總部，將其部隊(即26軍各只有一個團的93師和193師)分

(續)────────────
　　　所《世界歷史》，1：70，(總140期)，頁70。
71　同註64。(B)Fineman, p134;(C)McCoy, p169.
72　同註1(B)。頁287-8。
73　(A)國防部史政編譯局檔案，《李彌呈滇緬匪情戰況及補給情形》，民40年1月至
　　　民41年4月。見〈民40年1月22日周總長上蔣總統簽呈〉及〈民40年4月17日周
　　　總長上總統簽呈〉
　　　(B)同註23(A)。(第2冊)，民39年6月至民41年8月。見〈民40年3月10日孫碧奇致
　　　外交部245號電〉及〈民40年3月5日國防部長致行政院代電〉

為南北兩路,分別於1951(民40)年4月14日和16日,向雲南省邊境推進,並於5月
21日,下令進軍雲南[74]。就在部隊從猛撒總部行軍到緬北滇緬邊界的同時,李彌
努力收容各路、各支新由雲南投奔出來的隊伍,因此部隊快速的成長。在編制
上,除了原來綏靖公署時代的第26軍之外,其他新成立的部隊,一律採用游擊部
隊的番號,如路(軍)、縱隊(師)、支隊(團)、大隊(營)、中隊(連)等,到正式揮軍
進擊雲南時,李彌部隊除了原來一個軍的兩個師外,已另外新成立了六個縱隊、
8個獨立支隊和1個特務團,人數是原來的五倍以上[75]。當部隊推入雲南之後,美
方也依諾於6月9日到12日之間,在滄源縣境進行了五次(6架次)的武器空投,一共
只投下步槍875枝、卡柄槍1,993枝、步槍彈3,000發、卡柄彈19,200發、上衣409
件、褲183條、膠鞋516雙、夾克50件、擦槍油6小桶、汽油4桶[76]。美方所投下的
武器,其數量實在不多,大失李彌之所望,即使如此,兩個月之間,李彌部隊還
是曾經攻占了雲南邊境的鎮康、雙江、耿馬、孟定、滄源、瀾滄、寧江、南嶠等
8個縣治[77]。美國之所以支持李彌進攻雲南,其表面的目的是為了牽制中共部隊
於大陸,以減輕美軍在韓國戰場的壓力,而國府之所以支持李彌進軍雲南,其目
的則是為藉此時機爭取美援,由西南進軍大陸,以在大陸境內建立反攻的基地。
然而,由於杜魯門和杜威於1948年競選美國總統時,國府官員曾明白支持杜威,
所以杜魯門當選總統後,他固然反共反毛,但他更反蔣和反國府,所以他才會有
支持許多中國人士成立第三勢力之舉,李彌乃是他想要支持的對象之一;他支持
李彌的條件,就是要李彌和蔣及國府脫離關係,配合美國的政策而發展中國的第
三勢力;但因為李彌當初向美方爭取援助之事,還沒獲得美國政府的批准,就被
國府情報當局偵知,於是國府下令駐泰大使館將李彌以叛國罪解送回台,大使館
不便執行,乃私下將電報讓李拂一過目,囑轉告李彌回台申訴轉寰;後來該事經

74　(A)國防部大陸工作處(1954),《滇緬邊境游擊部隊撤退紀實》。台北市:國防部
　　　大陸工作處。頁7。(本書存於外交部檔案《滇緬邊境游擊》第1冊。民42年12
　　　月至民51年4月。)
　　(B)國防部史政編譯局檔案,《滇邊我軍殲匪戰果及匪情》,民39年12月至民40年
　　　6月。見〈民40年5月28日李彌呈行政院長、國防部長及蔣經國密電〉
75　國防部史政編譯局檔案,《滇緬邊區游擊隊作戰狀況及撤運來台經過》。(第1
　　冊),民40年6月至民43年5月。見〈民40年6月20日李彌上蔣總統、行政院長電〉。
76　同註73(A)/(B)。見〈民40年6月15日李彌致台北俞濟時局長電〉。
77　同註74(A)。頁7。

李彌於該年年底回台申述之後,事乃化解[78]。因此之故,李彌不願再為美援之事
而和蔣及國府脫離關係,於是杜魯門自然就會認為:幫助李彌攻占雲南,就等於
幫助蔣攻占雲南,這是杜魯門所極不樂見到的事。因此,美國原來答應給予李彌
的10,000人裝備,就變成只給予少量的象徵性援助,以表示並未失信而已。最
後,由於美國支援的數量實在太少,因此無論對美國或國府,都不能達到當初支
持李彌開戰的目的。

　　李彌進攻雲南之日(5月21日),美國駐台北大使館秘書董遠峰(Robert W.
Rinden)當天下午即來外交部告知:緬政府希望已撤離緬境的國軍,不得再進入
緬境[79]。但是到了7月22日,李彌部隊因槍械彈藥和補給不足,部隊又缺乏訓
練,無法抵擋共軍的強大壓力,只得再度退回緬境。美國國務院得知消息,唯恐
會促使緬甸再度向聯合國提出控訴,再度十分關切李彌部隊在緬甸之活動,強烈
要求國府督飭李部他移[80]。

　　雖然如此,美國中情局還是繼續支持李彌部隊,自該(1951)年9月起,每月給

李彌總部的高級幹部

↓總指揮:李彌中將

→後排:李國輝、
　閻元鼎、劉學周
　前排:瞿伯權、
　李則芬、李彌、
　龍慧娛、杜顯信

78　(A)譚偉臣(1984),《雲南反共大學校史》。高雄市:塵鄉出版社。頁147, 159,
　　350-1, 407。
　　(B)同註8。頁59-60。
79　同註23(A)。(第二冊)。民39年6月至民40年8月。見〈民40年5月23日外交部薛毓
　　麒呈葉公超部長之備忘錄〉。
80　(A)同註23(A)。(第三冊)。見〈民40年9月7日葉部長與藍欽公使談話紀錄〉及
　　〈民40年9月26日蔣廷黻致外交部888號電〉。
　　(B)同註1(B)。頁61。

↑上排左起：副總指揮呂國銓
少將兼26軍軍長、副總指揮
李則芬少將、副總指揮蘇令
德少將、副總指揮柳元麟少
將。
→下排左起：副總指揮李文彬
少將、93師師長葉植楠少
將、參謀長錢伯英少將。

泰國政府軍政首長

↑鑾披汶總理　↑乃炮警察副總監、總監　↑乃沙立軍長、元帥、總理

↑乃他儂副軍長、元帥、總理　↑乃察猜軍事代表、總理　↑李彌與乃他儂合影。

予7.5萬美元的援助[81]。直到次(1952)年元月，因為緬甸代表在巴黎聯合國大會中提出口頭控訴，引起蘇俄及其附庸國群起攻擊，美國中情局的梅利爾(Frank Merrill)將軍，才藉詞個人婚姻關係(暗喻CIA和李部的關係如同婚姻，不合則離。)和李彌未善用援款，而將援款於4月停止，而在最後一個月(即4月)只援助2.5萬美元[82]。

二、反攻雲南之戰

1950(民39)年6月中旬，當國軍部隊在大其力附近正與緬軍交戰之際，韓戰亦於6月25日爆發。韓戰爆發後，美國做了兩件對中華民國具有重大意義的大事：第一件是美國開始協防台灣，命令第七艦隊進駐台灣海峽，但美國的協防是以台海軍事中立化的方式為之，因此它固然維持了台海的安全，卻也阻礙了台灣的軍事反攻；第二件事是美國籌組聯合國部隊進入韓國戰場，以避免蘇俄共產集團攻擊美國為帝國主義。美國為了籌組聯合國部隊參加韓戰，仍派軍事代表團到各國去洽談相關事宜。當美國派遣軍援顧問團抵達泰國，與泰國政府商談如何參與聯合國部隊事宜時，李彌透過駐泰武官陳振熙之助，與該顧問團取得了聯繫。美方派副團長爾斯金少將(Gen. Graves B. Erskine)於9月8日與李彌見面商談之後，美方原則同意給予李彌的國軍部隊援助，但是這項援助，必須等到國軍部隊推入國境之後，才能實施[83]。當部隊還在緬境時，則礙於國際法而無法實行。

這項援助協議的達成，對李彌部隊而言，的確是一個難得的機會。因為在韓戰爆發之前，台灣局勢正動盪不安，對遠在泰緬邊區的李彌部隊，無能給予有力的援助。而李彌部隊要想能生存發展，顯非另尋援助不可，此時能獲得美國的援助承諾，當然是一個求之不得的大好機會。只是當時駐在緬境的李彌部隊，因常與緬軍交戰，頻頻消耗戰力，正苦於無法獲得有力的援助，補充戰力，因此願意

81　同註1(B)。頁16，61。
82　同註1(B)。頁291-2。
83　(A)同註1(B)。頁57。
　　(B)同註23(A)。(第2冊)，民39年6月至民41年8月。見〈民40年1月19日外交部致行政院長、參謀總長、總統府王秘書長代電〉及〈民40年1月14日孫碧奇代辦致代交部201號電〉。
　　(C)同註8。頁66。
　　(D)國防史政編譯局檔案，《外交案》。(第10冊)，民40年3月至41年11月。見〈民40年5月3日李彌致周總長電〉。

進入雲南,以接受美方的援助。一直到了10月,中共解放軍進入韓國戰場,聯軍壓力驟增,美國為減輕中共解放軍在韓戰的壓力,企圖利用對中共尚有戰力的李彌部隊,進軍雲南,以牽制部分中共解放軍於中國大陸西南。因此主動要求李彌部隊進擊雲南,並同意在李彌部隊尚未進入中國國境之前,即於1951(民40)年3月間,由美軍的沖繩基地,空運一批武器到泰國清邁,然後由泰國警察總監乃炮,親自押到泰緬邊界,交與李彌部隊(按:該批武器計有輕重機槍200挺、60迫砲12門、卡柄槍150支、彈藥通材各一部)[84]。另外,台灣亦於同(40)年2月28日,從高雄港船運約20噸的武器赴泰(按:該批武器計有90衝鋒槍100支、79步槍彈20萬粒、60迫砲彈2000顆、82迫砲彈600顆,15w報話機2部及一個排之有線電通信材料,二個團2個月量之外科用藥),於3月9日運抵曼谷,並於3月19日由乃炮押運到泰緬邊界,交與李彌部隊[85]。

李彌分別從台灣和美國接收了兩批武器裝備之後,雖然數量不多,但仍於4月上旬陸續運抵反共救國軍的總部所在地猛撒。尋即分配武器,誓師北進,突擊雲南。李彌將部隊分為南北兩路部隊:南路軍是由呂國銓軍長率領,包括第93師第278團的第1、3兩營、彭懷南團、程時燩的第7支隊、蒙寶葉的第8支隊、張偉成的第10支隊等;北路軍是由李彌親自率領,包括李國輝的第193師、第93師278團的第2營、罕裕卿的第3縱隊、罕富民的第4支隊、馬俊國的第9縱隊、石炳麟的第5支隊、以及兩個騾馬大隊等。作戰的戰略是:先由南隊軍向車佛南的西雙版納地區實行佯攻,將中共重兵引至該地區,然後再由北隊的主要兵力向耿馬一帶進行主攻[86]。作戰的目標是:發揮最大的戰力,給共軍一個最大痛擊,創造最大的勝利成果,以完成壯大自己、牽制共軍的目的。

這個作戰計畫是由參謀長錢伯英所擬定,經過李彌批可之後即行實施。命令頒布之後,李國輝曾向李彌提出反對的意見。李國輝認為,部隊的主力只有93師的278團和193師的577團兩個團,力量本來就不大,因此不應再將兩個團的力量

---

84 同註1(B)。頁287-8。
85 (A)同註73(A)。見〈民40年3月16日周至柔總長上蔣總統簽呈〉、〈民40年3月23日國防部二廳廳長賴名湯上蔣總統簽呈〉。
    (B)同註1(B)。(第2冊),民39年6月至民41年8月。見〈民40年3月10日孫碧奇致外交部第245號電〉。
86 同註3(C)。(7),第14卷第2期,1971年2月。頁46。

分散兩處使用，以如此微弱的力量去進攻固定的陣地目標，輕則被包圍，重則被殲滅，十分危險。然而李彌則認為，當部隊到達緬北之後，將有大批人馬來歸，並有美方空投武器，很快就能集結成為一股大力量，因此還是依照原計劃進行反攻行動[87]。

4月14日，南路軍先行出發，到猛研(Mong Nyen)待命，而李希哲則率彭懷南團則於次(15)日出發至猛羊(Mong Yang)待命。李彌則於17日率李國輝師出發北上，於18日到達猛滿(Wan Pong)(在猛滿時李彌曾電請俞濟時從速空投槭彈)，並於19日到達猛研。總部在猛研停留兩天，召集軍事會議，參加者為各支隊以上的各部隊長[88]。此時台灣正為空運費用無著苦惱，蔣中正總統指示周至柔：該項空運油料由空軍總部補給，而運費則由聯勤總部墊付[89]。

部隊在猛研開完軍事會議後，即分別由猛研繼續北上。呂國銓軍長首先率領南路軍開往大猛羊地區，指揮第93師彭程部及第1軍政區李希哲部向車里、佛海、南嶠、瀾滄方面推進。而北路軍則經過邦桑(Pang Sang)，進入卡瓦山區，再經邦央(Pang Yong)、邦龍(潘龍)，到達那凡(拉凡、那潘)，於5月1日進駐卡瓦山區的一個熟卡寨——木通(距猛茅約40里)，並在該地點停留近10日。此時，由於擔任主攻的北路軍亦已接近國境，因此李彌連於5月5日和7日，兩次再電請台北俞濟時：請求迅速啟運械彈。而蔣中正總統則於5月11日，批准發給李彌79步槍1000枝(按：該批槍械並未及時運到前方，部隊7月底退出國境時，還存在曼谷泰方倉庫裡)[90]。

5月10日，李彌再率北路軍李國輝師進駐猛茅(Mong Maw)(新地方)。此時，緬北之罕裕卿、羅紹文、文兩辰、甫景雲、王青書、王有為等，各部率隊到猛茅集結者約5,000餘人。對各方來歸的部隊，總部依其人數多寡而先後發布了各項人

87　同註3(C)。(7)，第14卷第2期，1971年2月。頁46-7。
88　同註3(C)。(7)，第14卷第2期，1971年2月。頁47。
89　國史館檔案，《蔣中正檔案》。戡亂時期。見〈民40年4月19日籌筆〉。
90　(A)同註83(D)。(第10冊)，見〈民40年5月3日李彌致周總長電〉。
　　(B)同註73(A)。見〈民40年5月5日、7日和14日李彌上蔣總統及總統府俞濟時局長電〉及〈民40年5月9日周總長上蔣總統簽呈〉。
　　(C)同註23(A)。(第2冊)，見〈民40年5月14日李彌上俞局長電抄本及地圖〉。
　　(D)同註3(C)。(8)，第14卷第3期，1971年3月。頁40。

事命令，羅紹文被任命為第5(9?)行政(督察)專署專員兼第7縱隊司令；其他的縱隊司令有：罕裕卿第3縱隊、李文煥第8縱隊、馬俊國第9縱隊、李達人第10縱隊、文雨辰11縱隊、甫景雲第16縱隊(後改為保1師)；獨立支隊司令則有：屈鴻齋、馬恒昌、罕富民、罕萬賢、張國柱、李泰興、史慶勛、文興洲、蔣復元、張偉成、蒙寶葉、閔慶餘等；特務團則有王青書、王有為、胡景瑗等。但因各來歸部隊都是人多槍少，僅十分之二之人擁有武器，因此都向總部請求補給武器；其中，羅紹文、文雨辰、甫景雲之部約2000餘人，獲得了部份械彈津款補給後，即於5月13日開往鎮康一帶[91]。

到5月14日時，李彌向國防部彙報已有固定駐地的各部如下：南路軍的蒙寶葉獨8支隊即進至佛海境內之猛混、猛瓦一帶游擊(5/3)；第93師彭程之一部則進入瀾滄境內之猛馬、猛阿一帶；93師主力在猛羊；保3團在猛卡諾；第1軍政區(第7行政督察專署)李希哲部及張偉成獨10支隊則到南嶠之猛黔、蠻錫一帶；石炳麟獨5支隊在猛連、邦桑一帶。其餘北路軍的獨7支隊在滄源雍和附近；第3縱隊一部在果敢之蒙蓬、大水井地區，主力則在新董；第5路在耿馬之光山、錦山；9專署及11、16縱隊在鎮康之新寨、老神寨附近；第4軍政區所屬各部均在原地龍陵、芒市、遮放、盈江、蓮山、隴川、瑞麗等地。當時，李彌的總指揮部及193師主力，則是在距滄源90里之猛茅。到5月21日發動總攻擊之時，南路軍兵力已發展到2000餘人，正式以瀾滄縣為進攻目標，並規劃由彭程師及李希哲部，先行攻擊瀾滄縣境之猛連。而北路軍在猛茅集結期間，則兵力已擴編到6000餘人。李彌與李國輝在進駐猛茅時，重新評估進軍耿馬的計劃，最後根據最新的情報資料，決定將計劃的攻擊目標，由耿馬改為滄源(舊名猛董)，並於5月21日，正式發下全面進攻雲南之軍事命令[92]。

下達作戰命令後，北路軍即由李國輝師長率張復生團及警衛營由猛茅出發，於5月23日下午2時，推進到國境內距滄源約40里之雍和(永和)。5月24日凌晨3時，李國輝下達攻擊滄源之命令，第1營(鄒浩修)於早晨6時開始進攻公雞山，第2

91　(A)同註73(A)。見〈民40年5月14日李彌致總統府俞濟時局長電〉。
　　(B)同註83(D)。(第10冊)。見〈民40年5月14日李彌致周至柔電〉。
92　同74(A)。頁7。

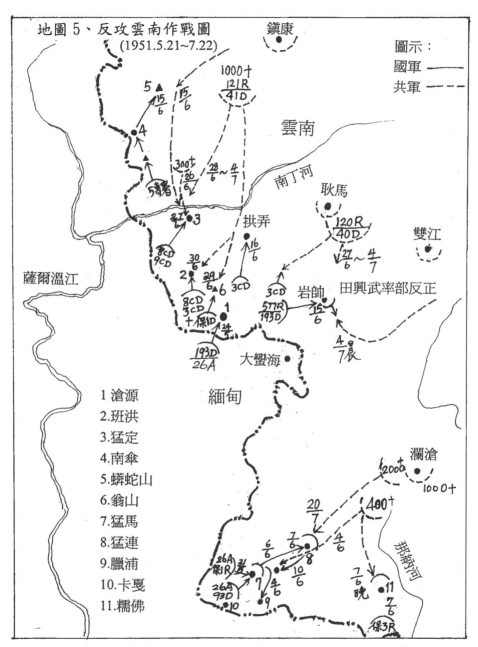

地圖5、反攻雲南作戰圖
(1951.5.21~7.22)

圖示：
國軍 ——
共軍 -----

鎮康

雲南

南丁河

耿馬

雙江

拱弄

田興武率部反正

薩爾溫江

岩帥

大蠻海

緬甸

1 滄源
2.班洪
3.猛定
4.南傘
5.蟒蛇山
6.翁山
7.猛馬
8.猛連
9.臁浦
10.卡戞
11.糯佛

瀾滄

邦箐河

營(葛家璧)7時半開始進攻安敦山，第3營(陳顯魁)則於9時開始進攻猛董以西之碉堡及西北之高地，三個營以排山倒海之勢出擊，11時攻占了縣府，並於中午12時

將滄源完全占領。戰役結束,清理戰場,計斃共軍50餘人,遺屍40餘具,俘民兵5人,虜步槍21枝。李師則陣亡排長1人,傷21人。戰後,師部進駐縣政府[93]。

5月25日,李彌派王少才代理雲南臨時第9行政督察專署專員兼保安司令並代理滄源縣長,該行政督察專署的轄區包括滄源、耿馬、雙江、緬寧、瀾滄等五縣。王少才帶著李崇文和張鵬高二人,由永和下山來到縣城,李國輝派出十餘幹部,並由警衛營派出衛兵,通信連架設電話,從簡而就任新職[94]。

同(25)日,李國輝繼續攻襲糯良(樂良)(在滄源東北40餘里),順利攻下其糧倉。第二(26)日凌晨0時,共軍兩連及卡瓦兩個大隊再度回攻糯良,至晨6時,被擊退,敵人遺屍101具,均有79步槍1枝,每人身上均有手榴彈3枚或4枚不等。夜晚,共軍與卡瓦兵、民兵再次進襲,戰至27日晨7時,將敵擊退,清掃戰場時,發現共軍副營長及政指均陣亡,共遺屍500餘具,俘虜民兵121人、卡瓦大隊官兵108人、中共正規軍42人,鹵獲輕機槍5挺、步槍300餘枝;事後,卡瓦兵放回岩帥。李師則陣亡官兵3人,傷21人[95]。

至於新編之刀寶圖第2縱隊和李祖科第4縱隊,則因缺乏戰鬥力,與共軍接觸後即受創,於6月2日退回緬境[96]。

6月3日晚,李彌以電話通知李國輝:明(4)日上午,美方將實行空投。但該(4)日因霧大,飛機雖來,無法空投而回去。到6月5日中午,終於順利完成第1次空投,這次只空投一架次,空投10件,共投下30步槍160枝、卡柄槍275枝。對第一次空投的槍械,李彌指示先補給特務團及甫景雲部。至於其他各部隊,則等待第二次以後的空投,再行補給[97]。第二次以後的空投如下:

6月9日,第二次空投一架次:步槍135枝、卡柄槍398枝、擦槍油6小桶。投10件。

93　(A)同註3(C)。(8),第14卷第3期,1971年3月。頁41。
　　(B)同74(B)。見〈民40年5月26日李彌致陳誠院長、俞濟時局長、鄭介民次長、蔣經國主任〉
94　同註3(C)。(8),第14卷第3期,1971年3月。頁42。
95　同註3(C)。(8),第14卷第3期,1971年3月。頁42。
96　同註23(A)。(第2冊)。見〈民40年6月12日外交部備忘錄引李彌6月2日電〉
97　(A)同註73(A)。見〈民40年6月15日李彌致俞濟時局長電〉。
　　(B)同註1(B)。頁288。
　　(C)同註3(C)。(9),第14卷第4期,1971年4月。頁48。

6月10日，第三次空投二架次：步槍380枝、卡柄槍645枝、汽油4桶。

6月11日，第四次空投一架次：步槍100枝、卡柄槍325枝、上衣409件、褲183條、膠鞋516雙、夾克50件、步彈3,000發。

6月12日，第五次空投一架次：步槍100枝、卡柄槍350枝、卡柄彈19,200發。

以上六架次，總計：步槍875枝（每枝附彈40發）、卡柄槍1,993枝（每枝附彈50發）、上衣409件、褲183條、膠鞋516雙、擦槍油6小桶、汽油4桶、步槍彈3,000發、卡柄槍彈19,200發。

而南路軍方面，呂國銓6月6日指揮彭程第93師及彭懷南保3團分別進攻猛馬及糯佛（猛連東南30里），彭師當日攻克猛馬，彭團則於次（7）日攻占糯佛，但彭團當夜即遭優勢共軍襲擊，退守那納河（糯佛西南30里）。6月9日，彭程師續攻猛連，到次（10）日午，攻占猛連，斃敵30餘人，是為「猛連戰役」。第三（11）日，彭師退回猛馬、帕亮兩地，以避免被包圍。到6月14日晨，猛連共軍400餘分兩路進攻帕亮，激戰至午，共軍傷亡60餘，不支潰退，遺屍10餘具，是為「帕亮戰役」。之後，彭師撤至臘浦（拉佛/臘福）整備[98]。

北路軍克復滄源後，李彌即指示李國輝，速派何永年率張團向岩帥（滄源東140里）進軍，策動岩帥王田興武早日反正。經過溝通後，岩帥王田興武於6月15日率部800餘人反正，受編為獨立第11支隊。岩帥王反正後，共軍向瀾滄方面退卻。但在同（15）日，羅紹文部輕敵冒進至鎮康之蟒蛇山，遭優勢共軍襲擊，不聽命令而自動撤至南丁河以南之糯俄（孟定西南20公里）附近，致被共軍尾追於南傘、尖山之線，使中路軍無法進展，影響後續攻略耿馬之計劃[99]。

岩帥王田興武反正後次（16）日，李國輝師命葛家璧營長率兵兩連及卡瓦兵彭啟第大隊長向雙江進攻，渡南孫河與南別河後，與共軍40師（劉豐）120團第2營激戰，戰至黑夜始結束。次（17）日晨，葛家璧營長率軍再以鉗形攻勢進攻雙江縣城，共軍早已撤退，成一空城，尋即攻下，大獲全勝，占領雙江城。第四（19）日，葛家璧營長再派兵一連配屬卡瓦兵一中隊，繼續向上下孟允進攻，共軍39師

98　同註9。見〈民40年6月17日李彌致俞濟時等電〉。
99　（A）同註9。
　　（B）同註73（A）。見〈民40年6月27日李彌電俞濟時等〉。

一連人聞風而逃,當日即收復上下孟允。第五(20)日,繼續攻克猛湖及木戞,共軍一經接觸,即往瀾滄方向撤退[100]。

雙江戰役結束,何永年於6月22日陪同岩帥王田興武來到滄源會見李國輝,並到永和晉見李彌。次(23)日,蔣中正總統特為雙江之捷而來電嘉勉李彌。事後論功行賞:何永年記大功一次,葛家璧營長因功升中校,陳顯魁記大功一次,彭啟第大隊長因功升中校,丁世功因功升為上校團長(無部隊)[101]。

雙江之捷後,總部6月24日任命193師577團副團長姚昭為耿馬土司罕裕卿第3縱隊參謀長,並由193師派兵一連配屬第3縱隊,連夜出發進擊耿馬。次(25)日凌晨,開始攻擊耿馬;共軍已聞風而逃,耿馬成一空城,旋即收復。罕裕卿司令進入耿馬巡視一遍,連夜出城。第三(26)日晨,共軍分兩路向罕部反攻,激戰兩日,敵人敗陣退至三尖山、曼龍山一帶;罕部於28日占領在南子以西高地陣地,待命再攻[102]。

同(26)日晚,另批共軍300餘人強渡孟定河,與孟定自衛隊激戰,因眾寡懸殊,自衛隊於次(27)日向鴛鴦轉進,損失重機槍1挺。同(27)日,李文煥派精銳部隊迳由糯俄(孟定西南20公里)向該共軍進擊,共軍退向蠻撒、蠻弄[103]。

此外,總部於26日派副參謀長廖蔚文為第11縱隊司令,張愾仇為副司令,指揮屈鴻齋、石炳麟兩支隊。並任朱家才為第5路司令,指揮馬俊國第9縱隊和李達人第10縱隊。同(26)日,總部命文興洲支隊至大雪山一帶游擊,總部丁世功上校請纓殺敵,並相機進攻緬寧,號召地方人士。文支隊奉命後,於四排山和博尚街(緬寧南40里),與共軍展開激戰,斃傷共軍甚夥,前後生俘數十人,皆編入部隊;戰鬥結束,文支隊撤至胡壩休息,丁世功因奮勇殺敵,負傷十數處,因醫藥缺乏不治成仁。7月初大批共軍分三路向胡壩進攻,文支隊事先即退往大雪山以北地區游擊,最後因山區食糧缺乏,而由大雪山經孟定復回滄源[104]。

100　同註3(C)。(10),第14卷第5期,1971年5月。頁45。
101　(A)同註9。見〈民40年6月23日蔣總統嘉慰李彌電〉。
　　　(B)同註3(C)。(9),第14卷第4期,1971年4月。頁50。
102　同註3(C)。(9),第14卷第4期,1971年4月。頁50-1。
103　同註73(A)。見〈民40年6月28日李彌電俞濟時局長等〉。
104　同註3(C)。(9),第14卷第4期,1971年4月。頁51。

同(26)日,並命保1師甫景雲部北上至班洪一帶,選擇有利地帶構築工事以防敵,並派員至緬北收容青年;並命嚴明部及王青書、傅其昌兩獨立團回緬北招兵,相機在騰龍一帶游擊。此外,李泰興18支隊400餘人在各大鄉鎮及鎮康雲縣間搶殺匪物資人員。史慶勳21支隊100餘人出沒於騰龍地區[105]。

6月27日,雙江彭肇棟大隊在小驛江(南黑河)北岸之大河埧(岩帥東北38里)與共軍40師一個團發生接觸戰,遭伏擊後,彭負重傷而回南別河,最後不治身亡。另共軍一營附60砲一門向南傘移動,壓迫岩帥國軍[106]。

由於共軍正在大量集結,準備反攻,為適應戰況,李彌於27日調整部署:左翼改由8縱隊李文煥、9縱隊馬俊國擔任;中隊改由郭剛、甫景雲及原5署之第3、4、5支隊擔任;命各路於28日由滄源出發,向班洪、者哈(耆哈、遮赫)、孟定推進。但在28日,共軍14軍(李成芳)41師121團及40師120團2、3營及卡瓦兵一部,共約4,000餘人,亦在保山集結完成,開始分路向鎮康、耿馬、雙江、孟定、班洪、岩帥、猛董(滄源)向李部北路軍主力進犯,發生激戰,戰至7月4日,北路軍主力各部予以嚴重打擊後,因彈藥消耗及人員傷亡損失甚大,乃於7月4日向卡瓦山轉移。其中,保1師甫景雲部1200餘人,於29至30日間,先後在班洪、翁山(班洪東南8里)兩地與共軍41師121團千餘人發生激戰,計斃共軍300餘,共軍不支,向班洪東北潰退。甫師辛朝漢團長(軍校11期)陣亡,其餘官兵傷亡280餘人。另甫部400餘失去聯絡向金廠(班洪西南25公里)方向退去。7月2日,甫景雲率部500餘人駐於諾果(猛愛Manghung西北)[107]。

7月4日晨,雙江共軍40師120團及景谷共軍39師之一個團,總兵力4,000餘人,分南北兩路向李部駐岩帥之第193師葛家璧營及獨立11支隊田興武部進犯,葛田兩部兵力共1400人,利用所設碉堡工事激戰一日,以眾寡懸殊,向大蠻海方向轉移,193師則由雍和向紹興轉進,而李文煥8縱隊則在糯俄(孟定西南20公里)尖山、南傘一帶游擊;到7月8日,雙江彭肇棟部及獨立11支隊田興武部,仍在岩帥附近游擊。7月13日,李彌總部及193師、罕裕卿3縱隊全部、王少才13縱隊一部

105 同註3(C)。(9),第14卷第4期,1971年4月。頁51。
106 同註3(C)。(10),第14卷第5期,1971年5月。頁45。
107 同註73(A)。見〈民40年7月2日李彌致俞濟時局長等電報〉。

到達緬境之永飛。但在7月15日，8縱隊轉至爐戶，9縱隊則在班弄(爐戶西南15公里)，獨立18支隊在島堯、大水井一帶游擊；第10縱隊、保1師、第13縱隊主力、獨立16、17支隊，則在坎朔、永丹(坎朔西南15公里)一帶游擊[108]。

在南路軍(右翼)方面，93師於7月2日再度攻占猛馬，續向猛連前進，並於7月19日攻克猛連。但到7月20日，共軍2,000餘人以人海戰術全面反撲，激戰兩日，呂國銓率部退守猛妹、臘浦(臘福)、卡戛一線。到22日，共軍第14軍軍部亦推至順寧，42師至鎮康，41師至耿馬北，40師至緬寧與雙江之間。國軍則退入緬境，進軍雲南之戰事，暫告結束[109]。

總計此次李彌部隊進軍雲南之役，曾先後進入鎮康、雙江、耿馬、孟定、滄源、瀾滄、寧江、南嶠等8縣，計斃傷共軍680餘人，李部傷亡500餘人。李彌部隊在補給方面，美方除進軍前少量陸路補給之外，並曾空投5次，而來自台灣的空投次數則不詳[110]。

北路軍撤至緬境後，李國輝師於7月7日行軍至大瓦，然後經山通，而於7月11日到達永恩。而李彌則應美泰雙方邀約，於7月26日與美軍人員離永靜(永定)，晤呂國銓軍長後即南赴曼谷，並於8月19日回到曼谷，與美方商討補給問題，爭取到美方從9月起，每月援助75,000美元(直到次年4月為止)。在同(19)日，呂國銓致函陳誠和俞濟時，報告進軍大陸概況及建議。而國內報紙「工商時報」則到7月28日才刊載：「國軍李彌率部萬餘人，自泰國獲得裝備，攻入滇境達百里，設法在猛海建機場與台聯絡。」等消息及社論。而李彌則遲至8月27日才向總統及俞濟時呈報「入滇工作成果報告」。(該報告於9/5送出)[111]

總觀李彌率部進軍大陸之舉，其軍事目標可以細分為兩重，它第一重的目標是李彌的，那就是爭取美國的軍事援助，重整、發展自身的武力；但它第二重的目標則是美國的，那就是打擊共軍、牽制共軍，以減輕韓戰的壓力。但是如果把

108　同註73(A)。見〈民40年7月8日、15日李彌致俞濟時局長等電報〉。
109　(A)同註73(A)。見〈民40年7月5日李彌致俞濟時局長等電報。
　　　(B)同註74(A)。
110　同註74(A)。
111　(A)同註73(A)。見〈民40年8月3日李彌致俞濟時局長等電報〉、〈民40年8月19日呂國銓致俞濟時函〉、〈民40年8月27日李彌上蔣總統函〉。
　　　(B)同註3(C)。(10)，第14卷第5期，1971年5月。頁45。

爭取美援也看成是一種手段和過程，則彼此共同的目標都是打擊共軍、消滅共
軍，那目標就只有一個了。但是無論目標是一重或兩重，李彌軍事目標是否能實
現，其關鍵都在於李彌部隊是否真正具有戰力，而且是具有挑戰中共大軍的戰
力。而增大其戰力的兩個先決條件是：足夠的武器和充沛的兵員。

　　回顧李彌在這次進軍雲南的行動，美國固然已承諾：只要部隊進入了國境
（雲南），即給予軍事支援。但因實際空投的數量有限，以致武器裝備不足，使部
隊人多槍少，不少人需要赤體作戰。其次是李彌率一、二千部隊到達邊境之後，
來歸的反共民眾雖多，但因馬上就要投入戰鬥，未經訓練，尤其是缺乏幹部，故
新成立部隊的戰力十分有限，無法有力攻擊正規的共軍。因此，李彌部隊雖然陸
續打進了鎮康、雙江、耿馬、孟定、瀾滄、寧江、南嶠等縣，但都無法固守。最
後，再加上所佔地區，糧食已被中共全面搜刮，集中後運，使部隊無法就地獲得
食糧，無法久戰久留。因此，當共軍在保山及思普大量集結後，為避免被圍殲，
即不得不再度撤出國境。

　　李彌部隊因為缺乏武器和訓練，這是其部隊缺乏戰力的兩大主因。但是相比
較之下，武器的缺乏，可以迅速補足；而缺乏訓練，則斷非短期內所能速成。因
此李彌以其未經充分訓練的部隊去突擊大陸，實為此次進軍雲南失利的重大關
鍵。基於這個教訓，因此李彌在部隊撤回緬境之後，從當年10月起，即在猛撒總
部籌組成立「雲南省反共抗俄大學」（簡稱「反共大學」），從12月起全面召訓各部
隊的幹部（軍官隊）和新兵（學生隊），並有專業的行政、財務、機砲、後勤、通信等

反攻雲南之戰的俘虜品

班隊，每期受訓時間由三個月到一年半不等，教官則由部隊長及台灣派來的軍官擔任。由學校成立到部隊撤台，一共辦了四期，受訓學員多達數千人。但因部隊曾經公開進軍大陸，成為舉世皆知的目標，無法再在緬境秘密培養實力，選擇最有利的時機進軍大陸，最後終為國際壓力所迫而撤回台灣。

第四節　成立反共大學和興建猛撒機場

一、成立反共大學

李彌部隊進軍大陸之所以失敗，其原因大體可以歸納為兩個：一是新軍訓練

不足，二是軍需補給不夠。就第一個原因來說，軍隊的職責就是為了保家衛國而作戰，但是作戰的工作只發生於戰時，在平時，軍隊的例行工作就是訓練；所以，軍隊的作戰和訓練乃是一體的兩面：沒有經過訓練的軍隊必然缺乏作戰能力，故孔子都說：「以不教民戰，是謂棄之。」[112]由於李彌部隊中有一半以上是新成立的部隊，未經訓練即投入戰場，所以戰敗再退出國境來乃是意料中事。是以部隊從雲南回來緬境之後，當急之務即是將部隊加以訓練。李彌部隊中的正規國軍部隊，例如由軍長呂國銓所率領的93師撤退到猛研之後，從7月15日起，便開始在當地的學校舉辦每期為期5週的幹訓班，請鄰近的部隊各選派若干名副連長以下的幹部參加受訓[113]；又如稍晚自國境撤退至邦央的李國輝193師，從10月10日雙十節開始，也開辦每期為期3個月的幹部訓練班，召訓其部隊的政工人員、軍官和軍士等[114]；但是，其他非正規國軍出身的游擊縱隊和支隊，人數比例很高，無論是幹部或士兵，都更需要加強訓練，但是他們不是軍校出身的職業軍人，沒有能力自行辦理類似的訓練班，自然必須依賴由總部統一成立類似的幹部訓練班。後來由猛撒總部出面辦理訓練班之後，為提高這個訓練班的政治號召力，乃特別把這個訓練班稱之為「雲南省反共抗俄大學」，簡稱為「反共大學」，由李彌出任校長，號稱為雲南的「黃埔」。當時由總部所舉辦的反共大學於12月初開學之後，其他由部隊所開辦的訓練班即逐一停止辦理。

關於反共大學之開學日期，許多不同的當事人都有不同的說法，例如曾任反共大學軍官大隊大隊長的李國輝說是12月1日[115]，反共大學教務處的科長朱心一說是12月5日[116]，第161師政治部主任吳林衛說是11月5日[117]，而反共大學行政隊學員譚偉臣則說是10月5日[118]。但是依軍官隊第一期畢業證書的記載，其結訓日期為1952(民41)年2月，受訓時間為11週，故即使結訓日為2月1日，而回頭往後倒算11週，並算不到11月5日，更無論10月5日，所以開學日期肯定不在11月或10

112 論語子路第十三。
113 同註37（B）。p149.
114 同註3（C）。（11），第14卷第6期，1971年6月。頁37。
115 同註3（C）。（11），第14卷第4期，1971年6月。頁37。
116 朱心一（1991），〈李彌將軍是江洋大爺？〉，刊於《中央日報》，民80年2月21日
117 吳林衛（1954），《滇邊三年苦戰錄》。香港：亞洲出版社。頁106。
118 同註78（A）。頁73。

月。相比之下，比較具有證據力的一個說法是教官涂剛所說的日期[119]。他說：他是1951(民40)年11月20日晚上，從台灣坐飛機直飛到清邁，中途只下來加油，沒有久留，第二天到達清邁；接著坐車到泰國邊境的那外(Na Wai)，再走五六天路到達猛撒，那時已是11月底，反共大學還沒有開學，開學是好幾天以後的事。所以，開學日期肯定不在10月和11月，而應該是前述的12月1日或5日，也可能是12月初的其他日子。依軍中的習慣，當訓練是以週為計算時間的單位時，常會以星期一為開訓日，而該年12月初的第一個星期一為12月3日，故以這一天為開訓日的可能性最大。總之，如果開訓日為1951年12月1日，則其結訓日為1952年2月15日；如果開訓日為1951年12月3日，則結訓日當為1952年2月17日；如開學日是12月5日，則結訓日就是2月19日。

　　由於李彌身兼雲南人民反共救國軍總指揮和雲南省主席兩個職務，他所指揮的雲南人民反共救國軍是為了打倒中共暴政，而他所領導的雲南省政府則是要在將來光復雲南之後，管理和建設雲南。基於不同的任務需求，因此他將這個原來在軍中只是一個純粹軍事訓練的班隊，加入了一些政治、行政和財稅方面的班別，而使之成為一所文武合一的新型軍事學校，並為它取了一個特別的校名——「雲南省反共抗俄大學」。從軍事學校的角度看，它的主要任務，就是因應各種不同兵種的需要，開辦不同專業性質的班隊，其中人數較多的班隊就是步兵科的軍官隊和學生隊，多到需要成立大隊的地步；人數其次多的是機炮隊，也多到大隊或中隊的地步；其他人數在30到50人之間的班隊則還有政幹隊、後勤隊、通信隊等(詳見本書末的附錄二)。其次，由於專業性質的不同，不同班隊受訓時間的長短也不相同，悉由訓練的需要而定。例如在反共大學第一期學員開學的時候，軍官隊和學生隊的受訓時間都定為11週，政幹隊16週，通信隊16週等。但是，即使是同一個班隊，在不同的期別，因為環境和學員條件的改變，其受訓時間的長短也互不相同；例如，軍官隊和學生隊的受訓時間，依各期學員「畢業證書」的記載，第一期的受訓時間為11週，第二期9週，第三期6週，第四期則又恢復為9週。為什麼會這樣呢？根據畢業證書考察各期的結訓日期：第二期為41年5月11

---

119 涂剛先生訪問紀錄。1999年2月22日。涂剛宅。

日[120]，第三期為41年8月2日[121]，第四期為42年5月初[122]，無論從那一個結訓日期往前推溯11週，都不會和前一期發生重疊，前一期和後一期之間至少有一個星期以上的間隔時間，所以可見當時各期在開訓時，都是計劃訓練11週的，例如根據第三期學生大隊大隊長李達人所紀載的開訓日和結訓日，其時間就真的有11週，但是該期畢業證書上的受訓時間卻記載為6週。可能是各期開訓之後，發生了特殊的事故，或是舉辦特別的活動，佔用了學員受訓的時間，而使訓練時間被縮短為9週或6週。特別是第四期學員，他們在開訓不久就發生了「沙拉戰役」，全部學員都被征調參加戰鬥，沙拉戰役打完之後，再去北方參加猛丙地區的戰役，幾乎整個受訓時間都是由教官帶著出去參加戰鬥，所以他們是受了最真實的戰鬥訓練。而通信隊則是原定為受訓16週，但實際受訓時間為13週。

　　在反共大學中，最具文人色彩的班隊乃是行政隊和財務隊。成立這兩個班隊的目的，完全是為了替雲南省政府培養光復雲南後所需的各項建設和管理的幹部、人才。例如行政隊的成立，就是要訓練、儲備將來擔任雲南地方縣市鄉鎮政府的行政幹部，只要反共救國軍光復了某個縣市地區，馬上就要派出行政隊的畢業生去接收管理，建立有效的行政管理系統。財稅隊的成立，也是因為鑑於財政為一切庶政之母，沒有財政就無法維持政府，也沒辦法維持部隊，所以，預先培養足夠的、勝任的稅務人才，以建立健全的財稅制度，乃是所有文人政府的一件重要任務，雲南省政府自然也不能例外。

反共大學於1951(民40)年12月初成立時，寮國還是法國的殖民地，但是已有流亡的復國組織存在於泰國的東北部，這些復國組織受到當時的泰國副警監乃炮（Phao Sriyanond）的暗中支持。乃炮獲悉李彌在猛撒成立反共大學，特別幫助該復國組織的國防部長威謙，在泰國東北部遴選了107個寮族青年，送請反共大學代為安排軍事訓練。寮生隊報到後，直接隸屬於校本部，隊下再分為三個分隊，第一任隊長是王逸民，第二任是馮善群，都是受過軍事教育的寮籍華裔。由於寮人的名字難叫難記，因此寮生隊的學員入校後，隊部為他們由1到108編號代替名

120　李達人(1996)，《留痕之三：萬里南旋》。台北縣中和市：作者自印。頁71。
121　同註120。頁71-2。
122　丁流(1980)，〈滇邊叢林中的大學〉，刊於《聯合報》，1980年1月2日至3日。

字,又因為在號碼之前統一加上一個「王」字,因此省去了其中的「8」號。到
1952(民41)年8月初,反共大學第三期結業,馮善群亦離職之後,基於語言和軍紀
問題的考量,而將寮生隊即改制為「寮生連」,連長寮人巴谷上尉,並編入原為
華僑師的第161師(師長王敬箴)第481團(團長潘子明)第2營(新任營長為反共大學教官涂
剛),繼續代為訓練。到該(1952)年底,161師移師江拉,而第2營則帶著寮生連越
過湄公河,進駐寮國的景谷;當時法軍從猛信派來一個加強連,通知第2營要來
繳械,涂營長不理,並擺出迎戰姿態,法軍知難而退。第二(1953)年3月下旬,沙
拉戰役爆發,161師奉命進佔打勒,入寮的第2營火速返回江拉,並兼程趕至猛
(芒)林,於4月1日一舉攻下打勒,把由緬軍副營長指揮的一個加強連打垮,寮生
連也參加了這場戰役。沙拉戰役之後,161師奉調泰緬邊境上的賴東,寮生連這
時還是跟隨進駐該地,但是因為他們的復國組織發生了問題,同時加上寮生連的
學員們想家、怕苦、怕死,不斷的逃亡回家,最後只剩下幾個,於是上級指示都
讓他們回家去,而游擊部隊的一段寮生緣,也於焉結束[123]。

　　反共大學的建立,是在李彌部隊進軍大陸又撤退出來之後才倉促成立的,但
李彌對此學校的寄望甚高,他對學校的籌劃也用心至深。他不但把部隊中有才幹
的高級幹部都調入大學教職員的行列,而且也從台灣軍中物色了百位以上的教官
和幹部,因此學校的教學品質有一定的水準。根據客觀保守的估計,因已知反共
大學學員人數最多的第三期大約是1,000人[124],其人數比第一、二兩期多了一
倍;到第四期因遷校至蚌八千,規模縮小,員生只有800餘人[125],所以在一年半
的時間裡,反共大學總共訓練了大約2,800個畢業生,這對當時約10,000人馬的李
彌部隊來說[126],應該是不錯的成績。特別是在第一次李彌部隊撤台的時候,比
較具有戰力的李國輝和譚忠的正規部隊都撤回台灣去了,那些堅持不願回台的部
隊有三成以上到一半的人員都曾接受過反共大學的訓練和洗禮,這批反共大學的
畢業生對這個反共部隊的再生和成長,具有著關鍵性的貢獻。

123　涂剛先生對本書初稿之書面補充,2007年3月7日。
124　同註120。頁71。
125　同註78(A)。頁269。
126　同註9。

反共大學（反共抗俄軍政大學）

↑反共大學之門；大門對聯：蓽棘披荊創造光明大道，臥薪嘗膽
　誓復錦繡山河。

↑側門對聯：鞏固東南亞
　反共堡壘，匡復大中華
　錦繡河山。

↑戶外上課　　　　　　　　　　　　　　　教室上課→

←出操　　　　　　　　　　　　　　　　↑實彈射擊

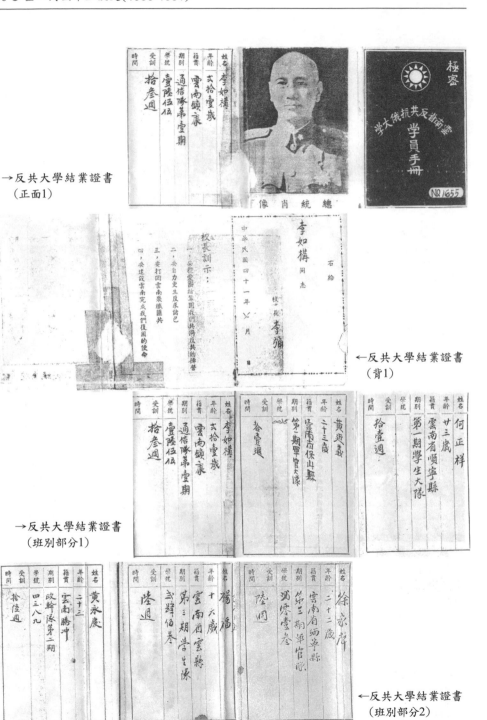

→反共大學結業證書
（正面1）

←反共大學結業證書
（背1）

→反共大學結業證書
（班別部分1）

←反共大學結業證書
（班別部分2）

二、興建猛撒機場

　　關於猛撒機場的修建，其任務除了從台灣空運反共大學所需要的教官和部隊所需要的幹部之外(也包括送幹部回台受訓)，其最重要的任務就是緊急從台灣空運因戰爭所最需要的武器和軍用物資。當初美國軍方所開出支援10,000人裝備的承諾，後來因故只是象徵性的給予非常少量的援助，完全不敷所需，以致反攻雲南的戰果並不理想。李彌記取了這個教訓，所以部隊一退到猛撒總部之後，首先就是向國府請求以機動性最高、效率最快的空運和空投來補給數十噸的械彈。此案雖獲國府最高當局批准，但因為台灣到猛撒往返的直線距離是2768哩，而當時空軍的B24型機的最大航程為2325哩，C46型機的最大航程為2320哩，無法執行此項任務；而復興航空公司所使用的三架PBY型水陸兩用機則因儲油量大，可以擔任此項空投的任務，而且猛撒新修建的機場長度(1200公尺，4/24增長至1400)也足以讓此類水陸機降落，同時當地可以預先購存飛機汽油200桶，解決飛機回程油量不足的問題，於是便由政府以每架次美金6,600元或新台幣15萬元的代價租用復興航空公司的飛機，負起空運軍需到猛撒的任務。如是C46機，租金則為每架次美金7,040元或新台幣16萬元[127]。

　　復興航空公司承擔了李彌總部的空運任務之後，於1952(民41)年3月31由飛行員陳文寬在猛撒試飛降落成功之後，從4月1日22時開始第一架次的空運，到次年8月27日止，一共進行了30架次的空運。總括復興航空公司30個架次所空運的軍用物資和人員，其項目內容概略如下[128]：

　　(1)武器彈藥：79步槍及彈，79騎槍，79馬克沁重機槍及彈，79輕機槍及彈，303輕機槍及彈，90衝鋒槍及彈，45馬牌手槍，加造20機關炮及彈，60迫擊炮及彈，75無後座力炮及彈，82迫擊炮及彈，30機槍彈，30卡柄彈，30步槍彈，45衝鋒彈，手榴彈，2.5火箭彈；

---

127 國防部史政編譯局檔案，《雲南反共救國軍由緬甸回國案》，(第7冊)。民41年4月至民42年6月。見〈41年4月7日復興航空公司致雲南總部函〉。

128 國防部史政編譯局檔案，《雲南反共救國軍軍品撥補案》，(第4冊)，民40年2月至民42年12月。見各統計表。

(2)爆破器材：TNT炸藥，爆炸導火索，緩燃導火索，雷管，信管，M2拉火管，導電線，小刀，膠布，電器點火機；

(3)通信器材：15W無線電機，V101手搖發電機，E5型無線電機，SSTR無線電機，TM2無線電機，TCS50W無線電機，CMS無線電機，15W手搖發電機，V101手搖電機，10門交換機，6門交換機，EE8電話機，中式電話機，33式電話機，W110被覆線，V101真空管，15W真空管，各式真空管，三股聽筒線，二股導線，自式送受話器，B電池，A電池，9N45手搖機頭，定向機，整流器，多種零件；

(4)衛生器材：盤尼西林針，盤尼西林片，救急包，瘧滌平針，瘧滌平片，黃安片，奎寧片，撲瘧錳銲(母星)錠，撲瘧錳銲(母星)針，霍亂傷寒疫苗，繃帶，膠布，嗎啡針，棉花，安眠片，強心針；

(5)康樂器材：藍球，胡琴，鑼鼓，電影，圖書；

(6)人員及其行李：羅伯剛、張世頤、李奮香，胡慶蓉，周競人、張愚公，羅漢清、羅夫人、小孩2人、王明智、古康壽、雲逢禧、蘇令德、李彬甫夫人，胡樹中(後來改名「胡開業」)，朱心一、修子政、金樹華、程時熾，張衡平、周爾新、羅石圃、陳代強、廖展忠、黎屏，方懋鍇，王隆絪，易棋，張勳亭、張澤時。以上六項類別總計為40,531公斤。

PBY型飛機的載重量原可載重2公噸，因從台南以直線飛到猛撒，往返航程需時23小時，另外加帶保險油至少兩個半小時，須自戴汽油2380加侖，故飛機汽油一項即已淨重7公噸，故只可載重2公噸；但是實際航行時，為求航行安全，須繞道海南島以南飛行，航程增加80哩，需要相對增加自載油量，以致每架次只能載重3000英磅，折合1,364公斤，即1.364噸，而其運費卻高達新台幣15萬元，所以這個運費是非常昂貴的。即使如此，飛行了30個架次，最高的總載重量也只有40公噸而已。但是在這40公噸的載運量中，誠如前面所羅列的內容所示，並非全部都是前方需求最為孔急的武器和彈藥，其中也包含了許多較為次要的通材、衛材、和人員等。

由於空運的載運量有限，所以武器和彈藥的載運就要特別強調其效果。在武器的載運方面，雖然部隊還有850枝79步槍、1,300枝79騎槍、190挺79輕機槍、6

門75無後座力炮、和28門20機關炮還在待運中，但已空運去的700枝79騎槍、16枝45牌手槍、100挺303輕機槍、2門75無後座力炮、和2門20機關炮，都是李彌部隊當時所沒有的新武器，而所空運去的300枝90衝鋒槍、40門60迫擊炮、和8門82迫擊炮也都是當時李彌部隊所稀有的武器，這對提高部隊的戰力和士氣，都能夠發揮很大的作用。而在彈藥的運送方面，在所空運的12種彈藥之中，除了20機關炮彈和火箭炮彈可能因運送較晚或沒碰到適用對象而沒有使用外，其餘的10種彈藥中，有7種炮藥(30步槍彈、90衝鋒彈、79輕機槍彈、303輕機槍彈、60迫擊炮彈、82迫擊炮彈、75無後座力炮彈)都是若無即時的空運來補充，部隊即會陷於缺彈的危險境地；所以空運的費用雖然昂貴，但的確發揮了緊急救難的功效。(數字詳見本書附錄二的表八及表九)

猛撒機場

↑ 猛撒機場

↑李國輝(左)和飛行員陳文寬合影。

↑李彌夫婦(中)和飛行員合影。

←丁作韶夫人胡
慶蓉向飛行員
陳蔚文獻旗後
合影。

第五節　結盟克蒙兩族及海運案的失敗

一、海運案的緣起

　　李彌率部反攻雲南再度退回緬甸整訓之後，他除爭取美國中情局繼續給予援
助外，也利用地緣關係，爭取與反緬的克倫族(吉仁)（Karens）和蒙族

(Mons)的合作[129]。早在1950年6月時，丁作韶代表李彌部隊赴景棟參加會議，因談判不合而被捕，與克倫族領袖蘇山頂(Sawmsanthin)同被囚禁於眉苗(Maymyo)監獄，因而結識。1951年春，蘇山頂出獄後，即投奔李部，洽詢合作；李部遂於該年3月，派丁作韶以高參名義，攜帶電台隨蘇山頂前往克倫軍總部，開始與克倫軍展開合作。6月，李部再派參謀王伺禮南下穆爾門(Moulmein)(穆爾門亦稱毛淡棉，華人簡稱為「棉城」)偵查地形，計劃開闢海上通路。至8月4日，李部的獨立第10、12兩團在克倫軍的協助下，進入緬南的巴奔(Papun)和涼培(Laingbwe)等地，由克倫族提供營舍及糧食，李部則回贈以械彈。8月27日，李部再派高級軍官與克倫軍領袖在棉城北18公里的巴安(Pa-an)舉行會談，商討軍事聯盟，以聯合對緬軍作戰[130]。次(1952)年7月，李部更密派參謀長錢伯英、高參丁作韶南下與秧子族(即克倫族)談判，支持他們在東枝(Tanggyi)附近建立哥都尼(Kawthoolei)政府[131]。同(1952)年冬，李部也趁撣邦土司不滿緬政府取消其土司制度，擬協助南北撣邦土司在興威召開「中緬土司大同盟」大會以反緬，但因事機不密，被緬甸先發制人而取銷[132]。

其實，關於李部與反緬叛軍結盟之事，遠在1950(民39)年6月底，國府駐泰武官陳振熙即曾報告參謀總長周至柔，謂已為駐緬部隊與緬甸蒙族反對黨牽線，建立合作協議。為此，周至柔曾於該(1950)年7月中去函葉公超，請教有關國軍部隊與緬甸反對黨成立協議之國際法問題。葉公超答覆，依國際法，一國之軍隊，除有特殊條約或協定外，決不能開往鄰國，更不能與該國之反對黨成立協議，否則可被視為侵略[133]。

李彌受到了反攻雲南失敗的教訓之後，深切體會「人員訓練」和「武器充實」的重要性和必要性，因此他在1951(民40)年10月，即在猛撒總部籌組成立

129 (A)同註1(B)。頁265-6。
　　(B)同註74(A)。頁65-6。
130 同註1(B)。頁265-6。
131 (A)同註1(B)。頁266。
　　(B)同註74(A)。頁66。
132 同註1(B)。頁269-70。
133 同註23(A)。(第2冊)。民39年6月至民41年8月。見〈民39年6月30日駐泰武官處致外交部電〉及〈民39年7月17日外交部致國防部函之初稿〉中被刪除的最後一段

「雲南省反共抗俄大學」（簡稱「反共大學」），該校中所設置的班隊，除步兵科的
軍官隊和學生隊之外，並有專業的行政、財務、機砲、政幹、通信等班隊，每期
受訓時間由三個月到一年半不等，教官則由部隊長及台灣派來的專業軍官擔任，
並從12月開始分批召訓各部隊的幹部（軍官隊）和士兵（學生隊）到大學來參加訓練。
此外，李彌為進一步發展新的兵源，因此他在次（1952）年2月下旬，當第一期軍官
隊和學生隊結業之後，即派遣反共大學的教務處長許亞殷（字季行）以「第三軍政
區司令」的名義前往緬北猛萁，從事收容各地的零星小型反共武力和招募新兵的
艱鉅任務；招到兵員之後，即按梯次送到反共大學受訓。由於許亞殷個人的軍事
素養、才華和魅力，經過他一年的奔走和努力，滇西、緬北地區許多不輕易服人
的悍將如刀寶圖（第143縱隊）、李祖科（第145縱隊）、王有為（第155縱隊）、李鴻彬（第
12支隊）、龔統政（第13支隊）、方御龍（第16支隊）、李泰興（第18支隊）、多永明（第20支
隊）、史慶勳（第21支隊）、蔣家傑（潞西大隊）等，都陸續投入他的麾下，於是李彌於
1953（民42）年2月即改派他接任朱家才的「第21路司令」，於是在他的路司令下，
總共擁有5個縱隊、6個支隊和1個大隊，成為李彌部隊中編制最大的一個
單位[134]。

　　鑑於外來的美援武器並不可靠，由台灣空運，則其費用又過於昂貴，且運量
也太小，尤其是1952（民41）年4月以後，美國停止了援助，李彌為了能從台灣海運
軍品和幹部前來邊區，乃更加積極發展和克蒙兩族的結盟關係，爭取與反緬的克
倫（吉仁）族和蒙族的合作[135]，以利用其海港從台灣以海運的方式將幹部人員和武
器械彈運來防地；因此，李彌於派遣許亞殷前往緬北收編地方部隊和招募新兵之
同時，李彌於同年3月1日也下令李國輝師的姚昭團由緬北移防到蚌八千，準備南
下緬南；而姚昭團於3月12日即移防到了蚌八千，但其第一營則留在總部擔任警
衛營；5月4日，姚昭團奉命南下，5月20日姚昭率領其團約700人，從猛漢出發，
南下緬南，以迎接半年後從台灣船運而來的幹部和武器，其指揮官為李彬甫。依

---

134 國防部史政編譯局檔案，《雲南省反共救國軍兵力駐地表》。民41年3月至民42年
　　10月。見〈民42年3月份兵力駐地表〉。
135 （A）同註1（B），頁266；
　　（B）同註74（A），頁66。

李彌的計劃，當緬北所招募到的新兵經過訓練之後，再和緬南海運到來的幹部和武器一結合，即可馬上組成一支具有戰鬥力的勁旅，李彌的這個秘密計劃，當時稱之為「地案」。而且李彌也計畫於這個「地案」執行成功之後，即將整個部隊往北推向野人山、江心坡等真正的滇緬未定界地區，如此一來，不但可以避免讓部隊再牽扯到國際法的問題，而且可以和滇西、川康、甚至西藏的反共武力相結合，如此一來，反共事業即可大有作為，可以有一番新的局面。

二、海運案的執行

李彌是一位「即知即行」的行動派將領，當他把「地案」的計畫構想成型之後，為了爭取時效，在還沒回台向國府上級請核之前，他就已經下令付諸實施了。因此，他於1952(民41)年5月初派遣姚昭團南下到緬南去接船，7月初再密派參謀長錢伯英和高參丁作韶南下與克、蒙兩邦商談全面合作之事，並且進而支持克倫族建立哥都尼(Kawthoolei)政府[136]。但是李部與克、蒙叛軍商談合作之事，旋於同(7)月中旬即為美國所獲知，因此美國駐台北大使館代辦鍾華德(Howard P. Jones)乃將該事於同(7)月27日與國府外交部長葉公超見面會談時，即先以口頭向葉部長提出，兩天後，再以函件向台灣國府提出嚴重的關切[137]。當國府外交部於8月5日再將此情事函告國防部和總統府之後，國防部仍在總統府的核示之下，於8、9兩個月之間一再電令李彌不可和克、蒙叛軍交往合作，並且下令李彌速將部隊撤離緬南。起初，李彌辯稱：「由於政治環境關係，對各方皆採協和政策，與吉仁族僅屬友誼往還，並無參與該國黨爭情事」，但這個解釋並未獲得上級認同，總統府幕僚建議：「雖屬友誼往還，亦應停止」，亦獲蔣總統批可。後來李彌於10月14日寫了一份文字報告呈給蔣總統，並另外製作了一份錄音報告送給蔣經國，請姜漢卿專程送回台灣，經由國防部大陸工作處鄭介民轉呈蔣總統，報告聲稱克倫、蒙族為反緬而正倒向中共和馬共，因此乃極力爭取過來；為保存反共力量，請求蔣總統准予：(1)免自緬南撤軍；(2)准予海運軍品與人員來緬。11月

136　(A)同註1(B)，頁265-6；
　　　(B)同註74(A)，頁65-6。
137　同註23(A)。（第3冊），見〈民41年7月29日美代辦鍾華德致葉部長函〉。

國府軍事委員會軍令部陸地測量總局印製緬甸全圖(部分)
中南半島及南中國地圖(部分)泰國曼谷：PN MAP出版公司出版

16日，蔣總統透過蔣經國轉知周至柔，准李彌所請。而國防部幕僚在經辦這項海
運案的時候，知道外交部一定是持反對的意見，所以也決定不去諮詢外交部的意
見。李彌獲悉蔣總統和國防部批准了海運案之後，也於11月24日電告周至柔總
長，謂南下的部隊已潛伏於穆爾門(Moulmein)港東南方約70公里(二百萬分之一軍
事地圖約4公分)的溫卡那(Winkana/Winklana)附近的森林基地內，只要船運問題安

排妥當，即可啟運[138]。以後，南下緬南接應海上來船的姚昭部隊，就一直潛伏於溫卡那附近森林內的基地，始終駐在那兒候船，未予撤回，一直停留到李部撤退回台為止。

李彌部隊與克、蒙兩族合作之事，原來的計劃是於11月即行海運幹部500人和械彈到緬南，但因計劃尚未開始申報即因為曝光而先被國府上級反對，李彌一直奮鬥到11月16日，才終於爭取到蔣中正總統和國防部的同意和核准，從這個時候開始，李彌才能合法地在台灣籌辦其海運的工作。由於執行海運任務的「海滇輪」是於1953(民42)年2月2日啟錠出航，所以李彌是以兩個月又十天的時間完成其幹部召募和軍品籌措的全部工作，效率可謂不差。2月2日啟航而航向緬南的「海滇輪」，一共載有軍事幹部880人和軍品物資335公噸，其內容如下[139]：

一、在幹部方面，計有現職人員357人、輔幹大隊人員159人、輔幹大隊退役人員59人、無職人員297人、勞役人員7人、隨船工作人員3人，但其中有2名電台人員及1名押運員要隨船返台。

二、在軍品物資方面則可分為七類，分別為：

(1)武器彈藥(280,466公斤)計有20機關砲及彈、75無座力砲及彈、捷式79輕機槍及彈、303輕機槍及彈、79步槍及彈、79騎槍、30無袋類步彈、30卡柄彈、45衝鋒彈、45衝鋒彈、90衝鋒彈、60迫砲彈、82迫砲彈、30式手榴彈、40式手榴彈、火箭筒、79槍夾、布彈帶、腰皮帶、修械工具及工具箱；

(2)工兵器材(6,380公斤)計有大圓鍬、小十字鎬、手斧、木工鋸、TNT炸藥、爆炸導火索、緩燃導火索、電器點火機、導通試驗器、導電線；

138　(A)同83(D)。(第10冊)，民41年3月至民41年11月。見〈民41年10月14日李彌上蔣總統報告〉、〈民41年8月9日周至柔致李彌電〉、〈民41年8月18日李彌致周至柔電〉及〈民41年11月24日李彌致周至柔電〉。

　　(B)國防部史政編譯局檔案，《緬泰越邊境區我游擊隊行動受國際干涉之處理及李彌致聯合國等函稿》。民39年6月至民42年5月。見〈民41年8月18日行政院長陳誠上蔣總統公文〉、〈民41年8月26日桂永清上總統簽呈〉。

　　(C)同註3(C)，(13)，刊於《春秋雜誌》第15卷第2期，1971年8月。頁41。

139　同註127。(第7冊)，民42年6月至民43年1月。見檔案內的〈海運人員統計表〉、〈海運軍品目錄表〉、〈海運各項軍品的內容及重量表〉。

(3)通信器材(6,381公斤)計有航行使用的RBM100W無線電機、TSC50W電機、15W無線電機、中型特工無線電機、V101手搖發電機、COPY CMS15W特工機、E5特工機、SSPT M2手搖發電機頭、10門交換機、33式電話機、W110被覆線、B電池、A電池、雜式發話機、油機發電機、白布板、手旗、汽油、機油;

(4)衛生器材(1,158公斤)計有救急包,瘧滌平針,瘧滌平錠,1,000人份藥品,價購藥品;

(5)康樂器材(5,731公斤)計有擴大器、電影機、電影片、軍用收音機、鑼鼓、籃球、胡琴、政治書籍、書報雜誌;

(6)被服裝具(5,393公斤)計有長官長袖軍便服、官佐短袖軍便服、軟帽、綁腿、白運動衣褲、舊制棉被心、舊灰軍毯、膠鞋、線襪、毛巾、炒米袋、水壺、蚊帳;

(7)主食副食(29,720公斤)計有大米、麵粉、牛肉罐頭、豬肉罐頭。

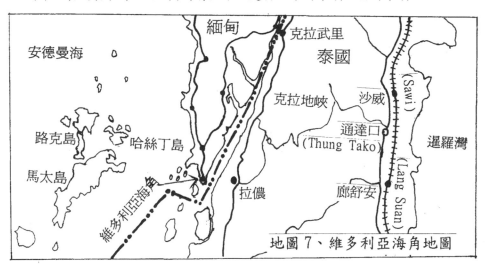

地圖7、維多利亞海角地圖

　　李彌為運送這些數量龐大的軍事幹部和軍用物資,由國防部以每天租金新台幣6000元的代價,代為租用民間2700噸的「海滇輪」,租期為70天,各項運輸費用將近70萬元,由姜漢卿擔任船運指揮官,張家寶擔任副指揮官,而於1953(民42)年2月2日上午6時15分從高雄港啟錠出航。據海滇輪船運指揮官姜漢卿、副指

揮官張家寶事後於3月7日向李彌報稱：海滇輪於去程時夜間通過新加坡時，僅遭
港口信號詢問「船名」和「去向」，未遇任何留難即行通過；回航時拂曉通過新
加坡時，港口未曾信號發問即行通過。海滇輪於2月13日駛抵緬甸公海之上，旋
停泊於維多利亞海角(Victoria Point)附近海面之哈絲丁島(Hastings Island)[140]。此
外，根據美國國務院設在馬里蘭州學院園區(College Park)檔案館的資料顯示，
緬政府曾於該(1953)年3月3日向美國駐緬甸大使館報告，謂在2月中旬時曾有一艘
不明國籍船隻出現於維多利亞海角附近[141]，因此緬方的這項資料也證明，當年
海滇輪的確是奉命開到維多利亞角附近的這個哈絲丁島上，而且也證明這位沈驥
春船長的航海技術不錯，對這麼陌生的一個小島，他也能把船開到目的地。

三、海運案的失敗

　　海滇輪停泊於哈絲丁島歷時一畫夜，海面上往來船隻極為稀少，除發現極少
數之漁船遊弋海面外，毫無其他意外情況發生。據該船偵察發現：維多利亞海角
以北沿海海岸無任何兵力設防，到處可得自由登陸，即維多利亞海角亦僅有地方
警察數十名維持市區之治安而已。當該船依事先的指定，開始在該小島部署登陸
工作之後，發現欠缺登陸之工具與材料，乃利用汽油桶構成浮橋箱9座，並向該
輪大副借用其天幔橫木16根，鋸短而作為架構浮橋橫木之用；至於浮橋上所用的
木板，除拆用裝載武器之木箱板外，再向該輪大副借用24片船艙之墊板，終於架
成可供人員登陸和卸貨之浮橋。然當海滇輪部署登陸工作完成之後，卻一直等待
不到陸上的姚昭團前來聯絡和接應，「海滇輪」在該小島停留等候了20餘小時
後，杳無音訊，最後只好奉台灣上級的命令而原船駛回，海運計畫因而無功而
返[142]。

---

140 (A)同註127。(第7冊)，民42年6月至民43年1月。見〈民42年2月6日李彌致周至柔
　　總長代電〉、〈民42年3月7日李彌致周至柔總長報告〉、〈民42年6月17日李彌致
　　周至柔總長呈文〉。
141 Embassy Bangkok to Department of State, dispatch 455, January 1954, Record Group
　　84, Foreign Service Posts of the United States, xxxxxxxxxxx, Box xx, National Archives,
　　College Park, MD.
142 同註127。(第7冊)，見〈民42年3月7日李彌呈蔣總統報告〉、〈民42年2月7日李
　　彌呈周總長代電〉、〈民42年6月17日李彌致周總長呈文〉、〈民42年6月1日李彌
　　致其本部駐霧社幹訓班令〉。

　　根據文獻，關於海滇輪驟然回航，造成任務失敗的原因，另外還有兩則不同的說法。第一則說法的要點是：該船馳過新加坡海峽後，當地一家英國電台突然發出一個捕風捉影的消息，謂有一艘不明國籍船隻，神秘馳過新加坡海峽，向某秘密地帶進發，似有接濟該地軍事叛變的跡象。這種揣測性的消息本不值得重視，但台灣的軍事當局(指參謀總長周至柔)竟因此認為該船的行踪已經暴露，為避免一旦被緬軍發現，引起國際糾紛及造成官員生命安全的問題，故該船只在海邊停留約20餘小時，還等不到姚昭部隊來接應，即命令該船回航；而李國輝則說：「該商船到了緬南距海岸陸地約20海里處即停駛不敢前進，按照原計劃預定停泊地點應當繼續北上，但指揮卻顧慮緬甸海軍巡邏艇，萬一碰巧遇見豈不糟糕！便無法應付，如就地靠岸又恐擱淺，如用舢舨登陸，岸上情況又不明白，而舢舨只有兩隻，與總部拍電報請示，來往部隊電報位置又不明瞭，來人語言又不通順，處處請示，處處不能解決！終於在姜漢卿指揮官猶豫之下，將此船掉轉回駛開回原地。」[143]這個說法雖然並未說明該船停泊於何處，但應該是離姚昭營地不遠之處。

　　第二個說法比較簡單，它說當海滇輪於2月中旬抵達新加坡海面時，因為英國海關船的人員要登船檢查，該船為逃避檢查而被海關船擊傷，所以該船是中途被迫返台修理，任務被迫停止[144]。但是因為幾乎所有的文獻和證據都說該船已到達緬南的海邊，所以這第二個從新加坡即被打傷而折回台灣的說法，並不能成立。

　　海運失敗後一年，在1954(民43)年2月上旬，換防到穆爾門海邊的新編第8師師長李達人率其兩位團長，在蒙族領袖乃翁吞的引導下，一同去巡視前一年海滇輪計劃登陸的地點，其地理情形是：「見浩渺海面，有微波，無巨浪，水涯邊際，多細沙淺灘，無峭崖礁石，實具搶灘登陸之良好條件」因此，李達人認為：總掌海運任務的參謀長錢伯英，其人當時並不親臨坐鎮海滇輪搶灘登陸之地，而

---

143 （A）封侯(1979-80)〈滇緬邊區游擊風雲〉（全27），刊於香港《萬人雜誌週刊》，
　　　第360(63)至386(89)期。（18），頁24。［註：《萬人雜誌週刊》（1978~1981）為
　　　由《萬人日報》（1975~1978）改版而來，這兩報刊都各只經營三年左右即先後
　　　結束營業。］
　　（B）同註3（C）。（13），第15卷第2期，1971年8月。頁42。
144 同註141。

是躲在距離遠在100公里之外，距泰緬邊界小城苗瓦底（Myawadi）只有數公里遠的蘭圭（亦譯南國，Langwe），他實在應該負起最大的失職之罪；而海輪上的指揮官姜漢卿不敢依從眾議搶灘登陸，雖然未違犯軍律，但顯然屬於無能無勇之輩，也應該受到譴責。而電台於最關鍵的時刻突然失聯，其中更是大有文章[145]！有待深究。

四、海運失敗原因的分析

根據前一節所述，固然可以知道，李彌海運案之所以會失敗，乃是因為接船的姚昭部隊和運送人員、軍品的海滇輪，彼此碰不上頭：姚昭部隊在北方穆爾門港附近森林基地內等待，而姜漢卿所指揮的海滇輪卻停泊在緬甸最南端的維多利亞海角外海的哈絲丁島，兩地南北相距約750公里之遠。簡言之，就是因為開船和接船的兩方人員碰不到一塊，結果海滇輪只好原船回航，海運案就因此以失敗告終。但是，這麼龐大規模的一個海運案，居然會發生這樣嚴重的錯誤，實在是太離譜了，而且是離譜到令人難以置信的地步。因為這樣，所以引起筆者莫大的好奇心，就想要進一步去探求：為什麼會發生這麼重大的錯誤？藉以求出整個海運案的真相。

依據問題的高低層次和輕重順序，筆者首先要探討的第一個問題是：**海運案所規劃的停泊地點到底是在那裡**？因為一定要先查證了這個停泊地點之後，才能進一步追究接船和開船的兩方，到底是那一方弄出了差錯，造成了海運案的失敗，然後才能再進一步去追究責任的歸宿。

關於海輪停泊地點的相關文獻和資料，大致可以找到下列各項：

（1）李彌於1952（民41）年11月24日打給周至柔總長的電報[146]。謂南下接應的部隊已潛伏於穆爾門（Moulmein）港東南方約70公里（軍事地圖約4公分）的溫卡那（Winkana/Winklana）附近的森林基地內，只要待運的幹部和軍品安排妥當，即可啟運。因為這個電報已告知我們接應部隊的營地，而海滇

輪所停泊的地點，又應該是在與溫卡那合理距離範圍內的海港或海灘，所以只要以溫卡那為圓心，畫出幾個可包含不同長短海岸線的半圓，即可以找出幾個可能的停泊地點，然後再加以判斷：何者為是。

(2)根據奉命南下接應海輪的姚昭團長的回憶：他的部隊走了半年，走了一個雨季，走到了10月，才走到部隊指定紮營的地方，但是這個營地是森林裡面，並不在海邊，停船的海港或海邊還要再走兩百華里路，它是位於穆爾門港的南方，一個地名叫做「克里」(Kali或Kale)的地方，距離緬南小火車的終點站不遠。在緬南期間，總部曾有一次通知姚昭「船來了」，他就派人下去海邊接船，但派去的人跟海船沒碰上頭，聽說船只停留等候一陣子就撤走了。姚昭雖然沒接到船，但他的部隊還是一直駐在緬南的森林營地內，直到撤台為止[147]。

(3)在1954(民43)年2月上旬，換防到穆爾門附近海邊的新編第8師師長李達人率領其兩位團長，在蒙族領袖乃翁吞的引導下，去巡視前一年海滇輪計劃停泊的地點，李達人形容其地理情形是：「見浩渺海面，有微波，無巨浪，水涯邊際，多細沙淺灘，無峭崖礁石，實具搶灘登陸之良好條件」[148]由於李部和克蒙兩邦既有結盟關係，又是由蒙族領袖親自帶領前去巡視，所以這個**海灘**應該就是海滇輪計劃要登陸的地點，而且這個地點也一定是在蒙邦的邦界之內。

(4)在美國國務院在馬里蘭州學院園區(College Park)的檔案館中，保存有一份錢伯英副官韓成光(Han Cheng-kuang)於1953年12月30日和美國駐泰國大使館外交官John Farrior的談話紀錄。在該談話記錄中，韓成光說：錢伯英所規劃海船登岸地點乃是在穆爾門港南方約100公里的卡列高克島(Kalegauk Island)，也就是前項所述蒙族領袖曾帶領李達人師長及其兩位團長巡視海灘外面的一個小島。韓成光並說，錢伯英規劃海輪登陸卡列高克島之前，要先派陸上部隊去占領該島對面陸地上的卡洛比(Karokpi)和巴額(Pa-nga)這兩個小鎮，以掩護島上人員和物資渡海搶灘登陸。後來

---

147 姚昭先生訪問紀錄。2001年11月10日上午於姚宅。
148 同註120。

因為陸上部隊未能攻下該兩小鎮，因此乃改為停泊其他地點。韓成光看錢伯英如此規劃海運事件，而批評他做事很ineptitude(不適當、愚蠢)[149]。

(5)克、蒙兩邦因為反緬，而自己的力量又不夠大，所以才有動機找李彌部隊來結盟；因為有求於李彌，所以願意幫助李彌來執行這個難度很大的海運計劃。但是海滇輪實際停泊的「維多利亞海角」及其外海的「哈絲丁島」，都是位於德林達依省(Taninthari/Tanasserim Division)的最南端，但是這個省和李彌部隊並沒有結盟的關係，也沒有其他任何的淵源，基本上，這個省實在沒有理由要答應李彌來停船，也沒有理由要讓李彌的人員和武器從這裡偷渡入境，所以，這個實際停泊的哈絲丁島，李彌也實在沒有理由和基礎可以把它規劃為登陸地點；唯一可能的解釋就是「冒險硬闖」。

歸納上述五項證據和理由，我們根據第一項就可以確定：姚昭部隊在緬南候船的營地，就是位於溫卡那附近的森林之內。根據第二項，我們就可以找出海船所要停泊的可能地點或範圍，因為接船的姚昭曾明白的說，海船停泊的地點就叫做「克里」；但是，因為在溫卡那為圓心的各種半徑內的海岸線上，無論是海港或海島，在各種新舊緬甸地圖上，都無法找到這樣的地名，因此我們就得加上更多的證據來思考。當我們再加入第三項資料證據來思考和觀察之後，基於下列兩個理由，我們乃敢大膽假設：姚昭所說的「克里」乃是「卡列高克島」的簡稱。我們所根據的兩個理由是：第一，從中文字面來看，雖然姚昭部隊當時所用的名字「克里」和國府國防部繪製〈緬甸全圖〉時所翻譯的「卡列高克島」，其間的差別的確很大，但是若我們從其英文字面來看，就會發現到，「Kali或Kale」和「Kalagauk Island」前面第一、二節音階的字母為相同，而且發音也十分相似；第二，因為華人都有將緬甸冗長地名予以簡稱的習慣，例如，將「毛淡棉」(即穆爾門)簡稱為「棉城」，將「曼德勒」簡稱「瓦城」，「密支那」簡稱「密城」

149 同註141。此註中所謂韓成光的身分，據筆者詢問李拂一先生：「錢伯英身邊的參謀或幹部，除柳興鎰外，尚有其他人亦精通英語否？」李拂一答稱：「除柳興鎰外，未聽說有其他人能通英語者。」因此，筆者認為韓成光可能即是柳興鎰的化名。

等；同理，姚昭部隊要稱呼Kalagauk Island這個英文島名時，無論是採用「卡列高克島」，或是採用更口語化的「克里高克島」，都會略嫌冗長，所以乃會將之簡稱為「克里島」；而對克里島對面的那片無名海灘，就可以稱之為「克里海灘」。問題分析到這裡，既然「克里」可能是「克里海灘」的簡稱，也可能是「克里島」的簡稱，讀者不免就會追問：那麼姚昭所說的「克里」，到底應該是「克里島」還是「克里海灘」呢？要圓滿的回答這個問題，我們就必須還要再把第四項證據也列入考慮，因為李達人曾經在蒙族領袖的帶領下，巡視過當年海輪要登陸地點，而根據李達人的描述，謂該地點乃是一片非常適合搶灘登陸的海灘，所以我們可以確認：李彌和克蒙族原來商議決定的海輪登陸地點，一定是「克里海灘」而不是「克里島」。最後根據第五項理由，則海滇輪絕對不應該停泊於哈絲丁島。總而言之，李彌所規劃在緬南登陸的地點，應該就是蒙邦境內的卡列高克島(Kalagauk Island)對岸的那片海灘，姑名之為「克里海灘」，而不是其他任何的地方。

　　因此，根據前一段的歸納分析，我們對第一個問題所得到的答案是：海運案所規劃的停泊地點，乃是緬南蒙邦境內穆爾門港南方約100公里的「卡列高克島」或「克里高克島」(Kalagauk Is.)對岸的那片無名海灘，我們姑且名之為「克里海灘」，而姚昭則進一步將之簡稱為「克里」。所以我們可以得到一個初步的結論：海運案失敗的過失乃是在於送方的海船，而不是在於接方的姚昭部隊。既然是這樣，我們就要打蛇隨棍上，打鐵趁熱，繼續往下追究：**海滇輪不按既定的計劃開到「克里海灘」，而是開到了緬甸最南端維多利亞海角外海的「哈絲丁島」，這個改變航線的命令到底是誰下的呢？他的動機和目的又是什麼呢？**

　　關於海滇輪發生航線偏差這件事，它實在發生得很離奇，無論在所能看到的文獻資料或是所能聽到當事人的口述資料，目前都還沒找到直接的線索，目前所能看到的唯一的一個微小的間接證據，就是存在美國國務院在馬里蘭州學院園區(College Park)的檔案館中，保存有一份錢伯英副官韓成光(Han Cheng-kuang)於1953年12月30日和美國駐泰國大使館外交官John Farrior的談話紀錄。在該記錄中，韓成光所說，錢伯英所規劃的海船停泊地點並不是「克里海灘」，而是在該海灘外面的「克里島」或「卡列高克島」。韓成光並且說，錢伯英計劃於海輪停

泊「克里島」前,先派陸上部隊占領該島對面陸地上的卡洛比(Karokpi)和巴額
(Pa-nga)這兩個小鎮,以掩護島上人員和物資的渡海搶灘。但是因為後來陸上部
隊未能攻占該兩小鎮,所以改變了停泊的地點;至於後來改停那裡,該文獻並未
提及,可能是韓成光並未告知美方,也可能是Farrior忘了記錄。但是這項資料至
少顯示,海滇輪最初發生「將停泊地點由陸地海灘改變為停泊海島」的偏差時,
其幕後的主導人乃是參謀長錢伯英。至於後來海滇輪居然連克里島也不去停泊,
而去改停緬甸最遙遠南方的哈絲丁島,這個這麼重大的路線改變,其命令應該是
只有李彌和錢伯英兩個人才可以下達。此外,因為這個命令具有濃厚的「冒險闖
關」的性質,會有「陷自己於不利」的立即後果,而李彌自己是當家人,他應該
不會下這樣一個「自己害自己」的命令,所以我們認為這個離譜的命令應該是錢
伯英下的,它可能是瞞着李彌而下或是蒙騙了李彌而下的。

由於海滇輪的確於1953(民42)年2月13日開到緬甸最南端「維多利亞海角」外
海的「哈絲丁島」停泊了,由於這個改變實在是太離奇、太出乎我們的意料之
外,因此筆者初時閱覽檔案文件時,一直以為所謂的「維多利亞角」和「哈絲丁
島」是在穆爾門港的附近,只是查遍了各種版本的緬甸新舊地圖,都無法在穆爾
門港附近找到「維多利亞海角」和「哈絲丁島」,心中感到十分的挫折和苦惱。
最後在研究伙伴Mr. Richard Gibson的提示之下,終於查到了這兩個地名。原來,
「維多利亞海角」和「哈絲丁島」都在緬甸南部的最南端半島的尖尖上,這個
「大驚奇」的發現,讓人不禁替當時船上的那些軍事幹部嚇出了一身冷汗,因為
無論「維多利亞海角」或「哈絲丁島」,它和穆爾門港之間的直線距離至少有
750公里以上,如果當年的海滇輪指揮官果真夠勇敢,就在那個停泊地點搶灘登
陸了,而要接應他們的姚昭部隊卻遠在北方750公里以外的溫卡那森林基地之
內,他們根本不可能會彼此相遇,尤其是哈絲丁島和維多利亞海角之間的最近距
離至少也有25公里,他們真的會被困死於該孤島之上。幸好該船的指揮官當年奉
命返航,否則,如果該船的幹部人員真的冒險登陸該島,其後果真是不堪設想。

因為海滇輪的航行路線規劃及其改變,都顯得太違反常理了,因此筆者和美
國的研究伙伴Mr. Richard Gibson為此曾反複推敲討論:為什麼無論在北或在南,
錢伯英兩次都是不讓海船直接停泊在陸地的海岸上?為什麼他都是捨近求遠,先

把船停泊在海島之上,然後再從海島坐小船搶渡到陸地的海岸?他不是捨易求難,跟自己過不去嗎?他這樣做了之後,那900個幹部和335噸的軍用物資,他們要花多大的力氣,才能從相當遙遠的海島再搬運到陸地上來?尤其是後者,他們要多花多少力氣,才能從最遙遠的緬南轉運到迢迢千里的緬北去呀?對這些違反常理的、離奇的規劃和安排,我們都百思而不得其解,但是我們都感覺到,其中肯定有著不可告人的陰謀詭計。

回頭再看錢伯英的所作所為,他似乎自姚昭部隊從猛撒出發時,就開始對李彌的「地案」,有計畫地予以摻沙子,挖牆角,拆後台了。例如,當年姚昭在猛撒出發緬南接船之前,因為他深知這個任務的責任很重大,所以就曾特別要求李彌,希望能讓他跟海上的來船直接電訊聯絡,否則不知道他們會開向那裡。但是李彌卻說:「不必,你跟總部聯絡就行,總部會把船的位置告訴你。」語氣似乎在擔心姚昭會事先洩露來船的日期和地點的秘密,而不擔心萬一姚昭和海船無法聯繫接頭,那該怎麼辦?這顯然是一個沒有憂患意識的決定,後來果然因為這一個不當的決定,而使得來船和接船者無法相知相接,終致搞砸了接船的大事,一切的努力都變成徒勞無功。筆者深信,不讓姚昭和海船直接通訊這事,一定是出於參謀長錢伯英在規劃航線時即定下的計劃,而且李彌對這些技術性的小事都如此寵信於他,而不相信實際執行任務的姚昭,李彌對錢伯英的寵信程度,似乎已到了迷信和盲從的地步,這當然要算是李彌的一個過失。

其次,李彌於1952(民41)年5月4日派姚昭團出發緬南之後,在同年的7月初,再派參謀長錢伯英和高參丁作韶和克倫族秘密談判結盟之事,而美國國務院很快就於7月中旬宣稱,謂已得知李彌派遣代表和克倫族秘密商談合作結盟之事,並於7月29日向國府提出書面的關切,要求國府停止和克蒙兩邦的合作[150]。然而,當時李部和克蒙兩邦商談合作結盟之事,乃是在秘密中進行,而美國國務院卻在極短的時間內接獲情報,其速度之快,令人感到驚奇。這顯然是李彌總部的高層幹部之中有人當了間諜,這個間諜不但暗地裡偷偷向美國的官方人士通風報信,可能也同時向緬方通風報信,所以美緬雙方才這麼快就獲知了這項訊息。這個間

---

150 同註23(A)。(第3冊)

諜到底是誰？從李彌身邊的高級將領分析，錢伯英應該是最大的嫌疑者；因為錢伯英知道，美國為了防止李彌又惹出新的國際問題，一定會反對李彌和克蒙兩邦結盟，因此只要將此事密告美國（或是先密告緬甸，讓緬甸轉告美國），就可以達到封殺這個計劃的目的。

　　最後，再回顧海滇輪的航線問題，身為參謀長的錢伯英，他居然會規劃出一個如此違反常理的航線，他可說是處心積慮，以增加海滇輪在航行上的障礙和阻力，方便緬軍來打擊該船並將之俘虜，達到將該船置於死地的目的。錢伯英會對自己的部隊做出這些大不義之事，他的所作所為似乎就在為中共立功，因此我們乃不得已的推斷，他的角色就是「中共的間諜」，簡稱之，就是「共諜」。

　　當我們大膽假設錢伯英當時的角色就是「共諜」，並知道「共諜」的目的和任務就是破壞李彌的整個「地案」之後，我們就可以對前面所提出的種種問題都能豁然大白。根據前面所述第三項證據，我們相信，李彌最先規劃海船的登陸地點應該就是「克里海灘」，而後來錢伯英為破壞海運案，提出種種理由說服或欺騙李彌，而把登陸地點改在「克里島」上，他的目的就是要增加海運的障礙和困難度，想把這些海運而來的人員和物資都受困在孤島上，以方便緬軍前來攻打和俘虜，以造成海運的失敗。而他之所以要在海船航抵海島之前，先攻打卡洛比和巴額這兩個小鎮，其表面上的理由是要掩護島上人員和物資渡海搶灘登陸，其實他真正的目的應該是藉由戰事來「通知」緬軍來攻打這些來自該小島的登陸者。

　　但是，後來海滇輪為什麼又改為開往緬南的哈絲丁島而不是開往預定的目標「卡列高克島」或「克里島」呢？其實當我們掌握住了錢伯英「共諜」的身分和任務之後，其真相也就昭然若揭了。筆者的第一個假設是：因為根據李達人和蒙族領袖相處的經驗，讓我們深知和確信：克倫族和蒙族人真的是誠心誠意和李部合作的，所以錢伯英很擔心，在克蒙兩族人員上下齊心協助之下，姚昭可能可以完成接船的任務，所以錢伯英後來才再找機會來蒙蔽李彌，用偷天換日的方法，下令該船的指揮官把船開到哈絲丁島去。筆者的第二個假設是：錢伯英還是擔心姚昭會接船成功，所以找各種理由來說服李彌，由李彌下令改在更南方的地點登陸。但筆者比較傾向於相信第一種的假設。最後，不管錢伯英到底是用了那一種手段，總之，他終於把船弄到哈絲丁島那邊去了，海滇輪於2月13日停泊於哈絲

丁島之後，雖然船上的人員也用克難的方法把登陸的浮橋做好了，而且實際上也一定在試走浮橋的時候，登上和登下這個小島不計其數，根本不需要匆忙搶灘，可見這個小島一定是個杳無人煙的荒島，所以當幹部們在島上久候一晝夜而沒有等到陸上的部隊來接應之後，大家都會乖乖的奉命登船而回航，誰也不願被餓死在荒島之上。筆者認為，這就是整個海運案之所以會走向失敗的原因和真相。接著，在次(3)月16日，緬北的許亞殷也在一個很離奇的狀況之下，意外的中彈死了，據人在現場的任振和趙如松的回憶：當時許亞殷是住在緬北猛其的一個佛教寺廟中，有一天忽然寺廟外興起一陣吵雜的人聲，於是許亞殷就走出寺廟外看一個究竟；這時候，遠處傳來一響「大喇叭」槍的槍聲，許亞殷就因此中彈倒地，因為槍手的距離頗遠，子彈雖然打入了許亞殷的腹部，但力道已經變弱，所以子彈就卡在許亞殷的脊椎骨之上，沒有穿射出去。由於部隊缺乏外科手術的條件，因此許亞殷就不幸傷重死亡了。死亡前，許亞殷疼痛無比，趙如松連長還替他施打止痛針[151]。由於當時的槍手只打了這麼一槍，就把許亞殷打死了，這事件實在是發生得太離奇，太令人難以置信，因此筆者不禁懷疑，這個槍手一定和那群在寺廟前製造紛爭的人馬有所串通勾結，先由這群人在廟前製造一場紛爭，把寺廟中的許亞殷吸引出來，然後就在眾人的注意力都集中在廟前的紛爭時，槍手才能如此從容，一槍就把許亞殷打死了。因此，這許亞殷被刺的事件，甚至包括當時不久前被打死的李元凱，也都可能都是錢伯英在暗中所策畫，只是證據還沒有出來而已。總而言之，當緬南的海運不幸失敗，而緬北的許亞殷又被刺之後，李彌投下全部心力所苦心規劃的「地案」，就這樣全盤付諸流水了。

最後，我們還要探討一個問題：錢伯英被李彌那麼重用，他為什麼還要去當「共諜」，回頭來傷害李彌呢？他到底有何非當「共諜」不可的理由呢？原來，錢伯英是山東濟南第二綏靖區司令兼山東省主席王耀武的旅長級幹部，當王耀武的部隊在濟南被中共打垮之後，王耀武和他的許多高級幹部都同時被俘，關進了中共的集中營，其中，錢伯英、廖蔚文和柳興鎰三位湖北籍的幹部也在其列。錢、廖、柳三人被關進了中共的集中營，受完了中共的洗腦訓練之後，就都被釋

---

151 (A)任振先生訪問記錄。2007年2月15日於住宅。
　　(B)趙如松先生訪問記錄。2007年4月。（張鴻高先生電話訪問）

放出來。他們三人出來之後,都透過李彌夫人龍慧娛的同鄉關係,同時跑去投靠李彌。因為李彌非常看重王耀武的幹部,所以他們三人都受到李彌的重用:錢伯英被任為參謀長、廖蔚文為副參謀長、柳興鎰為參謀處長。由於國府國防部第一廳存有錢、廖、柳三人被俘的紀錄,所以國防部即電令李彌將他們送回台灣考察,但李彌自信能以德將之感化而未送,以致使得他們能有機會在部隊內部製造腐敗、衝突、暗殺和叛亂等致命之禍,最後終於使得李彌的反共事業,竟因此一念之差而功虧一簣[152]。

　　錢伯英在李彌部隊中幹了諸多「諜禍」之事,連身為局外人的毛森,憑其敏銳專業觀察力,也看出了問題的真相,因此他於1951(民40)年10月18日寫了一封專函向總統府的俞濟時局長報告[153]:

> 自來東南亞後,發覺李彌兄能力甚強,辦法亦多,故與發生密切關係,並予多方協助,力勸李元凱兄與其合作,停止武裝活動,專事發展民眾組織,以免與李彌工作衝突。同時勸李彌借重李元凱優越關係及廣大潛勢力(雲南反共運動乃李元凱首先在其家鄉保山地區發動,故滇西南反共組織較有基礎,即李元凱之功也。)又勸各反共人員擁護李彌,合力反共救國,半年來已有相當成效。但自李妻引介一批湖北鄉親參加李部之後,各為爭取李彌之信任,挑撥離間,撥弄是非,排擠忠貞之士,造成李部分裂與各方不能合作現象,李妻龍惠(慧)娛乃吳奇偉之妻妹(吳妻乃共黨分子,即策動吳附匪者),思想頗有問題,雲南淪陷後,她由滇來港,聞係共方所護送,其所引介鄉親錢培(伯)英充任李部參謀長,廖蔚文、廖蔚榕分充副參謀長及經理課長,劉新儀(柳興鎰)充任參謀處長,此輩均曾被俘受過共匪思想訓練;又用鉅款美酒收買柳元麟(柳乃

---

152 (A)同註75。(第2冊),民40年6月至民52年7月。見〈民43年7月6日參謀總長桂永清上蔣總統簽呈〉之中,張群秘書長和孫立人參軍長於民43年7月9日在該簽呈上所附的簽註。並見〈民43年7月6日參謀總長桂永清簽呈蔣總統的「前李彌留緬未撤人員之情況及今後之工作原則」〉。
　　(B)同註8。頁7。
153 國防部史政編譯局檔案,《毛森赴敵後領導游擊部隊經過》。民39年5月至民40年10月。見〈民40年10月18日毛森致俞濟時函〉。

老實人且貧窮而貪酒，李妻以每月一千二百元之高價代柳租一精美房屋，以八百元高價代柳雇二傭人並供給其家一切開支及美酒名烟，故柳感恩圖報，甘受其利用。)為李彌之親信，對李部原有人員及雲南人捏造是非，排擠打擊，無所不用其極，一班忠貞之士均紛紛求退，大家離心離德。李妻公開說雲南人最陰險，頂壞，曾引起羅衡之爭辯及雲南人之憤慨。對駐泰各官員亦挑撥破壞，使大家不能與李合作。錢培英為奪取一六一師師長，劉新儀為圖奪駐泰武官，對陳武官破壞尤力，職雖為局外人，但以李彌人極幹練及我駐泰各官員均極純良，不應有此自毀陣容之現象。初曾從旁勸解，後見忠言逆耳，良藥苦口，尤以柳元麟老酒糊塗，非特不聽勸解，反而遷怒於職，而李又完全聽信其妻子及此輩小人之讒言，職為避免捲入旋渦，故即不再過問。惟長此下去，實自毀滅，謹特秘密實陳，望報領袖，對此輩小人(實有匪諜嫌疑)予以適當處置，對柳元麟責以大義，勿受人利用，自敗反共抗俄陣容，對雲南人不應得罪，應多攬用，與各方精誠合作。職擬下月初旬離曼遠行，詳情容續報告。(各「姓名」後括弧內的修正文字為筆者所添加，其他的說明文字皆為毛森的原文)

最後，筆者在泰北進行調查訪問的過程中，曾獲雷雨田等許多長官告知，謂游擊隊中比較高階的幹部，其家庭背景幾乎都被中共調查得清清楚楚的，如果在大陸上還有比較親近的家人，他們都會被動員來寫家書、送相片，然後製作成傳單送過來，呼喚他們回家，或是製作了錄音帶，經常在電台上不斷的廣播，內容也是呼喚他們趕快攜械投誠回家。因此許多高階幹部幾乎都被家裡人透過廣播來做過「親情呼喚」的心戰喊話。若沒被廣播點到名，反而還會被同僚笑你不夠出名呢！例如總部的參謀處長梁震行，他是廣東人，不是雲南人，他對筆者說[154]：「我民國81年回到大陸家鄉，我那個侄兒、侄孫女，他們說啊，民國45、6年啊，中共派省統戰部、縣統戰部的兩個人到我家來，去找我爸爸去問：『你是不

---

154 梁震行先生訪問記錄。1999年7月19日(星期日)於梁宅。

是有一個兒子叫梁某人啊？』我爸爸說：『是啊，但是不知道他在那裡。』他們
就告訴我爸爸說：『他現在雲南邊區打游擊，當游擊司令。』他們把我們家的相
片、我家裡寫的東西，都做成傳單，空投到邊區來，叫我爸爸叫我回去。你看共
產黨做統戰，對我這小小的梁某人，都做到了這個程度！不由你不佩服他們的這
個用心和工夫！」

　　由於中共一拿到政權之後，就全面實施獨裁專制的共產制度，人民都被趕回
自己的家鄉，從此失去了一切的自由。所以，所有被中共放回來的俘虜，如果他
曾經拿了中共的好處，答應做共產黨的間諜，中共他不怕你會失信，因為你家鄉
的親人就是他的人質。如果你敢失信，或是你敢反叛，他就會名正言順的、無情
的來清算鬥爭你家鄉的親人。像錢、廖、柳三人，他們都已思想成形，不可能再
變成共產主義的狂熱分子，但是他們可能都有父母和妻兒留在家鄉，中共可能就
是以他們在家鄉的親人為人質，壓迫他們替中共工作。是否如此，只須稍作查
證，即可得知真相。但是退一步說，即使你沒拿過中共的好處，也沒答應他做間
諜，但是因為你的官階高、職務重要，如果他想叫你替他做事，他也還是可以透
過迫害你家鄉的人質為手段，而強迫你就範。這就是中共的沒人性和可恨之處。

　　錢伯英因為在李彌身上做了諸多壞事，讓李彌吃足了苦頭，所以當其自任軍
長的第3軍於1954年5月7日從緬南撤退回台之時，他並不想或不敢隨隊回來，仍
想利用王少才的幫忙，去瓜分段希文的一部分部隊，以留在邊區[155]，但因事情
並沒成功，不得已乃於5月底搭乘民航班機返回台灣。回台之後，他深諳明哲保
身之道，自知無法在軍中發展，不久就辦理退伍，在新店七張養雞種菜。以後得
了肝病，於1960(民49)年6月29日逝世於空軍醫院，享年50歲。

　　而廖蔚文和柳興鎰兩人又如何呢？李國輝曾說：廖蔚文於反攻進入雲南之
後，被李彌派為第11縱隊司令，指揮現成的屈鴻齋和石炳麟的兩個支隊。部隊就
駐於卡瓦山區的永恩和營盤一帶[156]。1953(民42)年3月，當緬軍全面進攻游擊部
隊之時，廖蔚文忽然把石炳麟支隊長撤職押辦，並將其部隊全部編入屈鴻齋的支

155　同註14(A)。（第5冊），民42年12月1日至民43年7月24日。見〈民43年5月17日周至
　　柔致柳元麟電〉。
156　同註3(C)。(9)，第14卷第4期，1971年4月1日。頁51。

隊,而屈中隊則由廖直接親自指揮。後來幸經另一支隊長屈鴻齋數度為石求情,始被釋放。廖蔚文為什麼要把石炳麟撤職押辦呢?理由是因為石炳麟不聽指揮,擅自帶隊出擊中共,並公開辱罵廖沒人格。所以後來石炳麟寫信給其人在李國輝193師中的哥哥石炳鈞訴苦說:「反共是我的終身誓願,現在被逼得無路可走,沒想到出擊攻打共匪亦犯法,貪污姦淫婦女者可當司令。請轉報李師長,等他到黑山區重整旗鼓。」[157]廖蔚文舉措無狀,一幅「共諜」司令的嘴臉,栩栩如繪,令人痛恨。不過廖蔚文畢竟尚有自知之明,他自知為諜之事必有事發的一天,所以他在李彌部隊已決定奉命全部撤台之後,而在部隊開始撤退之前,即在猛撒總部服用大量安眠藥自殺,但因喝水太少,不能消化,以致藥效發作時吐了出來,沒死;後來他再藉故到泰國養病,在美塞的旅社內吞食鴉片自殺了。可見他對自己的所作所為,心中早有定數。

至於第三個「共諜」柳興鎰,他的「諜績」又如何呢?柳興鎰因曾經留學美國學習軍事,因此英文流利,先任李彌總部的參謀處長,再任柳元麟總部的英文秘書,其主要任務為將游擊總部的機密文件英譯後傳送給緬甸。至於其較詳細梗概,則可參閱李拂一老先生的鴻文〈柳興鎰竊取機密投緬禍延無辜〉[158],該文指出:

> 雲南反共救國軍參謀處長柳興鎰,先是盜取李總部之機密文件售予緬甸,由緬甸政府據以向聯合國控告,導致國際壓力,迫李總部撤退回台。後柳元麟受命繼李彌將軍為雲南反共志願軍總指揮,中央為突擊滇西及建立西南反攻基地,先後訂定「雨季計畫」、「康定計畫」、「安西計畫」、「興華計畫」、「崑崙計畫」、「西南發展計畫」等,交柳總部遵行,又被柳興鎰攜以投緬。當柳興鎰在曼谷失蹤之際,柳總指揮元麟避居旅社,不知所措。後經派人與泰國聯絡官乃奇准將(特級上校,漢名陳思漢)取得聯繫,獲知泰政府仍願保護,乃敢回家。
>
> 經過一段時期,方獲悉當日柳興鎰攜帶其保管密件,投奔緬駐曼谷使

---

157 同註3(C)。(13),第15卷第2期,1971年8月1日。頁43。
158 李拂一(2003)〈柳元麟將軍斷送了滇緬邊區的反共基地〉,刊於《廣西文獻》第102期,台北市:廣西同鄉會。民92年10月10日出版。作者自印單行本新增附錄。

館，隨由緬駐泰大使館專機送往緬甸，並在仰光緬甸偵探部出進。於是柳元麟遂手令原僑居仰光，後遷居泰北清邁之李國忠，即日前往仰光，設法蹤跡柳興鎰所在，然後加以刺殺，除厚給活動費外，並允刺殺成功再給予重酬。不料李尚未及動手，柳興鎰即經我方情報人員將之脅勸回台訊究。此項由柳元麟交付其部屬反共第三軍軍長李文煥主辦而交付李國忠執行之手令，李國忠因未獲應得之酬勞，拒不交還。柳乃示意李文煥將李國忠殺害以絕後患，李文煥命其部屬沐文富專責辦理，沐派金文明執行。時李國忠任職清邁美國聯邦保險公司副經理，其經理為泰人乃巴錫（華裔，原姓符）。

金文明另僱一職業兇手以替，由金帶領兇手至保險公司門口指認李國忠。當時經理乃巴錫尚未上班，李國忠正坐在經理之座位閱讀堆放經理辦公枱上之日報，金等離去後，經理即到來，李國忠遂起身讓座給經理乃巴錫，自己回到自己的辦公桌座位，乃巴錫身材體格及所穿衣服大致與李國忠彷彿，兇手懷槍到來，見乃巴錫坐著看報，面部為報紙遮掩，刺客以為即是李國忠，乃掏槍出來，對準乃巴錫，連發數槍而逃，時為1970年8月22日晨也。乃巴錫原定8月25日將與一護士小姐結婚，請柬先一週寄發，不料22日即無辜被害。

乃巴錫死後，保險公司即任命李國忠暫行兼代經理職務。李國忠不日即偵知為柳元麟授命李文煥之所為，隨時暗藏一短槍在身，以資自衛，亦曾關照其至親密友，拜託隨時為之多方留意。李文煥以沐文富辦事不力，又另派一得力兇手，埋伏公司門外，伺機下手。

一日，李國忠下班出來，方坐進自用轎車，尚未關閉車門，兇手即對準李國忠要害，連發三槍，然後從容離去，公司職員聞聲奔出救護時，李國忠已不能言語，滿街車水馬龍，不知兇手是誰？後兇手雖被逮，但無證人敢出面指認，監禁不久，即獲釋放。這兩個死者遂冤沉海底矣！

而柳興鎰回到台灣後，一直居住在中壢，至1979（民68）年才自然往生。

總結而言，李彌在滇緬邊區建軍，為了獲取必需的武器，最先是利用韓戰的

機會爭取美國的軍援，不惜在自身條件不夠的情況之下，揮軍反攻雲南，結果美國只給非常少量的支援，讓李彌的反攻雲南之役鎩羽而歸。李彌部隊由雲南再度回來緬甸之後，別無選擇，只好暫利用昂貴的空運，遠從台灣空運必要的武器濟急。由於空運的費用實在過於昂貴，而且運量也太小，不能滿足需要，所以李彌乃積極聯絡克蒙兩族，擬利用其海港，而將幹部人員和武器械彈從台灣海運前來防地；因此，李彌於1952(民41)年3月派遣許亞殷前往緬北收編地方部隊和招募新兵之後不久，於同(1952)年的5月初，即再派遣李國輝師的姚昭團南下緬南，以迎接半年後從台灣船運而來的幹部和武器。依李彌的計劃，當緬北所招募到的新兵經過訓練之後，再和緬南海運到來的幹部和武器一結合，即可馬上組成一支具有戰鬥力的勁旅，這就是李彌秘密的「地案」計劃。

但是很不幸地，由於李彌重用了被中共以「人質裹脅而為其做間諜」的錢伯英、廖蔚文和柳興鎰，而且分別任用他們三人為參謀長、副參謀長和參謀處長，以致李彌的一舉一動，美方和緬方(中共也應包括在內)都幾乎一清二楚，因此使得美緬雙方都能拿出一些有效的策略，針對李彌「地案」中的緬北「招兵」和緬南「海運」兩部分，都能分別無影無蹤地加以破壞，一是將緬北的許亞殷行刺身亡，二是讓緬南的海運因無法接頭而回航，導致整個「地案」因而徹底失敗，而李彌本人也在美國的壓力之下被國府召回台灣軟禁，終生不讓他再離開台灣一步，抑鬱以終。

第六節　沙拉之戰和猛布之戰

由於李彌部隊曾於1951(民40)年5月進軍大陸，因此當李彌再退回緬境，不斷招兵買馬、進行部隊整訓之時，中共即視之如芒刺在背，因此不斷向緬政府施壓，促使緬方於當年11月後，即連續對李部小規模用兵。到1952(民41)年元月25日，中共正式照會緬甸政府，要求緬方短期內將李部驅離出境，並表示緬甸如力有不逮，中共願意派遣部隊協助驅逐，保證完成任務後撤回部隊[159]。但緬甸深恐

159　(A)同註1(B)。頁62。
　　　(B)同註74(A)。頁74。

共軍入境後不再撤回或建立人民政府，不敢接受。因為中共的壓力和建議，緬甸乃由其外長宇敏登(U Myint Thein)於元月28日在聯合國大會上發言指控台灣、泰國和美國，謂該國秘密支援緬境的李彌部隊，要求友好國家協助驅離。迫使台、美、泰皆分別發言否認。為此，英國於2月11日建議，由聯合國調查緬北國軍之活動，是否屬實[160]。台灣國府為預為卸責，迅即訓令駐聯合國代表及駐美大使，宣稱台灣與李部無關，無法對其行為負責，並密請美方勸阻英國；密令李彌部嚴守行動秘密，嚴禁台港報章刊登李部之消息；此外，並訓令李彌封鎖泰緬邊界之交通線，以阻止國際人員之視察行動[161]。

而在緬政府方面，鑑於李彌部隊進駐撣邦地區，甚獲撣邦地方官民的支持，因此仍於1952(民41)年11月宣布在撣邦的24個地區實行軍事戒嚴，不足，更於12月取銷撣邦土司制度，直接實行軍政管理，以切斷李部背後的地方支持。同時，李部人馬南下之事，不但為緬方所偵知，亦引起緬方極度之敏感和不安。緬政府為打破李部與克、蒙兩邦的軍事的合作，因此乃於1953(民42)年元月8日興兵攻打克倫邦叛軍，將東固(東瓜)(Tunggoo)以東的克倫軍擊潰，佔領了丹洞(距東瓜30里)(Thandaung)、毛七(Mawchi)等地，封鎖自東固(東瓜)至景棟一線的交通，並宣稱將有更大的行動[162]。

因為李部已與克蒙兩族訂下軍事合作的計劃，眼見友軍面臨危急(因緬軍2月9日發布消息，謂已取得克倫首領蘇山頂及蘇巫弄向李部求援之證據)，固有救援的義務，但是更重要的原因是，由於緬軍攻打克倫軍的軍事勝利，竟意外地斬斷了李彌精心規劃的海上補給路線，因此李彌乃於2月4日分別下令呂國銓和李國輝：自2月8日或10日起全面策應友軍作戰[163]。而緬政府除正式決定向聯合國提出控訴，控訴台灣侵略外，並發動緬軍精銳7,000人，分南北兩路向李部發動鉗形攻勢，戰火全面燃起；其中，最關鍵的一戰，就是緬軍進攻李彌總部的「沙拉之戰」。

160　同註23(A)。(第3冊)。見〈民41年2月12日顧維鈞大使致外交部第604號電〉。
161　同註23(A)。(第3冊)。見〈民41年3月7日周至柔總長代電葉公超部長〉。
162　(A)同註1(B)。頁270。
　　　(B)同註74(A)。頁72。
163　(A)同註1(B)。頁270。
　　　(B)同註74(A)。頁76-7。

　　緬軍為圍攻李彌猛撒總部,自3月11日起,即在東枝(Taunggyi)、景棟之線及孟乃(Mong Noi)、猛畔(Mong Pan)、猛叭、大其力等處,集結了5,000餘兵力,每營中都安排中共幹部3-5人擔任顧問,並有戰車、飛機助戰[164]。緬軍開始攻打(溫)沙拉(Wan Hsala)之前,先在猛撒北方的猛茇(孟敖特)(Mong Awt)、猛蘇(孟朽)(Mong Hsu)和猛布(Mong Pu)一帶,不斷對附近的李彌部隊(王少才、李崇文、馬俊國、李文煥、李國輝等部),先以飛機轟炸掃射並空投中共的宣傳文件(見本節之末),然後在戰車和砲兵的支援下,展開猛烈的進攻,緬軍中夾雜著湖南、四川口音者,作戰異常勇敢,戰技亦較佳,顯然有共軍參與其中;緬軍並對薩爾溫江各渡口進行砲擊和空襲,以使各部無法互相支援,企圖達到各個擊破的目的[165]。

　　到3月16日,駐猛撒較近、薩爾溫江西岸的猛畔緬軍人數約2,000人,開始砲擊該江東岸沙拉的李部基地,然後另500人於18日在沙拉南方渡過薩爾溫江,並於次(19)日攻擊駐守沙拉的鄒浩修營的副營長劉占所率30餘人,劉占不敵,退守拉牛山,固守此緬軍進軍猛敦(Mong Ton)、猛撒必經之道。而鄒浩修營長則緊急率領餘部約70餘人,由猛敦趕往拉牛山,支援劉占,奮力阻擋緬軍的進攻。而緬軍渡江後則暫駐沙拉,繼續渡江三日,才渡江完畢。23日,緬軍開始繼續向猛敦、猛撒方面進擊,在拉牛山為鄒營所擋。鄒營受緬軍壓迫,且戰且退,退到最後一個山頭,構築陣地防守,並獲總部派來機砲隊的火力支援,才擋住緬軍的攻勢,形成兩軍對峙的局面,堅苦對抗了十餘日[166]。

　　當緬軍在沙拉渡過薩爾溫江之後,總部緊急從各地徵調部隊前來保衛總部:(1)從北方猛布將甫景雲部調來猛敦;(2)從南方猛毛將李達人部調來猛漢;(3)從蚌八千將反共大學的學員調往猛敦(按:反共大學因無電台與總部聯絡,其動員令是由黨部書記長李先庚送達)[167]。由於地區遼闊,甫景雲部於3月27日才抵達猛敦;蚌八千反共大學的學生的第2-5四個隊(其隊長別為楊世麟、朱鴻元、熊天霸、尹可舟)則整編

---

164 外交部檔案,《留緬國軍所獲各項情報》。(第1冊),民41年9月8日至民42年4月30日。見〈民42年3月20日、22日、25日、27日李彌(蘇令德)致周總長電報〉。

165 同註164。(第1冊)。見〈民42年3月27日李彌(蘇令德)致周總長電報〉。

166 同註164。(第1冊)。見〈民42年3月27日李彌(蘇令德)致周總長電報〉。

167 (A)同註78(A)。頁271。
　　(B)同註120。頁78。
　　(C)同註67。

為一個戰鬥大隊，於3月31日才來到猛敦。而擔任前線總指揮官的李則芬則因為
腳傷，遲至4月1日才來到猛敦，召開軍事會議，並於次(2)日率部進駐拉牛山東
麓的拉牛村。由於緬軍駐守在拉牛山的一連串山頭之上，而鄒營和甫師高林大隊
正與緬軍對峙，於是李則芬將戰鬥隊伍分為左右兩翼：左翼(指揮官段希文)包括甫
師趙丕承大隊和蚌八千學校的四個隊；右翼(指揮官甫景雲)則包括甫師高林大隊和
猛撒總部的兩個機砲隊，後來重編為陳義步槍隊和張世頤砲隊。4月3日，左右兩
翼即分由左右兩側向緬軍陣地進擊，但是部隊一開出去之後，右翼指揮官甫景雲
即心臟病發作，緊急派人用擔架把他送到泰國就醫，總部臨時急派遣李黎明接替
其指揮官的位置，而李黎明亦於18個小時內由猛撒趕到戰地。可能因為指揮官臨
時出事，同時也因為火力不足，這一天的戰事未能順利推進。檢討之後，決定將
趙丕承大隊由左翼調至右翼，再由火力較強的右翼於4日凌晨3時實行夜襲，左翼
奉命協助追擊，天亮後，終於連續將三個緬軍陣地予以突破、攻下。因為攻堅過
程中傷亡頗大，高林大隊長陣亡、陳義隊長重傷，甫師的沈正文大隊又被總部調
走，以致無法一鼓作氣將第四個山頭陣地也一舉全部攻下，留下最後一個山頭陣
地未能攻下，形成對峙。該日中午，緬機在陣地上空輪番掃射投彈，一架緬機被
機砲隊之重機槍擊落。最後，李則芬將傷亡者的步槍20餘枝交給原來徒手的尹可
舟第5隊，由尹可舟率隊繞至敵後，和正面的熊天霸第4隊，出擊時由其副隊長陳
茂修率隊，於4月6日凌晨3時實行前後夾攻的夜襲，終將最後一個緬軍山頭陣地
也予攻破拿下[168]。

　　當李則芬在拉牛山指揮甫師和反共大學學生作戰時，原來奉命由緬南猛毛移
師猛漢的李達人縱隊，向總部建議由弄八浪渡江攻取猛畔，以斷緬軍的後援。總
部同意，於是李部於3月24日抵達弄八浪後，即於27日渡江，28日先攻克險峻的
江頭陣地，再於4月3日攻克猛畔，切斷緬軍的後援路線。緬軍由於後援路線被李
達人部切斷，而駐守拉牛山的陣地又在4日和6日被連番夜襲而攻破，於是緬軍鬥
志頓失，且戰且退，到次(7)日之夜，全部倉忙渡江撤走。而李達人部亦奉令讓
出退路，退回防地[169]。沙拉一戰，李彌部隊傷亡100餘人，緬軍傷亡500餘人，俘

---

168 同註78(A)。頁268-83。
169 同註120。頁78-81。

緬軍17人，並虜獲緬軍81迫擊砲2門、輕機槍10餘挺、步槍40餘枝、電台5部、馬70餘匹等[170]。

　　沙拉之戰結束後，除派遣部分人馬戍守江防外，甫師和鄒營8日即開回猛撒總部，學生大隊則再由李黎明帶往北方，支援北方猛布的作戰。緬軍於4月11日開始，連番數日進犯猛布的李國輝部，李師傷亡慘重，陳傑營長陣亡，皮文斌負重傷，但在鄒營、學生大隊和保1師楊文光團的支援下，緬軍無功而退回其猛丙山上的指揮所。為打垮緬軍的鬥志，李黎明利用數日的時間摸清了緬軍指揮所的地形之後，即率隊至指揮所的背後實施夜間突襲，而李國輝部則於聞到槍聲後由前面發起突擊，終於將緬軍擊潰，退出戰地，並擴獲其一門81山砲(當時全緬只有該炮8門)。到4月下旬，緬軍傳訊給李國輝部，表示同情反共立場，願意和平相處，但希望李部短暫退出陣地，讓緬軍暫時「占領」，以向上面交待。李國輝同意照辦，戰爭暫告結束。戰後，李國輝師移駐丹羊(Tang Yang)[171]。

　　觀察沙拉之戰(包括猛布、猛叭、猛林等地之戰)之起因，表面上所看到的原因，似乎是由於李彌為策應克蒙兩軍(因克蒙軍被緬軍擊潰)，而於2月4日下令其部隊對緬軍發動全面攻擊，因此激怒了緬政府，而使緬政府下令緬軍對李部發動全面的攻擊。但在實際上，緬軍從1952(民41)年11月起，即不斷在緬北各地(八莫、猛丙、猛布等)攻擊李彌部隊，緬總理宇努並於1953(民42)年元月3日在其官邸宣稱，決於最近以陸海空軍解決境內之中國軍隊問題，可見其軍事決策早在李彌(2月4日下令)之前即已作成，因此前述的因果關係(即李彌的軍事行動激怒了緬政府)並不成立。其次，從沙拉之戰中即可發現：在該次戰役中，需要從南北各方徵調部隊前來支援，才在驚險中將緬軍擊退。李彌部隊因戰地遼闊，派駐各地的兵力都十分單薄，尤其是槍械和彈藥都十分不足，用作防守都嫌不足，實在沒有條件全面對緬主動開戰。

　　然而，李彌為何於2月4日下令全面對緬作戰？其較合理的解釋是：因為海運人員和物資到緬南的「海滇輪」已於1953(民42)年2月2日清晨從高雄港啟航，預計兩週內即可抵達緬南港口。因為克蒙兩族的部隊已於元月8日在丹洞和毛七被

170　同註78(A)。頁288。
171　同註3(C)。(15)，第15卷第4期，1971年10月。頁53。

緬軍擊潰，緬南的交通路線因而被切斷，李彌勢必要派軍協助友軍作戰，把這條
通路再度打通；因此，在表面上，李彌的出兵固然是去協助友軍，其實在根本上
是為了保持緬南交通路線的通暢，以待海滇輪的到來。只是後來海滇輪因故未能
登陸，那是另外一個問題。

　　緬甸因為李彌部隊與其克倫族和蒙族叛軍的合作，導致緬甸對其政權的安全
產生了疑慮，因此不但對李部發動全面的軍事攻勢，同時也於3月25日向聯合國
提出譴責台灣侵略的控訴，要求將全部部隊撤回台灣。當聯合國通過了緬甸的控
訴案後，李部雖然在艱困苦戰之後守住了防地，台灣國府在聯合國決議的壓力之
下，勢必要履行撤軍的義務，但台灣國府為保存這一支在滇緬邊區的反共實力，
曾於6月初作了一個「天案」的規劃，擬撤退2,000人之前，即先安排李彌部隊暫
時投奔克、蒙族，等事件平息後再恢復舊觀；但李彌(當時李彌已被軟禁在台灣)將
此方案交付前方研辦之後，前方幹部深怕實行「天案」後，會遭到克、蒙族的卑
視，招致不幸後果，因此另行推出「東南亞自由人民反共聯軍」的招牌，宣稱李
彌部隊只是其中的一支[172]。以後並以此組織名義致函曼谷四國軍事委員會，並
上書美國國務卿杜勒斯和聯合國秘書長，抗議聯合國的決議為不合理、不合法，
堅決反對撤軍。如此一舉，招致美國的無情否決和緬甸的強烈反擊，結果弄巧成
拙。

　　「沙拉之戰」為李彌部隊對緬最後一場戰爭，綜觀李彌時期在滇緬邊區的各
項軍事活動，其期間是從1950(民39)年部隊退入緬甸起，到1954(民43)部隊撤台
為止，時間長達四年。在這四年的時間中，其軍事活動的性質，依時間的先後，
大約可以區分為三個階段，每一階段都有其不同的屬性。第一階段是自衛之戰，
即李彌部隊初入緬境之際，緬甸為行使其主權，欲以武力將該部隊予以消滅、驅
逐、或繳械，而該部隊為爭取自己的生存，必須予以反抗、反擊。交戰的結果，
緬軍因是新軍，缺乏戰力，屢為李部所敗；而李部自知是客軍，在戰勝之際，亦
大致謹守本分，適可而止，不但不乘勝追擊，趕盡殺絕，反而退讓，以保全地主
國之顏面，因此爭取到不少緬軍的同情。因此，李部在這時期的表現是頗為成功

---

172 李彌手批的文件，民43年

的。

　　第二階段是發展之戰,即部隊不是只求生存而已(如是只求生存,則隱藏在緬甸的森林之中即可),還必須進而追求部隊的壯大,和完成部隊的使命。李彌部隊的目的和使命是:反共、反攻大陸、打倒共產政權;然而要想能完成這這種目的和使命,這個部隊就是必須壯大,因此這個部隊就必須要:(1)擴充兵員,(2)充實武器。李彌部隊因為位處滇緬邊區,反共同胞不斷逃出,要招兵買馬擴大兵員,並無問題,只是需要時間加以訓練;但在武器裝備方面,則是問題重重,尤其是在韓戰之前,台灣本身都還在風雨飄搖之中,要想由台灣千里運送,幾乎是不可能。韓戰爆發之後,李彌趁機爭取到美軍援助的承諾,只是美方要遵守國際法,援助不方便在緬境給予,必須等到李彌部隊進入國境後才能進行。只是當時李彌的部隊人數僅千餘人,槍械彈藥嚴重不足,要想以此微弱兵力進軍大陸,根本不可能,因此美軍的援助承諾,其實只是空話一句。但到後來中共解放軍進入韓國戰場之後,美軍為牽制共軍,減輕韓國戰場的壓力,慫恿李彌進軍大陸,並在進軍大陸前,即經由泰國而給予少量的援助。而李彌為獲得更多的美援,亦同意馬上進軍大陸。只是李彌在滇緬邊界地區所收編的部隊(數千人),並未經過適當的訓練,同時部隊進入大陸後,美軍空投支援的武器數量也實在太少,不敷所需甚鉅。因此,李彌部隊雖憑士氣打進大陸七、八個縣份,但都因缺乏戰力而無法固守,尋即都被共軍打回緬境。總括而言,第二階段的發展之戰,因為訓練和械彈兩不足而歸於失敗,並未達到發展、壯大的目的。

　　第三階段的軍事活動,表面上的內容雖是和反緬的克、蒙軍的合作交流,但是這個軍事合作的主要目的,應是在利用緬南蒙族的摩爾門港,以從台灣將人員和械彈海運而來。因為在前一階段的經驗,靠空運補給械彈,實在是太昂貴,昂貴則數量有限,因此無濟於事;相比之下,打通與台灣的海運,應是一個較好的選擇。但是要打通海運,就必須與反緬的克、蒙族聯合,才能利用其港口,而與反緬的克蒙族聯合的結果,又犯了緬甸政府的大忌,因此決策上很是左右為難。但因為丁作韶的關係,克、蒙族主動請求軍事合作,因此李彌乃順水推舟,作下了和克、蒙族合作的決策。在和克、蒙族合作期間,滿載人員和物資的海滇輪已於1953(民42)年2月13日駛到了緬南摩爾門港「附近」的海岸,只因錢伯英暗作手

腳，使船隻和岸上接應部隊無法聯絡，以致海滇輪不敢登陸而駛回，功敗垂成。因此，如非錢伯英的秘密破壞，秘密海運果能持續進行，則後來局面的發展，一定會有很大的不同。然就因為和克、蒙軍的結盟，犯了緬政府的大忌，緬政府乃對李彌部隊發動全面的攻擊，不足，更向聯合國提出被台灣侵略的控訴，因此最後李彌部隊雖在各期的戰爭都取得了勝利，還是礙於國際的輿論壓力，被迫撤退回台。當緬甸向聯合國提控訴時，政府為保存反共實力，曾有「天案」的規劃，安排部隊暫時投奔克、蒙族，等事件平息後再恢復舊觀；但李部深怕實行「天案」後遭到吉蒙族的卑視，另行推出「東南亞自由人民反共聯軍」的招牌，宣稱李彌部隊只是其中的一支，結果弄巧成拙，反而壞了大事。

中共為緬軍製作的招降文宣品

致國民黨士兵們

國民黨士兵們：

這次我緬甸國防軍，進攻侵佔國土的你們國民黨部隊，計擊斃覺這次我緬甸國防軍武器和人力的威力，究竟如何龐大，現在我們國民黨士兵和商人一千四百餘名，因無們的同志九百多名，此外有國民黨士兵和商人一千四百餘名，因無法立足逃至泰國投降。

關於我緬甸國防軍武器和人力的威力，究竟如何龐大，我們不願贅述。現在我緬甸國防軍成立等解，要是你們的國土，已經和部和那邪惡政府犯罪之數，可以作一個證明，你們可知，決計共同粉碎侵犯國土的政府，無論如何，繼續侵佔我們的死亡之數，犯下共同粉碎侵犯國土的你們的痛擊而修遭滅亡。

繼續侵佔我們的國土，你們終必會遭受我方的痛擊而修遭滅亡。

時此，你們對台灣政府寄託多大的希望，終亦將等於無用，就是蔣介石先生，縱使你們在也很強烈，對於台灣政府所屬的各島，美國政府和台灣當局既自顧不暇，又怎能中共也是不願意公開的爭取，以談判解決台灣所面的各島，美國政府和台灣當局既自顧不暇，又怎能接救你們？

↑招降信1（正面）

↓招降信1（反面）

你們的領導人，口口聲聲就要收復雲南，實際即在走私鴉片，到他們作孽牲品！

今天，你們不但不能洞察他們的陰謀了，你們何必再為他們當牛馬，替他們作孽牲品！

我們探知，你們當中，有許多同志，已經深明大義，要向我方投凡是有意投降的，可各別或集體向最近的我國防軍部隊投降，一切不可輕信，那些居心不良的人，必會繼續欺騙你們，當心你們前來投降的人，有些人被解送到共產中國，這是騙人的話，凡是深明大義，前來投降的人，我們緬甸國防軍，必定予以好好的收容，並將盡力幫助他們解決他們的生活問題。

緬甸國防軍

↑招降信2

緬軍部

Pay. W., 100,000   12-6-69   1

中共製作的招降文宣

↑回家證(正面1)

↑回家證(正面2)

↑回家證(正面3)

↑回家證(背面1)

↑回家證(背面2)

↑回家證(背面3)

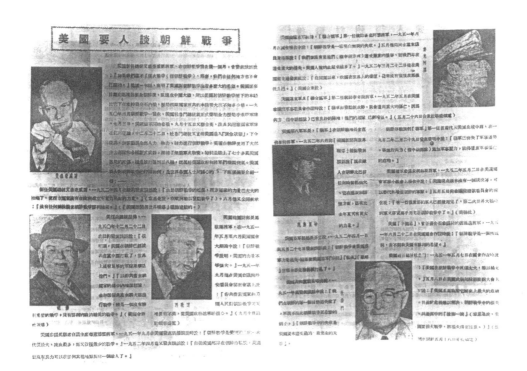

第七節　緬甸向聯合國控訴國府侵略

一、控訴前的外交斡旋

　　雖然國府的幾個重要部門都認為李部不宜駐留緬甸,更不宜聯絡反緬的克蒙叛軍,但因初期之時韓戰正酣,美國中情局(CIA)為牽制中共軍力,正秘密支援李部,以在雲南開闢第二戰場,使李部駐緬之事,都得到了暫時性的默許。只是以後緬甸因李彌聯絡反緬叛軍事而要向聯合國提出控訴,美國國務院為免影響中美和美緬關係,乃不斷催迫國府將李部撤回台灣。國府外交部為應付美方之催迫,特別擬定了四點說詞,以回答美方的質問[173]:

173　同註23(A)。(第4冊)。民41年7月至民42年3月。見〈民42年3月27葉部長與藍欽公使會談紀錄〉及〈42年3月28日外交部致駐聯合國代表蔣廷黻電〉及〈民40年12月28日總統府秘書長、行政院秘書長、參謀總長函〉

(1)請美方儘量勸止緬甸,勿向聯合國提出控訴;如無法勸止緬方提控,則設法阻止進入議程。

(2)倘緬政府不顧勸告,執意將此事向聯合國提出控訴,則國府將聲明:「所謂滯緬國軍並非中國正規部隊,國府與該部隊無關,對該部隊並無控制力量,不能負責」;且此舉徒然削弱國府對該部隊或有之微弱影響力,終使國府不得不宣告與該部隊並無任何關係,以免除國府之責任。

(3)惟國府緩和因該部隊繼續留緬所引起之嚴重情勢,現仍儘其或有之精神上影響力量,勸促其撤離。

(4)據所獲間接情報,該部確曾撤離緬境,返回雲南,惟為共軍所阻,現在何處,則未獲確報;如尚有極少數部隊仍滯留中緬邊區,國府將力勸其退入滇境。

國府外交部擔心美方無法勸阻緬甸控訴於聯合國,因此同時亦將以上說詞電告蔣廷黻,囑其在聯合國亦採取統一說詞。

由於李彌部隊扯上了緬甸向聯合國提出控訴的國際問題,因此在1952(民41)年元旦時,美國駐華使館陸軍武官包瑞德(David Barrett)上校,特別安排李彌由台北回曼谷的途中,先繞道菲律賓克拉克空軍基地,由中情局的梅利爾(Frank Merrill)少將及唐英(Frank Dorn)上校向李彌提出三項建議:一是進擊雲南,二是進入越南,三是堅守原地。李彌認為前兩個計劃都行不通,只能選擇第三項[174]。於是梅利爾告知李彌,因緬、蘇將向聯合國提出控訴,因此勸他暫時離開緬甸,將部隊潛伏,以避風頭。美方同時企圖暗中派員拉攏、分化李彌的最得力幹部李國輝,希望他和李彌、國府都脫離關係,而後將答應支援他最新武器,以另外成立一支沒有國際問題的武力,但不為李國輝所接受[175]。

1952(民41)年元月25日,中共再向緬甸提出照會,要求緬方於短期內將李部驅逐出境,並表示願派部隊協助,且保證任務完成後撤軍[176]。因此,緬外長宇敏登(U Myint Thein)乃於三日後,在巴黎聯合國政治委員會上,以口頭控訴李彌部

---

174 同註1(B)。頁289。
175 同註3(C)。(12),第15卷第1期,民60年7月。頁43。
176 同註1(B)。頁272。

隊的侵略[177]。當時，美國駐華大使館代辦藍欽(Karl Lott Rankin)公使亦連續多次
到外交部，向部長或次長傳達美國國務院的關切。美國務院認為，緬甸有傾向民
主集團之趨勢，但滯緬國軍之非法活動，已使緬軍不能專心征剿其國內之共黨叛
徒，結果使緬甸對付共同之共產黨敵人之努力，為之削弱。美國政府為恢復緬甸
之安定，防其淪於共黨之手，而李彌部隊既未能達成其加強雲南人民反抗共黨暴
政之目的，其活動反予緬甸及對整個東南亞之安全，造成嚴重之威脅。故該部隊
在該地區所引起之不安局勢，美方業已決定作最大努力以求解決，向國府強烈建
議，將此部隊撤回台灣；並謂，當國府原則上同意此項建議後，美國政府願為此
項撤退工作居間斡旋；至於其細節，當在美國協助之下，與泰、緬兩國洽定
[178]。其次，美國政府認為當時之緬甸內閣為反共內閣，卻因無法解決境內之李
彌部隊問題，內閣已呈動搖，倘任其辭職或加入共黨分子，則緬甸反共勢力必將
因而減弱。緬甸總理已強烈向其內閣提議，將在聯合國大會提出控訴。此一問題
如在聯合國本屆大會提出，美國政府將歉難支持國府[179]。

　　由於當時韓戰尚未結束，美國中情局仍在秘密支援李彌部隊。美國國務院和
中情局態度的差異，使得國府對滯緬李彌部隊之政策，出現了撤退或駐留的搖
擺。蔣中正總統和軍方在原則上都希望李彌部隊能繼續駐留緬甸，但因受到美國
國務院和國際的壓力，李部既無力推入大陸游擊，又不能合法駐留在緬境，不得
不採行「拖延」(stalling)的政策來應付。例如，2月11日英國向美緬雙方建議，
由聯合國派員調查緬北李部之活動情形，以提出解決方案時，國府外交部馬上指
示駐聯合國大使蔣廷黻及駐美大使顧維鈞，謂聯合國派員調查緬北之李部一事，
國府因與李彌部隊無關，無法對其行動的安全負責，暗示反對聯合國派員調查之
舉，只希望美方儘量勸告緬甸勿向聯合國提出控訴[180]。但到次(1953)年3月1日，
當美國國務院因國際壓力而強烈要求國府承諾撤退李部時，國府則又建議先派團

177 同註23(A)。(第3冊)。民40年9月至民41年8月。見〈民41年1月28日宇敏登在聯合
　　國第一委員會演說全文〉
178 同註23(A)。(第4冊)。民41年7月至民42年3月。見〈民42年4月4日藍欽公使致葉
　　部長函〉
179 外交部檔案，《緬甸在聯大控我國留緬國軍》，(第1冊)，民42年2月至民44年2
　　月。見〈民42年3月1日葉部長與藍欽公使會談紀錄〉
180 同註23(A)。(第3冊)，見〈民41年3月7日周總長致葉部長代電〉

前往調查,再看是否可以撤退。國府忽而反對調查,忽而又贊成調查,其目的都是為了拖延。故美方明白答覆,如不先承諾撤退,就沒有派遣調查團的必要,而且緬方亦不歡迎此議[181]。

1952(民41)年5月以後,由於美國中情局停止了對李部的援助,李部為求生存發展,乃決定強化與克、蒙兩族的合作。彼此決定合作之後,克、蒙兩族派員常駐猛撒,而李彌亦於5月4日派遣李國輝師的姚昭團(即579團,其鄒浩修營留總部擔任警衛營,只帶劉揚營和牛金石營)約700人南下克、蒙區,除利用克、蒙區的港口運出總部的貨物之外,並由李彌總部僱用商船「海滇輪」,本擬於該年11月即從台灣運來500幹部及大批械彈,到達後即轉運往緬北。因為李彌在派遣姚昭團南下緬南穆爾門港接船之前兩個月,已先派遣許亞殷前往緬北收容各地的零星小型反共武力和招募新兵,以待緬南的幹部和武器一旦海運到達,無論是幹部和武器北上,或是北方兵員南下,即可馬上成立新的部隊,這個秘密計劃稱之為「地案」。而且李彌也計畫於這個「地案」成功之後,即將整個部隊往北推向野人山、江心坡等真正的滇緬未定界地區,如此一來,不但可以避免讓部隊再牽扯到國際法的問題,而且可以和西康和西藏的反共武力相結合。只是因為海運失敗,「地案」計畫落空,而李彌又在美方的壓力之下被召回台灣軟禁,於是李彌的一片雄心壯志,乃被化為烏有[182]。

有關李彌與克、蒙兩族合作之事,旋被美國得知,美代辦鍾華德(Howard P. Jones)除於1952(民41)年7月27日先以口頭向國府外交部長葉公超陳述之後,繼於29日正式函告國府外交部,謂美方已接獲此項消息,提出關切;葉公超乃於8月5日,將此事分別報告總統府及國防部[183]。其後,美國駐華使館再於8月7日送來仰光情報,謂緬政府已截獲國府牽涉緬境李部之證據。因為李部介入緬甸內部政爭

---

181 (A)同註23(A)。(第4冊),見〈民42年3月4日葉部長致蔣代表電〉及(第3冊),見〈民41年2月12日顧維鈞致外交部第604號電〉
　　(B)同註182。見〈民42年3月5日外交部薛毓祺、汪孝熙與美使館一等秘書董遠峯會談紀要〉
182 同註83(D)。見〈海運案〉及〈地案〉的相關文件。
183 (A)同註138(B)。見〈民41年8月18日行政院院長陳誠上蔣總簽呈文〉。
　　(B)同註23(A)。(第3冊),民40年9月至民41年8月。見〈民41年7月29日美國代辦鍾華德致葉部長函〉。

和國府支援李部之事，緬方一旦掌握證據，即有向聯合國提出控訴之可能，屆時國府將無法設詞卸責，後果嚴重，因此，國府的各部門（總統府、行政院和國防部）乃相繼下令，飭李彌即刻停止和克、蒙的合作。而李彌則辯稱，因其部隊所在地政治環境複雜，對各方均須採行和諧政策，與克倫族僅屬友誼往還，並未參與其政爭。而蔣總統則於8月30日批示：雖屬友誼往還，亦應停止。只是後來李彌於10月14日直接上書蔣中正總統，申述各項理由，請求准予免自緬南撤回部隊和准予海運軍品、人員至緬南，國府各部門才停止催撤。以後，次（1953）年的海運失敗，周至柔總長再度緊急催飭格遵前令，李彌只好辯稱，其對緬政策向來都是本著聯合一切民主力量，共同反共，委曲求全，避免事端。但一旦緬軍威脅生存時，只得被動自衛[184]。

李彌於1952（民41）年5月派姚昭團南下時，原由李彬甫指揮，後來9月間再派參謀長錢伯英南下指揮。錢伯英南下之後，竟下令進攻緬軍，與緬軍發生正面之衝突，加深緬甸政府之疑懼，於是緬政府一面以各種罪名逮捕僑商，一面派遣其偵探部的高級華裔探員趙華均等5人，到緬南調查李彌部與克倫族合作之情報，並於10月召開之第六屆聯合國大會上，發言控訴國府侵略，亞非各國亦隨聲附和，蘇俄及其附庸則乘機欲動搖國府在聯合國的地位，形勢極為險峻[185]。此外，由於撣邦土司對李彌部隊素來友善，緬甸政府乃於11月1日，宣布撣邦24地區實行軍事戒嚴；並接受英軍事代表團的建議，進一步於12月取銷土司制度，建立9個軍警區，分派高級警官擔任各區之長官，以完全杜絕李彌部隊的地方援助[186]。

面對美國國務院的照會，雖然葉公超建議國府應同意美國的建議，將在緬部隊撤回台灣，但是國府當局似乎並無意將李彌部隊撤退來台。資料顯示：蔣中正總統於1953（民42）年1月3日，還親下指令指示周至柔，儘量接濟李彌部隊無後座力炮及彈藥武器等[187]。基本上，中美雙方對李彌部隊的歧見，可由國府蔣總統與美國駐華代辦藍欽公使於1953（民42）年2月21日在高雄西子灣的一番談話而看出其

184 （A）同註138（B）。見〈民41年8月30日行政院院長陳誠上蔣總簽呈文〉。
　　（B）同註83（D）。（第11冊），見〈民42年2月15日李彌致周總長電〉。
185 同註1（B）。頁58。
186 同註1（B）。頁270。
187 國史館檔案，《領袖特交檔案整編資料》。見〈民42年1月3日蔣總統手令〉。

重點。該次談話之大要如下[188]：

藍：國務院籲請蔣總統下令將李彌部撤回台灣。

蔣：撤回李部，為艾理遜一人受英人左右之意見。

藍：美欲將中立集團拉入民主集團，李部之存在，使有中共入侵之威
　　脅；尤其李部與吉仁(即克倫)叛軍合作，緬視為大忌。李部所能指
　　揮者，恐二千人而已，如能將此二千人撤回，則國務院即十分滿
　　意。

蔣：美政府一方面要我反共，一方面又要我把反共之李部撤回，是何道
　　理？

藍：只因李部不在中國境內，如在雲南則美國無話可說。且李部兵力不
　　大，無大作用。

蔣：李部雖僅三千，但在中緬未定界之一萬餘人之游擊隊，皆視李為領
　　導人，李部散去，則此游擊隊亦將散去；李部在該地，能帶給滇桂
　　兩省人極大之希望，此為其重要性。

藍：但國務院所請貴國撤退者，並不包括該一萬餘人，只是能撤之部
　　隊。

蔣：李部之在滇，猶如昔日美軍陸戰隊之在華北，一旦撤出，將來付出
　　之代價極高。如能顧全緬顏面，是否可以不撤？總之現在不能下
　　令，必須等李彌回台後始能作具體決定。

藍：如能與緬政府合作，自然甚佳。

　　由此可見，美國要求將李部撤回台灣，其目的在解決緬境之國際糾紛，而蔣
中正總統為在該地保存這一股反共實力，並不願意接受這個方案。只是自從中共
於1952(民41)年元月25日正式向緬甸提出照會，要求緬甸於短期內將李部逐出緬
境，否則即要進入緬境代為驅逐之後，緬甸已絕無讓李彌部隊留在緬境的可能，

---

188 同註23(A)。(第4冊)，民41年7月至民42年3月。見〈民42年2月21日蔣總統接見美
　　國公使藍欽談話紀要〉。

如不能以和平的外交方法將李部撤回台灣，惟有以武力驅逐或向聯合國提出控訴二途而已。

　　由於緬方掌握了李彌與克倫軍合作的事實，而要求將李彌部隊撤出緬境又得不到國府的積極回應，於是緬總理宇努乃於1953(民42)年1月3日在其官邸招待記者，宣稱決於最近以陸海空軍解決境內中國軍隊的問題。同時，其國防部亦於次(4)日邀僑領李文珍召集僑團負責人會議，請在緬僑界聯名籲請李彌退出緬境，以相威脅[189]。致使仰光反共僑團，人人自危。當緬甸總理宣布將以陸海空軍應付李彌部隊之前，緬軍主力早已在其緬南軍司令叫蘇(英文名待查)准將指揮下，對東瓜(Toungoo)以東地區之克倫軍展開攻擊行動，並於1月8日將之擊潰，攻佔了丹洞(Thandaung)和毛七(Mawchi)等基地，以剷除李彌背後的靠山，也意外斬斷了李彌未來海上的補給線。同時，緬軍也虜獲了克倫軍首領蘇山頂因戰敗而向李部求援軍火的無線電報原稿，並從所俘虜克倫軍官蘇巫弄(Sawmbumdaung)處搜出重要的文件[190]。

　　由於擔心克倫軍失敗後，會使海上交通的計劃被破壞，李彌總部乃於1953(民42)年元月中旬，在猛撒總部召集各部首長百餘人，及景棟王代表、猛勇(Mong Yawng)、猛坎(Mong Hkain)、猛瓦(Mong Wa)、猛育(Mong Yu)等地夷民頭人30餘人開會，直到2月初始告結束。會中決定策應克倫軍隊的作戰，並打通南下穆爾門海口的交通線，自2月10日起，向緬軍發動全面攻勢，由參謀長錢伯英、副參謀長柳興鎰，分別指揮第3軍區李文煥部、保1師甫景雲部、第12縱隊馬守一部等，向猛蘇(Mong Su)、東枝至穆爾門(Moulmein)海口之線攻擊。呂國銓則率第26軍的各部隊，由緬東向猛叭(Mong Ppa Yak)、同大(Tong Ta)、猛丙(Mong Ping)及昆興(Kung Hsing)，沿公路攻擊[191]。自李部發動攻勢之後，緬軍當局亦糾合其精銳部隊約7,000人，區分南北兩路，向李總部發動鉗形攻勢，其

189　(A)同註74(A)。頁78。
　　　(B)同註1(B)。頁275。
190　(A)同註1(B)。270。
　　　(B)同註74(A)。頁72。
191　(A)同註1(B)。頁273-4。
　　　(B)同註74(A)。頁75-7。

中發生了著名的「沙拉(Wan Hsa La)之役」。

緬甸政府為解決李彌部隊之問題,本來早早即有向聯合國提出控訴的打算,但擔心國府否認為其部隊,更擔心聯合國介入後,而與中共產生對立之糾紛,因此遲遲不向聯合國提出控訴,而是先透過美國勸國府撤回其軍隊,同時並以武力進行驅逐[192]。但因緬政府無法以外交和武力的手段解決李彌部隊的問題,因此當緬政府確實掌握李部與克、蒙叛軍合作的證據後,終於忍無可忍,除對李部繼續大力用兵之外,並積極作向聯合國提出控訴的準備。自2月17日起,緬甸偵探部調集精通中英文之警探趙華均、林大捷、黃醒鵬、鄧亞福及緬籍高級警探4人,將所蒐集李彌部在緬邊活動一切有關文件,區分為九大項目,譯成英文。該批資料於3月27日譯竣,交由返回仰光述職之駐美大使貝林丹(James Barrington),於4月1日攜離仰光,前往美國出席聯大,以作為其3月25日正式控訴案的補充證據[193]。(緬控案的補充證據見本節之末。)

當緬甸經由英國外相艾登(Anthony Eden)告知美國,將向聯合國控訴李部入侵後,美國國務院即積極利用各種管道,勸告國府速將李部撤回台灣。基本上,美方所希望能撤退來台者,不過是李部中之核心部分而已。所謂核心部份者,即僅為李部原來撤自大陸的部隊。李部原來的核心部隊總數不過2,000人,經數年之交戰傷亡和被俘,所剩者最多亦不過此數之半,而不及李彌所號稱者的十分之一,人數並不多,應不難執行。尤其是當美國國務院獲悉李彌部隊與緬甸克、蒙兩族叛軍合作之後,態度更為嚴肅,行動更為積極。不但由使館人員(包括秘書和代辦)時時催問外交部,更由國務院直接催促國府駐美大使,最後更由艾森豪總統出面致函國府蔣中正總統,蔣總統才允諾撤退2,000人之數[194]。

由於國府需要依賴美國之處正多,所以在美國國務院的壓力之下,不得不先下令將李彌從前方召回。李彌於1953年2月23日離開猛撒,取道泰國回來台灣之

---

192 (A)同註1(B)。頁277-8。
　　(B)同註74(A)。頁82。
193 (A)同註74(A)。頁91。
　　(B)同註1(B)。頁285。
194 (A)同註1(B)。頁343-5。
　　(B)同註23(A)。(第11冊),民42年9月至民42年10月。見〈民42年10月13日蔣總統致艾森豪總統函〉(英文譯本)。

後，在情報局的監視之下，李彌終其一生未能再離開台灣一步[195]。而美方擔心國府會放水，也由其使館每週都派員到李宅親向李彌打個招呼，但不進門[196]。

二、緬甸控訴案的進行

緬甸政府透過武力和外交的手段，都不能達到將李彌部隊驅離緬境的目的，再加上李彌部隊與其境內的克、蒙族反叛軍合作，因此緬甸政府最後別無選擇，只有向聯合國提出控訴一途。緬甸新任外長蘇昆雀(Sao Hkun Hkio)於1953(民42)年3月25日正式向聯合國秘書長提出控訴國府侵略之案，案名為：「緬甸聯邦所提關於台灣國民黨政府侵略緬甸之控訴」(Complaint by the Union of Burma Regarding Aggression against Her by Kuomintang Government of Formosa)[197]。全文除說明李彌部隊的侵略事實外，並要求安全理事會對國府的侵略行為，予以譴責和制止。

緬甸政府的控訴案提出之後，國府外交部認為：如果列入聯合國大會議程，則李彌部隊的軍火來源等問題勢須提及，對美方恐亦多不便，因此國府的初步反應，就是希望利用美國的顧忌，而由美方出面勸請緬政府將其提案撤回；如緬方不允撤回，則設法力阻該案列入議程，使其擱延，不在本屆常會中提出討論[198]。而美方則建議國府，將先前向美方表示同意撤退李部之聲明，轉達緬泰兩國政府。葉公超同意將文字修正後照辦，全文為：「中國政府對美政府促使李彌部自緬撤退一事，在原則上同意盡其最大努力予以合作，但鑑於中國政府對履行此項同意所預料之實際困難，包括中國政府對李彌部隊不能行使充分控制之事實，故中國政府對其在情況許可及適合情理範圍外所不能完成者，不能負責。」[199]以期

---

195 谷正文，情報局退休高級官員，接受媒體訪談時宣稱，他負責「將李彌終生監禁」的工作。
196 李拂一訪問紀錄。1998年5月24日(星期日)上午於新店中央新村李宅。
197 (A)外交部檔案，《第七屆聯大討論緬甸控我侵略》(第1冊)，民42年3月26日至民42年4月27日。見〈民42年3月31日聯合國第七屆大會總務委員會報告書〉及〈民42年4月1日蔣廷黻致外交部第434號電〉。
　　(B)同註1(B)。頁63, 285。
198 同註179。(第1冊)，民42年2月至民44年2月。見〈民42年3月29日葉部長致蔣廷黻電〉。
199 同註23(A)。(第5冊)。民42年3月至民42年4月。見〈民42年3月27日葉部長與美代辦藍欽公使談話紀錄〉。

能爭取緬甸的諒解，或許有撤回其提案的機會。只是因為聯合國之主要目的在保
障各會員國之獨立自主，故凡屬控訴侵略性質之案件，欲使聯合國不予討論，殆
無可能，即使美國亦不敢冒天下之大不韙，而出面勸緬甸將提案撤回，也不敢出
面阻擋其列入議程。

緬甸的控訴案經聯合國秘書長發交「總務（指導）委員會」處理，該委員會於3
月31日下午討論緬控案應否列入議程。在緬甸代表說明緬控案後，蔣廷黻代表首
先指出緬控案所用「台灣國民黨政府」之文字不當，要求修正為「中華民國政
府」，會中表決通過將緬案名稱更正為：「緬甸聯邦所提關於中華民國政府侵略
緬甸之控訴」（Complaint by the Union of Burma Regarding Aggression against Her
by the Government of the Republic of China）。總務委員會無異議通過，將該案列
入當（第七）屆常會議程；同日，再由大會通過，將該案列入議程，送交「第一委
員會」作實質的審議；而該委員會則於4月7日無異議通過，將該緬控案排入議
程[200]。

聯合國「第一委員會」從4月17日起，開始審議緬控案，除18、19兩週末日
休息外，一直進行到4月22日。第一天（17日）開會前，緬代表團在會場走廊散發緬
方所查獲國府與李彌部隊聯絡文件之影印集一冊，爭取各國代表的支持。在會議
中，緬首席代表宇敏登（U Myint Thein）發表演說，列舉所鹵獲李部內部及國府致
李部之文件，以及李彌屢次來台等事實，證明入緬之李部確受國府指揮，籲請各
國支持其所提譴責國府侵略之決議草案[201]。

接著，蔣廷黻代表針對緬代表所述各節，分別予以反駁，例如，緬代表所舉
國府人士致李部之文件，均係激勵彼等努力反攻中共，從未有囑彼等進攻緬領土
或攻擊緬軍之言論，足見國府未有慫恿該部隊侵略他人之意，並謂國府向來採取
睦鄰政策，對侵略中國之日本猶是如此寬大，何況鄰國緬甸。蔣代表聲稱，李彌
為中國人民心目中的反共抗俄英雄，自由集資接濟係屬自然之舉。國府由於美國

---

200 同註197（A）。見〈民42年3月31日及4月7日的會議紀錄〉。
201 （A）外交部檔案，《緬甸控告我國侵略》。民40年1月1日至民42年3月31日。見〈民
　　　42年4月17日緬首席代表口頭報告控訴案全文〉。
　　（B）同註197（A）。見〈42年4月17日的會議紀錄〉

之斡旋，已允設法禁止各方捐款給與李部，並禁止飛機由台灣運送物資至緬境，足見國府願合作解決此問題之誠意與決心。蔣廷黻強調，國府與該部隊並無直接關係，對其亦無控制力量，因此不能為該部之行動負責；更糟的是，國府對李彌所有之少許影響力量，亦因緬政府利用共黨分子攻擊其所部及控訴國府於聯合國而大為減弱，使問題之解決益趨困難。蔣代表並以國府國防部曾七次飭勸彼等返回滇境，但無效果之事實，證明國府對李部並無控制力量。最後，蔣代表聲明，無論如何，國府仍願利用友邦之斡旋，盡力之所能，以求解除困難，只是對於將李部撤出緬境一節，國府以對該部無實際駕馭力量，無法作確切之承諾，但國府願考慮一切有助於本問題解決之建議[202]。

　　當緬方代表對其提案作了口頭說明，並由國府的蔣廷黻作了回應之後，會議即開放各國代表輪番發表意見。在緬甸的提案中，已經提出了決議案的草案，其草案的要點有三：(1)李彌部隊進入緬境是一種侵略行為；(2)李彌部隊是受國府指揮；(3)國府是應受譴責的侵略者[203]。基本上，幾乎所有國家都同情緬甸的境遇，認同緬甸的第一項要求，即認為李彌部隊(外國軍隊)進入緬甸是一種不當的侵略行為，此種情勢之繼續存在，不但顯屬侵犯緬甸領土主權之完整，而且足以構成對國際和平及安全之威脅，因此應該受到譴責。

　　但對第二和第三項，各國的意見就相當分歧。依各國的發言內容而觀，只有蘇聯集團國家(如白俄、烏克蘭、波蘭、捷克、南斯拉夫)和印度、印尼、以色列三國代表，認為李彌部隊完全由國府所掌控，因此必須強烈譴責國府[204]。而其他歐洲、南北美洲、澳洲和阿拉伯國家，或許是受到美國背後斡旋的緣故，均接受國府對李部無實際控制力之說法，因此並不贊同譴責國府侵略；只是都認為國府多少有若干控制能力，因此也不能擺脫全部的責任。

　　如果緬甸所提的草案算是最嚴苛的草案，那麼其他最寬大的草案是由阿根廷

---

202 (A)同註23(A)。(第6冊)，民42年4月至民42年6月。見〈民42年5月4日載「聯大處理緬控訴案經過」〉及〈民42年4月17日駐聯合代表團致外交部第462號電〉。
　　(B)同197(A)。(第1冊)，民42年3月26日至民42年4月27日。見〈42年4月17日的會議紀錄〉
203 同註1(B)。頁297-8。
204 同註23(A)。(第6冊)，民42年4月至民42年6月。見〈民42年4月23日蔣廷黻致外交部第481號電〉及〈民42年4月25日、27日外交部致行政院呈文〉

所提出。阿根廷認為將本案移交安理會無益,由大會斡旋、委員會從中監督亦非良策,因此其草案建議:除關切外軍駐緬所造成的嚴重情勢之外,建議應由中緬當事雙方及有關國家舉行磋商,以期達到將該部隊撤離緬甸之目的。該草案既不對李部違反國際公法之行為加以譴責,亦不禁止援助此部隊,完全不提該部隊是否為受國府所指揮,也不提國府是否該受譴責。阿根廷草案提出後,遑論堅決支持緬案的蘇聯集團和印度、印尼等國,即一般同情緬甸之國家,如阿拉伯國家等,亦嫌不夠強硬、積極,甚表不滿。因此再由墨西哥另提一個較為強硬的草案。墨西哥的提案,除譴責李彌部隊駐留緬甸為不當行為外,並建議由若干國家斡旋之談判應予繼續,以期將李部立即解除武裝,從緬甸撤出;若不撤出,則強制要求繳械拘禁。此外,並敦請各國,給予緬甸政府一切可能之協助,並且不得援助李彌部隊,以便將此等部隊撤出緬甸[205]。

墨西哥的折衷草案,於4月22日的會議中,再經黎巴嫩、阿根廷及智利等國分別逐項提出小幅的修正後,全案在第一委員會中以58票贊成,零票反對,中緬兩國棄權的情況下獲得通過。墨西哥的提案復於4月23日在聯合國大會全體會議中,以59票贊同,零票反對,中國一國棄權,獲得通過,成為聯合國大會的決議案;其全文如下[206]:

　　本大會經對緬甸聯邦代表團提出關於在緬甸聯邦領土內外國軍部隊之敵對活動及蹂躪之控訴加以審查,認為此事實構成對緬甸聯邦領土及主權之侵犯。確認以任何援助給與此等部隊,使彼等能滯留於緬甸聯邦,或繼續彼等對該會員國之敵對行為,均係違反聯合國憲章。

一、為此等部隊之拒絕接受繳械或拘禁,有違國際公法及慣例;對於此種情勢引以為憾,並對此等部隊之滯留緬甸及其對該國之敵對行為予以譴責。

---

205 (A)同註23(A)。(第6冊),民42年4月至民42年6月。見〈民42年4月23日蔣廷黻致外交部第481號電〉及〈民42年4月25日、27日外交部致行政院呈文〉
　　(B)同197(A)。(第2冊),民42年3月26日至民42年4月27日。見〈42年4月17日至22日的會議紀錄〉
206 同註1(B)。頁299-300。

二、宣告此等外國部隊必須被解除武裝，並同意接受拘禁或即撤離緬
　　甸。

三、請所有之國家遵照憲章原則，尊重緬甸聯邦之領土完整及政治獨
　　立。

四、建議目前經由若干會員國家之斡旋，正在進行中之談判應予繼續，
　　以期將此等部隊立即解除武裝並從緬甸聯邦領土撤出，或將彼等繳
　　械拘禁，以終止此種嚴重之情勢。

五、促請所有國家：(1)經緬甸政府之請求，給與該政府以彼等權力所
　　及之一切協助，以便利將此等部隊以和平方法從緬甸撤出；暨(2)
　　不以任何或繼續彼等對該國之敵對行為之援助給與此等部隊。

六、邀請緬甸聯邦政府向本大會第八屆常會此項情勢提出報告。

　　總括而言，國府對緬控案的處理策略是：在緬甸未向聯合國控訴前，設法請美國儘量勸阻，勿作控訴之舉。一旦緬甸提出控訴，則設法勸之撤回，或將提案擱置，務使不在當屆大會中列入議程。如果該案列入議程，則設法卸脫國府的責任，藉使緬甸譴責侵略的提案無法成立。所以國府在美國的協助下，致使聯合國大會的決議案，僅對李彌部隊的入駐緬境，以「外軍」的名義加以譴責，未依緬甸政府之原提案而譴責國府，如此，可說是守住了控訴案的第二道防線。但是緬甸對此結果並不滿意，以致其駐聯合國大使貝林丹說：聯合國的侵略的標準尺度有兩個，對共產國家者比較短、比較嚴，而對反共國家者則比較長、比較寬 207 。

---

207 同註34。p28.

緬甸向聯合國提出控訴案

↑緬甸出席聯合國第七屆
大會首席代表宇敏登(U
Myint Thein)。

↑緬甸出席聯合國第七屆大會的代表團合影。

↑緬甸代表團正在聯合國大會中發言。

↑聯合國大會現場。

↑宇敏登和他國代表交談。

↑緬甸駐聯合國代表James Barrington,首席代表U Myint Thein, 美代表Cabot Lodge 和印度代表V. K. Krishna Menon交談。

↑緬代表：James Barrington, U Myint Thein, Major Lwin 和U Kyin。

←緬甸首席代表U Myint Thein 和第一委員會主度Joao Carlos Muniz交談。

↑ 緬代表U Kyin和印度代表Vijaya Lakshmi Pandit交談。

↑ 緬代表U Kyin和印度代表V. K. Krishna及另一側面的代表交談。

↑ 緬甸首席代表U Myint Thein和蘇聯代表A. Y. Vyshinsky交談。

↑ 緬甸首席代表U Myint Thein和玻利維亞代表 Edwards Arze Quiroga等交談。

緬甸向聯合國提控之證據

←1950.6.8.李國輝寫信給景棟區緬軍指揮官(1-3)。

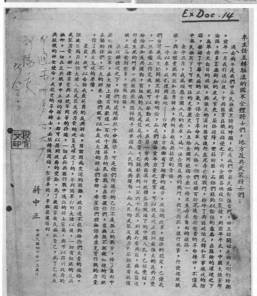
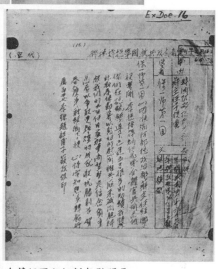

↑蔣經國主任新年慰問電。
←1951.1.5.蔣介石總統致李彌部隊公開函。

←1951.7.15~8.18 第26軍猛研幹訓班之訓練。

↑ 1951.7.15~8.18第26軍猛研幹訓班之訓練。

↑ 1952.2.14第26軍公文。

↑ 1951.8.24保1師師長致孟丙政府公文。

↑ 1952.10.14保2師師長證明書孟丙政府公文。

三、曼谷四國聯合軍事委員會的任務

　　聯合國大會於1953(民42)年4月23日通過將李部撤出緬境的決議案,接著即由中、美、緬、泰四國在曼谷成立四國聯合軍事委員會,以討論如何執行撤退李部的任務。中國方面,國防部於次(5)月12日決定派衣復得上校為四國軍事委員會代表,派馮景烜中校、卓雲林上尉為隨員,並決定李彌部隊不必派員參加。中國

代表團的三個成員，於5月16日即啟程飛往曼谷[208]。泰國方面，也於5月18日派
定陸軍總司令乃屏（Phin Choonhavan）之子查猜（Chartichai Choonhavan）上校為代
表，另一團員則為總理披汶子安南達（Andando Pibunsongkhram）中校及另一警方
人員乃輯（Cheep Praphannetivudh）中校[209]。其中的乃輯，為警察總監乃炮的得力
助手，曾留學廣東汕頭，精通漢語，並取一漢名「陳思漢」，對李彌部隊十分友
善。

　　1953（民42）年5月22日，「中、美、緬、泰四國聯合軍事委員會」在曼谷成
立，並在美國駐泰大使館召開第一次會議。美國代表由其駐泰武官帕摩
（Raymond D. Palmer）上校出任，並擔任會議的主席；緬甸代表則是由安吉（Aung
Gyi）上校出任（他於5月23日才來到曼谷，24日參加會議）[210]。

　　聯合軍事委員會的會議，從5月22日起至11月7日（部隊開始撤退之日）止，歷時
近六個月。在會議的第一階段，美國代表在開始第一天（5月22日）就提出一個「實
施聯合國1953（民42）年4月23日決議案之協議草案」（簡稱「臨時協議草案」），其要
點為將猛撒及其週邊30哩範圍內之地區劃為「安全區」，並由猛撒至泰緬邊界的
美塞（Mae Sai）之間，畫出一條「安全走廊」，委員會於李部撤退各節部署妥當
後，規定一個停火日期，使李部得以移入委員會所決定的安全區域，然後經過泰
國，撤回台灣。該項協議草案並規定委員會應於6月5日赴猛撒視察。在視察期
間，中方應安排李部各主要負責軍官在猛撒備候諮詢，並對該部移入安全區域及
撤退等細節，協助規劃。此外，對於武器之處置、撤退之路線及工具等亦均有所
規定[211]。5月24日緬代表到會，對美國此項協議草案，表示完全接受。同時，緬代
表對委員會赴猛撒視察一節，亦提出一個辦法草案，即規定在猛撒地區先成立一
「臨時安全區」（自泰國邊界向北延伸50哩、寬60哩之地區），區內停火，祇准委員會飛

208　同註23（A）。（第6冊），民42年4月至民42年6月。見〈民42年5月12日周總長派令〉
　　　及〈民42年5月16日外交部致泰大使館孫碧奇代辦〉。
209　同註23（A）。（第6冊），民42年4月至民42年6月。見〈民42年5月19日（3?）、20日
　　　（4）衣復得致周至柔總長電〉。
210　（A）同註1（B）。頁67。
　　　（B）同註23（A）。（第6冊），民42年4月至民42年6月。見〈民42年5月22日（5）衣復
　　　　　得致周至柔總長電〉
211　同註1（B）。頁303-5。（草案全文）

機飛入該區,並不准部隊行動。其他地區則俟視察後再定,並主張以空運撤離。美泰雙方對此提議,也都十分贊同。而泰方亦表示:撤台部隊只能徒手過境,如係空運則可採用清萊(Chiang Rai)機場;武器則不能經由泰國運台。緬方則回應:武器可在緬境裝箱直運目的地[212]。

而在中國方面,由於在1953(民42)年6月初,周總長即已奉蔣總統之命,面示李彌執行「天案」,因此國府的政策是:(1)在策略上,允諾撤出最大數量的人數,以滿足聯合國決議的要求;對不願撤離之部隊,則准予實施「天案」,即准許不撤部隊投奔克倫族,其制服、旗號和稱謂得一併改變,以克倫族武裝部隊的名義繼續駐留緬甸。(2)在技術上,同意先到猛撒視察,然後再依視察結果而制定撤軍計劃。因此衣復得(5月26日)在會中表示:(1)在撤退人數方面,強調國府對李部的影響力,僅限於1950年由雲南撤入緬甸的人員,對其他在當地加入者,無法估計,能撤多少就算多少。撤退時,無論機、船,中方都無法供應。(2)在猛撒視察方面,中方同意委員會派員到猛撒視察,只是在視察前,緬方得先行全面停火(李彌則退一步表示,如不能全面停火,則至少應在薩爾溫江以東全面停火);若緬方不能全面停火,則無法保障視察人員的安全,其餘問題待視察後再討論決定[213]。然而緬甸(5月31日)卻拒絕中方全面停火的主張,認為無法實行。其理由是:除猛撒地區外,其他地區的李部和緬甸叛軍都混雜在一起,如全面停火,而叛軍則未必遵守,於是李部的駐地,可能會被叛軍乘隙占有;薩爾溫江(Salween R.)東岸停火的意義也是如此,因為李部十分之九皆在薩爾溫江東岸;但中國方面則不願在不停火的情況下,同意委員會的視察。於是會議形成僵局,無法順利繼續進行。對此僵局,美方(6月1日)認為是中方所提全面停火並不合理,也不切實際,同時中方對美方所提「臨時協議草案」,也無任何具體的回應和建議,因此美方認為中方缺乏誠意,存心拖延,甚表失望。尤其是雨季將於6月20日開始,到時將無法前往視察,時間十分緊迫,希望衣代表迅速請示其政府,早日作成定

---

212 同註23(A)。(第6冊),民42年4月至民42年6月。見〈民42年5月24日(6)衣復得致周總長電〉。

213 (A)李彌(1953),〈民42年6月12日李彌致蘇令德、柳元麟極機密函〉(李彌手稿)
　　(B)同註23(A)。(第6冊),民42年4月至民42年6月。見〈民42年5月28日鍾華德與葉部長談話紀錄〉、〈等談話紀錄〉及〈民42年5月29日周至柔致衣復得電〉

案[214]。

　　由於美、緬、泰三方對「臨時協議草案」具有共識，都在等待中國方面的回應，於是衣代表乃於6月3日回台請示，直到13日才再回曼谷[215]。在台期間，衣復得密切與周至柔、葉公超、李彌等上級商討問題，並接受指示，確定全面因應之策。由於蔣中正總統和李彌總指揮等，都想保存緬境的反共武力，但是在聯合國決議案和國際輿論的壓力下，李部想要繼續駐留緬境已是不可能，而想要李部推入國境，則實力又不夠，可謂進退維谷。所幸由於緬甸的控訴案中宣稱，當初由雲南退入緬甸的國軍，人數大約1,700人[216]，國府於是宣稱，只對其中的1,700人具有影響力，也只能承諾撤退2,000人左右(眷屬另計)；至於其他的反共人士，國府對他們的影響力有限，是以表示能撤多少算多少[217]。而且在撤回此2,000人之時，李彌的打算是：以老弱和傷殘優先充數，並以待訓的新兵優先撤回，精壯之部都要繼續留駐緬境。所撤退的2,000人，計劃分五批撤退，每批400人，8月底前撤二批，9月底撤完。至於撤出之武器，原則上儘量以老舊不堪用者充數，撤出步槍、卡柄槍300枝，及不堪用之機炮若干[218]。

　　在同一個時間(約1953年6月上旬)，李彌總部的代理總指揮換手，因為原來代理總指揮的副總指揮蘇令德，從3月到5月間指揮對緬戰爭，累到牙疼難捱，請求交棒，讓他回台治療；於是李彌乃於6月把駐在曼谷主管後勤的另一位副總指揮柳元麟調上總部猛撒，請他接手擔任代理總指揮一職。但是在柳元麟接手代理總指揮之後，李彌總部高級幕僚及將領經過研究後，他們認為：如遵照「天案」辦理，將所部編入克倫軍，則克倫軍過去原受李部之卵翼、接濟，一朝改變番號，反賴克倫軍以為庇護，勢必引起該軍之輕視，甚而使其信心動搖，官兵弟兄會有被其犧牲出賣之虞，可能會使國軍陷於不利之境。因此，為保全部隊今後之生存

214 (A)同註1(B)。頁68。
　　(B)同註23(A)。(第6冊)，民42年4月至民42年6月。見〈民42年6月1日(11、12)衣復得致周總長兩電〉。
215 同註1(B)。頁69。
216 同註37(B)。頁23。
217 (A)同註23(A)。(第8冊)，見〈民42年6月23日(19)衣復得致周總長電〉。
　　(B)同註127。(第1冊)，見〈民42年6月23日(19)衣復得致周總長電〉。
218 (A)同註23(A)。(第10冊)，見〈民42年8月4日李彌致柳元麟電〉。
　　(B)同註127。(第3冊)，見〈民42年8月9日李彌致柳元麟電〉。

和發展，並減少國府因緬控案所造成外交上的困難，於是李部的將領們將國府所指示的「天案」予以凍結，另行規劃、推出一個能包容各民族反共武力的新組織「東南亞自由人民反共聯軍」，原則上，由原李彌部隊成立單數的1、3、5、7、9等五個軍，其他各族則分別成立偶數的2、4、6、8、10等五個軍，藉以聯繫和控制整個東南亞的反共武力。李部自稱只是10支東南亞反共武力中的一支，以沖淡李彌部隊的責任，並使國府不再成為國際攻訐的對象。他們也認為，這個新組織可以進而搏得東南亞各民族的廣大同情，並對東南亞所有的反共部隊，更容易聯繫與控制[219]。

由於時機倉忙，所以李彌總部一推出這個聯軍計劃之後，馬上即付諸實施，而且於6月14日，李彌總部便以此「東南亞自由人民反共聯軍」的名義，致函曼谷四國軍事委員會[220]。以後於6月底，當另一副總指揮李則芬代表李彌總部到曼谷參加四國軍事會議時，更以此反共聯軍之名義，致函聯合國秘書長和美國國務卿杜勒斯(John Foster Dulles)，並召開記者會，公開反對聯合國的決議案，指為不合理、不合法。此舉引起美方的不滿和緬方的憤怒，一時情勢頗不樂觀。當李部代表在曼谷的言論招致各國不良的反應之後，隨即招來參謀總長周至柔的嚴責，李部才被迫向國府承諾，將於8月10日前完成「天案」的布署；但是這個承諾注定只是另一個「陽奉陰違」，因為李彌總部仍然私下依既定的計劃，於7月28日對內頒布「東南亞自由人民反共聯軍」組織的訓令，並定於9月1日開始實施。到了10月，李彌發現實施該計劃產生了不良後果，於是將該計劃加以修正，而於10月24日將該兩個版本的計劃送回總部，並在初版原稿上批示：「本案切不可實施，可參照修正件」；而在修正版原稿上則批示：「未奉准實施」，即修正版雖已上呈總統和參謀總長，但上級尚未批示下來。

而在國府方面的計劃則是：命令李部在8月10日前完成「天案」的實施，然後於8月10日在「撤軍協議」和「撤退計劃」上簽字，之後，四國代表團即可前

219 李彌總部(1953)，《東南亞自由人民反共聯軍發展計劃概要》。原稿初版，1953年6月。原稿修正版，1953年10月。修正版見［註85(A)，(第21冊)］。
220 同註83(D)。(第20冊)，民42年6月至民42年10月。見〈民42年6月14日東南亞自由人民反共聯軍代表團致曼谷會議四國代表書：反對東南亞慕尼黑〉。

往猛撒視察，並於9月底前完成2,000人的撤退，以使緬甸的控訴案，能在9月15日召開的聯大第八屆常會中，不再成為問題。所以衣復得於6月中由台北返回曼谷後，繼續參加四國軍事委員會的會議，並依國府的旨意，在會議中，在「撤軍」項目上，始終堅持只承諾撤退2,000人的原則。在撤退經費上，美國主張由四國分擔，中國則主張由聯合國負擔(最後實際上是由中美分擔)。在「換俘」項目上，決定在開始撤軍後，即開始換俘。在「難民(包括繳械軍人)」項目上，同意遣台，其費用美方反對由撤軍經費負擔(最後是由救總負擔)。在「釋僑、護僑」項目上，因受拘禁之華僑多因支援李部而起，因此中方要求撤軍後，緬方即應釋放並保護這些華僑，而緬方則認為干涉內政，不予接受，同時要求將全部拘禁之華僑皆予遣台，但是中方考慮之後，認為華僑人數太多，而無法接受(最後採用泰方之建議，依自願原則遣台，其費用亦由救總負擔)。

因為李部對「天案」的態度，基於安全和生存的考慮，自始即未認真予以實施，其可能的原因，是中共人員協助緬甸進行心理作戰的效果。因為當地夷民經過緬方兩個月的抗糧煽動，造成了民心的不安，經過李彌總部派員宣撫後，民情才轉為安定。因此使李彌總部認為：總部不能移動，猛撒也不能讓出，否則全局動搖，終至滅亡[221]。因為如此，所以部隊也就無法離開當時所駐紮的六個產糧地區(猛撒、猛敦、猛勇、猛羊、猛茅、邦央)(該六地詳見於頁158之地圖8)，所以必須堅決反對四國代表於8月初到猛撒視察。後來，國策顧問邵毓麟奉總統之名，於8月17日到達猛撒勸導之後，部隊才同意在最後一批部隊撤離猛撒之時，讓四國代表前來視察[222]。但是這個結論也等於是一句空話，因為如果必須等猛撒的部隊都撤光了，猛撒已成一座空城，然後才讓四國委員會的代表們前去視察，那麼他們要去看什麼呢？但是如果在人員沒有移動之前就開放四國委員會的代表前去視察，那麼這些已被視察的人員就都露了光，將來都必須要撤退，那麼撤退的人數就不止2,000了。這樣一來，國府的「天案」計劃就要破功了。所以，「視察猛撒」和「收回六地」對李部而言，的確是兩步致命的死棋。關於「視察猛撒」一事，幸

221 同註127。(第3冊)，民42年7月至42年10月。見〈民42年8月5日柳元麟致李彌電〉。
222 (A)同註23(A)。(第10冊)，見〈民42年8月21日邵毓麟致周至柔電〉。
　　(B)同註127。(第3冊)，見〈民42年8月21日邵毓麟致周至柔電〉。

好後來四國委員會聽說要撤空後才去視察，於是主動放棄，所以才解除了這個危機；但美緬兩國對「收回六地」則非常堅持，而李部又表示絕不可讓出，否則無法生存，所以才迫使國府的撤退政策，由初期的「撤退兩千」到後期更改為「全部撤台」。等到國府已經作成了「全部撤台」的政策之後，李部才表示說即使交出了「六地」之後，也還有生存的餘地，因此不斷要求國府收回「全撤」的成命。由此可見，李部極力爭取「保留六地」，乃是導致國府作成「全撤」決策之主要關鍵。

接著，再從曼谷四國委員會的角度看，到了9月1日，因為緬軍全面對李部發動陸、空攻擊，使李部疲於應戰，既無法實施「天案」，也無法讓出猛撒等六個產糧地區，因此使得曼谷的四國軍事會議，不但陷於停頓，而且幾乎瀕於破裂。至於緬方所要求讓出的六個地區，緬方擔心李部撤出後，為叛軍所趁隙進佔，因而要求在李部未撤出前，即由緬軍先行開至各該地區等候接收。李彌部隊遂以此項部署，將使緬軍與李部正面接觸，有引起衝突之虞，會影響整個撤退計劃，故堅請衣復得向委員會建議，將該六地名自計劃中刪除，但美緬雙方都堅持不允，於是只好退而求其次，建議待各該地區之李部撤完後，再行由委員會通知緬政府派兵進駐。

李彌的私人代表李文彬於7月7日從台北來到曼谷，代表李彌來參加四國軍事委員會的會議，但是因為他不諳英文，須等候工作人員將會議文件譯成中文，所以一直到了8月24日，他才首次參加重新復會的四國會議。到9月10日止，他一共參加了六次會議，最後一次會議的時候，李文彬因車禍受傷住院，故在醫院中舉行，並完成「撤軍協議」的簽字[223]。只是在「撤退計劃」方面，雖然條文已於9月15日擬訂完畢，由於撤退人數遲遲不能達成協議，以致一再延擱。對撤退的人數，美、緬要求事先確定數目，緬方要求撤出全部的12,000人，而李、衣則因為有「天案」的變數考慮，只承諾先撤退2,000正規部隊，其餘的非正規部隊，因缺乏控制力，能撤多少算多少，要到最後才能確定。針對中方遲遲不宣布撤退人數，美方指責國府對於聯合國的決議口是心非，緬方也指責國府缺乏誠意。雙方

---

223 同註83(D)。(第20冊)，民42年6月至民42年10月。見〈42年9月10日李文彬致周至柔總長電〉及〈民42年9月10日四國會議第6次會議紀錄〉(亦見註23，第10冊)

為人數問題爭執不下，以致到了9月15日，聯合國第八屆常會開會之時，李彌部隊還沒開始撤退。

最後，由於撤退行動遲遲不能開始，緬方代表終於失去耐性，於9月16日提出三項無理的要求：(1)外軍必須全部撤退。(2)在21天內撤出5,000人，其餘人員於三個月內撤退完畢。(3)「撤退計劃」必須在9月23日以前簽訂[224]。緬甸駐泰國的大使並指責國府，有意在緬甸製造另一個板門店(即拖延談判、製造分裂)。到次(17)日，緬代表即藉詞國府不接受其三項要求，宣布退出會議。至此，會議已瀕於破裂。所幸國府於9月18日緊急發表聲明，宣稱國府的撤軍政策並無改變，即使緬甸單方退出會議，國府為履行聯合國的決議，仍願在美泰政府的協助及緬甸不加阻撓的情況下，繼續實施撤退的計劃，撤軍會議才未全面破裂。

緬方退出曼谷四國軍事會議後，美國國務院立即對國府施壓，要求儘快將「撤退計劃」簽字，並撤出2,000人和讓出猛撒等六地[225]。到9月底，美國總統艾森豪同時致函蔣中正總統和緬總理宇奴，從事斡旋促成在緬國軍的撤出[226]。國府參謀總長為化解困局，除頻令電催該部撤出2,000人員和讓出猛撒等六地外，並於9月18日呈請國府停止接濟李彌部隊，該案經行政院於9月25日呈送總統後，旋於9月30日獲得蔣總統批准[227]。最後，「撤退計劃」終於在10月12日完成三國代表的簽字[228]。但是因為緬軍從9月1日以來，即對李部展開陸空全面攻擊，不但使得李部無法實施「天案」，也無法集結以撤回台灣，一切陷於停頓狀態。一直到國府向四國會議及美方提出嚴正要求後，緬方才透過美國政府於10月17日轉來承

224 同註23(A)。(第11冊)，民42年9月至民42年10月。見〈42年9月16日(86)衣復得致周至柔總長電〉

225 同註1(B)。頁72。

226 (A)同註1(B)。頁343-5。
　　(B)同註23(A)。(第11冊)，民42年9月至民42年10月。見〈42年9月30日顧維鈞致蔣總統及外交部電並附艾森豪總統9月28日函〉

227 同註83(D)。(第12冊)，民42年6月至民42年12月。見〈42年9月30日蔣中正總統致行政院陳誠院長代電〉

228 (A)同註83(D)。(第17冊)，民42年10月至民42年12月。見〈民42年9月15日撤退計劃〉
　　(B)同註23(A)。(第12冊)，民42年9月至民43年1月。見〈民42年10月12日(104)衣復得致周至柔總長電〉

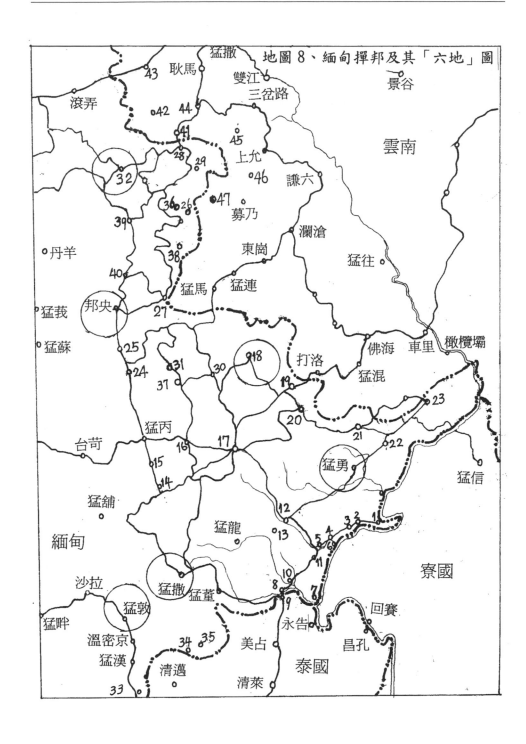

地圖8、緬甸撣邦及其「六地」圖

1.江拉	9.美塞	17.景棟	25.索窩	33.蚌八千	41.滄源
2.猛不了	10.猛果	18.猛羊	26.營盤	34.乃朗	42.班洪
3.南昆	11 那腰	19.猛馬	27.邦桑	35.猛楊	43.猛定
4.猛林	12.猛叭	20.三島	28.紹興	36.永恩	44.猛省
5.打勒	13.猛海	21.猛瓦	29.山通	37.猛研	45.岩帥
6.蕩俄	14.猛滿	22.猛右	30.猛卡克	38.南亢武	46.永富
7.猛捧	15.猛布	23.猛歇	31.猛根	39.拉凡(那潘)	47.西盟
8.大其力	16.同大	24.大靠	32.猛茅	40.滂生(滿相)	

　　諾，謂從即日(10/17)起至11月15日止，停止軍事行動，以使2,000人得以順利撤退。並表示如撤退人數超過2,000人，則停火期限再加以延長[229]。

　　在緬軍停戰期間，李部一面安排人員的撤退，一面實施「天案」的軍事部署。以謀今後之生存。於是李部不斷電請台灣上級，請求下列諸事：(1)撤退人員已因緬機轟炸，分別返回戰地，11月15日前只能撤出400人。(2)請利用停戰期間，空運械彈濟急。(3)四國委員不能來猛撒視察，以免妨礙「天案」的實施。(4)猛撒等六地為糧源要地，無法讓出，請力爭繼續保留[230]。

　　由於李部不斷堅稱，猛撒等六地為糧源要地，事關存亡，一定不能讓出。但在四國會議中，美、緬雙方都堅持必須讓出六地，否則無異表示，仍將繼續在緬境內維持軍事基地，這種做法顯然與聯合國的決議案相抵觸，勢必招致嚴重指責。衣復得和李文彬為此事，也曾在委員會與美、緬代表爭辯十餘日，使會議數次幾乎陷於破裂，最後還是無法不將這六地讓出。因此，周總長於10月21日明告李部，必須讓出六地。最後，由於柳元麟於10月19日和10月22日呈給周至柔兩份關鍵性的電報，謂[231]：

229（A）同註23（A）。（第12冊），民42年9月至民43年1月。見〈民42年10月16日(108)衣復得致周總長電〉。
　　（B）同註83（D）。（第18冊），見〈民42年10月22日葉公超部長致周至柔總長函〉。
230（A）同註23（A）。（第12冊），民42年9月至民43年1月。見〈民42年10月19日柳元麟致周總長電〉。
　　（B）同註127。（第6冊），見〈民42年10月19日柳元麟致周總長電〉。
　　（C）同註83（D）。（第18冊），見〈民42年10月19日柳元麟致周總長電〉。
231（A）同註23（A）。（第12冊），民42年9月至民43年1月。見〈民42年10月19日、22日柳元麟致周總長數電〉。

(1)據錢伯英(李部參謀長兼第三軍軍長)電稱，最近數月來，吉蒙兩區以受
緬方之威脅利誘及對我方援助失望，故中下級以下幹部意志極為動搖，
率部叛變者時有所聞，以此下去，勢不堪收拾；(2)據鍾華電稱，克東
附近，緬敵已較前活躍，友方及民眾對我態度在日趨惡化，月來借故不
供我糧食，克東我方幹部將臨絕糧之境。」(10月19日)

(1)猛撒等六地為本部糧源所在，生死所關，現青黃不接，官兵稀飯度
日，熱望一月後新穀登場，以解飢荒，今若讓出六地，退處山區，縱有
金錢，亦無法購糧，則將全部餓死，故非不遵命，乃不可能；
(2)……」(10月22日)

　　因此周至柔總長依各項情報判斷，認為李部投奔克倫族之「天案」已無法實
行，因為克倫族本身已分崩離析，一般民眾對李部之態度亦日趨惡劣，糧食供應
發生困難，政府又格於國際情勢，不能給予李部接濟。所以周至柔建議，由行政
院長陳誠出面，於10月24日召集相關的政府首長(包括總統府王秘書長、外交部葉部
長、國防部長郭寄嶠、參謀總長周至柔、行政院秘書長黃少谷)，舉行了一個秘密的會
議，討論政府對李彌部隊的根本政策問題。最後，會議對李彌部隊作出了「全部
撤退」的政策，建議蔣總統將李彌部隊全部或最大數量官兵撤回台灣。到10月28
日，蔣總統即批准了行政院的這個政策[232]。只是在當時，為應付聯合國決議而
承諾撤退的2,000人尚未撤出，為免打亂既定的撤退計劃，決定等到部隊撤退到
了一個段落之後，再由葉公超和周至柔商定適當的時機，向李彌及李部宣達這個
「全撤」的政策。到了11月17日，周總長先給柳元麟一個試探性的電報，詢問柳

(續)─────────────────
　　　(B)同註127。(第6冊)，見〈民42年10月19日、22日柳元麟致周總長數電〉。
　　　(C)同註83(D)。(第18冊)，見〈民42年10月19日、22日柳元麟致周總長數電〉。
　　　(D)同註1(B)。頁76，351。
232　(A)同註23(A)。(第12冊)，民42年9月至民43年1月。見〈民42年10月24日行政院
　　　　討論李彌部隊會議紀錄〉。
　　　(B)同註83(D)。(第16冊)，見〈民42年11月19日周至柔上總統、行政院長簽
　　　　呈〉、〈民42年11月19日周至柔致李彌、柳元麟電〉、〈民國42年10月28日蔣
　　　　總統致行政院代電〉、〈民國42年10月30日行政院致周至柔總長代電〉、〈民
　　　　42年10月24日行政院討論李彌部隊會議紀錄〉
　　　(C)同註1(B)。頁347-53。

元麟：「撤軍後是否仍能生存？」因為當時正好碰上李彌總部召開軍政會議，於是柳元麟就拿此問題詢問參加會議的人員，大家都回應說：「可以」但是柳元麟在當時並沒馬上回答周總長這個答案，而是上電給總統和周總長：謂無法如期完成撤退任務，自請撤職換人。到了19日，周至柔乃將政府決定「全部撤退」的決策，電告李彌和柳元麟[233]。柳元麟接獲周總長的這個電報後，才於24日呈上一篇長文向周總長、陳院長和蔣總統陳情，謂仍有生存之道，請求免於全撤；直到12月5日，當蔣中正總統也親自下達全撤的手令之後，李部才不得不表示遵命全撤；這個手令的全文如下[234]：

柳參謀長（正式電文改為『柳副總指揮』）元麟弟：亥東電悉。李總指揮近日患病沉重，無法遠途飛行，而且國際情勢亦決不許可其返防，務希轉告各將領，必須依照政府命令，如期撤回台灣，集中力量，方可貫徹反共雪恥之志願，否則內外環境與事實所在，決不能在緬邊單獨而存在，與其將來陷於進退維谷之絕境，不如早定撤退最後之決心，以免後悔莫及，中（此字較小）對此事熟籌再四，為革命前途與我將領事業計，認為惟有出此撤退之一著，故不得已乃作此最後之手令，忍痛以告我忠勇諸將士，如能聽命來台，正有成功之道，否則決無生存之理，希詳察之。中正手令微。（按：原手令無標點符號，標點符號及弧號內文字為筆者所加）

此外，泰國之所以願意和美國合作，給予李彌部隊協助和借道撤退，其目的固然是為了獲得美國的經援和軍援，但泰國也發現到，李彌部隊駐在緬甸，能幫助泰國阻擋共黨洪流的入侵。所以，後來泰國於1954(民43)年3月中旬，發現李彌部隊撤得太多或將要全撤時，擔心失去這道北方邊界上免費的反共長城，於是為之惶恐不安，於是便對緬南部隊的撤退，在四國軍事會議中採取了不合作的態

---

233 （A）同註83（D）。（第16冊），見〈民42年11月19日周至柔致李彌、柳元麟電〉。
　　（B）同註1（B）。頁354-6。
234 （A）國史館檔案，《蔣中正籌筆》。（戡亂時期）
　　（B）同註1（B）。頁79。
　　（C）同註14（A）。（第1冊），見〈民42年12月5日蔣總統、周總長致柳元麟「全撤」令〉。

度,藉口緬軍與克倫叛軍在緬南交戰,而將緬南邊界封鎖一個多月,不同意李部由緬南的苗瓦底(Myawadi)進入泰國的美索(Mae Saut)[235]。直到4月底,緬南戰火平息之後,泰國失去了杯葛的理由,才同意李部於5月由該地進入泰境,從美索空運南邦,然後再由南邦轉運台灣,完成李部的撤退工作。

曼谷四國軍事會議

↑四國軍事委員會代表:衣復得(中)、帕摩(美)、察猜(泰)。

↑安吉(緬)、帕摩(美)、察猜(泰)

↑李彌的私人代表李文彬宴請各國代表便餐。

↑駐於美占的四國軍事委員會辦事處。

---

235 (A)同14(A)。(第6冊),民42年12月至民43年8月,見〈民43年3月2日(114)、7日(134)、10日(150)、23日(203)、27日(208)、4月19日(5、7)、23日(233)衣復得致周總長各電〉。

(B)同註75。(第1冊),民40年6月至民43年5月。見〈民43年3月15日李文彬呈「南部撤軍談判經過概要」〉、〈民43年4月3日李文彬呈總統報告〉。

↑ 李彌的私人代表李文彬宴請各國代表便餐。

↑ 駐於美占的四國軍事委員會辦事處。

↑ 招待站

↑ 駐於美占的四國軍事委員會辦事處

↑ 四國軍事委員會人員視察李彌部隊的入境路
　線。

↑ 美國駐泰大使羅諾文來到美賽視察李彌部隊
　撤退情況。

↑ 1953.11.6.四國委員會修建從緬甸大其力通往
　泰國美賽的竹橋。

↑ 李文彬亦到現場視察竹橋。

第八節　李彌部隊撤台

當「撤軍協議」和「撤退計劃」分別於1953(民42)年9月10日和10月12日簽字後，曼谷四國聯合軍事委員會才開始正式籌劃撤退的作業，除緬甸只派出兩組觀察員外，中美泰三國都派出工作人員，到緬境的大其力和泰國的美塞(Mae Sai)、美占(Mae Chan)、清萊(Chiang Rai)和南邦(Lam Pang)等地，執行撤退李部人員的任務。舉凡驗證造冊、衛生防疫、飲食住宿、交通運輸等，在在需要工作人員去從事，才能完成。在第一階段的時候，任務是撤退2,000人，以完成聯合國決議的義務。因為撤退的人數不多，因此大部分的撤退人員，都是從各部隊徵調而來的受訓人員，再補以少數老弱和傷殘人員，當然也有少數部隊是以夷民新兵充數者，以致至少有三次以上的場合，其中的一些撤退人員，被緬甸觀察員指為緬甸人，因而阻撓出境，造成了撤退效率上的困擾[236]。

至於撤台人員的隊伍，每一批次以150人為原則，每批再分三小隊(組)，每小隊各約50人。但每梯次的人數或多些或少些，並不硬性規定。第一梯次的總領隊是由李彤惠冒充李國輝之名而擔任，撤退人員於同年11月3日到猛撒報到，11月4日由猛撒出發，夜宿猛董(猛東)(Mong Tum)，5日宿猛寬(猛關)(Mong Kwan)，6日宿帕老(叭老)(Pya Law)，7日上午8時，再由帕老出發，每小時出發一小隊，依次出發，於上午11時相繼到達緬泰邊境上的大其力。12時，撤退隊伍在巨幅的「青天白日滿地紅」國旗和四種文字的「中美泰緬團結起來合力反共」標語引導下，唱著軍歌，齊步走過緬泰邊界界河上的竹筏橋，進入泰國的美塞，受到泰國內政部長乃宛若(Wannok)、外交部長乃哇拉干(Walakan)、國防部次長兼第一軍軍長乃沙立(Srisdi Dhanarajata)、美國駐泰國大使唐諾萬(William J. Donovan)等政要的歡迎。撤出人員當天夜宿美占，8日夜宿南邦(與美占相距160公里)，9日晨七時，從南邦分乘3架飛機，飛往台北。其他撤退人員的行程大抵如

---

236 (A)同註3(C)。(20)，第16卷第3期，1972年3月。頁49。
　　(B)同註127。(第6冊)，見〈民42年11月8日(7)、20日(30)、24日(35)、12月2日(55)衣復得致周總長4電〉；〈民42年12月1日李文彬致周總長電〉。

此，只是在時間和人數的多寡上各有不同，或是減少一天在泰住宿的時間而已。

　　總括而言，第一個階段的撤退工作，如是以從緬境進入泰境之日而算，那是從11月7日到12月7日止；如是從南邦空運台北之日而算，則是從11月9日開始到12月9日止，都是31天。在一個月的時間中，總共撤退17批人員，共計2,260人，其中官兵1,925人，眷屬335人。稍稍超過了台灣所承諾於聯合國和四國委員會的2,000人數字；但如果眷屬人數為外算，則未達2,000人之數[237]。如果李彌部隊對「天案」的實施成功，在緬的生存沒有問題，則國府大可聲稱責任已了，即使聯合國或四國軍事委員會派員進入緬境調查，也應該找不出什麼破綻。只是事情不盡如人意，因李部並未實施「天案」，而是私下以「東南亞自由人民反共聯軍」取而代之，以致弄巧反拙，更讓國府以為李部已無法在緬境生存，因此為保障李部官兵的生存，乃在政策上更堅定了「全撤」的決定。

　　由於「全撤」政策的決定，基本上是一個政策上的大轉彎，不但作成決策的時間非常短促，而且當決策作成之時，因為撤退工作尚未開始，決策者深怕消息走露後，會影響到撤退的工作的進行，因此在決策作成之後，決策者就刻意高度保密，不讓李彌及其部隊知道。直到該階段的撤退工作進行了一半之後，周至柔才於11月17日，於李彌總部召開軍政會議時，先拋出一個試風球詢問柳元麟：撤軍後是否仍能生存？於是柳元麟副總指揮乃拿此問題詢問現場參加會議的將領，雖然獲得了肯定的回應，但是柳元麟當天並未將此訊息電告周總長，而是向蔣總統和周總長提出辭呈：謂自己無法如期完成撤退任務，自請撤職換人。因此於兩日後的19日，周總長乃毅然以長文電告柳元麟，謂政府為謀部隊之生存，忍痛決心，下令將李部全部撤離緬境回台[238]。李彌部隊上下因為事前毫無心理準備，驟然接到這樣的命令，宛如晴天霹靂，心理適應之困難，可想而知。雖然周至柔接著在第二天，就搬出總統和行政院長的令箭，令即遵照總長11月19日之令實施，

237　(A)同註23(A)。(第12冊)，見〈民42年12月8日李文彬致周總長電〉。(其數字為：官兵1933＋眷屬330＝2263人)。
　　　(B)同註1(B)。頁366。(其數字如本文)
238　(A)同註1(B)。頁354。見〈民42年11月19日周總長致柳元麟「全撤」電全文〉。
　　　(B)同註14(A)。(第1冊)，見〈民42年11月19日周總長致柳元麟「全撤」電全文〉
　　　(C)同註3(C)。(20)，第16卷第3期，1972年3月。頁50。
　　　(D)同註127。(第6冊)，見〈民42年11月17日柳元麟致蔣總統、周總長電〉。

但柳元麟等還是不斷陳情,24日更呈上千言長文,強調仍有生存之道,懇切請求蔣總統收回「全撤」之令[239];一直到12月5日,蔣中正總統親自下達手令,命令全部撤台,柳元麟等才俯首接受「全撤」之令。

由於「全撤」之令驟起突然,柳元麟等一時手足無措,雖然勉強應命,任務之重,有如大山,所以當下請求:(1)請准李彌返防主持;(2)需一個月時準備;(3)請撥專款償還各項債務[240]。關於柳元麟的第一項請求,李彌一方面因為身體健康的不容許,另一方面是他絕不可能贊同全撤,所以周至柔只好回絕說:李彌返防絕不可能[241]。

關於第二項,周至柔回應說沒問題,但希望能在12月底之前,先行撤退二、三百人,或讓出猛茅、邦央二地,以示誠意。而且聲明:需要撤出之人員,主要指(1)由大陸撤至緬甸之各部隊,(2)地方團隊,(3)先後在緬境參加部隊的我國人士;至於馬幫人士則不在其列[242]。柳元麟雖向周至柔允諾最多只能撤退3,000人,但是在部隊高級領導人幾乎是全面反對撤退的情況下,談何容易。以致到一個月的期限屆滿了,不但二、三百人沒能撤出一個,而且連猛茅和邦央二地也沒能讓出。最後還要總統再下達第二次手令[243]:

> 滇緬邊境部隊應限其自二月一日起開始運輸,在一個月內撤退完畢。如再荒廢時日,逾期不辦,即以違抗命令論處,政府不再予以理會。並應諭知該部隊繼續撤退,決不能附有條件。

---

239 (A)同註14(A)。(第1冊),民42年11月23日至民43年3月27日。見〈民42年11月24
　　 日柳元麟呈總統、院長、總長電〉。
　　(B)同註14(A)。(第1冊),見〈民42年11月19日蔣總統、行政院陳院長致柳元麟
　　　 電令〉。
240 (A)同註14(A)。(第1冊),見〈民42年12月13日柳元麟致周總長電〉。
241 同註14(A)。(第5冊),民42年12月至民43年10月。見〈民42年12月11、15日周
　　 總長致柳元麟電〉。
242 同註83(D)。(第21冊),見〈民42年12月11日周總長致柳元麟電〉。
243 (A)同註75。(第1冊),民40年6月至民43年5月。見〈民43年1月23日蔣總統致周總
　　 長43號電〉。
　　(B)同註83(D)。(第22冊),見〈民43年1月23日蔣總統致周總長(興平字第90號)
　　　 代電〉。

不但如此，蔣總統還再派李文彬前往邊區去勸導、監軍，然後部隊才漸次馴服、就範；但是所有在猛撒以外的部隊，還是心存觀望，沒有行動；最後，還是柳元麟以各種手段，說服了駐紮於猛撒的李國輝(其中有一說是承諾李回台還可以繼續當軍長，另一說則是回台後可以繼續當師長)，由李國輝和彭程兩人聯名致電周至柔，表示願意服從總統和總長的命令，率先帶領國軍部隊撤台，第一面骨牌才終於倒了。由於正牌的國軍部隊都要撤走了，其他新成立的雜牌軍部隊，其信心也就為之動搖和崩潰，所以也都紛紛表示願意撤台。以致到最後，不但部隊能夠開始撤退了，而且第二梯次和第三梯次的撤退總人數竟達到了4,000多人。

關於第三項請撥專款償還各項債務方面，因為美國已承諾給予撤退專款方面的幫助，至於在債務方面的欠款，周至柔以為該部過去從未呈報過該方面的問題，且最近部隊調動頻繁，以為其欠款應該不大，所以在還沒弄清楚柳元麟要求的數額之前，就滿口答應，並請柳元麟速將詳數具報。但當葉公超於11月19日向美方提出了請求援助的備忘錄，希望先行補助75,000美元後，美方一方面因中方所請求25萬美元的數目過大，另一方面也因不願留人以「以金錢補助游擊隊」的印象，而於29日予以回絕，認為這些撤運費用和債務應由國府自行償還，以後美國再在其他方面予以協助。所以，當後來周至柔看到了柳元麟於12月27日所開出的帳單，竟是34.3萬美元之鉅之後，他才嚴責柳元麟，責其所申報款項數額過高，幾近要挾。總括李彌部隊撤台的經費，基本上是由中美兩國分擔，其中除了美國支付的空運費用、撤退人員每人美金15元的補償費，以及撤退工作中的人事費和業務費外，國府所支付的撤退費用(不包括正常部隊經費)，到4月16日止，依衣復得的報告，總數為美金21.4萬，其中直接支付給柳元麟的費用，即多達16.9萬美元，到5月底時則高達18.47萬美元；但在銀行業務上，國府為撤退工作匯出了新台幣400萬元[244]。

撤退的意願問題解決之後，其他較低層次的技術問題就不難了。當第一梯次

---

244 同註14(A)。(第1冊)，民42年11月至民43年3月。民43年1月30日行政院令外交部。(第6冊)，民42年12月至民43年8月。見〈民43年3月27日及6月1日衣復得致周總長電〉。(第5冊)，民42年12月至民43年10。見〈民42年12月27日柳元麟致周總長電〉。

的2,260人撤退之後，第二和第三梯次的撤退就駕輕就熟了。第二階段的撤退工作，從1954年2月15日起到3月20日止，歷時35天，共撤出23批人員，所撤退回台的人數，依四國委員會的統計，共有3,475人，其中官兵2,962人，眷屬513人。而第三階段的撤退工作，則是從1954年5月1日起到5月9日止，歷時9天，共撤出8批人員，共計820人，其中官兵800人，眷屬20人[245]。但是這只是登機前的數字，如果經過空運的過程，因為有些人員因為臨時事故而停留下來，移到下一梯次，而有些人則因為搭乘其他的便機，到台灣後才歸隊，所以三個梯次的總人數，其到達台灣後的數字，就和曼谷四國委員會的數字不同。在台灣，第一梯次的總人數是2,258人，比四國委員會少了2人；第二梯次的總人數是3,461人，比四國委員會少了14人；而第三梯次則是835人，反而比四國委員會多了15人。此外，還有在非三個梯次時間內所回來的人員，四國委員會的數字是17人，而實際回來台灣的才有14人。最後的總結是：李彌部隊撤退回台的人數，依曼谷四國委員會的統計是6,572人，而在台灣的統計則是6,568人。二者相差4人。

除了部隊的官和其眷屬外，另外還有由四國委員會安排所撤退回來的戰俘和難胞亦各有177人（但難胞中不包括提前回來的11人），其中難胞的費用是由救總負擔，不由委員會負擔[246]。因此，總計全部經由四國委員會撤退回台的人數為6,926人。

李彌部隊撤退回台

↑1953.11.7.四國軍事委員會工作人員引導眷屬過橋。

↑1953.11.7.李彌部隊第一批撤退人員由工作人員引導過橋。

245（A）同註14（A）。（第6冊），民42年12月至民43年8月。見〈民43年5月4日、11日、12日衣復得致周總長電〉。
　　（B）同註1（B）。頁82-83。
246 同註14（A）。（第6冊），民42年12月至民43年8月。見〈民43年4月6日衣復得致周總長電〉。

↑1953.11.7.第一批撤退人員在踏上泰國領土前先在橋邊整理隊伍。

←↑隊伍過河進入泰國後，暫行休息整頓。

↑眷屬兒童。

←↑再度整隊出發。

等候登機。↑→

↑登機。　　　　　→傷兵。

李彌部隊撤抵台灣

↑李彌親至機場迎接。
←高呼:「中華民國萬歲!」

↑女兵隊伍。　　　　↑少年兵。

第九節　返台後的李國輝

　　1953(民42)年3月，因為緬甸政府向聯合國提出控訴，謂國府所支援的李彌部隊入侵其國土，因此國府在聯合國決議和美國政府的雙重壓力之下，最後不得不將李彌部隊從緬甸撤退回台灣。李彌部隊撤退回台灣之後，其部隊中最得力的一個元老級幹部李國輝，可說是這個游擊部隊的一個英雄人物，卻因為他在邊區時一時衝動，把他當團長(即第8軍237師709團)時的副團長虞維銓派人槍殺了，於是當這個部隊撤回台灣後，他就被虞維銓的部下告到國防部去，弄得他(即李國輝)同時有兩個官司纏身，最後變成了一個階下囚。人生命運變化之莫測無常，令人不禁為之歎息唏噓。

　　關於李國輝和虞維銓之間會發生衝突的原因，需要對這個團成立的歷史背景稍作說明。1949(民38)年元月11日，國軍在徐蚌會戰中失利，王聖宇和虞維銓便在上海江灣收容潰散逃亡出來的各方兵員，而成立了這個團，這個團以後就編成了第8軍237師的709團，當時即由王聖宇當團長，虞維銓當副團長，三位營營長分別為吳金銘(副營長為姚昭)、陳昌盛(副營長為葛家璧)和董衡恆(副營長為陳顯魁)。這個團裝備完成之後，即隨著軍部由江蘇開到江西，然後再經湖南、貴州、四川到雲南霑益；因未獲盧漢同意進駐昆明，部隊就暫駐該地。在該年11月間，該團不幸在該地遭土共伏擊，丟了兩門炮，王聖宇團長因此被明升暗降為副師長，新團長是由團外調來行伍出身的、曾因負傷而進入過榮譽師的李國輝接任。上級此項任命的構想本是不錯，因為該團的正副團長雖然都是軍校畢業，但都缺乏實戰經驗，以致產生該次過失事件，故理應如此任命，以補其弱；然對虞維銓副團長而言，因為他是創團元老，因此認為團長升官出缺之後，這個團長應該由他接任才是，想不到半途竟會殺出一個「程咬金」李國輝，出現了這種空降式的人事調動，因此對他而言，無異是一種精神上的打擊和挫折；以後再看新任團長李國輝的表現，無論在學養和操守上，也處處都不如他，所以使得他內心的不平之氣，與日俱增，這是虞維銓對李國輝從內心底產生不滿的始因。

　　以後到1950(民39)年8月，即大其力戰後之際，憑空又冒出一個何永年，他從

昆明逃跑出來、再跑到大其力來投靠李國輝，恰好這個何永年又曾是第8軍166師496團的營長，與李國輝不但是老同事，而且又同是河南老同鄉，他們兩個故友在異鄉相逢，自然一拍即合，就結合成為一個格外親密的小團體，看在虞維銓的眼裡，心中的滋味雖然很難受，但那是他們兩人的私交，也只能憋在心裡。但是到後來兩團在猛董正式成立「復興部隊」[247]之後，李國輝正式就任部隊的指揮官並兼709團團長，譚忠為副指揮官兼278團團長，何永年為部隊的參謀長，而虞維銓則仍然還是709團的副團長，於是在虞維銓的頭上，一夕之間又增加了兩個長官(即副指揮官譚忠和參謀長何永年)，這次的這個精神打擊，就比前次李國輝的空降還要大得多，基本上，他的忍耐度可能是已經達到臨界點了。

按常理而言，譚忠以副指揮官兼團長，問題比較不大，因為副指揮官只是備位的性質，所以如指揮官不缺位，其功能只是如同一般的參謀而已。但是李國輝以指揮官兼團長就不甚合乎常理了，就會變成：當李國輝擔任指揮官的角色時，他是參謀長的長官；但當他擔任團長的角色時，他又變成參謀長的部下了；所以他會產生角色衝突的問題。雖然如此，但是李國輝還是決定自己繼續兼任709團團長，使虞維銓升任團長的期望落空，這當然會加深虞維銓對李國輝的不滿和衝突。

此外，當復興部隊正式成立之後，為促進兩團關係的和諧，所以經由兩團幹部會議討論通過之後，由指揮官李國輝公開提出了一個「四大公開」的口號或宣示，那就是：人事公開、意見公開、經濟公開、獎懲公開。由於709團的經濟向來是由團長和軍需主任管理，甚至對副團長虞維銓都不公開的，所以當部隊於當年9月29日從猛董遷到猛撒之後，虞維銓就經常拿到了「經濟公開」這個題目去找709團的軍需主任楊茂林的麻煩，要他公開帳目，氣得楊茂林持着槍來向政工主任修子政吐苦水，說要把虞維銓殺掉，嚇得修主任趕快勸阻他、安撫他，深怕他闖禍出事。修子政說：709團自從在上海江灣成立以後，一直都是非常融洽團

---

247 「復興部隊」之名，李國輝團到大其力不久就開始使用了，但只是在團內自己使用，並尊已失聯的老師長李彬甫為部隊長，有派令可證。據修子政先生回憶，以李國輝為指揮官、譚忠為副指揮官的「復興部隊」是到大其力戰爭結束後，而且是兩個部隊由大其力邊到猛撒的途中，暫駐猛董時才正式成立的，那時候何永年已經來到部隊了。因此，行文中的「復興部隊」是以李國輝是否當了正式的指揮官為準。

結的，即使是李國輝接任團長之後也是如此，但是自從何永年來了之後，才開始
產生這些人事上的磨擦和糾紛。

　　但是較離奇的人還是何永年，他於李國輝團打贏大其力之戰後，好像從天上
掉下來一樣，忽然跑來投靠李國輝。因為709團的官兵都是在上海收容的失散官
兵，除了李國輝之外，大家對他也並不熟悉，可能是他這個人平生沒有做過這麼
大的官，一下子得意忘了形，所以他平常對官兵講話的時候，居然把他自己多次
被俘的經歷也當成光榮事蹟說了出來(例如，民36年，他在山東披縣之戰第一次被俘，
38年元月徐蚌會戰第二次被俘，民國38年12月盧漢叛變，他第三次被俘，尤是在第三次被俘
時，他在俘虜營中還充當指導員)，並且敘說被俘之後如何被優待等事。當這些
「蠢」話傳到虞維銓的耳朵之後，終於把他氣「壞」了，所以他乃決定在10月16
日(星期一)早晨所召開的「總理紀念週」這個朝會上發「飆」，幾乎是指名痛批
李國輝和何永年。

　　當時，朝會是把兩個團都集合到猛撒市場背後的大操場上舉行，首先是由指
揮官李國輝講話，他先講國父孫中山先生奔走革命，建立中華民國的經過。其次
再講部隊要團結，並以不指名的方式，暗示虞維銓不應說何永年是個老俘虜，並
說虞這樣做是破壞團體，想做團長。等到李國輝講完話之後，虞維銓就主動要求
上台跟部隊講話。由於虞維銓自知講話的對象只是針對自己的團，與友軍278團
無關，所以他上台以後，先對278團的友軍聲明，如果他們願意聽他講話，就留
下來；如果不願意聽，就請他們把隊伍帶回去。但是友軍都不移動，都留下來聽
了[248]。

　　當時虞維銓是着帶着一本《中山全書》上台講話的，首先他講：根據國父遺
教(應該是指「軍人精神教育」一文)，一個革命軍人應該是不成功便成仁，所以，做
一個革命軍人，應該要做到頭可斷，血可流，而志不可屈，才是正道；軍人被俘
乃是一個最大的恥辱，並非光榮，有些人被俘了四、五次，還沾沾自喜，靦不知
恥，其實這種人應該自殺，否則對不起國家。接着，他再繼續說：剛剛指揮官教
大家要精誠團結，不要有破壞團體的行為，但是根據國父遺教，革命工作是分為

---

248 國防部軍法局檔案，《李國輝等殺人案》。(第2卷)，見〈民43年10月12日楊緒節
　　之狀書〉。

「破壞」和「建設」兩個階段的,就像蓋房子一樣,如果不先把舊房子「拆」(破壞)掉,如何能把新房子「蓋」(建設)起來,現在團體中充滿着不合理的人事制度、不好的惡習和不良的分子,都要先把它「破壞」掉,然後才能「建設」良好的新團體,建立新的氣象,否則如此下去,部隊的生存都成問題,那裡還能談得上什麼發展[249]?他甚至明白露骨的說,他現在就是遵從總理遺教而出來做這種「破壞」的革命工作,他呼籲大家出來跟他一起革命,跟他一起「打倒無能的主官李國輝」[250]。

一場週會下來,虞維銓把李國輝氣得滿臉鐵青,修子政看虞維銓的直言闖了禍,趕緊上前責怪虞為什麼要當眾講這些話,勸他去向李國輝道歉,虞不講話;接着修又去找李國輝說好話,說要叫虞來向他道歉,李也不講話。整個團的氣氛驟然變得十分的肅殺和僵硬。接着在第二天之後的某一天(但一定不是開週會的當天),於早餐後約上午10時,709團在第2營(營長陳昌盛)營部(當時三個營各駐在不同的村,二營的駐地叫霸村)召開幹部會議,修子政擔心虞維銓不參加,於是提早去把他約了一同步行前去陳營,並把與虞同住的增設副團長張復生也一同約去,三個人到了會場之後,發現時間還早,於是便一起玩撲克牌,玩拉黃包車(即接龍)。等到李國輝來主持開會後,會還開不到五分鐘,吳金銘就派傳令兵寧輝到會場來通知虞維銓,說何參謀長找他談事情,於是虞便起立走出會場,朝復興部隊指揮部的方向走去。當虞維銓走了大約五、六分鐘,離會場大約300公尺的鄉村小路上,迎面走來劉占、鄭德顏、李英俊、陳杰和楊棟等五位連排長,他們像是要趕去開會的樣子,而且走到面前的時候還一起舉手向他敬禮,虞維銓不虞有詐,完全沒有警戒之心。說時遲,那時快,當走在前面的劉占和鄭德顏兩人和虞維銓剛擦身而過之後,這兩人馬上就翻轉過身來把虞維銓緊緊抱住,後面還迎面跟上來的李英俊、陳杰和楊棟就拔槍將虞維銓射殺,其中李英俊還是朝虞之頭部射擊,所以虞維銓當場就被一陣亂槍打死了[251]。

---

249 同註248。(第2卷),見〈民43年10月12日潘培田、甘四季狀書〉
250 同註248。(第2卷),見〈民43年2月5日張復生等57人請願書〉
251 這些現場槍擊的狀況,都是非河南籍的李英俊事後一點一滴講出來的,由於事關人命,非同小可,引起其他河南籍參與者的擔心和不滿,所以這幫謀殺者一不做,二不休,由吳金銘假裝為長槍走火,而把這個大嘴巴的李英俊給打死了,從此誰也不

　　因為發生槍擊案的地點距離會場不遠，會場的人都可以聽到槍聲，所以李國輝聽到槍聲之後，就知道發生了什麼事，當時他也緊張到全身發抖，無法繼續講話，只是高舉手勢，一再叫大家不要動，說與你們無關。大約再過了10分鐘，兇手鄭德顏、李英俊等人都拿着手槍來到會場向李國輝報告，說：「虞先生讓我們給打死了。」李國輝習慣性的回應說：「隨意打死人，要辦！」鄭德顏則辯說：「他破壞我們團體。」李國輝就再說：「我曉得了，不要講了。」接着，李國輝就開始批評虞維銓，說他個性太強，惹起部下的反感；又說他破壞團體(但並未說出事證)，才招來今天的後果。這時何永年也來到會場，他也說虞維銓青年有為，只是個性不好，並流下數滴假同情之淚；接着他又說，可惜虞之太太王氏，學識品德優良，真正可惜等語[252]。

　　虞維銓的槍擊案發生之後，最難過、最為難的人要算是李彌了。他應該知道李國輝對這件事情處置失當，但是他眼前手下只有這麼一個團長，他實在無法將李國輝移送法辦，只好全盤接受李國輝的一面之辭。李彌的雄心壯志是很大的，成立26軍的案子早在當(民39)年5月12日國府就批准了，但因為李彌希望能同時成立兩個軍，所以他一直不急着成立26軍的軍部，到了8月22日，他還努力再一次上電向周至柔總長申請恢復第8軍的番號，並把第8和第26兩軍的幹部也同時上報，但還是未能獲得國府的同意。但到10月中旬發生了「虞維銓事件」之後，他不得不改變他的既有策略，不再等待8軍的批准成立，旋於11月10日即先向國府申請成立26軍的軍部，並把預定在第8軍所要成立的237師改編為193師，其下的一個709團也改編為577團，把整個8軍的部隊暫時先編入第26軍之中，於是這個26軍就有了93師和193師兩個師，而不再是兩軍各只有一個師。國防部也很快就

(續)────────────────
　　敢再私下談論虞維銓的事情了。
252　據悉虞維銓之夫人王秀書，陝西省人，大學畢業，其父為前陝西省民政廳長，因虞維銓與前國防部長郭寄嶠同為安徽合肥人，而郭又曾任陝西省主席，故他倆是經由郭之介紹而相識的。以後虞王兩人於民國36年4月4日在安徽結婚，婚禮由安徽阜陽師管區司令焦其鳳先生福證，團管區司令卞大章先生主持，婚後王即隨夫生活於軍旅。當709團駐軍於緬甸大其力時，眷屬都暫時居住在附近的泰國美塞。民國40年5、6月，王秀書獲悉其夫已於半年以前在猛撒被人謀害，她傷心得痛不欲生，數度痛哭至休克。因為丈夫遇害，生活頓失依靠，王秀書經由雲南總部駐曼谷辦事處平安國先生的協助，辦好來台手續，準備來台投靠她在空軍服務的弟弟王秉森，但是兇手怕她回台後告狀，所以當她啟程返台的前夕(資訊未說明啟程地點是美塞或曼谷)，兇手竟派人強迫她服毒身亡，這真是一宗惡性彌天的滅門冤案。

於11月19日即批准所請[253]，於是李彌終於以最快的速度，結束了由「復興部隊」當家的局面。

到1954（民43）年5月上旬，李彌部隊的撤退工作全部結束之後，李國輝和王敬箴、官家檀、羅石圃、保家富、李奇等6人，才於5月26日晨搭乘民航客機返回台北[254]。但是李國輝回來台灣之後，可能是官階由少將被核成了上校，心裡不痛快，所以他並沒有馬上到嘉義去就任「第十二軍官戰鬥團」（4月1日成立）團長的職務（副團長為羅伯剛），而是住在台北市的一家旅社裡，終日為保全他的官階而忙着應酬、奮鬥。但天下事往往常是「福無雙至，禍不單行」的，當李國輝回台之後，他不但少將官階被核掉，接着不久之後，再有他的部屬潘培田等23人，每人各寫一份告狀書，於該（民43）年10月12日聯合向國防部控告他，說他於四年前在戰地謀殺了副團長虞維銓；到次（1955）年7月20日，情報局又具函向軍法局舉發他盜賣軍火，真是百分之百的應驗了前面的這句諺語[255]。

國防部收到了潘培田等人的告狀書之後，因為當時撤台的李彌部隊借駐在嘉義縣的多所國小之中，所以乃派嘉義憲兵隊代為詢問各相關之人，以了解真相，並作成筆錄。當國防部確認真有其事之後，乃將潘培田等員的告狀書和憲兵隊筆錄一併移送軍法局偵辦，而軍事檢察官胡開誠受理該案後，尋即展開正式的偵查工作，並於次（1955）年元月上旬完成了起訴書的撰寫工作（起訴書見附錄二中的第二章第九節）。因為李國輝的合法官階為上校，所以軍法局還於該（1955）年元月17日簽呈彭孟緝總長，請他圈選少將審判長及上校審判官，以便進行該案的審判工作[256]。

由於此案的政治性和新聞性十分強烈，軍法局受理此案之後，不但李國輝的舊部張復生等57人聯名寫保釋書分別向總統、立法院以及國防部的部長、參謀總長、軍法局、大陸工作處等單位求情，總指揮李彌和豫籍立法委員和國大代表更

253 同註15（B）。（第1冊），民39年4月至民44年11月。〈民39年11月10日李彌主任上周至柔總長電〉、〈民39年11月19日周至柔總長致李彌主任電〉。

254 同註14（A）。（第6冊），民42年12月至民43年8月。見〈民43年5月26日衣復得代表致周至柔總長電〉。

255 同註248。（第3卷），見〈民44年1月殺人案起訴書〉及（第2卷），見〈民44年12月5日盜賣槍火案起訴書〉。

256 同註248。（第4卷），見〈民44年1月17日軍法局簽呈彭總長〉。

是必須卯足了勁，四出為李國輝說好話，以期能為他求得保釋。因此軍事法庭在2月7日到10日間開庭時，由於各方的壓力是如此的強大，雖然檢察官的起訴書寫得罪證確鑿、擲地有聲，而且親到法庭論告，但是審判官們還是抵擋不住這個巨大的人情和輿論的壓力，最後只好把李國輝等人的殺人案放水，五個被告都獲判為無罪。軍法局於2月15日將判決書完成後，即將判決書呈送國防部。而國防部於3月2日將判決書批准後，則一方面送交訴訟當事人，在另一方面，也同時將該案的審判結果及卷宗簽呈上送總統批閱[257]。（判決書見附錄二中的第二章第九節）

　　李國輝等人的殺人案獲判無罪而釋放後（何永年因另涉叛亂案除外），勇敢的潘培田、丁宏奎、樊秀山、楊緒節等4人不滿意這種結果，於3月25日再次寫信給參謀總長和軍法局長，反對李國輝等人獲得保釋[258]。所幸蔣總統看到國防部所呈報的審判結果（包括起訴書和判決書）後，也看出了這個審判的偏頗和破綻，因此於5月11日批示國防部要復審此案，並把卷判發還。只是那些受訊人（包括被告和證人）早已事先套好口供，而軍法局的審判官們於採證、審判時又處處避重就輕，進而還替被告們圓謊和滅跡，所以雖然開了四次庭，再度復訊相關證人和被告，還是問不出新的事證，所以國防部於7月20日所召開的評議會中，還是決議維持原判，並於7月22日做成第二次之判決書[259]。（該判決書見附錄二中的第二章第九節）但是這次的判決書並未呈送總統府，而是等到殺人、軍火和叛亂三案都審判完畢後，再一併呈送。

　　由於國防部軍法局於起訴和審判李國輝等人的殺人案時，李國輝曾申辯說：因為虞維銓要帶隊投共，分裂團體，所以才派人捕殺他，以為自己脫罪。於是同情虞維銓的證人就反駁李國輝的說法，要他提出證據，不能信口胡說，血口噴人；證人反而舉發何永年不但經常炫耀其被俘之事蹟，而且還吹噓如何被中共優待。結果一調查，發現何永年不但當過多次俘虜，而且還在俘虜營中做過指導員，如此一來，何永年就同時犯上了「參加叛亂組織」的叛亂罪，因此他的「殺人

257 同註248。（第2卷），見〈民44年3月2日國防部簽呈總統〉及〈民44年3月2日國防部軍法局判決書〉。

258 同註248。（第2卷），見〈民44年3月25日潘培田等四人上函參謀總長及軍法局長〉。

259 同註248。（第2卷），見〈民44年7月22日國防部判決書〉。

案」雖然於1955(民44)年2月10日被軍法局判決為無罪,但卻被檢察官於同年4月4日另以叛亂罪起訴,並於同年5月31日被軍法局判決有期徒刑12年,褫奪公權5年[260]。但是國防部於該年6月9日將這個案件簽呈蔣總統批閱之後,總統認為判刑過輕,於8月9日批示要重新嚴為審查[261]。由於何永年除了身犯叛亂罪外,同時也牽涉到殺人罪和盜賣軍火罪,因此國防部乃請求總統准予三案全部審判完畢後,再一併簽呈報核。

由於當初李彌在滇緬邊區成立反共游擊部隊之時,國府中的行政院長、外交部長、參謀總長等從國際法的眼光看,他們都認為不宜,後來不幸被緬甸告到聯合國,果然為他們惹來了天大的麻煩,所以李彌在他們的眼中,十足成為一個「麻煩的製造者」,都想能將李彌的勢力完全打消,以杜絕後患。由於李國輝是李彌手中唯一的知名大將,當時他們又發現李彌的影響力居然可以讓李國輝的殺人案變成無罪開釋,所以他們為徹底剷除李彌的勢力,趕緊打鐵趁熱,於當(1955)年7月20日,也就是李國輝的殺人案第二次判決無罪的同一天,由情報局向軍法局舉發李國輝等人盜賣軍火,而軍法局也劍及履及,7月22日即展開偵查的作業。到11月26日,軍事檢察官胡開誠完成起訴書(起訴書見附錄四),其證據和內容幾乎完全採信了情報局的說辭,同時由於這個軍火案沒有受到任何有力人士陳情的影響,所以其偵查和審判的工作也進行得比較正常,最後國防部評議會將此案其他二案同時於1956(民45)年3月28日作成審判結果。其結果如下[262]:

被告:李國輝、何永年、劉 占、楊 棟、鄭德顏、鄒浩修、石炳鑫、張蘭亭

審判長:吳中相

審判官:林興琳、馬 璋、曾宣凡、解寄寒

主 文:何永年意圖以非法之方法顛覆政府而著手實行,處死刑,褫奪公權終身;共同盜賣械彈處有期徒刑十二年,褫奪公權五年。執行死刑,褫奪公權終身,所有財產除酌留其家屬必需生活外,全部沒收,其餘部分無

---

260 同註248。(第4卷),見〈民44年5月31日國防部判決書〉。
261 同註248。(第3卷),見〈民44年8月9日總統府代電國防部〉
262 同註248。(第3卷),見〈民45年3月28日國防部評議筆錄〉

罪。李國輝共同盜賣械彈處有期徒刑十二年，褫奪公權五年，其餘部分無罪。鄒浩修、石炳鑫、張蘭亭共同盜賣械彈，各處有期徒刑五年，各褫奪公權二年。

鄭德顏、劉　占、楊　棟無罪。

至此，李國輝所遭逢的兩個官司案，雖然只經歷了一年半的時間，但是卻跨越了三個年份，所以在感覺上又顯得非常的漫長，到此終於塵埃落定。此後，李國輝在軍人監獄中渡過了兩年的歲月，時間終於把這宗案件的政治性沖淡了，他得到河南籍和雲南籍的立法委員和國大代表為他聯名訴願，再得到李彌和柳元麟兩位前後任總指揮的從旁協助，終於得到蔣總統的特赦，才結束了這場牢獄之災和這宗公案。但是他(李國輝)也因為被判刑定案，軍人銓敘被革除，而由邊疆帶回來的私儲，也因為官司奔走應酬，蕩然一空，以致出獄之後，落得無處為生。所幸在部隊撤退時期，國府派任曼谷四國軍事聯合委員會的代表衣復得，當時正在台灣主持水利委員會，念在過去在撤退業務上與他有過交往，乃在水利委員會中為他補上一名僱員之缺，因此李國輝在困難之際才有一份微薄薪金，用以維持家計[263]。因為他的家境如此清寒，所以晚年過得並不如意。

除了衣復得之外，另有一位具有善心的能文之士(可能是羅石圃、丁中江或甚至李則芬)為他代筆寫了一篇長稿〈憶孤軍奮戰滇緬邊區〉，分為25期刊登於《春秋》雜誌上，再加上最前面的一篇〈昆明事變身歷記〉，全文一共連載26期，約有數十萬字，其篇幅可以出版一本專書，但並未出版。該文的代筆作者可能以全數(或至少以半數以上)稿費幫助李國輝，以幫助他改善家計。但是在該文第六次連載中，李國輝仍堅稱「虞維銓受匪諜矇騙，為匪諜利用，企圖叛變」並稱政治部主任修子政連續於10月15日和16日晨，都到猛撒街上將虞所貼的多張反動標語揭撕下送來給他，所以他才「派人逮捕，虞匪終於拒捕被殺」[264]。但是筆者以此事徵之於修子政將軍，修將軍說「絕無此事」；而且所有筆者曾訪問到的老8軍的健在者，沒有人認同「虞要投匪」的說法。

263　同註143(A)。頁24。
264　同註3(C)，(六)。頁48。

　　李國輝育有三子一女，長子壯年而殤，餘二子一女皆未婚。

　　李國輝於1987（民76）年11月5日病逝，以他擁有進入榮譽師的經歷，以及在滇緬邊區所立過無數的戰功，他真正是一位國軍英雄中的英雄，他理所當然可以進入台北五指山的軍人公墓，但他因「盜賣軍火案」被判刑確定，這些勳狀都被注銷，以致死後無法進入軍人公墓，幸賴當年具狀告他殺人的部屬潘培田，因他回台後被調入聯勤單位服役，已由一中尉小排長做到了上校補給官，與主管軍人公墓的聯勤主管為同僚，由於他挺身出面相助，向聯勤主管單位陳情，謂李國輝得了那麼多的勳章，為國軍英雄中的英雄，如今只因為被判了一個罪，便把他一生全部的功勳都注銷，這是立法和制度的不合情、不合理。較合情理的法規，應該是一個罪可以用一個功去相抵；而李國輝的一個罪，若要以三個功、甚至五個功去相抵，他都還有餘功可以進入軍人公墓，對這樣的一個國軍英雄，政府無論基於人情或是基於事理，都應該讓他進入軍人公墓。最後，潘培田說服了聯勤的主管單位，不但同意讓李國輝進入軍人公墓，而且還同意發出兩輛客車，幫忙接運那些參加告別式的舊日同僚，一同把李國輝護送到五指山軍人公墓，送他最後一程。李國輝和潘培田之間的這一份袍澤關係，可說是有情、有理、有義！

第三章
柳元麟時期

第一節　乃朗時期

一、部隊成立經過

　　1953(民42)年11月至1954(民43)年5月間，李彌的「雲南省反共救國軍」部隊奉國府之命，分批撤退到台灣。國府隨後宣稱，已盡其所能將部隊撤退來台，其餘不撤之部隊已非國府所能影響，應由緬方自行處理、解決。至此，緬甸向聯合國控訴國府侵略之案，終於告一段落。

　　本來，當聯合國的這個決議案於1953(民42)年4月23日通過之後，國府為保存這一股在緬的反共力量，於同年6月初即指示李部實施「天案」，計劃只撤退2,000人，以應付聯合國的決議案，並秘密下達指示，讓其餘者「奉命」暫時易幟換裝，加入克倫軍，潛伏於緬境，以待時機。然而，由於當時李彌於該年2月23日奉召返台後，國府即應美方之要求將他軟禁在台，以致無法再度返回防地，而李彌總部的高級幹部則對實施「天案」缺乏信心，深恐實施該案後會招致克倫軍之輕視或出賣，同時，李彌總部為替國府開脫外交上的困難，而於6月中旬自行推出另外一個新的方案：將部隊組織擴大，將該地各族的反共反緬武力亦予納入，成立一個「東南亞自由人民反共聯軍」，由李彌部隊先成立單數的1、3、5、7、9等五個軍，然後其他各族則再分別成立2、4、6、8、10等五個軍，並於6月14日以此反共聯軍的名義，致函曼谷的四國聯合軍事委員會，指責聯合國之決議案為不合理、不合法，而將國府指示實行的「天案」束諸高閣。只是後來國府因深受國際壓力，又見李部不但未能實施「天案」，反而反覆申訴不能放棄緬甸

堅持要收回的「六地」(即猛茅、邦央、猛羊、猛勇、猛撒、猛敦等六個產糧地),說放棄該六地的後果就是「餓莩」,於是國府中央乃認為李部在緬境已經無法生存,因此改變原來只撤退2,000人的政策,下令將李彌部隊全部撤回台灣。

國府在撤軍政策上如此朝令夕改的結果,把李部弄得一頭霧水,一時無所適從,就在最後決定是否全面撤退的關鍵時刻,「東南亞自由人民反共聯軍」的第5軍軍長段希文於1954(民43)年2月15日,在猛敦(Mong Ton)軍部召集軍事會議,討論是否接受國府的撤退命令,參加者有:第5軍的三個師長,即13師師長李文煥、14師師長劉紹湯、15師師長馬守一,第3軍的9師師長馬俊國,第9軍的26師師長甫景雲、27師師長李崇文,獨立第2團(原27師81團)團長朱鴻元、教導團團長楊再生等23人,會議決議:(1)不撤;(2)公推段希文領導[1]。這批不撤部隊冊報為3,228人,由段希文軍長領導,將暫時駐紮於靠近泰國邊境的乃朗(Doi Nawng)、乃山竹、猛阮(猛楊)(Mong Yawn)和大黑山等一帶地區。

此外,就在3月中旬緬北撤退快要結束的時候,國府國防部保密局局長毛人鳳密派呂維英(化名呂人豪)經由香港前往泰緬邊區,從事情報工作,並致電柳元麟,請他將原26軍呂國銓軍部人員約200人撥派給呂維英,以保護當時派駐緬北的孫亦居電台。於是呂維英便率了原呂軍部人員和蒙寶葉和吳運煖部前往緬東北的三島(Hsan Kho)地區,初期自稱為「第二十六軍」,後來改名為「滇南人民反共救國軍第一軍」,奉呂國銓為軍長,呂維英、宋朝陽為副軍長,後來因呂國銓無法由台灣出境,再由呂維英出任軍長。他們這一部是由毛人鳳的情報局直接補給[2]。

由於李彌部隊的撤台本非國府所願,而是迫於聯合國決議的壓力,因此為解除聯合國的壓力,國府不得不於1953(民42)年9月30日即停止補給李彌部隊,最後以為李部在緬已無法生存,於是決定將該部隊「全撤」回台。因此段希文雖是抗

1 (A)國防部史政編譯局檔案,《外交案》。(第22冊)。見〈民43年2月16日雲南隨軍組方錢致國防部大陸工作處密電〉。
(B)雷雨田(2000),〈從戰亂到昇平看泰北蛻變〉,刊於《救總五十年金慶特刊》。台北市:中華救助總會。頁252。
2 柳元麟(1996),《滇緬邊區風雲錄—柳元麟將軍八十八回憶》。台北市:國防部史政編譯局。見〈附錄第11:第二節關於第一軍問題的說明〉,頁257-271。

命不撤，但是暗合蔣介石總統的意旨，所以當李部撤退工作完畢，部隊番號撤銷之後，柳元麟即於1954(民43)年5月15日上電周至柔總長和蔣介石總統，謂：「中美泰三國委員會宜早結束」，以解國府之責任與被告地位，於是蔣介石總統乃於5月28日代電周至柔：「三國委員會應即日結束為宜」；國防部於當日即將此電令轉達外交部及曼谷之衣復得代表，以分頭推動此項任務。由於當時李彌部隊尚有4,000餘名部隊(即段希文等抗命不撤部隊)尚未撤退，美國大使館正在與外交部商談此事，為免美國懷疑國府欠缺續撤之誠意，因此外交部回覆國防部：結束三國委員會之事，不宜由國府主動提出。國防部將此意見簽呈蔣介石總統後，蔣總統雖於6月2日和4日再度電催周總長和葉部長：何以還不結束三國委員會？但同時也於6月10日密飭參謀總長周至柔：先擬定重建部隊的辦法，待曼谷三國軍事委員會結束，即予實施。最後到9月1日，曼谷四國軍事委員會解散，新上任的代參謀總長彭孟緝 [3]，即於9月22日簽呈蔣總統，建議將不撤部隊授予「雲南人民反共志願軍」的新番號，以表示並非國府的正規部隊，避免重蹈前次被緬甸控告侵略的覆轍 [4]。該部隊成立後，每月補給經費泰幣25萬銖，並於10月1日正式派柳元麟為該部隊的總指揮，彭程為副總指揮。

關於柳元麟出任總指揮一事，根據其他多項資料顯示，似有一番曲折的背景故事。綜合的說法是：當時的不撤部隊已實際公推段希文為總指揮，段亦當仁不讓，並請李先庚負責新部隊的後勤補給重任，因李曾於抗戰時期經辦過遠征軍後勤業務有功而榮獲美國的自由獎章。此外，因為李先庚出身於藍衣社，可透過國防部大陸工作處處長兼黨部中二組主任鄭介民上達天聽，因此撤退作業結束後，李先庚即於5月底返台密請蔣介石總統派任段希文為不撤部隊的新總指揮，總統幕僚亦認同此項建議案。但不日之後，蔣總統在公文中批示：不認識段希文。於是李先庚和總統幕僚們不得不退而求其次，再從四位副總指揮中向總統推薦新的

3　周至柔的參謀總長任期為自1950年3月1日至1954年6月30日，續任者為桂永清。桂永清於1954年8月13日病逝，由副參謀總長彭孟緝代行參謀總長，以後再於1955年6月18日真除參謀總長。
4　國防部史政編譯局檔案，《滇緬邊區游擊隊作戰狀況及撤運來台經過》。(第2冊)，民40年6月至民43年10月。見〈民43年9月22日彭孟緝總長上蔣總統簽呈〉(內附民43年9月柳元麟呈蔣總統「雲南人民反共志願軍調整部署腹案」)。

人選：蘇令德因曾反對撤退而離職，服從性不夠，上面不喜歡；李則芬曾指揮沙拉之戰，大敗緬軍，又曾擔任部隊代表露面於曼谷，並在曼谷召開記者會惹禍，不宜；李文彬在部隊時間不多，又曾擔任李彌的私人代表露面於曼谷，也不宜；最後只有柳元麟行事比較低調，外界並不認識，加以是官邸出身，總統信任，所以就推薦他出任新的總指揮[5]。柳元麟獲派為不撤部隊的總指揮後，於10月中旬即飛往曼谷，10月25日由曼谷飛清邁，兩日後率領留駐清邁的幹部和榮先、梁震行、柳興鎰、周遊……等，抵達5軍段希文軍部的駐紮地乃朗，籌組成立新的志願軍總指揮部（簡稱「總部」）[6]。

柳元麟在乃朗建立總部之後，從11月16日起，先巡視駐於乃朗附近及以西的13師、14師、9師和15師，並於12月召開第一次軍務會議，整理部隊。過完新曆年，從元月中起，再繼續巡視駐於乃朗以東及東北的獨立第1團和第7師等部隊，但是南方泰緬邊境的巡視甫結束，還沒有來得及巡視駐於北方滇緬邊境的第31縱隊（張偉成）、第29縱隊（李黎明）、獨立第2支隊（朱鴻元）、第25縱隊（曾誠）以及自定為第1軍番號的呂人豪部等，緬軍從1955（民44）年元月29日起，就開始攻擊駐於北方滇緬邊境的第31縱隊、第29縱隊和獨立第2支隊；不久，於3月間再對駐於南方泰緬邊境的部隊展開攻勢，緬方稱之為「淵之旺攻勢」（或譯「楊芝昂攻勢」），而柳部則統稱為「緬東基地保衛戰」。在該場戰役中，因為緬軍事先曾作了充分的準備，因此攻勢十分猛烈，而柳部則採取了靈活的游擊戰術，雖然還擊火力不足，無法擊崩緬軍，但是也將戰事延續至130日之久，並給予緬軍頗大的重創，緬政府鑑於無法以武力將柳部驅除、消滅，於是乃自行5月底將戰事結束。而柳部則於戰爭期間，其總部即已隨著戰事的發展而遷離了乃朗，最後於5月25日，將總部遷駐於老羅寨。

5　李先庚先生訪問記錄。1997年10月12日於沈家誠宅。
6　同註4。見〈民43年11月6日彭孟緝總長上蔣總統簽呈〉。

柳元麟巡視不撤部隊

←乃朗總部營門「復興嶺」。左起：廖展
　忠、梁震行、李彬甫、程時熾、和榮
　先、閻元鼎。
　營門上加掛了「萬壽無疆」紅布祝辭，
　祝賀蔣介石總統華誕。1954.10.31

↑1954.11.16柳元麟巡視駐扎柱第5軍第13師李文煥部並致詞。

↑1954.11.16柳元麟巡視第13師李文煥部，與連指以上幹部合影。

↑1954.11.17柳元麟視察戰地。

←↑1954.11.17柳元麟由13師參謀長雷雨田陪同視察戰地。

←↓1954.11.17柳元麟與李文煥第13師官兵之餐會。

↑柳元麟對第14師劉紹湯部講話。

←1954.11.20柳元麟巡視駐乃山竹之第5軍
　第14師劉紹湯部隊。

↑1954.11.20柳元麟與第14師劉紹湯部連指以上官
　佐合影。
→1954.11.21柳元麟視察第14師沈加恩團前線戰地

↑1954.11.23.柳元麟對第14師楊大燦團官兵訓
　話。

↑1954.12.3柳元麟巡視第5軍第15師馬守一部對
　官兵講話。

↑左起：李果、閻元鼎、丁作韶、王少才、王利人、馬俊國、王畏天、雷雨田。1954.12.25

↑1954.12.25.乃朗總部慶祝蔡松波雲南護憲起義紀念大會。

↑1954.12.26.柳元麟巡視第3軍第9師馬俊國部與連指以上官佐合影。

↑乃朗總部軍民共同慶祝民國四十四年元旦。
←(此一張為上面一張局部的近照)

→1955.1.15.柳元麟巡視駐回哈楊文
　光獨一團。
　左起：○○○、文興洲、柳元
　麟、楊文光、楊瑞祖
　對聯：誓殲頑寇實施民主；消滅
　匪奸重振自由。
　外聯：生產壯大；戰鬥讀書。
　橫批：雪恥救國。
　下掛「歡迎柳先生出巡」白布
　條。

二、猛漢之戰

　　1954(民43)年3月下旬,緬北的李彌部隊撤退結束後,「東南亞自由人民反共聯軍」第5軍(軍長段希文,副軍長李毓楨,參謀長歐陽維法/化名王利人)軍部還是駐在米津(Me Kin)的山上,後來才轉移到乃朗(Doi Nawng)東方不遠的回哈(Huai Ha)。再過不久,在當年雨季前的5月間,段軍長再率不撤部隊由回哈回頭走2-3天,進攻猛漢(Mong Hang),只打一天,目標未攻下,兵員又損失很大,是為「猛漢之戰」。

　　段希文軍長為什麼會決定要打這樣的一場戰爭呢?據電信總台台長沈家誠的說法:「那是因為部隊撤退結束之後,緬軍以為我們力量微弱,所以不斷的追打我們、進逼我們,想把我們攆走,或是想把我們消滅掉。段先生的意思是,你老緬老是這樣攆我,我就回過頭來狠咬你一口,把你吃掉,看你還敢不敢再來,是這個意思。」[7]而據總部總務處官員何以志的回憶,他說:「當時我們已經在乃朗駐紮下來了,也不曉得為什麼要回頭去打這一仗,實在是有點師出無名。猛漢那個地方,戰略的價值沒有,打下來之後也不可能去住,我認為唯一的作用,就是那個地方有一個市場,有很多商人在那裡集中,打下來之後呢,可以從中取得一些生活物資和生活日用品。」[8]而涂剛則不太認同何以志的消極說法,他認為猛漢既然是泰緬之間的一個商旅會集之地,它至少可以開徵一些稅收,這在求生存上也是一種必需[9]。但據當時黨部書記長李先庚於當(1954)年5月5日向中二組的報告書則寫道:「刻緬軍既繼續進擾深山,危我生存,我為自衛計,決全面對緬實施小組游擊,必要時決以軍事行動配合,直至緬軍與我和善相處為止。」[10]由此可見,沈家誠的解釋似乎比較切合事實。

　　總之,戰爭需要一個理由,可能是基於前一個理由,可能是基於後一個理由,也可能是基於好幾個不同的理由,總之大家都很熱心去打這個仗,動員了好

7　沈家誠先生訪談記錄。2002年7月30日於沈宅。
8　何以志先生訪談記錄。2002年2月23日於何宅。
9　涂剛先生對本書初稿的書面意見。2007年3月5日。
10　(A)中國國民黨大陸工作會檔案,《雲南處工作檢討座談會議》。(第2冊)。
　　(B)中國國民黨大陸工作會檔案,《指導雲南處加強敵後工作》。(第2冊)。

幾個部隊去打。當時攻打猛漢的作戰計畫是：馬俊國的部隊由右翼攻打，李文煥的部隊由左翼攻打，而張鵬高的這個團則是預備部隊(何以志當時就在張的團裡)；另外，還派劉紹湯的部隊佯攻米津，派馬守一的部隊佯攻蚌八千，以分散緬軍的注意力，使緬軍顧此失彼。緬軍在猛漢的兵力很有限，只有一兩百人，而游擊隊的聲勢卻很浩大，去了一兩千人，同時猛漢這個地方並不大，照理說應該很快就能拿下來的。結果，因為配合不起來，打了一場爛仗[11]。

　　開戰那天是拂曉出擊，右翼的馬俊國部隊進行得很順利，按時到達了攻擊地點，把緬兵的警衛無聲無息的解決掉了，只等左翼部隊也到達其攻擊地點，就同時發動攻擊，攻其不備，很快就能攻下敵營的。只是等到攻擊時間到了，左翼部隊並沒有準時到達攻擊地點；追究其原因，是因為他們不敢走大路，怕被緬兵發現，改走路邊的田埂小道，如此一來，行軍的速度就慢了，以致無法按照約定時間到達攻擊地點。攻擊時間到了，他們還在外面。馬俊國那邊看攻擊時間到了就發起攻擊，把應該佔領的堡壘都佔領了。因為槍擊聲驚醒了熟睡的緬兵，都起來進入碉堡備戰了，所以等到左翼李文煥部隊到達攻擊發起點時，緬兵老早就在碉堡內嚴陣以待，你攻上多少人，他就打你多少人；所以總是攻上去，就敗下陣來，以致傷的傷，死的死，李文煥的團長黃銀和，就是這樣負了重傷而被抬下來的。當李文煥的左翼部隊攻勢受挫之後，段軍長把張鵬高團也投入了左翼的隊伍；張團一投入戰場，就陣亡了一個連長[12]。在猛漢這場戰役中，段軍長無異是採行了一個小小的人海戰術，在猛漢這個小小的戰場中，竟投入了一兩千人馬，擁擠得就像趕鴨子一樣，所以緬兵隨便一排機槍掃下來，就能打死十幾個人；隨便一個砲彈打下來，也能炸死一二十個人，幾下子下來，真不知被冤枉打死、打傷了多少人。戰事就這樣僵持了一整天，既不能攻，又不能退，一直等到晚上天黑了，才藉著夜色的掩護而撤退，回來乃朗。結束了一場不堪回首的戰爭。

　　據參戰者的事後分析，認為段先生採取兩面夾攻的「殲滅戰」的打法或許是不對的，因為許多怯戰的緬兵本來都向後逃跑了，但是一下子就被另一個方面的馬俊國部隊堵著，沒有給他們留下逃生的「活口」，於是他們就又跑回來死戰，

11　同註8。
12　同註8。

這真是迫得他們不得不死戰，這也是造成重大傷亡的原因之一，這真是一個「置諸死地而後生」的反面教材[13]。其次一點是，據沈家誠台長說，當時作戰時，段先生是利用有線電話來指揮作戰的(因為電話線就是他負責拉成的)，照理說，戰場的指揮應該是非常靈活的，但是又怎麼會發生左右兩翼部隊不能同時到達攻擊點，而仍然發動攻擊的事呢？為什麼不能隨機應變一下，改變一下戰法呢？這似乎是一次不成功的用兵。

三、緬東基地保衛戰[14]

從1950(民39)年以來，緬甸政府由於始終無法以武力和外交手段解決李彌部隊，於是向聯合國提出控訴，對美國和國府施壓，最後終於迫使國府不得不將李彌部隊撤台。緬甸政府在國府撤出約7,000人之後，估計由不撤人員所組成之「柳部」，大約只有4,000餘人，且人員分佈於廣寬之滇緬與泰緬邊境地區，戰力大不如前，應不難以武力將之消滅，於是從事內政、外交、軍事等各方面進行備戰。首先在內政上，為斬斷柳部的後援，緬政府大力收買各地少數民族的土司頭人，請他們協助刺探軍情，並管制各村寨的糧食，甚至強迫柳部駐地附近的居民遷移，以全面孤立柳部。其次在外交上，緬總理宇努(U Nu)先於1954年10月前往中國大陸，商請中共的協助；並於1955年2月18日與泰國簽訂「緬泰聯合消滅外軍軍事協定」，3月邀請美國國務卿杜勒斯(John Foster Dulles)訪緬，取得美國同意以武力消滅柳部的計劃。

當外交問題妥善解決之後，於是在內部完成了猛畔(Mong Pan)到猛敦(Mong Ton)、猛撒(Mong Hsat)、猛漢(Mong Hang)、蚌八千(Pongpahkyem)、阿牙特之間，以及景棟(Keng Tung)到猛卡克(Mong Kak)、猛勇(Mong Yawng)到猛叭(Mong Hpa Yak)之間的公路建設之後，緬軍便動員了步兵12營、外籍(尼泊爾傭兵)山地森林特種部隊1營、榴彈砲1營、76山砲部隊2營、戰車14輛、憲警2營，以及空軍、民伕、車輛、騾馬等，展開全面的軍事行動。

13　張國杞先生訪談記錄。2000年5月9日於台北市國軍英雄館。
14　(A)曾藝(1964)，《滇緬邊區游擊戰史》。台北市：國防部史政編譯局。頁169-191。
　　(B)戰報，《緬東基地保衛戰作戰經過概要》。民44年6月5日。

依時間的順序，緬軍對柳部的軍事攻勢大約可以區分為四個階段：(1)猛羊
(Mong Yang)、猛派克(Mong Pak)階段，時間自1955(民44)年元月29日至2月28
日；(2)猛阮(Mong Yawn)階段，時間自3月1日至31日；(3)乃朗(Doi Nawng)階
段，時間自4月1日至20日；(4)賴東(Doi Tong)階段，時間自4月21日至5月31
日。

在第一階段中，緬軍以步兵4營、砲兵1營，人數約2,000餘人，於元月中由
景棟向猛卡克(Mong Kak)推進；元月29日8時，除以兩營步兵布守公路外，其餘
部隊在空軍的助攻下向猛羊的張偉成31縱隊進攻，激戰二日，張部不與硬戰，即
向猛羊以東山區退去。當時，張偉成部駐猛羊，李黎明29縱隊駐猛研(Mong
Nyen)(即猛根)，朱鴻元獨立第2支隊駐猛派克；猛派克的地理位置在北，猛研在
南，猛羊則在前二者之東，三者形成一三角形。當時的作戰策略是：若緬軍向三
者之任何一部進攻，則其餘二部則應聯合襲擊緬軍之側背，以解救被攻者。當緬
軍進攻張部時，李部和朱部即派隊襲擊緬軍後方，但尚未接觸即得知張部已棄守

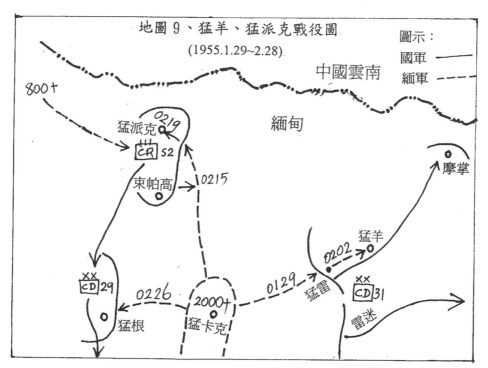

地圖 9、猛羊、猛派克戰役圖
(1955.1.29~2.28)

猛羊，於是各自返回原防。緬軍於2月2日進駐猛羊，除留一部駐守外，於15日再以主力由猛卡克向猛派克之朱部進攻，朱部於猛派克以南之東帕高，伏擊來犯之緬軍，激戰之後，緬軍傷亡百餘人，朱部亦傷亡5人；因由李部之通報，得知邦央（Pang Yang）方面之緬軍即將來擊朱部之側背，故朱部乃南移至猛研，與李部會合。至26日，緬軍再向猛研之李、朱兩部進攻，李、朱兩部因眾寡懸殊，且因人數眾多，超過當地夷民供糧的能力，無法久駐，於是總部乃於3月初將李、朱兩部南調，朱部於3月9日到達猛可克（Mong Kok），李部則於11日抵達猛海（Mong Hai）。

緬軍收復了猛羊和猛研之後，繼續對泰緬邊境柳部展開攻擊行動，於是進入了第二個階段。在這個階段中，緬空軍先於3月1日至4日間，對乃朗、猛阮等地進行偵察，除原駐於猛敦、猛漢、猛撒一帶的4營步兵和兩連砲兵外，並由東枝（Taunggyi）、猛畔再增調4營步兵和1營砲兵，並向柳部駐地推進。從3月7日上午8時起至18時止，緬軍步兵在其空軍和砲兵的助攻下，分由猛撒和猛董（Mong Tom）兩個方向，聯合進攻駐於大黑山陣地的文興洲第7師；助攻的緬機分為4批，每批3架，輪流轟炸，炮兵打了1,000餘發砲彈，步兵則猛烈衝鋒數次，文部堅強抵抗，陣地雖未被攻下，但因陣地已被完全摧毀，因此文部乃於8日凌晨2時，在未奉總部轉進令（總部於該日白天才電令文師轉進）前，即先行轉移至南方的紮拉布孟高地。而緬軍砲空於8日仍繼續轟襲大黑山陣地，直到9日，緬軍才進占大黑山。8、9二日，緬軍亦派機轟炸乃朗總部，並於10日轟炸猛阮。

緬軍攻占了大黑山陣地之後，於13日12時起，繼續以兩營步兵和一營砲兵，攻向南方熱水塘、猛阮的第13師李文煥部；緬軍除以砲空猛烈助戰之外，並以有力一部繞道泰境而偷襲熱水塘陣地的東側，形成兩面夾攻。雙方戰鬥十分猛烈，李部奉命逐次抵抗，連續戰鬥數日。所幸於14日，第14師劉紹湯部之一部襲擊米津、猛漢間公路時，俘虜一名緬軍及馱載輜重騾馬14匹，獲緬俘供稱：緬軍主力集結於猛撒附近，阿牙特、猛漢、米津一帶，每地僅駐兵一連。根據該項情報，柳總部得以判斷：緬軍在西面的阿牙特和乃山竹一線並無軍事行動，因此大膽抽調總部附近、回哈的第9師和扎黑弄的第15師，令於15日趕赴猛阮、熱水塘，支援前線的戰鬥；16日凌晨3時，柳部各部對緬軍展開包圍反擊，激戰終日；緬砲

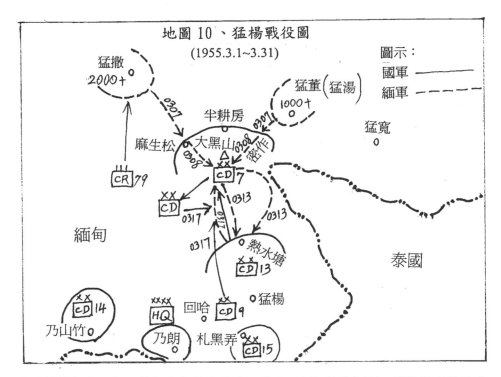

地圖 10、猛楊戰役圖
(1955.3.1~3.31)

圖示：
國軍 ——
緬軍 ----

空雖繼續猛轟，但因柳部之無後座力砲，擊中了緬軍的指揮所，擊斃其副營長及對空電台，緬軍才開始動搖；17、18兩日，柳部繼續向緬軍圍攻追擊；19日，緬軍退回大黑山陣地頑抗，而柳部亦因彈藥缺乏，而於次(20)日停止追擊。

　　戰鬥暫時停止後，緬空軍從21日起至31日止，每日仍不斷轟炸各部陣地，柳部並於29日在乃朗擊落緬機一架。這次戰役，緬軍總計傷亡700餘，其中副營長2人、砲兵連長1人，俘虜15人；鹵獲76砲彈和81砲彈300餘發、機槍3挺、步槍22枝、無線電台1座。柳部傷亡107人。

　　緬軍由北向南進攻熱水塘和猛阮的戰役受挫之後，即放棄北方進攻三島方面的計劃，而於3月25日間，將駐於該地的2營步兵和1連砲兵調到大其力；同時並於4月初，除保留步兵兩營和砲兵1連於猛撒和猛董外，在猛敦增調步兵2營、砲兵1營，米津、猛漢和乃山竹一帶增調步兵1營、砲兵1連，阿牙特增調步兵1營、砲兵1連，並將專門從事森林戰之106特種步兵營亦由緬北調來阿牙特。調動完畢，緬軍乃於4月7日9時，先以砲空向乃朗總部陣地猛烈轟擊，地面部隊則分由

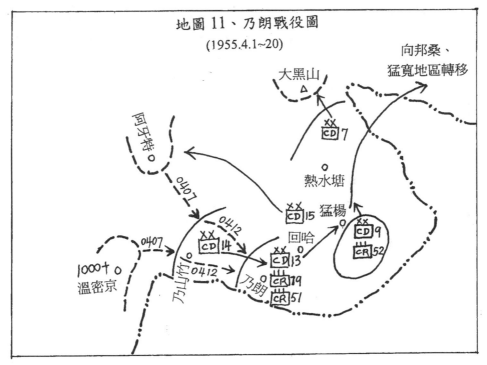

地圖 11、乃朗戰役圖
(1955.4.1~20)

米津和阿牙特兩路，向駐守於乃山竹之第14師劉紹湯部進擊，劉師堅強抵抗到18時，緬軍無法攻下；8日，緬軍僅以砲空轟擊；9日，再以地面部隊猛攻，又被劉師擊退；緬砲空再於10、11兩日猛轟，12日地面部隊再在砲空支援下進攻，而劉師為保存實力，乃轉移至第二線陣地，與張鵬高第79支隊會合。13、14兩日，緬空軍繼續轟擊。柳總部鑑於緬火力猛烈及本身彈藥缺乏，乃主動放棄乃朗基地，除留少數部隊殿後以牽制緬軍的進展外，柳總部於15日即率各部撤離乃朗，經回哈轉移至猛楊(猛阮)，然後再於18日由猛楊轉移至賴東地區。在柳部轉移陣地期間，緬軍每日持續空襲乃朗、猛楊等地，直到20日，緬軍才在其駐泰連絡人員的報告，謂柳部已經撤離乃朗，才進駐乃朗。在這階段，緬軍以砲空轟襲為主，地面戰鬥較少，總計緬軍傷亡300餘，柳部傷亡42人。

柳總部轉移至賴東地區的老羅寨後，總部分令各部駐地：第7師駐猛寬，第9師駐猛海，第13師駐邦桑，第14師駐猛可克，第15師駐帕幾，第20、26師、29縱隊及砲兵隊駐賴東附近的帕老、蠻美等地，獨立第2支隊則駐猛龍。5月7日上午9

時，東線的緬軍開始以榴彈砲3門、76山砲4門、81迫擊砲8門，齊向賴東前方之陣地蠻美猛轟，全日達2,000餘發；10時起，緬機分四批轟炸掃射，步兵則衝鋒4次，均被柳部守軍擊退。8日，緬軍續以砲空猛烈轟擊千餘發，緬步兵亦衝鋒5次，到下午5時，因蠻美前線陣地被摧毀，乃放棄蠻美前線陣地，退至較後方主陣地，繼續堅守；而柳部的砲兵隊亦以無後座力砲，將緬軍在大其力西側的彈藥庫擊毀。但在西線方面，緬軍千餘人及山砲1連，於8日同時向猛寬的第7師進攻，到晚間文興洲部不支退出防地，緬軍進占猛寬。

由於猛寬陣地失守，柳部陷於東西兩面作戰的不利局面，於是柳總部5月9日決定改變作戰策略：令第26師、20師和29縱隊合力固守東面的賴東陣地，而以13師、14師、15師、獨立第2支隊和砲兵隊為主力，解決西面占領猛寬的緬軍。進攻猛寬的軍事行動於11日佈署完畢，12日對緬軍展開包圍攻擊，緬軍倉惶應戰，雖被迫退向西北方的高地，仍然逃不脫柳部的包圍攻擊。緬軍為解猛寬被圍的部隊，於是由駐賴東的緬軍於13日發動猛烈的攻擊，並由猛敦增調400人，由猛董推向猛

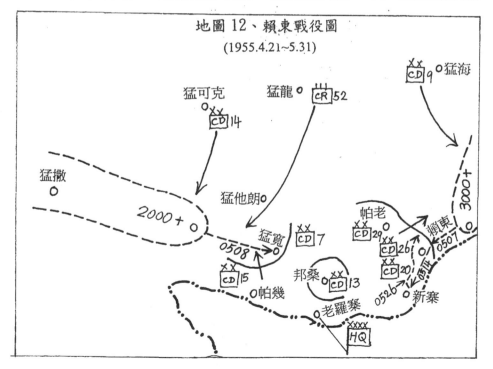

地圖 12、賴東戰役圖
(1955.4.21~5.31)

寬，以形成反包圍之勢。由於緬軍有猛烈砲空的助攻，而柳部則是彈藥缺乏，火力不足，以致猛寬之緬軍得以從容向西突圍，踞守於猛煥高地，頑強抵抗，使柳部無法解決東西兩面作戰的不利局面，因此柳部乃於15日再度改變作戰策略：放棄不利的東西兩面作戰，改採南北兩面夾擊。

柳部改採南北夾擊的策略之後，除第13師由總部率領並駐於邦桑外，由第7、15、20、26師和第29縱隊、獨立第3支隊組成南線部隊，由第9、14師和第2、79支隊組成北線部隊；這南北兩線於5月16日佈置完畢之後，對賴東、帕老到猛寬間的緬軍嚴加戒備，緬軍雖於16到18日間連日出擊，但都被柳部南北夾擊而予以擊退。緬軍鑑於地面部隊無法將柳部擊潰，於是再改以空軍連日大舉轟炸，不幸又被柳部擊落飛機1架；於是緬軍終於停止攻擊，其部隊於23日由賴東撤至大其力，24日再由大其力撤往景棟；26日，猛寬、猛煥方面的緬軍亦撤回猛董，戰事正式結束。在這最後一個階段中，緬軍在賴東戰場傷亡約700餘，猛寬戰場傷亡約100餘，另虜獲303機槍乙挺、步槍12枝及擊落飛機1架；柳部則傷亡102人。

關於這一場緬東基地保衛之戰，乃是緬甸政府想趁國軍游擊部隊撤台後的虛空之際，擬一舉以大軍將這批殘餘部隊加以消滅或驅逐出境，而主動發動的一場戰爭。只是緬政府所發動的這場不但沒有達成原始的目的，反而幫了柳元麟一個大忙，幫助柳元麟建立了一個作戰指揮的命令系統；因為柳元麟在李彌時期擔任代理總指揮的時候，為執行國府「全撤」的命令時，曾對這些不撤部隊使用了一些無情的手段，如今國府居然又派他來擔任這批不撤部隊的總指揮，依人情常理，這批不撤部隊如何能嚥下這口不平之氣！所以當柳元麟又奉國府之命回去前方擔任總指揮之後，從段希文以下的各級幹部，都私下採取不合作和抵制的態度，因此，要不是緬甸政府發動了這場大規模的攻勢，事關整個游擊部隊的存亡，柳元麟所能統治指揮的人馬，真的會只限於一個空頭的總部。所以，緬軍雖然在表面上是柳元麟的敵人，但是在實質上卻同時也是柳元麟的救命恩人。

第二節　老羅寨時期

一、柳部與緬軍和談

　　緬東戰役結束之後，緬軍於當(1955)年5月31日空投傳單於柳部，勸柳部不要因小勝而驕傲，並請柳部派員至大其力和談[15]。當時，柳部因為正忙於籌備6月所要召開的第二次軍務會議，以解決部隊的集訓和整理等問題，未予積極回應，以致和談未能即時展開。以後，景棟王基於考慮以下幾點因素[16]：

(1)欲藉柳部武力支持，防阻緬方改土歸流，維護其土司制度；

(2)以柳部對抗共黨地下與公開之滲透，因景棟、大其力等城市中共間諜活動甚力，景棟王深引為懼；

(3)維護地方安寧，免除戰禍；

(4)減少緬軍駐景棟區兵力，免除滋擾，因為緬軍紀律太壞；

(5)用柳部增強社會黨右派勢力，支持實業部長宇叫英競選；

(6)統制經濟利益；

於是再度建議雙方和談，因為得到國會議員宇散翁的從旁向緬政府說項，而緬政府也可能基於下列各點的考慮，默許了和談的進行[17]：

(1)反政府力量到處滋長，克倫人主動聯合蒙族、紅白旗軍、緬共、民主黨及工農黨等一致行動，企圖推翻現政權；

(2)右翼黨派及執政黨右翼分子不滿宇努中立政策；

(3)經濟危機；

(4)防止共黨擴張，希望柳部對其反共有所貢獻；

(5)爭取明年4月選舉的勝利。

15　柳元麟(1973)〈追懷滇緬邊區往事〉。刊於《留痕》第3期。台北市：劉子兆發
　　行。頁62。

16　《各時期重要電報稿》。民44~45年。見〈民44年12月14日柳元麟致情報局長毛人
　　鳳電〉

17　同註16。

至於緬甸陸軍方面,可能也因為考慮到下列幾點因素,也願意展開和談[18]:

(1)經各次戰役對柳部力量有所認識,無法將之擊倒;

(2)同情反共;

(3)恐久戰師老無功;

(4)下級士氣低落;

(5)內部不團結、互相衝突,統一協力作戰困難;

(6)人民輿論及景棟王不再支持其對柳部作戰;

(7)緬軍不慣山地作戰;

(8)氣候不適,病患甚多(士兵多屬下緬甸人民);

(9)作戰物質供應困難。

由於各方都傾向和談,於是由緬軍方(陸軍)從11月27日起,連續三次致函柳部,表示願意放棄戰爭,舉行和平談判;並提議於12月5日舉行談判,商討和平相處辦法。柳部在獲得國府上級核可並指示會談原則(上級指示:會談條款必須報奉核復後方可決定)之後,才回覆緬方同意在賴東附近的中立地點進行會談。但緬方則於12月7日再回函改約在12月8日和談[19]。到了會談之日,柳部派代參謀長馬俊國率宋朝陽、朱心一、雷雨田、柳興鎰等五人出席,而緬方則派第1營營長吞昂、國會議員宇散翁(或譯贛敬翁)及景棟行政長官等四人為代表,在賴東陣地前中立地區的郭麻朗村舉行和談。雙方第一個階段的談判,由12月8日一直進行到13日,談判期間,柳部代表馬俊國、柳興鎰、雷雨田三員且於11日至大其力與緬軍營長見面交換意見,緬營長同意即日起至12月20日止,在其所管轄的猛勇、猛林和大其力等地區,全面停止軍事活動;至於非他所管轄的地區,則須請示其上級後才能決定。但是整個談判,因武器(繳械)問題未能獲得協議,以致無法取得重大的突破[20]。

---

18 同註16。

19 (A)同註4。(第3冊),見〈民44年12月16日、22日,民45年1月25日、31日張群秘書長上蔣總統簽呈〉(轉呈柳元麟44年12月11日、17日,民45年1月21日、27日電報)

    (B)同註14(A)。頁91。

    (C)同註16。見〈民44年12月8-10,14日柳元麟上毛局長電〉

20 (A)同註4。(第3冊),見〈民44年12月16日、22日,民45年1月25日、31日張群秘

緬方代表在第一天(12月8日)的和談中，即以書面提出了五個要點：

1.雙方和平相處，但柳部須照國際公法放下武器；

2.柳部人員可在緬自由居住；

3.尊重柳部人員的政治和宗教信仰自由；

4.柳部人員可比照外僑，享受一切權利；

5.緬方負責保障柳部人員的安全。

但是，緬方也以口頭提出另外一個要求，就是希望柳部能顧全緬政府顏面，以部份人員作一個假投降，並象徵性繳出一些武器，繳械後的人員可在緬城市公開作反共的政治宣傳活動；至於其餘不繳械的武裝人員則須轉入地下，以秘密的方式潛伏在民間，與民眾打成一片，不限制地區，但要避免與緬軍發生衝突。

針對緬方所提的要求，柳部亦在會中提出五點回應和要求：

1.要求原態勢停戰；

2.要求不繳械、保持武器；

3.請准以難民名義，在景東區劃定供糧地區，以供駐留及活動；

4.柳部將避免使用軍隊番號，改以外僑自衛隊等名義，使成緬內政問題，不再引起國際法上的爭議；

5.為顧全緬方的國際體面，可以考慮讓部隊中的華僑人員出來假投降，並願意象徵性交出少數陳舊武器，但是這項討論須留在最後。

和談進行到第二天(12月9日)，談判內容轉為較為具體的停戰案、繳械案和地區案。在停戰案方面，雙方同意自12月10日中午12時起，就現態勢停止一切軍事活動，但因為繳械案未能同時達成協議，以致此案亦不能一併簽約。在繳械案方面，緬方為維護其國際體面及確認柳部之誠意，堅持柳部必須象徵性先繳出少量武器及人員做假投降，柳部雖然不是當下拒絕，但是柳部因奉國府國防部的指示，要求緬方必須先說明以下五個問題：a)繳出之最低數量，b)繳交之方式和地

(續)
　　　　書長上蔣總統簽呈〉（轉呈柳元麟44年12月11日、17日，民45年1月21日、27日
　　　　電報）
　　（B)同註14(A)。頁91。
　　（C)同註16。見〈民44年12月8-10,14日柳元麟上毛局長電〉

點，c)繳交時間，d)繳出之武器人員如何處理，e)其餘人員如何保障等，再決定
是否同意。因為緬方無法具體說明以上幾個問題，因此柳部也就無法決定是否同
意。最後在駐留地區案方面，緬方因為國際體面問題，堅持柳部必須離開泰緬邊
境地區，移往滇緬邊境地區，並特別指明必須讓出溫柯可克，而柳部雖不堅持保
留現地區，也同意移往公路以北的滇緬邊境地區，但希望能以難民名義居留，以
避免國際法的問題；但緬代表稱以權力有限，須向政府請示，因此此案也沒有獲
得協議。在該日所舉行的和談，由於繳械問題關聯到兩個議案的成敗，因此柳部
急電國府早日核示，可否答應作象徵性繳械；而國府雖亦擔心和談失敗，但因擔
心繳械會對官兵心理和士氣有不良影響，所以不但遲遲不敢同意繳械案，而且還
要求談判的進行應力求保密[21]。

第一階段的和平談判，進行到12月13日上午8時宣告結束，緬方代表當日即
返回大其力，再分別轉往景棟及仰光，而柳部代表則於次(14)日亦返回老羅寨總
部。歷經五日之談判，緬方所提出的意見，大致可歸納為以下幾點[22]：

1. 顧全緬方顏面，柳部必須以部份人員出來作假投降(人數不必多)；這些假投
降人員可在城市公開活動，緬方表示支持其活動；

2. 顧全外交處境，緬方不擬與柳部簽訂正式的官方協定，僅作私下的默契；

3. 支持柳部反共目標，但其武裝人員須轉入地下活動，並可與地方連繫合
作；

4. 柳部武裝人員的地下活動，應避免與緬地方軍衝突，以利其默契之保持；

5. 柳部改變部隊外形，實施化裝與民眾打成一片；

6. 公開活動人員實施宣傳組織教育等民運反共工作，先由華僑著手，進而推
及緬甸各民族；

7. 劃定地區可能在景棟區內不接近公路線(大約孟勇、孟坎一帶)之地區；

8. 談判時間須儘速在1月內完成，以安定緬甸國內政治經濟軍事，並避免柳
部成為明年4月大選黨派競爭時的話題。

可見緬政府基於其國內經濟、軍事上的困難，以及對外的體面和對內的威

21　同註16。見〈民44年12月10日柳元麟致毛局長電〉。
22　同註16。見〈民44年12月14日柳元麟致毛局長電一〉。

信，尤其是考量來年4月大選的勝算，堅持柳部必須繳出少量武器，並作一假投降的形式，即可達成其要求，其餘之駐留地區及糧食供應等問題，均可從寬商量，予柳部以方便。

柳部方面所提之意見，亦可歸納為下列幾點：

1.不繳出武器，至多象徵性照相實施；

2.部份參加柳部之華僑人員可出來作假投降，以實施公開的反共活動；

3.顧全緬甸顏面，對緬方對外之宣傳，柳部將不加申辯；

4.在景棟地區內給予柳部足資活動及糧食供應之適當地區。[23]

第一階段談判結束之後，便由和談的雙方首席代表(柳部代參謀長馬俊國和緬軍第一營營長吞昂)書信往來，討論第二階段和談與送出投誠人的問題。首先，緬和談代表國會議員宇敬翁於12月19日由景棟返回大其力，邀柳部代表往晤，商討第二階段和談之準備。柳部於24日派宋朝陽、柳興鎰、雷雨田三員前往泰國美塞，並於25日與宇敬翁晤談。討論關於第二階段談判之準備事宜，緬方希望柳部提出一個和平案工作的實施計劃，以便層報請示；同時，緬方堅持柳部必須先將在緬僑生象徵性交出，以作為談判之基礎。柳部於次(1956/民45)年元月3日向緬方提出和平實施計劃後，緬方即於同(元)月17日來函，請柳部派員於22日再在賴東中立地區(郭麻朗)再舉行和談；柳部仍由馬俊國率代表參加，而緬方代表為吞昂營長[24]、烏衣提國會議員等。雙方於25日再度展開和談，獲得四項口頭協議：

1.雙方停戰，雙方同意自即日起至4月底止，全地區第一線部隊停止敵對行動，緬方空軍亦不轟炸或掃射。

2.柳部准許緬甸僑生官兵50人攜帶武器離隊至大其力，由緬方處理給予證件，可自由居留並予安全保障，該項僑生離隊自1月28日起4月底辦竣。

3.柳部駐區定於景棟區內(即東自湄公河西至薩爾溫江北至國境南迄泰境)，但緬方要求孟馬(張偉成部駐地)須於2月前讓出，俾修通公路，柳部應在公路兩側20英里以外，經柳方堅持不能讓出，緬方謂須請示上級，且恐難更改云。

4.協商初步，緬方要求柳部協同維持治安，勦辦土匪，柳方表示同意，至於

23　同註16。見〈民44年12月14日柳元麟致毛局長電(二)〉。
24　在本次和談到下一次和談期間，吞昂之軍職已由營長晉升為團長。

實施辦法另行商訂。[25]

根據這個口頭協議,柳部於1月27日即先行送出第一批投誠人員13人(男6、女3、童4)前往大其力[26]。以後,由吞昂(營長)和馬俊國(參謀長)經由多次書信溝通,柳部繼續送出了另外三批投誠人員:2月21日送出第二批35人(男22,女7,童6)及衝鋒槍3枝、機槍1枝、雜色步槍7枝[27];但緬方於次日回函,謂只接到16人(男10,女3,童3),及衝鋒槍1枝、步槍3枝[28]。3月22日由西區指揮部送出第三批27人(男11人,眷屬16人)及機槍1挺、衝鋒槍5枝、卡柄槍1枝[29]。最後,5月18日送出第四批17人,及英造303步槍(大十響)1枝、衝鋒槍3枝,每枝附彈5發[30]。

吞昂營長和馬俊國參謀長書信往來時,吞昂一再建議馬俊國派員到景棟來會談。3月20日,馬俊國曾派宋朝陽、柳興鎰、雷雨田三員經由美塞到大其力參訪[31];以後於4月8日,再派他們三人經由大其力前往景棟,而於13日進行正式的會談,緬方的代表是9旅旅長臘(拉)摩、副旅長臘(拉)瑞、團長吞昂、景棟王及譯員昆頂等人[32]。會談只進行一天,雙方談出了一個和平協定,次(14)日,柳部代表即由景棟返回大其力,宋朝陽、柳興鎰二人暫留美塞,雷雨田則於18日返回柳總部報告會談情形;到5月31日,緬方代表通知,謂該項協定已獲仰光批准,不需書面簽字,僅作口頭保證即可。該項和平協定的要點如下[33]:

1.緬甸政府同意柳部居留在現地區(景棟地區),並保持武裝。

2.柳部之武器,用於抵抗中共及自衛,不攻擊緬軍,緬軍亦不攻柳部。

3.柳部不干涉緬甸內政,不參加緬甸內戰(如緬甸政府要求柳部協助剿滅緬共,則

25　(A)同註4。見〈民45年1月31日張群秘書長上蔣總統簽呈(一)〉(轉呈柳氏45年1月
　　　27日電)。
　　(B)同註14(A)。頁91。
26　同註4。見〈民45年1月31日張群秘書長上蔣總統簽呈(二)〉(轉呈柳氏45年1月27
　　　日電)。
27　同註16。見〈民45年3月7日柳元麟致毛人鳳局長電〉。
28　《緬甸吞昂營長信件》。民44。見〈1956年2月22日緬軍第1營營長吞昂少校來
　　　信〉。
29　同註16。見〈民45年3月21日西指部段希文致馬俊國電〉。
30　同註16。見〈民45年5月18日朱心一上柳元麟電〉。
31　同註16。見〈民45年3月21日西指部段希文致馬俊國電〉。
32　同註16。見〈民45年4月19日柳元麟致毛人鳳局長電〉。
33　(A)同註14(A)。頁91-2。
　　(B)《周建華建軍得失》。民48年6月。見〈民45年4月紀事〉。

屬例外)。

4.柳部協助緬軍，保護景棟公路交通。

5.柳部維護駐區內之治安，保護人民，緬軍不妨礙柳部向人民購糧及對外交
　通。

二、部隊編制的整理

柳元麟部隊的組成，基本上是以段希文的第5軍為主力，因此其總部成立
時，即設在第5軍軍部的所在地乃朗。由於柳元麟在前一個階段擔任代理總指
揮，執行國府「全撤」的命令時，曾使用了一些非常的手段，得罪了這些決定不
撤的部隊，因此當國府再派柳元麟回來擔任這些不撤部隊的總指揮時，這些部隊
並不歡迎他，只是礙於中央的命令，據云中央又曾派與段希文有親戚關係的朱心
一前往邊區向段疏通，因此各部隊不得不勉為接受[34]。因此，柳元麟到任之後，
段希文即曾暗下通電給各部隊：不要理會柳總部，存心讓它成為一個空頭總
部[35]。柳元麟於1954(民43)年10月27日到達乃朗後，雖然曾於當年12月召開了第
一次貌合神離的軍事會議，也曾四出巡視駐於總部附近的各個部隊，藉以收攬不
服的軍心，但尚未巡視完畢，緬軍即發動了緬東戰爭(緬語音譯為「楊芝昂攻勢」或
「淵支旺攻勢」)。本來，柳元麟回來擔任總指揮，他很難指揮得動這個不撤部
隊，他的處境是十分困難的，若不是緬軍適時發動了這場「緬東之戰」，整個部
隊的指揮系統可能根本無法建立起來。後來由於強敵當前，事關存亡，終能讓各
個部隊暫時摒棄私怨，上下團結，同心禦敵，建立了一個軍令的指揮系統。

由於有了這場緬東戰爭的經驗，發現既存的軍師單位大小不一，戰力不齊，
難以充分發揮戰力，所以戰事結束後不久，於1955(民44)年6月10-15日在新總部
老羅寨召開第二次軍務會議時，即決議將正規部隊的軍師編制撤銷，而改為游擊
部隊的縱隊編制(國府上級也同時如此要求)，並決議將部隊整編為6個縱隊和3個獨立
支隊；此外，並在人事上，將段希文擢升為副總指揮，以嘉其指揮作戰的功績，

34　譚偉臣(1984)，《雲南反共大學校史》。高雄市：塵鄉出版社。頁481。
35　(A)梁震行先生訪問紀錄。
　　(B)同註7。

但同時撤銷段的第30路路司令部。後來到了同年的11月，因為國府上級核定將呂維英的第1軍撥歸柳總部統一指揮，但因呂維英堅持保留其第1軍的番號，引起其他部隊的不平，不願接受較軍師編制低一等級的游擊縱隊編制，而使部隊的改制發生了不良的副作用，因此柳部乃於次(1956)年2月再召開第四次軍務會議，決議再撤銷縱隊編制，恢復(其實是「維持」)原來的軍師編制，除第1軍外，將已編成縱隊編制的部隊重新整編為3個軍、3個獨立師和6個獨立團。

在第四次軍務會議中，柳元麟雖然遵從眾議恢復、維持了正規軍的軍師編制，但柳元麟也同時乘機利用第5軍段希文軍長和其師長之間的小矛盾，而將原來段希文5軍下面3個師中的2個師(13師和14師)分割出來而成立新的第3軍，派13師師長李文煥為軍長，14師師長劉紹湯為副軍長，以削弱段希文的力量[36]；柳元麟知道此種削藩的措施必然會遭到段希文的反對，他為避免遭到段希文的反對，因此當他削藩的時候，也同時為段希文封官加爵，特別為段希文量身設置了一個

36　黃永慶先生訪問紀錄。1999年2月27日於清邁熱水塘黃宅；2002年12月13日曼谷黃宅。段希文雖然在大陸時期即已擔任師長，但是因為他的部隊在廣西已被共軍打垮，他只是隻身逃難到香港。1951年3月，李彌在邊區成立「雲南人民反共救國軍」時，他才隻身從香港前來邊區參加李部。由於他是隻身前來參加部隊，李彌雖然派他為第2軍政區的副司令，但總是副手，並不得志，因此他隨時都在找尋機會建立自己的親信部隊。後來，李部在撤台前，為因應聯合國的撤軍壓力而將部隊改組為「東南亞自由人民反共聯軍」，而將原來六個路的部隊改組為1、3、5、7、9等五個軍。在新編成的1、3、5、7、9等四個軍中，除第1軍尚未編成的，其餘3、5、7、9軍的新軍長分別為錢伯英、李彬甫、彭程、李國輝，全是外省人，一個雲南人都沒有，引起了雲南人的非議，於是李彬甫自動辭讓，而讓段希文得以由副軍長晉升為5軍軍長。段希文升任了軍長之後，可能是由於游擊部隊的性質及安全感的緣故，他還是念念不忘建立自己的親信部隊。由於他的舊部如張鵬高和朱鴻元等，也都是隻身來到邊區，所以段希文除了要他們自己去招募新兵之外，也常想利用職權之便，想從既有部隊中挖一些人馬放到張、朱兩人的下面，例如在3軍成立之前，14師有一位營長陳占洪，他因水準不夠，久不能晉升任團長，經常抱怨，這事被段希文知道了，於是段告訴他：把部隊帶過來，可以升他做團長。於是這位老粗營長便私下運作要把部隊帶去投靠段希文，他的部下密告師長劉紹湯，結果這位營長就被劉紹湯槍斃了。這種小動作使得李文煥和劉紹湯兩位師長十分不愉快，因而主動向柳提出要求：脫離段的5軍，另立新軍。而柳也正中下懷，樂得做個順水人情，於是讓他們成立新的第3軍，由李文煥出任軍長，劉紹湯出任副軍長。
「三五兩軍分了家，即使到了柳部撤台之後，雖然迫於生存的壓力，彼此結盟為「五七三五部隊」，但是其間的心結並未打開，彼此總是防範著對方，暗算著對方。他們兩個人的角力，真是難為了在地的滇商，以致經濟情況不佳的段軍長病逝無力下葬時，這些滇商都不敢貿然率先捐獻，深怕捐得比李軍長多而得罪了人。最後，大家決定把棺木讓由李軍長捐贈，但李卻積怨難釋，送段一幅小號女用者，讓段屍身都無法平放，而段家又不敢不用，真是啞巴吃了黃蓮。」

「西區指揮所」，任段為該指揮所的司令官，指揮3、5兩軍。

此外，第9軍軍長李國輝率領其國軍師25師撤台後，其26師和27師決定留下不撤，於是即由其不撤台的山東籍副軍長李彬甫接任軍長，並由其第26師師長甫景雲升為副軍長，而第27師則因三個團分裂而解散。後來甫景雲趁李彬甫南下曼谷之際，和參謀長胡開業及總部的政治部副主任朱心一密謀，不讓他再回防地。李彬甫的山東籍幹部李長志和呂占福(化名宋復生)得悉密謀後，由李長志連夜趕去美塞，叫李軍長莫回部隊，以免受害，故次日甫景雲派楊國卿前往美塞向李彬甫傳達此項禁止上山令時，李即知難而退，於是甫即由柳元麟升任為軍長。由於甫景雲的第9軍只擁有一個26師，力量有限，於是柳元麟乃將由緬北調下來的李黎明第29縱隊，改編為第22師後編入第9軍，並於第四次軍務會議中將該軍改名為第2軍，仍由甫景雲出任該新軍的軍長，並仍兼第26師師長。不久，柳元麟即將該軍派駐於江拉，另拓新的防地，一以擴充總部的實力，一以達到抗衡和牽制段希文的目的。

第三節　蕩俄時期和江拉時期

一、柳元麟和段希文等將領不和

因為柳元麟在部隊中的最大對手和勁敵是段希文，他們彼此也互不喜歡、互不信任，因此柳元麟的許多措施都是為防範和對付段希文而來。在第四次軍務會議時，柳元麟雖然削了段希文的藩，但是空間的近距離還是使他不安心，缺乏安全感。柳元麟為逃避段希文的威脅，所以他在削藩後三個月，便於次(1956，民45)年元月，把總部從老羅寨向北遷到蕩俄，以遠離段希文的地盤。然而總部往北遷到蕩俄之後，他也只在該地停留一年，當第2軍在江拉將營舍建設完成後，他即又於次(1957，民46)年元月16日，再將總部北遷至江拉，以更遠離段希文及其威脅；而原駐該地的第2軍，則再向北遷駐於猛勇。然而，柳段之間的內鬥也並不因為總部遷到了江拉而和緩下來。

柳元麟於1957(民46)年元月把總部遷至江拉後，他便開始整理和對付不很聽話的第1軍軍長呂維英。首先，柳元麟於元月底把第1軍軍長呂維英召來總部江

拉，特別為他規畫了一個「雨季計畫」，命令他的第1軍(軍部駐三島)和不太情願隸屬於第1軍管轄的第1師(師部駐猛馬，師長張偉成；於「安西計畫」後正式脫離第1軍而另外成立新的第4軍，由原師長張偉成升任軍長)在當(1957)年5月間實施，要求他們共同抽調400人，向滇南邊區之車里、佛海、南嶠、瀾滄等地之共軍，實施政治性的軍事突擊[37]。並要求他於2月開始，即在猛瓦召開第四及第五兩期幹訓班，訓練執行突擊任務的部隊。而柳元麟也於2月4日由江拉出發前往猛瓦，主持該兩期幹訓班的開訓典禮，然後順便視察北方第1軍和第2軍的部隊，直到3月20日才返回到江拉[38]。就在前往北方視察的一個半月的時間裡，柳元麟的「知人不明」幾乎闖出一個軍事上的流血事件。這個事件的始末是這樣的[39]：

當柳元麟前往猛瓦視察的途中，路經猛勇第2軍的軍部時，不知是在到達之時或是在到達之前，他聽信了軍長甫景雲的報告，謂新編入其2軍的第22師師長李黎明，最近前往泰國看病時，段希文曾給他(李黎明)20萬銖泰幣，要他(李黎明)把部隊拖到第5軍去；甫景雲並建議柳元麟撤換李黎明的師長職，由總部派來2軍當參謀長的梁震行接替。於是柳元麟在到猛勇的第二天，就親自到該師部向李黎明下達一個所謂「去職留任」(該人事命令的用詞)的人事命令給李黎明，要李即刻把部隊移交給梁震行，要把他調回總部，並派出甫景雲26師的兩個團來武力執行：一個團包圍22師的師部，另一個團則去包圍該師師部附近的段國相團。而李黎明對柳元麟這個突如其來的舉動，絲毫不甘示弱，他嚴肅的對柳元麟說：「我這個師長早就不想幹了，我這個師長是怎麼當的？別人的一個營長都可以騎馬，而我不但要自己揹背包走路，而且還要自己揹米。但是你要在槍口下逼我交出這個部隊，我就不交。我要警告你，你現在不要下這個布達式呵，你若一下，我就進入樹林，我的部隊就會消失在森林之中，然後反過來包圍你的部隊，你會吃虧的。」

37　同註14(A)。頁92。

38　(A)同註4。(第4冊)，民40年6月至民52年7月。見〈46年2月3日柳元麟致張群秘書長電〉。
　　(B)同註14(A)。頁92。

39　(A)李黎明先生訪問記錄。2002年3月16日於李宅。
　　(B)李黎明先生、梁震行先生訪問記錄。2002年3月19日於李宅。

　　柳元麟想不到會踢上一塊大鐵板，一時反應不過來，臨急想出一個理由：「你上次私派一個團前往蕩俄總部，違犯軍紀。」李黎明一聽，便翻出該團團長的請示電報，對柳說：「那是甫軍長下的令呵；我的團長也覺得事情不妥，還來電報向我請示，要不要去呵！」柳元麟一時面子掛不住，試圖再提出另一個更強有力的理由：「可是有人說，段希文給了你20萬銖，要你把部隊帶去投靠他呀。」

　　李黎明大聲的說：「誰說的，你請他來和我對質。」

　　柳元麟無言以對，顯然又是甫景雲對他造的謠。他已經上過甫景雲好幾次當了，這個時候他才知道又上了一次當。同時，隨行的梁震行也拒絕在事前未被告知的情況下接任這個師長之職，所以他只好快快的離開第22師師部。甫景雲之所以想除掉李黎明，應該是李黎明看不起他，令他心中不爽；而李黎明之所以看不起甫景雲，是因為身為帶兵官的甫景雲，曾兩次面臨戰事時都當了逃兵，不巧都被李黎明看到了，並且替他善後。第一次是在李彌時期的「拉牛山之戰」（「沙拉之戰」中的一個戰役），甫景雲被派為右翼部隊的指揮官，但是槍聲一響，他就心臟病發作，讓人把他抬去泰國治療，然後由總部派李黎明來接手，李黎明在18個小時之內由猛撒總部趕到戰地，完成了指揮作戰的任務；第二次是在柳元麟時期「緬東基地保衛戰」的「賴東之戰」，當時身為第9軍副軍長的甫景雲把軍長李彬甫趕走之後，被柳元麟默認為軍長，但他下面只有一個師（即第26師），以後柳元麟乃把李黎明的第29縱隊撥入第9軍（戰後番號改為第22師），才有兩個師，只是賴東戰事一爆發，他（甫景雲）又是病倒，被送去泰國就醫，而由其參謀長胡開業代理戰地指揮官，後來在胡開業和李黎明兩人合力應戰之下，也打了勝仗，保住了基地，胡和李因此各得一枚勳章。但是在總部遷到老羅寨後，胡開業和李黎明都被甫景雲誣告為「反柳」，胡開業因而被柳元麟長期的冷凍和軟禁，一直到南昆指揮部成立，柳元麟才再讓他復出，派他出任指揮官之職。

　　雖然柳元麟已下令要革除李黎明的師長職，但在李黎明抗命不交的情況下，他也不敢動武強力執行，第二天他即動身前往猛瓦的1軍軍部，主持該地幹訓班的開訓典禮，接著就視察部隊。但他實在是無法嚥下被李黎明抗命不交部隊的這口氣，所以在一個多月之後，當他視察北方部隊完畢，要返回江拉，再度路經猛勇2軍軍部時，他還再一次去勸說梁震行，希望他能出來接任22師師長之職，只

是梁震行認為李黎明沒有過失,不宜因私人意氣之爭而去接任該職,還是堅持不肯答應,所以李黎明的師長職,最後還是未能撤成。只是甫景雲惹出了這一件禍事之後,李黎明再也不願再待在甫景雲的2軍之內,在無人接手的情況之下,最後柳元麟不得不同意將他調離2軍,調至猛不了地區。一年後,當總部決議修建機場時,即是以李黎明的22師為主力去修建起來的,照理說,李黎明完成了這個重大的任務,應該算是立了大功,而柳元麟對他卻毫無獎賞;以後,在江拉基地保衛戰時,胡開業和李黎明分任南昆防衛司令部的正副司令,成功擊退了緬軍的猛烈攻擊,保衛了機場基地的安全,司令官胡開業因功獲頒了兩枚勳章,而身為副司令官的李黎明則是一枚都沒有,柳元麟之領導統御和待人處事,其意氣之重和成見之深,由此可見一斑。

現在再回頭來看呂維英的第1軍被分派突擊的任務,由於只有呂維英的第1軍接受該項任務,而其他部隊都沒有,所以他當然知道這是柳元麟不懷好意的一項「整人」計畫,所以他就一再陳請病假,以致計畫未能實施[40]。但是由於該「雨季計畫」是柳元麟已向國府上級報備實施的計畫,既然因故未能實施,所以上級中央便於9月派了楊國基、李克旺(都是化名)前來邊區視察和督導,並指示將該計畫延後至11月再行實施[41]。

由於有了上次呂維英稱病不執行任務的經驗,到11月再執行這個「雨季計畫」時,柳元麟便繞過軍長呂維英,直接指派第1軍下面的三個師長(第1師師長張偉成、第2師師長蒙寶葉、第3師師長曾憲武),分率東、中、西三路突擊隊,向車里、南嶠一帶指定目標的共軍進行突擊,奈因奉命的三位師長也都知道這次的任務只是一個「整人」的計畫,因此三人也是無心應命,一再拖延,到了12月才勉為開始進行攻擊,加以保密不嚴,事機洩漏,共軍早有戒備,致突擊行動未能深入內地,未能達成預期的效果,僅號召到300名民眾持突擊隊散發的來歸證,遷移到游擊隊控制的緬境地區[42]。就在柳元麟命令第1軍的3個師執行「雨季計畫」的時候,西藏也於當(1957)年12月發生抗暴活動,國府為擴大政治號召,即於12月23

40　同註14(A)。頁93。
41　同註14(A)。頁92。
42　同註14(A)。頁92-3。

日電令柳部準備「安西計畫」。因此「雨季計畫」的績效不彰,才沒被進一步去追究和檢討。

在國府所下達的「安西計畫」中,預定要以3,000人向大陸車里、瀾滄間地區突擊,限柳部於1958(民47)年3月底前將人員訓練完成,4月底進入準備位置,候令實施[43]。柳元麟奉接國府的這項計畫之後,無異是又拿到了另一把可以用來修理1、2、5三個軍的尚方寶劍,於是他於次(1958,民47)年2月13日召集高級幹部會議,研討實施「安西計畫」的腹案,決定從3月1日起在江拉召集幹訓班(團)第七期,向各軍師單位調訓突擊人員[44],段希文擔心柳元麟將其兵員調走之後不再歸建,因此不派員參加江拉的幹訓班,決定自行訓練,因此江拉幹訓班只調到學員1200名,3月17日開訓(該計畫到7月26日結訓)[45]。國防部於1958(民47)年3月13日復電核准柳元麟所呈報的「安西計畫」的實施要點之後[46],從3月23日起至4月25日為止,國防部對柳部實施「火箭計畫」,作了九架次的空投,空投了10萬發的彈藥[47]。而就在3月23日這一天,柳元麟一方面撤銷了段希文的「西區指揮所」,另一方面則也用對付段希文的同樣辦法來對付呂維英:先將他調升為「元江指揮所」指揮官,指揮第1、2兩軍,然後免了他的第1軍軍長職,而派其副軍長吳運煖代理軍長。而後柳元麟再以呂遲不辦理軍長之交接,並以呂唆使另一副軍長吳伯介煽動部隊抗命為由,再下令將吳監禁、看管,但呂已事先潛逃到寮境避難、養病,未能人身監禁,只好再免其指揮官之職,先改調總部高參,最後再改調總部研究室副主任;而「元江指揮所」這個空頭的職銜,不到半年,柳元麟在8月就把它撤銷了[48]。

第2軍軍長甫景雲的運氣也不太好。甫景雲的兵員被柳元麟利用「安西計畫」的機會調到江拉參加集訓之後,在5月中卻不幸遭到緬軍的連續攻擊,因兵

43　同註14(A)。頁94,193-4。
44　同註14(A)。頁95,194-5。
45　(A)同註14(A)。頁95,197。
　　(B)《昆明部隊實施安西計畫戰鬥詳報》。民47年。
46　同註14(A)。頁194-203。
47　(A)同註14(A)。頁95,204。
　　(B)同註45(B)。民47年。
48　(A)同註14(A)。頁95,198。
　　(B)同註4。(第4冊)。見〈民47年8月18日柳元麟致張群秘書長電〉。

力不足，吃了敗仗，丟了駐軍的陣地。又因為第2軍的駐地猛勇正處於江拉總部和滇緬國界線之間，如第2軍的陣地失守，則「安西計畫」突擊大陸的路線就會被緬軍切斷，為了「安西計畫」的實施，第2軍的防地絕對不可以丟失，因此柳元麟不得不率領受訓中的幹訓班第1大隊(大隊長饒體仁)趕赴猛勇救援2軍，驅逐來犯的緬軍，先後收復了蠻柯、邦茂、蠻魯等據點，解救了2軍之危，並保障了「安西計畫」的實施[49]。這一下子，甫景雲被柳元麟抓住了「作戰不力」的辮子，而於7月27日被柳元麟藉著在江拉總部召開會議的時候，而把甫景雲予以扣押撤職查辦，其軍長職由副軍長吳祖伯代理，其26師師長職則由甫的外甥趙丕承接任[50]。柳元麟整肅了呂維英和甫景雲兩員逆將之後，尋於「安西計畫」突擊行動之前，於8月18日即向台灣當局彙報此項懲處之案[51]。

段希文方面，因為他不參加柳元麟的集訓，因此柳元麟無法藉故調走他的兵員，其兵力才得以保全；而國府指示的「安西計畫」，他也奉令實行，使柳抓不到他的辮子；最後，柳元麟在「安西計畫」甫結束，率部隊從滇緬邊界返回江拉總部之時，順道前往5軍軍部猛龍，主持第八期幹訓班的開訓典禮，其所率部隊被段希文阻擋於軍部之外，只讓少數侍衛隨行，因而使柳元麟喪失了一次當場兵拿段希文的機會，柳元麟乃藉故大發雷霆，然後離開軍部他去。由於段希文的防範如此周延，所以他才沒落於呂維英和甫景雲的革職下場。但是柳元麟對付段希文的鬥爭，卻也從來沒有手軟過。當他整肅了呂維英和甫景雲兩員大將之後，不久他即開始明目張膽的剋扣5軍的軍餉，凡台灣空投或空運的武器軍品等，則一律不給5軍，但對5軍地區所徵收的稅款，則要求依規定上繳，之前台灣國府下達的命令如安西計劃的實施，則依然分派5軍應負的任務，此種荒誕的舉措終於惹惱了5軍上下，所以5軍也因此而拒絕將稅款上繳，並於當(1958)年11月停止與總部的電訊往來，形成了獨立的狀態[52]。

---

49 (A)同註4。(第4冊)。見〈民47年5月30日柳元麟致張群秘書長電〉。
　　(B)《梁震行筆記》。民47年至民50年。
50 同註49(B)。
51 同註4。(第4冊)。見〈民47年8月18日柳元麟致張群秘書長電〉。
52 劉開政、朱當奎(1994)，《中國曾參加一場最秘密戰爭》。北京：紅旗出版社；香港：賢達出版社。頁126。

柳元麟心目中的逆將群像

↑1957.1.30呂維英、柳元麟、甫景雲於江拉。
←1955.3.19段希文、柳元麟於猛楊戰地。

↑李黎明(中)與幹部與跳拉蒙舞的擺夷姑娘合攝於猛勇。
　後排左起：王應洲副師長、田平團長、李黎明師長……。

總部軍官訓練團

↑江拉「軍官訓練團」大門(1959.11~1960.12)。

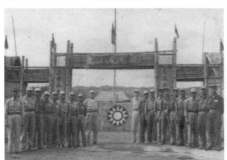

↑江拉「幹訓班」的大門(1957~1959.10)。

↑中正堂。對聯：中天立極開天闢地，正誼明道
　實踐力行。

↑從半山鳥瞰「軍官訓練團」。

↑教室上課。

↑ 結業證書(正面1)。　　　　　　↑ 結業證書(背面1)。

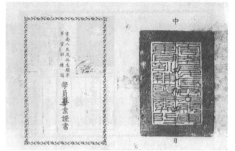

↑ 1959.11.1.「幹訓班」更名為「軍官訓練　↑ 結業證書(背面2)。
　團」。

二、安西計畫[53]

　　自從柳部和緬甸政府談和之後，到中共和緬甸聯合攻打柳部之前，柳部雖然和緬軍的零星小衝突仍然不斷，但是大規模的軍事對抗是沒有的，倒是柳部對中共發動了一次規模頗大的軍事行動。在一次不成功的「雨季計畫」[54]之後，台灣國府為響應西藏的抗暴活動，於1957(民46)年12月23日，再次下達「安西計畫」之命令，著柳部以3,000人之兵力(包括戰鬥與後勤支援人員)，次(1958)年4月中旬前完成戰鬥準備，待命向車里、瀾滄間地區突擊，摧毀雲南邊境地區共軍之軍事、經濟、行政組織，以誘導、引發抗暴活動，擴大政治影響。但是柳部到了次(1958)年2月13日，才將具體的「安西計畫」作戰腹案電呈國府國防部，而國防部也於3月13日才復電核准該腹案，因此到了期限之月(即1958年4月)，柳部未能能及時完成戰鬥準備，於是國府乃電令柳部將計畫延期，其實施日期將於兩週前以電

53　同註45(B)。
54　同註14(A)。頁92-93。

報通知。以後到了6月21日,柳部上電國府,謂準備工作將可於7月中完成,請准於該時實施「安西計畫」;於是國府乃於7月11日電知柳部:「安西計畫可令即付執行,其執行日期及辦法得由周(建華)部(按:周建華為柳元麟之化名)自行決定報備」[55]。

根據柳部所擬訂的「安西計畫」作戰腹案,將從各部隊抽調1,600人,加以編組和訓練,以建立一支執行任務的突擊部隊。當腹案呈送國府核示之後,柳部即開始進行幕僚作業的程序;到國府核准該腹案後,負責訓練該突擊部隊的幹訓班第七期即於3月17日在江拉總部開訓。依原腹案,該班編為3個大隊、12個隊和1個砲兵隊,分別施予射擊、行軍、搜索、警戒、鑽隙、破壞、心戰等游擊戰術的訓練;訓練完畢後,再進一步依腹案將12個隊編為四路:第一路和第二路都各有2個隊,都是260人;第三路和第四路都各有3個隊,但第三路400人,而第四路則為380人;指揮所和預備部隊則共有2個隊,兵力300人。但是當集訓開始後,以第5軍(軍長段希文)400成員為主的第3大隊,因段軍長對柳總指揮懷有戒心,乃以路途遙遠為由而在猛龍軍部自行集訓,不參加江拉總部的幹訓班;因此,實際依計畫派員到江拉參加幹訓班集訓者只有1,200人,只編成2個大隊、8個中隊和1個砲兵隊。

當幹訓班分別在江拉和猛龍集訓之時,柳總部同時在進行下列諸事的部署:(一)空投彈藥:從3月23日起到4月25日止,獲得台灣空投九架次的彈藥,其中的兩架次因誤投寮國境內,以致未能收到,故只收到約10萬發。(二)調整人事、組織:因為柳元麟於主持第一次撤台事務時,曾經使用強力手段,以致和不撤部隊結下了心結,因此以後柳再被派來擔任總指揮,不撤部隊本來就不甚歡迎,但因柳為國府補給的象徵,不能不勉為接受;唯有有情報局為靠山的呂人豪部,才敢和柳作正面的抵制,於是柳元麟藉著調整人事的機會,再度拿出對付段希文的辦法來對付呂人豪,於4月底特別為呂人豪虛設一個「元江指揮所」,由這個指揮所來指揮1、2兩軍,派呂人豪為指揮官,但卻免去呂人豪的1軍軍長職,而派其副軍長吳運煖為代理軍長,對呂人豪雖然明為升官,實為剝奪其軍長之實權。不

55　同註14(A)。頁95。

多久，柳再以呂人豪遲不交待，並唆使副軍長吳伯介煽動部隊抗命，於是下令將
呂人豪「看管」，免其指揮官職，調為總部高參，並准其在寮國養病；將潛逃的
吳伯介緝捕，免職監禁；並令將團長呂漢三、陳就扣押查辦，通緝副團長韓琛，
營長鄭仁智槍斃；然後於8月即將元江指揮所撤銷[56]；其次，並將1956(民45)年2
月成立的「西區指揮所」(指揮官為段希文，指揮3、5兩軍)裁撤，將3軍直接歸總部
指揮；另外，於幹訓班集訓期間，緬軍曾出兵4個團進攻江拉總部外圍地區之猛
勇、猛街、猛林、猛海等地，而駐守猛勇的2軍，因為兵員被徵調到江拉受訓，
防地兵力不足，以致被緬軍於5月中攻破，可是因為猛勇地處雲南和總部之間，
為安西計畫行軍必經之地，絕對不能丟失，柳總指揮乃於5月底親率幹訓班學員
前往支援，才將緬軍予以擊退，於是柳元麟便於幹訓班結訓的次日，即降罪2軍
軍長甫景雲作戰不力，而將其軍長及所兼26師師長免職，軍長由其副軍長吳祖伯
代理，而師長則由其副師長趙丕承升任[57]。(三)通信及後勤之準備：突擊地區遼
闊，配備通信人員及器材，以利指揮；並在各結集地點屯糧及購備醫藥器材等，
以因應戰事之需。

江拉總部的幹訓班於7月26日結訓，隨即依計劃編成四路突擊隊，其隊伍陣
容和攻擊目標如下：**第一路**突擊部隊的指揮官為第2軍代軍長吳祖伯，副指揮官
為第25師師長曾誠，由幹訓班的第6、7兩隊組成，共146人，後來行動時增為160
人，其支援部隊為第25師及第26師各一部組成，突擊目標為由猛坎攻向鎮越的猛
崙；**第二路**突擊部隊的指揮官為第1軍代軍長吳運煖，副指揮官為其副軍長許實
拱，由幹訓班的第5隊及第2師的獨5團和第3師的獨7團各一部組成，共144人，後
來行動時增為290人，支援部隊為第3師，突擊目標為由猛右攻向佛海的龍朗山；
第三路突擊部隊的指揮官為第3軍副軍長劉紹湯，副指揮官為第1師副師長黃奇
璉，由幹訓班的第2、3、8三隊及第1師的黑山大隊組成，共556人，支援部隊為
第1師，突擊目標為由溫安卡克的坡很攻向瀾滄的孔明山；**第四路**突擊部隊的指
揮官為第5軍軍長段希文，由第16師和18師各一部組成，共550人，突擊目標為由

56　同註4。(第4冊)，民46年1月至民52年7月。見〈民47年8月17日柳元麟致張群秘書
　　長電〉。
57　同註14(A)。頁95。

猛派克攻向瀾滄的猛連；至於突擊部隊的指揮所，其總指揮官為柳元麟，副總指揮官為彭程，率領著由幹訓班的第1、4兩隊及砲兵隊組成的控制部隊，其指揮官為幹訓班第2大隊長閆元鼎，置於猛馬[58]。

7月28日，這些由江拉幹訓班結訓的各隊學員，即依各路編制（包括控制部隊）而由各路指揮官分別於7月28日、29日、30日率領開往猛坎和猛右，而突擊部隊的「總指揮部」則於8月1日則由柳元麟親自率領出發，並於8月5日抵達猛右；至於猛龍第5軍的第四路部隊則由段希文於8月10日前開抵猛根（猛研）[59]。當各路突擊隊員抵達上述地點後，除第一、二兩路續留猛右外，其餘部隊即於8月中由猛右繼續揮兵北上，第三路推向猛馬，第四路則推向猛研，然後分別同時於8月31日或9月1日，開始實施安西計畫，展開對指定目標的突擊行動。各路的戰鬥情況分述如下：

第一路方面，該路突擊部隊160人在指揮官吳祖伯的率領下，於8月29日由猛坎出發，在波克河堆渡過湄公河進入寮國，然後穿通中寮邊境的回大寨、八卜兩個村寨，利用黑夜時間向猛潤推進。突擊部隊於9月1日凌晨4時到達猛潤附近，即分三組實施突擊行動。該地共軍約120餘人，民兵30餘人倉皇應戰，據高扼守。突擊隊猛烈衝擊，擊斃共軍10餘人並俘6人，進占共軍營房、倉庫與貿易公司。戰至上午9時，猛犇、所南（距猛潤2小時）、巴宗甫之共軍約300餘人分路來援，突擊隊即將占領之倉庫2座、貿易公司3所及營舍2棟予以焚燬，估計其物資損失約美金10萬元。突擊隊向八卜寨撤退時，由區隊長紀永清率一個班（8人）殿後掩護；突擊部隊順利撤出，但擔任掩護的全班8人卻被共軍包圍，苦戰一晝夜後，於9月3日突圍返隊，但班長王忠臣和戰友鄭為山兩人不幸陣亡。

猛潤戰後，共軍公安第11團即以兩個營的兵力，增強猛犇、猛潤地區的戒備，不斷派隊在邊境一帶巡邏。9月7日，第一路指揮官派第6隊在八卜與回坡燕間的巴宗甫設下埋伏，當50餘巡邏共軍進入突擊線時，即以猛烈火力突擊，擊斃了12名，並虜獲俄式衝鋒槍1挺，突擊隊無傷亡。

58　同註53。
59　(A)同註14(A)。頁96, 208。
　　(B)同註49(B)

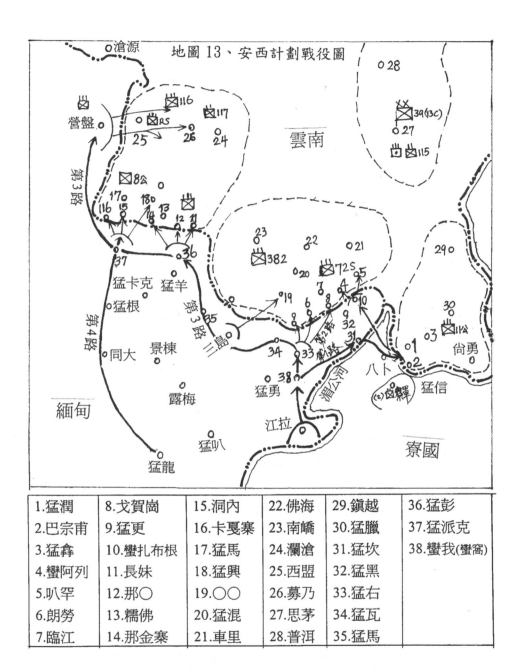

地圖13、安西計劃戰役圖

1.猛潤	8.戈賀崗	15.洞內	22.佛海	29.鎮越	36.猛彭
2.巴宗甫	9.猛更	16.卡戛寨	23.南嶠	30.猛臘	37.猛派克
3.猛犇	10.蠻扎布根	17.猛馬	24.瀾滄	31.猛坎	38.蠻我(蠻窩)
4.蠻阿列	11.長妹	18.猛興	25.西盟	32.猛黑	
5.叭罕	12.那○	19.○○	26.募乃	33.猛右	
6.朗勞	13.糯佛	20.猛混	27.思茅	34.猛瓦	
7.臨江	14.邢金寨	21.車里	28.普洱	35.猛馬	

　　經過猛潤和巴宗甫兩地的戰鬥之後，猛潤地區的共軍戒備更加嚴密，寮軍亦在猛信增加兩連的兵力，使得突擊隊的活動不但困難，後退的安全之路亦發生了

問題，所以第一路突擊隊乃回渡湄公河，由寮國退回緬境猛歇(猛黑)附近的溫西納高，向臨江附近的地區展開突擊。9月20日，突擊隊到達指定地點，經偵察後，決定以蠻阿列、叭竿兩地各約50名共軍為突擊目標。10月3日凌晨4時30分，突擊隊的第6、7兩隊同時分別到達目標地附近，即實施突擊。駐蠻阿列之共軍為其72團的1個排，沒有戒備，在睡夢中驚醒應戰，大部被突擊隊殲滅。而駐叭竿的1個排共軍則戒備較嚴，頑強抵抗，激烈戰鬥至上午7時，駐臨江72團之兩連共軍分路馳援，從外線將突擊隊予以包圍，突擊隊奮勇將之擊退，斃傷共軍甚眾，戰至黃昏，始撤回國境外之蠻扎布根。這一次的突擊行動，共斃傷共軍70餘，其中戰士羅友林一人即以自動步槍擊斃共軍10名；此外，並虜獲俄式衝鋒槍和步槍各2枝、手槍1枝、手榴彈4枚；突擊隊則陣亡戰士2名，負傷官兵共9人。

第二路方面，該路突擊隊於第一階段將其隊員分為四組，分別突擊不同的目標。第1組是由幹訓班的第5隊組成，該組由緬境的猛黑出發，先開抵國境內的戈三猛，於8月31日24時再經叭甲開往朗勞；於9月1日上午8時抵達朗勞附近的勞改營，隨即展開突擊，守兵1人被擊斃，其餘5人逃亡，俘獲勞改隊員35人，並虜獲衝鋒槍、步槍各2枝，文件及其他戰利品多種，突擊隊沒有傷亡。解決勞改隊後，該組突擊隊繼續北進，於同日上午9時半進抵蠻內附近，隨即對駐守該地之30餘共軍展開突擊，因該地之守軍已有戒備，頑強抵抗，交戰半小時後，駐臨江之共軍百餘人來援，突擊隊形見勢不利，即予撤退；撤退時，在叭甲復與民兵10餘人遭遇，將之擊斃2人傷3人，其餘潰退，突擊隊無人傷亡。

同一時間，由獨7團50餘人組成的第2組突擊隊，則於8月31日由猛黑進入國境之叭弄，並於9月1日拂曉向駐守戈賀崗之共軍1個排突擊，共軍倉皇應戰，戰鬥約一個小時，斃傷共軍10餘人，突擊隊安全撤返。由獨5團40餘人組成的第3組，則於9月1日拂曉向駐猛宋之共軍1排約50餘人展開突擊，該處共軍的戒備較嚴，並有重機槍1挺、輕機槍4挺，火力強盛，雙方展開激戰，戰至當日下午3時半撤退，該役雖斃傷共軍10餘人，突擊隊亦陣亡排長劉忠理一人，戰士姚祖發負傷。第4組突擊隊由第2師派出60人組成，該組於8月31日晚由蠻買附近進入國境，於9月1日早晨5時抵達蠻諾，即向該地之共軍1排約50人展開突擊，駐守的共軍以強盛的火力抵抗，激戰約30分鐘，由南棟撤回，途中破壞沿路的通信設施，

剪獲電線50公尺；是役中共軍方面陣亡3人，而突擊隊則1人負傷。

經過第一階段的分組突擊後，第二路於9月5日到7日間，再由第1組和第3組對龍朗山、蠻俄進行第二階段的聯合突擊，其攻略是由第1組擔任主攻，第3組則在外圍牽制、阻擊來援的共軍。第1組於9月5日24時鑽隙進抵猛安，9月6日隱匿於蠻俄的森林中，9月7日清晨5時向駐蠻諾之共軍百餘人展開突擊，激戰至11時，猛宋之共軍60餘，先弄之共軍40餘，附迫砲2門，分路增援，第3組未能有效阻擋，乃得以向突擊隊展開兩面夾擊，突擊隊之連長蘇國寶於擊斃3名共軍後，壯烈成仁，戰友羅文堂亦同時陣亡，另1名戰友負傷。雙方戰至16時，突擊隊經由山區撤回。是役中，突擊隊斃共軍排長1名、士兵10餘名，擊傷20餘名，虜獲衝鋒槍1枝；突擊隊方面則陣亡連長1人，戰友傷亡各1人。

第三路方面，該路因兵力較大，行軍時間較久，到達猛馬後，行動即為共軍所偵知，除星夜派騾馬150餘匹將邊境貿易公司的物資運去外，並一面增調兵力，一面命令邊境共軍離開營舍，潛伏於山上森林中，以圍殲來犯的突擊隊。9月1日晨五時，突擊隊由該路副指揮官黃奇璉率領幹訓班的第2、8兩隊出發。首先，第2隊分為兩個組，由黃奇璉率領，同時進入邦金寨(班角)的目標地區，經搜索共軍陣地及營房，均無人蹤，於是進占陣地，派出警戒並即號召民眾，展開宣傳工作。約一小時後，共軍一股約百餘人由森林內竄出，另一股亦百餘人則迂迴至突擊隊的後方，對突擊隊展開前後的夾擊，突擊隊奮勇作戰至7時30分，將後方之共軍擊潰，而順利撤至那膜大山。在這場「邦金寨(班角)戰役」中，共軍傷亡20餘人，突擊隊陣亡2人，負傷3人。

第2隊撤至那膜大山後，即在該地建立陣地，加強戒備，準備繼續突擊。迄8時30分，蠻卡新增共軍百餘人，由右翼向陣地猛攻，被黃奇璉率部擊退；到14時30分，蠻卡共軍再次突擊，並有班角共軍200餘人迂迴至山後高地，由左翼向陣地猛攻，形成左右夾擊，戰鬥至為激烈；突擊隊沉著奮戰，但因武器不良，多發生故障，致未能殲滅來犯之共軍，戰至入夜21時，撤離那膜大山，轉至坡很。在這場「那膜大山戰役」中，共軍傷亡30餘，突擊隊則亡1傷3。

至於該路第8隊則由副隊長林文彬率領，於8月31日16時鑽隙進入國境，9月1日4時50分到達猛妹。即向該地之貿易公司襲擊，與駐守的共軍30餘發生槍戰，

約20分鐘,將共軍擊潰。突擊隊衝入貿易公司,俘共軍3人、騾馬6匹、衝鋒槍1枝、物資一部,然後將貿易公司焚燬,並對民眾展開宣傳工作,散發傳單,迄7時,向蠻卡方向撤離。10時30分,抵達蠻卡附近,與共軍百餘人遭遇,發生戰鬥,因戰況緊張,遂將共俘3人處決,所虜物資亦全部拋棄,於19時返抵坡很。在這猛妹(班卡乃)戰役中,除處決3名共俘外,並斃傷共軍20餘,鹵獲騾馬6匹、衝鋒槍1枝,突擊隊傷士兵4人。

第四路方面,其隊伍是以獨立第6團約120人為右突擊隊,18師53團約100人為左突擊隊,16師46團155人為預備隊,猛根之路指揮所則有75人,總人數為450人。原計劃攻擊的目標為瀾滄的黑山,後改為猛連,最後實地偵察後再改為猛馬(國境內者)。突擊隊分三組由三個方向向猛馬突擊。

首先,獨6團的主力於9月2日上午7時20分,由團長率領進抵猛馬東方之臘佛附近,與中共民兵60餘人發生遭遇戰,共方火力雖較優勢,但突擊隊勇猛進攻,戰鬥20分鐘,民兵倉皇向北方退走,突擊隊則繼續向北追擊。9月3日1時50分,突擊隊進抵蠻興附近,中共駐臘佛的民兵及駐蠻興的公安部隊共100餘人,向突擊隊展開包圍,激戰一小時後,突擊隊轉移至南庫附近,結束戰鬥。在這個戰役中,突擊隊斃傷共軍10餘人,虜獲79步槍5枝,而突擊隊則陣亡士兵3名、失蹤2名。

其次,獨6團的另一個15人突擊小組由副團長楊國光率領,於9月1日夜晚鑽隙進抵猛馬南方之八步附近,於9月2日清晨4時向該地之中共民兵約30人襲擊,戰鬥30分鐘,民兵潰退,突擊隊即將鄉政府燒燬後而撤退。是役民兵斃8傷4,並虜獲步槍3枝,破壞通信設備及焚燬鄉政府一所,俘虜女政工張秀英一名,後因撤退時被共軍反擊,不便押帶,就地處決;並帶出義民40餘戶共百餘人。

第三,由18師53團(團長熊定欽)於9月2日進抵猛馬西南方的卡戛寨附近,與共軍公安第3團及民兵共約150人遭遇,突擊隊先占領有利地形,向共軍攻擊三小時後,共軍以一股30人繞至突擊隊後襲擊,突擊隊乃轉移至猛馬、東乃間地區潛伏;9月4日上午8時30分,有共軍運輸隊向猛馬運送物品,當即予以猛烈攻擊,戰鬥15分鐘,車隊人員倉皇潰逃。在此兩役中,共軍被斃傷10餘人,騾馬被俘2匹;突擊隊則陣亡士兵2人。

最後,西盟地區的卡瓦族為一支特殊的反共力量。西盟原為瀾滄縣的一個

鄉，中共於1956年始將該鄉成立「西盟卡瓦族自治縣」，下分7個區：西盟、大力所、翁戞科、中課、永宋、馬上、孟梭。自治縣之主席為魏岩景，三位副主席為李岩可、岩槍、阿冷劉。1958年6月1日，中共繼前一年成立「農業合作社」後，進而厲行「愛國生產運動」，驅使人民日夜工作，開始清算鬥爭，進而收繳民槍，因此引起全體卡瓦民眾之憤恨。6月9日，中共向中課、班欠地區鎮壓，於是副主席岩槍率班欠、中課兩地之頭人，率所部83寨族民發難，展開反共抗暴，擊殺共軍、焚燬倉庫，進而導發全體卡瓦族一致反共抗暴。惟因眾寡懸殊，不敵優勢之共軍，紛紛退入緬境之永必烈、岩城、永恩等地暫避。柳總部獲悉卡瓦抗暴之消息後，即令第5軍派南卡支隊隊長石炳麟自猛根攜運一部彈藥北上，並於7月11日到達營盤慰問安撫，商議聯合反共抗暴事宜。9月1日，石炳麟在營盤與內外各卡瓦族頭人標牛會盟，一致決定打回家鄉西盟。

9月2日，由南卡支隊一部配合武裝卡民200人，由永必烈向邦帥(西盟以西)突擊，駐守該地之共軍1個排，未有準備，只戰鬥30分鐘，即不支向西盟潰逃。是役斃傷共軍8人，攻方陣亡1人。西盟附近卡民聞訊反攻，即有130餘人攜79步槍50餘枝參加抗暴，於9月3日隨部隊抵達營盤。

9月4日，500餘武裝卡瓦民眾由永必烈向新廠、楊官突擊，與駐守該地之共軍200餘人發生激戰，卡瓦民眾曾一度攻入班欠(楊官以東)，向廣掃(班欠以東)挺進，後因共軍砲火猛烈，乃轉向美西美(楊官東南)附近，再退回緬境。是役斃傷共軍約百人，焚燬倉庫2所，卡民則傷亡49人。

9月5日清晨5時，800餘卡瓦民眾與南卡支隊一部聯合向永宋、猛真突擊，400餘共軍駐守該地頑強抵抗，卡民英勇異常，反復向基地衝殺，戰至12時，以彈藥告罄，乃於12時40分撤出。是役斃傷共軍約百餘人，虜獲步槍10枝、卡柄槍3枝、彈藥10餘馱，並焚燬倉庫2所，而卡民則傷亡百餘人。

這時柳部第三路主力及控制部隊乃於9月8日由猛馬向猛卡推進，於13日到達猛根，即派參謀長馬俊國、副參謀長李鑄靈率第4隊之一部，攜帶各類彈藥萬餘發北上支援卡瓦民眾抗暴。9月17日，200餘卡民獲得柳部補給彈藥後，再由永必烈潛入馬上，伏擊共軍運輸隊，戰鬥30分鐘，共軍不支向東逃亡。是役擊斃共軍13人，虜獲彈藥13馱、騾馬20餘匹，卡民則陣亡2人，受傷3人。

9月30日，200餘武裝卡瓦民眾獲得柳部補充彈藥後，再向美西美之共軍圍攻，共軍據守工事頑強抵抗，連續攻戰七日；10月7日，西盟之增援共軍向卡瓦民眾大隊之側背襲擊，而卡民之彈藥亦已告罄，遂於該日夜間撤出。是役斃傷共軍20餘，焚燬倉庫1所，卡民則陣亡2人，受傷1人。

10月27日，卡瓦區之翁戛科大隊200餘人，分為二組，伺機向附近的共軍突擊。10月29日，共軍40餘人由翁戛科開向西盟，即由一組在途中予以伏擊，戰鬥10餘分鐘，共軍即潰逃。另一組則在翁戛科附近破壞通信設施、焚燬倉庫、散發宣傳品等。是役擊斃共軍排長1人，另亡1傷1，破壞倉庫1所，虜獲電線150公尺。

至此，安西計畫雖然暫告終止，而柳部則於次(11)月在卡瓦地區成立「西盟軍區司令部」，派總部參謀長馬俊國為軍區司令，並增派第8、第9兩縱隊前往卡瓦地區，繼續支援卡瓦地區的反共戰鬥。

總括而言，安西計畫是國府為響應爆發於1957(民46)年12月的西藏抗暴運動，而交付柳元麟去執行的一個任務，內容是在次(1958)年3月在滇緬邊區執行一次3,000人的政治性突擊行動，以在大陸西南誘發大陸同胞的抗暴運動。但是因為柳部召訓突擊人員的幹訓班(第七期)到了3月17日才開訓，並且要到7月26日才能結訓，所以突擊的時間就順勢延到7月以後。雖然幹訓班甫一結訓，全部突擊人員隨即分為四路(每路包括2隊或3隊)，並於28日即揮軍北上，但因行軍耗時一個月，部隊於8月底才抵達滇緬邊界，並於9月1日才發動突擊。由於時間上的巧合，柳元麟的這項突擊活動正好發生於8月23日金門炮戰之後，好像是專門為響應金門的八二三炮戰而來，其實不是。

但是就在柳元麟奉命接辦安西計畫的時候，他也於同(1958)年4月26日兼任了國民黨中二組雲南處的特派員，並於6月1日就職；此外，他也同時是國府情報局設在該區的區長，所以當時他是國府設在滇緬邊區黨政軍情一元化的最高領導者；到柳部撤台後，其區長職位才由鄧文勳接任，而「雲南省特派員辦公處」則改為「雲南地區敵後黨務督導專員辦事處」，將原來的特派員取消，書記長改稱「黨務督導專員」，政和軍則自然消失。

因為柳元麟已同時獲聘為雲南處的特派員，他為擴大安西計畫突擊行動的政治效果，所以他乃計劃經由雲南處的卡瓦山站和十二版納站，在安西計畫要進行

安西計畫

↓ 1958.7.28.柳元麟於出發前在總部校閱部隊。

↓→柳元麟到達邊境基地後校閱
　部隊。

←1958.8.20柳元麟率隊
　渡越什累河。

→ 1958.10.3. 柳元麟
　突襲歸來，人在
　歸途中。

↑1958.8.18柳元麟率部返抵江拉。

←↑1958.10.18柳元麟率部返抵江拉進入了凱旋
門，接受獻花後，並接受軍民列隊歡迎。

→1958.8.18.柳元麟率隊返抵江
拉總部營區。

安西計畫的共軍投誠人員

↑投誠共軍弟兄一起閱讀書報。　　　　　↑調查投誠共軍弟兄。

↑1958.12.1.投誠的共軍弟兄在自修室閱讀書刊。　↑1958.12.5.投誠的共軍弟兄們小組座談。

←1958.12.5投誠的共軍弟兄在國父遺像前及朱心一的監誓下集體宣誓自新反共。

安西計畫的俘虜品

突擊的目標地區，也發動群眾的抗暴運動。但是因為柳元麟部隊沒能趕得及在預定的7、8月間發動突擊行動，一延再延，延到9月初才發動突擊，使得敵後的抗暴運動依約定時間發動起來了，而外面的突擊部隊卻沒有同時打進來，使得中共很快就把內部的抗暴運動弭平了，這讓雲南處犧牲了許多派遣人員和組織的民眾，其損失可謂重大。同時因為抗暴運動的爆發，使中共提早得知柳部即將突擊的情報，而能提早預作防範準備，將糧食等戰略物資等先行後運，使得這規模甚小的突擊部隊都無法就地取得糧食，無法深入內地；連帶的也使得突擊的行動無法順利展開，戰果也就難臻理想[60]。在黨和軍都在柳元麟一元化領導指揮之下，居然無法使得敵後的民眾抗暴運動和敵前的突擊行動互相配合，這說明這位指揮官的領導能力是不足的。

安西計畫的實行，由於時間上的接近，不但呼應了西藏的抗暴，而且也響應了金門的炮戰，的確收到了一些宣傳上的效果，於是國府進而於次(1959)年認真地推出了「興華計畫」，期望柳部能將滇緬邊區建設成為「陸上第一反攻基地」。但是，由於興華計畫的實施需要從台灣運輸大量的物資和人員過來，於是修建機場就成為一個必要的條件。修建機場乃是一件無法保密的巨大事件，一定無法瞞得住緬甸和中共，所以只要一動手去做，就一定會招來緬甸和中共的不良反應。當時的總部參謀處長梁震行就說：「打從開始，我就反對修建機場。我說：『機場修好的時候，就是我們倒楣的時候。』後來果然不幸被我言中。」就在柳部修建機場的過程中，緬甸和中共就不斷的密謀如何對付柳部的挑釁，最後終於讓緬甸放棄了長久以來「不讓中共軍隊入境」的政策，決定以「戡定邊界」為掩護，而對柳部實施聯合的軍事攻擊，於1960年11月揭開了「江拉基地保衛戰」的序幕。最後終於導致了部隊撤台的結果，這無異是「安西計畫」的最大副作用。

三、國府調處柳段的衝突

柳元麟和段希文的衝突終於驚動了台灣的國府上級。由於柳元麟已經透過各種管道，特別是與段有親戚關係的朱心一出力最大，朱後來被柳拔擢為總部政治

---

60 同註10(A)/(B)。(第11冊)，見〈民61年5月20日雲南處工作簡報的書面報告〉。

部副主任，蒐集了許多關於段希文的紅黑資料，謂「段曾私自通匪，曾私派親信進入匪區，對國府不忠」等等，將之送到台灣，國府上級為查明這些指控的真偽，認為有必要派人前往邊區查明真相，只是一時又不便專為此事而派出人員前往邊區。就在此時，恰好國防部在1959(民48)年年初即擬妥了一個「興華計畫」的方案，主要目的是把滇緬邊區建立為陸上第一反攻基地[61]。於是國府上級便順勢推出一個「興華小組」，由情報局副局長任致遠(字建鵬)擔任組長，然後正式派遣興華小組前往滇緬邊區「督導該軍、整理內部，並慰問該部隊的各級官兵」[62]，而實際上的主要目的則是為調查柳段之間的衝突案而來。

　　由於興華小組的組長任致遠是情報局的副局長，而情報局又是柳元麟部隊的直接頂頭上司，因此柳元麟特別回台陪同該小組前來邊區。在柳元麟的陪同下，任致遠率領興華小組於1959(民48)年4月19日來到了江拉總部[63]，而5軍也於三天內(即4月22日)與總部恢復了電訊連絡，以接受興華小組的調查。興華小組在總部停留了約一個禮拜，規畫了視察、點驗全軍的行程之後，從4月26日起即從江拉出發，先巡視駐於總部南方的各個部隊，第一站視察駐於猛不了的第22師，然後視察第3軍的各師。然而當任致遠所率領的興華小組於5月15日才到達5軍的軍部猛龍，根本尚未開始調查案情，柳元麟卻急著於前一天的5月14日，即上電台灣上級，謂任副局長已赴5軍查處抗命違紀案，段已表示服從命令云云[64]。段希文為迎接任致遠，特別在軍部舉行了軍容盛大的分列式閱兵典禮，請任致遠組長擔任大閱兵官。在5軍軍部，興華小組針對柳元麟對段希文所提出的各項指控，曾作了詳盡的調查，一一都還了段希文的清白。例如，柳元麟指控段希文在某時某地曾與共方人員接觸，經查證那是段希文的弟弟，而不是段希文；柳元麟指控段在香港時曾派其親信到南京與共方人員接觸，經查明那是段希文念念不忘他那放在南京家中的心愛水烟筒，派他的副官聶德明回去看看還在不在，如果還在，就幫他拿出來，如此而已；又說段曾在5軍軍部樹上刻了許多反政府的標語，因為

61　同註14(A)。頁27-55，97。
62　同註14(A)。頁97。
63　同註14(A)。頁97。
64　同註4。(第4冊)。見〈民48年5月14日柳元麟致張群秘書長電〉。

上級來視察，現在又都用泥巴塗掉了；此事經軍部政治部主任劉光兆出面解釋：謂樹上所刻的那些標語都是反共標語，都是由他作主刻上去的，後來因為覺得不好看，所以才又用泥巴把它塗掉了。而劉光兆是剛從台灣派去5軍不久的人，不可能與段希文密謀造反。所以柳元麟的指控，一一都得到了澄清。最後，關於5軍不服從柳總部指揮之事，段希文說關鍵在於士兵糧餉之發與不發，如果柳元麟始終不發，他也無法強迫士兵部屬枵腹以從。

興華小組花了將近兩個月的時間，視察完了南方的第3、5兩軍及獨立22師，尤其是在5軍就停留了近一個月，然後才於6月17日返抵江拉總部；休息三天之後，於6月21日再經由索永北上，繼續巡視北方的第1、2、4三個軍，巡視了一個多月，才結束返回總部，然後於7月28日離開江拉總部，啟程前往曼谷，最後於8月9日返回台灣。任致遠組長就在停留曼谷的一個多星期裡，同時邀來了柳元麟和段希文，經他多方調解後，簽署了雙方都應遵守的「曼谷協定」各四款(其反面即是現存狀態)，其大意如下[65]：

甲、段方應履行者：

一、服從指揮，恢復通訊。

二、報繳稅款，並由總部派人經理。

三、派員到總部受訓。

四、派員參加機場服務(即修建蒙白了機場)。

乙、柳方應履行者：

一、發清扣存多月的軍餉。

二、清發新兵墊款。

三、中央運到武器，平均分發。

四、人事照規定核委。

此份協定經柳段雙方簽字蓋章，任組長公證，各存一份，任致遠隨即回台覆命。

由於此次「興華小組」的視察十分重要，因此總部派攝影官隨從拍照存證。根據所留下的相片而看，發現各部隊的相片都是以靜態的列隊方式來歡迎任組長

65　李拂一（筆名：移山）(2003)〈柳元麟將軍斷送了滇緬邊區的反共基地〉，刊於《廣西文獻》第102期，台北市：廣西同鄉會。民92年10月10日出版。

（北方的第4軍還動員一般民眾來列隊歡迎），然後排成集合隊形，接受點驗和聆聽任組長的講話；其中唯有第5軍，特別以動態的分列式閱兵典禮來歡迎任組長，官兵列隊踢正步通過閱兵台，接受任組長的點閱，然後再集合成聽訓隊形來聆聽任組長的講話。從相片可以清楚看出，參加分列式閱兵的官兵，他們所持的槍枝都是木槍，只因柳元麟長期剋扣槍枝，以致沒有足夠的同款槍枝可拿來做閱兵之用。因為第5軍能有如此優越的表現，因此「興華小組」檢驗各部隊的結果，第5軍獲評為第一名。

雖然柳元麟對段希文的各項指控，在興華小組調查之後都一一得到了澄清，而且也簽下了一個「曼谷協定」，表面上，柳段之間的衝突似乎也畫下了一個句點。但是柳元麟對5軍軍餉、募兵費和武器補給的剋扣依舊如故，最後到了10月時，再次勞動到了與李彌、柳元麟、段希文俱有深厚交情的李拂一出面再調停一次。（按：其實李拂一在該(1959)年元月間，即曾應柳元麟之邀到了江拉一趟，企圖由他邀約段希文到曼谷與柳會談，但因後來柳又提出前提條件，故段乃拒絕去曼赴會。）柳元麟於10月初到了曼谷後，派人接李拂一至其住處，請李攜丁中江之函上山勸段到曼谷與柳相談，李雖知成功機會不大，但因聞李毓禎也在段處，遂抱聽聽意見的心情而於14日到達老羅寨，事情果然如事先所料。接著柳元麟聽從丁中江和李拂一的意見，改派彭程副總指揮攜其親函前往勸段，因其函中有「一切皆可商量」之語，故段乃於25日來到曼谷和柳相見。經大家奔走調停多次，段希文於29日向柳元麟提出四點要求[66]：

一、已借墊的新兵(奉總部命令招募)經費，要求發給，以資歸墊。

二、今後新兵經費，在未發給以前，請准由所經收之稅捐款項目下撥用。

三、今後請增發武器若干，以平士兵之氣，將來請按人員數目，平均分配。

四、人事請照案核委。

30日，柳元麟回覆說都可以答應，但需要段希文先遵守五個條件。

一、遵命派員到總部受訓。

二、派員參加機場服務。（按：即修建機場）

66　同註65。

三、報繳稅款。

四、恢復與總部之電訊往來。

五、服從指揮。

其實這些條款在「曼谷協定」即已規定，只是只有段實行，而柳並不實行，故段以後亦不願再實行，因為如此，同樣的條款才需要在兩個月後再度提出。由於段已曾依「曼谷協定」報繳稅款，故段要求柳這次必須發給積欠已久的100萬募兵費。起初柳元麟不允，經李拂一和丁中江等多人奔走協調，後來柳才允予以五折發給，但段不接受折扣。後來再經大家費盡唇舌替段要求，柳勉強同意增為七折；轉過頭來，大家再回去苦勸段接受這個七折的協議。最後，雖然雙方都接受了募兵費的折扣協議，但是最後的結果是：柳元麟還是分文未付給段希文。因此，柳、段的衝突始終沒有獲得解決，一直延續到部隊撤台。

就在任致遠抵達孟捧視察了第3軍軍部和第14師之後，駐於紅樓和猛哥的緬軍500及戰車3輛於5月9日即來猛攻第14師防地連攻三日，致14師防地失守，並退至猛捧以北的山區之中。以後第3軍的第13師和第14師奉令聯合反攻猛捧，企圖收復猛捧戰地，戰至5月23日，第14師師長劉紹湯不幸陣亡，此為國軍游擊部隊對緬作戰陣亡的第一位最高階指揮官。

興華小組視察部隊

↑1959.4.19.任建鵬檢閱總部各單位及直屬部隊。

←↑1959.4.26.任建鵬南行視察，抵達猛不
了視察獨立第22師，並對官兵講話。

←由值星官陳茂修
　報告人數。
↓1959.5.2.任建鵬
　抵達猛捧第3軍
　第14師：校閱
　部隊。

↑1959.5.6-7.任建鵬抵達賴東第3軍軍部及第13師：恭請校閱、開始校閱。

→1959.5.15~16.任建鵬南
　行抵達猛龍視察第5軍
　軍部：校閱部隊(1)
↓分列式校閱(2)

↑5軍的軍事操演(3)。

↑1959.6.22.任建鵬北上視察，在索永與隨行的
　警衛人員合影。

↑1959.6.22.任建鵬在索永對獨1團官兵講話。

↑1959.6.24.任建鵬抵達蠻燕第2軍第26師趙丕承部校閱、講話。

←1959.6.26.任建鵬抵達猛勇第2軍第25師與代
　師長環向春在司令台前談話。
　司令台的對聯：
　民有民治民享，立天立地立人。
　橫批：
　我武維揚

→1959.6.29.任建鵬抵達猛
　瓦第1軍軍部：軍民列
　隊歡迎。

↑1959.7.1.任建鵬抵達猛右巡視第1軍第3師曾憲
　武部。

↑1959.7.5.任建鵬抵達三島蠻皮巡視第1軍第2
　師(蒙寶葉)第5團(徐家庭)。

↑1959.7.8-10.任建鵬抵達猛馬第4軍軍區：渡
　猛馬河。

←1959.7.8-10.任建鵬抵達猛馬第4軍：與張偉
　成軍長在山頭上遙望故國。

←1959.7.28.興華
　小組視察完畢
　離開江拉總
　部：在總部大
　門前合影。

↑總部人員列隊歡送興華小組離開江拉總部。→

殉職的劉紹湯師長

←1959.5.9~23緬軍猛攻猛捧第
　3軍第14師防地，防地失
　守；當14師聯合13師反攻失
　地時，劉紹湯師長意外身
　亡。

四、美國擬軍援段希文

　　柳元麟和段希文的衝突事件不但驚動了在台灣的國府上級，而且也傳到了美
國的軍情單位。大約就在段希文和柳元麟處於低潮關係，雖經任建鵬和李拂一等
人的調解都還不能和解之後，受僱於美國中央情報局(CIA)的華人樂濟世找上了
在永珍寮華日報工作的李璠(李拂一的公子)，直接對他說明美方要軍援段希文的計
劃[67]：準備支援段希文一個輕裝師(10,000人)的裝備，請他幫忙穿針引線，徵詢段
希文的意願，看他是否有意接受。為了促成此事，李璠趕到了老羅寨之後，於
1959(民48)年12月24日上午6點從老羅寨出發，傍晚6點便趕到了段希文5軍的軍部猛

67　李璠先生訪問記錄。(1)2001年7月16日於泰國清邁某酒店；(2)2001年11月13日於
　　台北汐止潘培田宅。

龍，正趕上軍部6點鐘吹降旗號。平常要走三天的路，他一天12個小時就把它趕到
了。25日是雲南護憲起義紀念日，他留在猛龍過節並向段希文說明美方計劃軍援
的詳情，段希文表示有意接受，並指派參謀長雷雨田主辦此事。26日，段希文就讓
雷雨田跟他到寮國永珍美國軍援團參觀那些擬要支援給段的裝備。但是他們的行
程卻是：他們一同先回到曼谷，再從曼谷搭火車到東北部的廊開，然後再由廊開
坐船渡過湄公河到永珍。

然而，當他們到達了廊開之後，因雷雨田是持用難民證，無法過河，於是李
瑞安排雷在一家旅社內休息等候，而由他一人先到永珍的美國軍援團接洽參觀事
宜，並請他們派人到廊開的旅社把雷雨田接過河來，但是當雷雨田跟隨美國軍援
團派來的人上船要渡河的時候，可能是軍援團的人位階不夠高，不但無法把雷雨
田帶過河，反而被泰國移民局的警察抓了起來，把他送到警察局關了一夜。第二
天移民局官員找了一個華僑幫忙翻譯，瞭解了情況，罰他50銖，然後把他放出來。

不久，美國軍援團再派出較高官階的官員來，才把他接過去寮國參觀。就在
美國軍援團的倉庫辦公室裡，美國官員對雷雨田說：「你們的需求我們非常清
楚，問題在你們，你們隨時要，我們就隨時可以給你們空投。」雷雨田回答說：
「我們現在決定要了。」美國官員就問：「那你給我你們電台的連絡訊號吧！」
雷雨田說：「那個連絡訊號在泰國移民局警察檢查時，我把它嚼了吞到肚子裡去
了，記不得了。」於是對方就請雷雨田重新編個電訊號碼，並且約定：如果用這
個訊號可以互相連絡得上，就以當時約定的時間空投；如果連絡不上，就以當時
那個（按：當時是1960年元月）月的最後一天來空投[68]。

雷雨田回來之後，把這個新編的電台訊號交給張文煥台長，請他依約定時間
和美方的電台連絡，如果能連絡得上，要發他3,000銖獎金。結果是一直連絡不
上，事後才聽說是美方可以聽到段方的電台，而段方則聽不到美方的電台，不知
是怎麼回事。既然電台連絡不上，所以美方的飛機便依約定在月底就飛來空投，
一天飛來好幾次，在5軍的猛龍、猛林防地，到處低飛，準備空投。雷雨田說：
「那架銀白色的飛機，飛得很低，看得清清楚楚，沒有軍徽，但有編號，一定是

68　（A）雷雨田先生訪問記錄。1999年2月19-20日於美斯樂雷宅。
　　（B）同註67。

美方要來空投的飛機，可能是段先生臨時又改變了主意，不要(或不敢)接受美援空投了，但是他又不跟我們講，我們也無權下令去舖設空投標誌，就這樣，飛機低空盤旋了三天。我們不舖標誌，他們也不敢把武器空投下來。」[69]

　　事後，美國一位海軍司令的代表來到了南邦，他說因為身份的關係，只能來到南邦，不能上去清萊，請段希文到南邦去和他見面，他想要問清楚：飛機來了，為什麼不舖設標誌，以致無法空投？但是段希文自己不下去，也不派人下去，所以這位代表在南邦停留了一段時間就回去了。雷雨田說：以後可能是由於下列兩個原因，一是因為事隔半年餘，寮國於1960(民49)年8月9日發生了傘兵營營長康列(Kong Lae)政變的事件[70]，美國軍援團不能再停留在永珍，不方便再空投了；二是美國發現段希文每次下曼谷時，都去找國府的駐泰大使杭立武(1956.9.26～1964.5.7)，認為段希文無法斷絕與台灣的關係。可能是因為這些緣故，所以美國就停止了軍援段希文的計劃[71]。

　　分析段希文於1960(民49)年元月底時，他之所以「暫時」不要(或不敢)接受美方的空投軍援，其另外的一個原因是因為在那個時候，蒙白了機場已經擴建完畢，台灣的飛機將於近期內即會開始降落，武器和人員會源源而來，更重要的是，台灣屬意的新總指揮人選王永樹，也將從2月16日開始巡視柳元麟部隊，這件事讓段希文心中充滿了期待，只是後來王永樹花了一個多月巡視完畢之後，他不敢接手指揮這個人事複雜的部隊，讓段希文錯過了接受美援的時機。

　　另外一個更重要的原因是蔣介石總統兵敗退到台灣之後，他曾經下過一個手令：任何外國的援助都必須經由中央來統籌分配，私下接受外援即以叛國論罪。當(1950)年9月，李彌將軍和美國爾斯金(Graves B.Erskine)將軍在曼谷會談爭取美援時，援助還沒爭取到手，即被人密告私與外人接觸，於是國府電飭駐泰使館，令將李彌將軍引渡回國，以叛國論罪。而使館未便執行，由武官署將電報讓李拂一過目，暗示當事人自行轉圜，後經李彌將軍親自回台據情申覆，事乃冰釋[72]。

69　同註68(A)。
70　外交部檔案，《寮局說帖》。民44年4月1日至民51年9月30日。
71　同註68(A)。
72　李拂一(筆名：移山)(1997)〈李彌將軍隻身前往滇緬邊區收拾殘敗反攻大陸之經
　　過〉，刊於《雲南文獻》第27期，台北市：雲南省同鄉會。頁66。

而這次的美援也是以不經手台灣為前提，所以段希文因有前車之鑑，不敢貿然犯此叛國的大罪，而默默婉拒了美方的好意。

五、興華計畫和江拉基地保衛戰(簡稱「江拉之戰」)

1959(民48)年初，國府推出了一個「興華計畫」的方案，擬把柳元麟部隊所駐守的滇緬邊區建立成為「陸上第一反攻基地」，並計畫在這個基地上擴建出一支可用的武裝力量，向車里、佛海、南嶠、瀾滄、滄源、雙江等縣推進，略取瀾滄江以西、怒江以東的中間地區，而以保山為中心，向滇南、滇北、滇東各縣擴張，以略取雲南全省為西南反攻的總基地[73]。因此，「興華計畫」可以說是一個對滇緬邊區游擊基地予以積極擴展、積極準備反攻的一個大計畫。但是，由於駐在當地的柳部，乃是由當地忠貞愛國軍民所組成，各部隊的組成，多賴部隊長之人事關係號召而來，因此其特徵是：(1)各單位的人數常多寡不一，調度運用較為困難；(2)家鄉地域觀念十分濃厚，常會因利害關係而發生內部人事糾紛。加以部隊組成之後，又缺乏正規嚴格的訓練，雖有一些戰鬥經驗，但因彈藥和武器都缺乏，有戰鬥能力的武裝人員不及半數，致戰鬥力難臻理想。因此，為實施「興華計畫」，不但要實施火箭計畫、黃旗計畫和黑旗計畫，以運補武器和彈藥，但因是以遠距空投的方式為之，數量有限；同時還要實施三個和風計畫，以運送幹部和特種部隊到柳部第一反攻基地，計畫運送的人數多達1271人[74]。這些計畫的實施，都需要仰賴空投或空運，因此機場的建設就成為實施這些計畫的一個重要條件。

此外，國府中央為強化邊區游擊部隊的團結和戰力，也曾計劃另派王永樹將軍為新的總指揮。但是王永樹於1960(民49)年2月間前往邊區視察和了解部隊之後，覺得這個部隊過於複雜，自覺無力勝任而不願接任。所以乃由柳元麟繼續留任總指揮。

73　同註14(A)。頁35，46。
74　同註14(A)。頁35，46。

王永樹巡察部隊

←1960.2.16國防部總政治作戰部副
　主任執行官王永樹中將抵達江
　拉總部視察部隊。
←↓巡視軍官訓練團。

←王永樹巡視部隊時由參謀處長梁震行陪行。
　↓巡視途經民眾的村莊。

↑王永樹視察第2軍第26師。

↑巡視完畢回到江拉總部。

本來在猛不了就有一個簡陋的小型機場，那是馬幫商人為方便其買主以小型飛機將「特貨」運往寮國而舖設。今為實施「興華計畫」而需要飛機場，以方便當時的C-46運輸機起降，只需將小型機場加以擴大、延長即可。即使如此，因為當時當地並無機械化的設備，一切都是使用人力，因此人力的需求也是非常的大，必須靠各部隊派人參加機場的修建，才能將機場的擴展工作順利進行。因為這樣，段希文不派員參加機場的「服務」工作，也才成為柳、段衝突的重要議題之一。

由於機場的修建是一項明顯、重大的工程，絕對無法在秘密中進行，所以一旦動手興建，它就一定會引起緬甸和中共的關心和注意，於是必定會對柳部帶來相對的不利；當時反對修建機場的參謀處長梁震行就說：「當機場修成的時候，就是我們倒楣的時候。」[75]後來，猛白了機場修建完成之後，來自台灣的第一架運輸機是1960(民49)年2月17日降陸的[76]，而緬甸軍人總理尼溫則是於當年稍前的1月24日即率團訪問北京，於28日雙方簽訂「中緬邊界協定」和「中緬友好互不侵犯條約」，並成立聯合委員會[77]；到同年9月底，緬甸民選總理宇努更是率領300人代表團(前軍人總理尼溫也是團員)參加中共的國慶，並正式簽訂「中緬邊界條約」及其他軍事密約[78]；最後，雙方再於11月4日在昆明簽訂「關於勘界警衛作戰問題的協議」[79]。根據這些事件發生時間的順序，可見緬甸在柳部修建機場的時候，就逐步加強了和中共之間的軍事合作關係，最後，終於藉著中緬聯合勘界名義的掩護，實行了軍事上的討伐行動，聯合大舉攻打駐於邊界地區的柳元麟部隊。

(1)戰前狀況

江拉(Keng Lap)位處於中國大陸和泰國中間湄公河西岸的大彎曲之處，是一片面積頗大的河濱平原，緬甸撣邦(Shan State)的擺夷居民將之開墾為大片良

75　同註35(A)。
76　同註49(B)。
77　(A)同註14(A)。頁
　　(B)同註52。頁
78　(A)同註14(A)。頁227-8。
　　(B)同註52。頁246。
79　同註52。頁193。

田，可說是一個不錯的魚米之鄉。可能是因為這個緣故，1957(民46)年元月中以後，柳元麟部隊即把其總部由蕩俄(Tang-aw)遷到這個地方來。

　　雖然柳元麟部隊的主要敵人是大陸雲南的共軍，對緬甸並無領土的野心，但是因為柳部駐於緬甸境內，緬甸為維持其領土主權的完整，自始即不斷以武力將之驅逐，只是一直未能成功。最初的時期，中共曾主動向緬方表示，願意派軍入境代為效勞，並表示事畢之後一定撤軍回境，但緬甸深怕中共食言而肥，一旦派軍進入緬甸就不再離開，或是在當地建立人民政府，反而是引狼入室，後患無窮，因此不敢貿然接受中共的好意。以後，緬甸經過七、八年的努力之後，發現單憑自己的力量並不能解決國民黨非正規軍的非法駐留的問題，於是在1957年元月，緬軍步兵第8營的朱有上尉首次向中共駐龍竹棚的排長穆德明少尉提出聯合作戰的要求；同年8月5日，緬軍吞丁上尉再向中方彭銀貴少校提出同樣的要求[80]，但當時中共方面或許是正在進行「反右鬥爭」，或許是中共軍方未將此意見呈達其最高上級，因此中共軍方也未對此事有所討論或形成政策。

　　以後到1960年代，因為柳元麟部隊曾於1958年9月發動過「安西計畫」，大舉騷擾過滇緬的邊界地帶，同時國府當局又於1959年年初推出了「興華計畫」，擬在滇緬邊區建立陸上第一反攻基地，並開始著手在猛白了(Mong Pa-liao)興建機場，因此毛澤東於當年5月4日指示雲南省委、軍區，要他們特別注意防範國民黨游擊部隊的作亂騷擾。到了第二(1960)年1月24日，即在台灣國府飛機在猛白了機場正式開始起降(2月17日)前不到一個月，緬甸總理尼溫即率團訪北京，與中共簽訂了「中緬友好互不侵犯條約」和「中緬邊界協定」(並成立聯合委員會)，因此，柳部修建機場之事，引起了緬甸和中共的高度關注，並促成他們後來在軍事上的合作。所以，到同(1960)年5月初，當周恩來於訪問緬甸、印度、尼泊爾三國歸來過境雲南昆明之時，特別到昆明軍區聽取有關在緬國民黨部隊現狀的簡報。很快地就確定了「以勘定邊界為名，同時進行實質的聯合軍事行動」的政策，決定先下手為強，趁這股反共力量未壯大之前，就先動手把它消滅掉。關於中共和緬甸聯合作戰之事，因為中共軍隊必須進入緬境打擊國民黨部隊，為免引起東南

80　同註52。頁186

亞國家的驚恐和不安，作戰必須在完全秘密的情況之下進行（事後，中共方面也說：
中國曾參加一場最秘密戰爭。），不能走漏風聲，以免給國際的反共陣營帶來攻擊的
口實，因此中緬未定界的勘定，為中共軍隊的入緬帶來了一個最好的現成理由和
藉口。

　　當國府決定在猛不了修建機場之事，終於促成緬甸和中共假借勘定中緬未定
界為理由，而進行密切的軍事結盟之後，國府方面亦對此軍事情報保有高度的警
覺，於是其高層連續安排柳部的高階幹部分批返回台灣接受精神激勵和軍事講
習，甚至共同謀定未來對緬共聯軍作戰的方案，例如於1960年8月先由總部的柳
總指揮率領夏超（副總指揮）、徐汝楫（政治部主任）、曾力民（參謀團團長、軍官訓練團副
團長）和梁震行（作戰處處長）返台；到返回戰地區時。台灣加派了管鴻炎（新任經濟處
長）和孟廣源（出納主任）二人隨行。10月，再由副總指揮王少才率領李文煥（第3軍軍
長）、張偉成（第4軍軍長）、李鑄靈（總部管情報的第二處處長；後來戰爭爆發調為第3軍參
謀長）、曾憲武（第1軍第3師師長）、趙丕承（第2軍第8師師長）、楊文光（第5軍第20師師長）
和昭遠明（某土司王的王子）等8人一同來台；到11月22日共軍入境突擊柳部之後，
第5軍軍長段希文亦於12月3日奉召前往台灣，與國府高層謀商進一步的應戰策
略，段希文返回戰地後，即由其參謀長雷雨田擬定一「西進」的戰略方案。

蔣總統於戰前召見
高級幹部

←前排左起：夏超、
柳元麟、蔣中正、
曾力民、徐汝楫。
後排左起：孟廣
源、梁震行、管鴻
炎。1960.8.27攝

↑左起：昭遠明、楊文光、趙丕承、王少才、李文煥、張偉成、李鑄靈、曾憲武。1960.10.攝

(2)二十公里紅線內戰爭

由於軍事的行動已作成決策，所以很快地，在1960年6月27日至7月5日間，中共和緬甸就在仰光召開第一次的「中緬邊界聯合委員會」的第一次會議，確定了該聯合委員會的工作程序、任務、勘察部署等工作項目，並討論了國民黨游擊部隊襲擊干擾所造成勘界員的警衛安全問題，認為必要先行加以打擊；於是在當年10月1日中共和緬甸在北京簽訂了「中緬邊界條約」之後，中共於10月23日即在猛海(佛海)建立前方(線)指揮所，由雲南軍區副司令員黎錫福少將擔任指揮官，第13軍副軍長崔健功少將擔任副指揮官。接著，雙方就在11月4日在昆明簽訂了「關於勘界警衛作戰問題的協議」(共9條)，正式把聯合軍事行動付諸行動[81]。

根據這個「關於勘界警衛作戰問題的協議」規定雙方作戰地段分工、進入緬甸的地域範圍、行動時間、聯絡代表、保密隱蔽、任務範圍等。例如：

81　(A)同註14(A)。頁47。

　　(B)同註52。頁177; 187-8; 193; 227-8; 246。

第2條　從舊界樁1至30號間的清剿工作由緬軍負責。

第3條　從舊界樁30至62號間的清剿工作由共軍負責，如有需要，可進入緬境20公里（即是所謂的「紅線」）。

第4條　清剿的行動，雙方應同一時間進行，暫定時間為1960年11月20日左右，具體時間，雙方行動前互相通知。

第○條　中方進入緬境部隊，軍需補給、物資供應均由中方自行行負責。

第○條　雙方繳獲的武器、彈藥和器材，雙方平分。

根據這些條約和協議，雙方於1960年11月22日北京時間18時正（緬甸時間16時30分），簽署下達聯合作戰命令[82]。

這個由猛海前線指揮部所發出的5,000字作戰命令，其容大要如下：

- 清除區內蔣匪，可能要經過開進、撲點、追擊、清剿四個階段才能完成；
- 我22路突擊隊開進，突襲16個據點，取「斷後路，包圍住，先圍而後殲」的作戰原則；
- 欲達隱蔽突然，各點預定在22日6時30分發起攻擊。

由於簽署作戰命令的時間比作戰命令所規定的行動時間還晚，所以共軍的3個戰群、共22個突擊隊，早已在聯合作戰命令簽署之前，即已撲向緬境「紅線」區內16個柳部據點。而緬軍則更於11月11日和15日，即已單獨向駐於蠻扣和蠻戈兩地的柳部第4軍陣地，採取了攻擊行動，只是未能順利得手。而由共軍22個突擊隊所組成的三個戰群，則於21日入夜之後，其第一戰群由閻守慶上校率領，攻向猛馬（第4軍軍部及其第5師駐地）、曼巴卡、哥巴大和三島（踏板賣）（第1軍第2師師部及其第5團駐地）；第二戰群由趙世英上校率領，攻向猛瓦（第1軍軍部駐地）、猛右（猛育）（第1軍第3師駐地）、猛累（猛雷）、景康（第1軍第3師第8團駐地）；第三戰群由高明順上校率領，分別攻向最東和最西兩端的目標，最東端攻向猛歇（猛黑）（第1軍第3師第7團駐地），最西端則攻向曼光（孟光）、般丐、哥巴卡、曼俄乃（蠻兀）（第4軍第5師駐地）和王塞掃；王龍考和另一無名地位置不詳；計畫於次（22）日早晨6時半同時發起攻擊[83]。共軍行軍時，為了進行遠程的快速襲擊，突擊隊的每個班，配備60式

82　同註52。頁29，193，206。
83　（A）同註52。頁195。

7.62毫米衝鋒槍、56式半自動步槍、班用機槍，另外配備輕機槍、重機槍、40火箭筒、60迫擊砲、無後座力炮、火焰噴射器等輕便武器和爆破裝置。

共軍進入緬甸的突擊行動，雖然命令規定的統一發起時間是清晨6時30分，但實際上各個目標點的打響時間與之稍有出入，依地圖，由西北依序向東南，16個據點的打響時間及戰況如下[84]：

(1)曼光(孟光)：5時30分

(2)般丐：6時正

(3)哥巴卡：5時55分

(4)曼俄乃(蠻兀)：5時40分——第4軍第5師，撲空，但在追擊時擊斃了5師(其師長由軍長張偉成兼)的副師長李泰。

(5)王塞掃：6時35分

(6)猛馬：6時30分——第4軍軍部(軍長張偉成)、6師師部(師長由副軍長黃琦璉兼)，撲空。

(7)曼巴卡(蜜巴卡)：6時32分——部分殲滅

(8)哥巴大：6時32分——部分殲滅

(以上各點似皆為第4軍的防區範圍，但不應有這麼多可攻擊之點，因此有些應是不正確的目標地點。)

(9)踏板賣(三島)：4時50分——第1軍第2師師部(師長蒙寶葉，副師長劉繼禹)。全殲。

(10)猛瓦：6時40分——第1軍軍部(軍長吳運煖)，部分殲；陣亡：上校辦公室主任李根全、上校副參謀長朱光芳等16人；逃亡：副軍長許實拱、參謀長林酞輝、政治部主任劉儒章等。

(11)景康：7時40分——第3師8團(團長葉文強)。

(12)猛育(猛右)：7時50分——第3師師部(師長曾憲武)

(13)猛累：7時30分——

(14)猛歇(獨黑)：5時30分——第3師第7團(團長李國崧調總部，副團長李國泰代)

84　同註52。頁209。

防地，被共軍第三戰群圍攻，因眾寡懸殊，突圍向猛坎方面轉進，陣地失守。
（以上各點為第1軍的防區範圍）

　　地理位置不詳者：

　　(15)王龍考：6時35分

　　(16)無名之地：5時55分

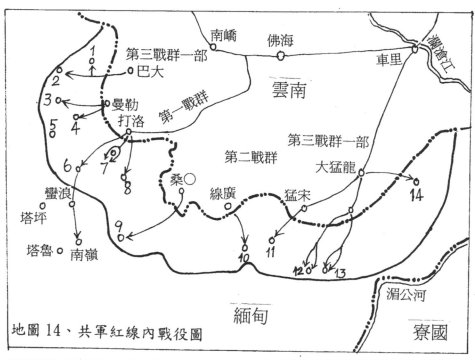

地圖 14、共軍紅線內戰役圖

1.曼光(孟光)	4.曼俄乃(蠻兀)	7.曼巴卡(蜜巴卡)	10.猛瓦	13.猛累
2.般丐	5.王塞掃	8.哥巴大	11.景康	14.猛歇(獨黑)
3.哥巴卡	6.猛馬	9.踏板賣(三島)	12.猛育(猛右)	15.王龍考

根據共軍自己的記載，認為這次突擊的總體戰果是：16個據點中，毫無警覺被全
殲6個，部分殲8個，撲空2個；但若以戰群別而言，則以第一戰群的戰績最佳，
因該戰群的南向突擊隊在對第2師師部的突擊戰中，其排長常通和中尉帶人在王
洪寨捕獲蒙寶葉的情報官羅清泉，由羅帶路直驅蒙寶葉的住處，故能一舉殲滅正
副師長蒙寶葉和劉繼禹，將該師部全殲；其他陣亡者包括：中校補給組長周炳

宣、少校代人事組長洪欽偉；被俘者：中校政工組長邱陵、中校第三組組長馮嘉樂、少校軍需主任劉國華、少校情報組長羅清泉；失蹤者：少校參謀莊國華、少校電台台長黎榮佐等[85]；至於其北端西向的突擊隊，則是直撲猛馬的第4軍軍部及其第6師，可能是因為第4軍在10天前曾遭到緬軍的大舉攻擊，部隊因作戰而必須進行調度和移動，因此意外地使共軍突擊隊的行動撲了一個空。

與共軍作戰而殉職的蒙寶葉師長

↑↓蒙寶葉

↑蒙寶葉、蒙夫人、梁震行、梁夫人、張鎮民（蒙的團長）

85　同註4。（第4冊）。見〈民51年3月15日參謀總長彭孟緝簽呈總統「滇緬邊區孟麻戰役我方被俘人員忠貞表現及已採措施概況」〉。
　　謂原第四軍上尉通信官丁來甫於49年11月下旬，在孟馬戰役中被俘，至50年11月6日由廈門被釋放抵金門，後送來台。據丁員所知，國軍被俘人員多對中共反抗不屈，其中上校副師長葉文祥、上校政治部主任丘陵、上尉政工官周仕廣、上尉醫官沈思瑾、上尉補給組長歐傑、少校情報官張蘊生、上尉參謀董培明、少校組長羅清泉、中校科長易定華等九員，均具體表現忠貞。復據丁員自白，中共方面交付其任務為：「宣傳中共社會建設情形」、「宣揚中共優待俘虜」、「宣傳反美」等，該項自白經鑑定可靠，因據已採取「辦理忠貞登記」、「加強忠貞教育」、「發動心戰措施」諸措施，敬請鑒核。
　　蔣總統批示：「閱51.3.21.」

　　而在柳元麟部隊方面，他們雖然在緬甸和中共進行聯合戡界之後，也在11月15日召集一次高級幕僚會議，研判緬甸與中共簽訂協議後，可能會藉清理界椿為名，而對柳部實施聯合軍事行動，發動全面或局部性之攻勢，因此於17日通電各部隊，限25日之前完成戰備，並注意搜索警戒。而台灣上級也於25日指示：如中共和緬甸向總部進犯時，應按前頒防衛計劃實施作戰；如中共和緬甸僅於北部實施勘界時，則應轉山區，避免正面衝突，監視其行動。但是共軍的三個戰鬥群則早已於22日凌晨，依據與緬甸所簽訂的秘密軍事協定，同時越過中緬國界線，突擊滇緬邊界上的第1、4兩個軍的16個據點了。遭受攻擊的各個據點，因為缺乏戒備，至午即先後被殲或失守轉進，所幸因多數據點都靠近緬甸同意共軍入境20公里的紅線，所以失守的柳部人馬很快就能逃出該20公里紅線區，脫離了共軍的追擊。因為這樣，所以柳部在遭受共軍突然的重擊之後，才有時間從容收容散軍和整備部隊，以應付爾後(到次年元月22日止)緬軍單方面的攻擊。

　　柳元麟部隊在遭受緬軍和共軍的聯合攻擊之後，柳總部立即成立「索永指揮所」和「江拉基地防衛指揮部」，派王敬篴為前者的指揮官，統轄蠻燕和索永兩地的部隊，派夏超為後者的指揮官，統轄教導總隊和南昆守備部隊(包括猛白了守備區)；此外，並於12月14日擬訂五華、昆明、楚雄、保山等四個計劃，以因應不同的戰況[86]，並於12月16日頒發全軍，以作為應付緬軍和共軍作戰的依據。所謂「五華計劃」，就是假定敵人(主要是緬軍)的主力是從西北方的景棟、西方的孟叭和西南方的打勒而向江拉和猛白了基地進犯的話，這時為了保衛現有的基地，除派一小部兵力守備江拉和猛白了外，規定各軍的主要兵力要派置在其基地的外圍地區，阻敵四天以上，以待3、4、5軍的主力前來策應，夾擊、殲滅來犯之敵於基地之外。

　　其次，「昆明計劃」是假定敵軍的主力是從北方的孟勇南下向江拉和猛白了基地進犯時，這時位於基地北方的蠻燕、蠻桶賀、班鳩弄、先丙坎和西方的南昆，這些地的守軍要實施分段的抵抗、阻擊，阻敵四天以上，而後以3、5兩軍為主力，由猛叭越過公路，向敵實施側擊，而4軍則由後向孟勇之敵攻擊；援軍與

86　同註14(A)。頁233-6。

各地守軍相互策應，聯合殲滅來犯之敵。第三，「楚雄計劃」是假定共軍和緬軍
正調整部署，尚未發動攻勢之前，各部隊即採取主動，以攻為守，選擇敵人之弱
小處，以優勢之兵力發動奇襲，殲敵於未戰之前。第四，「保山計劃」，當遇到
敵我勢力懸殊時，為保存實力，避免與敵決戰，予敵痛擊後，主力即迅速向寮境
轉移，只留一部份兵力在緬境湄公河西岸，控制公路東西地區，以湄公河為迴旋
樞紐，相互策應，伺機反擊敵人[87]。當這四個作戰方案完成之後，於12月16日即
頒發全軍，以作為應付緬軍和共軍作戰的依據。當這個作戰計劃頒布全軍之後，
蔣經國即於12月20日抵達總部猛不了視察戰地，可見國府對邊區反共基地的防守
至為重視。

蔣經國視察柳元麟總部

←衣復恩、孔令晟、柳元麟、
　徐汝楫、蔣經國、曾力民、
　王少才、夏超。
↓蔣經國和衣復恩、孔令晟在
　蕩俄碼頭

　　根據作戰範圍大小的角度來看，柳元麟總部所提出的這四個作戰計畫或作戰
方案，前三個方案因為範圍相對比較小，都是以保衛固有的總部或機場為目的，
所以可以歸納為戰術層次的方案；而最後的第四個方案，則因為已跳脫了保衛總
部基地為目的思考，因此可以算是已進入戰略層次的方面。當時柳總部所採行的
戰略方案，就是到雙方交戰之後，如果基地可以守得住就守，守不住就向東轉移
到寮國，等到以後有機會就再回來緬甸的舊防地。雖然當時和稍後也有幕僚提出
「西移」和「南移」的不同戰略，採行之後，都認為能在邊區維持住這股反共武

87　（A）同註14（A）。頁233-9。
　　（B）《吳衛民部隊江拉基地保衛戰戰鬥詳報》。民50年。

力，不致被迫撤回台灣，但當時都不為柳元麟所採行。

(3)紅線外的對緬戰爭

共軍進入緬境20公里的紅線區之後，輕而易舉的就驅除了紅區內的柳元麟部隊，至於紅線區外地區的柳元麟部隊，則是由緬軍獨力去對付了。緬軍和柳部之間的戰鬥，除了12月22日是柳部實施「楚雄計劃」，曾主動對緬軍實施攻擊之外，其他戰鬥都是由緬軍主動攻擊柳部。即使在該次的「楚雄計劃」中，也只是由索永指揮所指揮第2軍的7、8兩師，各派一個隊於清晨5時向駐於蠻棟和猛賴兩地的緬軍襲擊，但都因緬軍在陣地上有火力上的優勢，並未能達到殲敵的效果，只是對猛賴附近的公路及橋樑作了一些破壞。其次是第3軍於猛哥、猛捧和那腰等處對緬軍進行伏擊，毀其軍車5輛，斃傷40餘人；第4軍破壞猛勇—猛叭公路4處；教導總隊破壞猛叭、打勒間橋樑2座；因此戰果都並不理想。

因此，除「楚雄計劃」的兩三個小戰鬥之外，其他的對緬戰爭都是由緬軍先發動的。依時間的順序，可以羅列如下：

(1)1960年11月11日和15日，駐溫大坪的緬軍兩度向駐蠻扼、蠻戈兩陣地的第4軍進襲，柳部傷亡各1，緬軍則傷亡逾千。這次戰役使第4軍因而移防，以致讓進入緬境突擊4軍的共軍撲了一個空。

(2)1960年11月15日開始，緬軍武裝了千餘名儸黑人，讓他們分別騷擾猛因、溫滿魯、猛可克、阿家灣、猛硯等地的柳部，柳部派第5軍前往清剿，前後戰鬥10餘次，儸黑傷亡百餘人，5軍則陣亡15人、傷23人。

(3)1960年11月23日，緬軍300餘人由猛羊向摩掌的第5師13團進犯，交戰之後，該團向摩掌的西南地區轉進，緬軍傷亡百餘人。

(4)1960年12月29日，猛勇緬軍200餘，附81砲4門，於9時向索永板里之7師19團百餘人猛攻，激戰至下午3時，經8師22團派隊向緬軍後側攻擊，緬軍不支，潰退回猛勇。緬軍傷亡20餘人，柳部傷2人。

(5)1960年12月30日，駐猛林緬軍200餘附81砲2門，向柳部3軍14師41團那海弄前線陣地進犯，激戰一小時後，該團以遲滯之目的已達，隨即放棄該陣地，向後撤退；至31日晨，緬軍續向該團的蠻諾陣地進犯，激戰至下午3時，胡開業派第9師25團一隊40餘人渡南倫河，向緬軍的側後出擊，緬軍不支潰退。是役緬軍

傷亡百餘，陣地遺屍30餘具，柳部則陣亡隊長、副隊長各1、士兵1，傷官兵9；
擄獲衝鋒槍及戰利品多件。

　　(6)1961年元月8日，猛林緬軍1500餘在砲空掩護下，於13時開始，向柳部南
昆當面之南美、蠻東陣地，發動全面攻勢，柳部沉著應戰，戰至20時，將緬軍重
創，緬軍傷亡200餘，陣前遺屍80餘具。翌(9)日凌晨1時起，緬軍再增援，猛撲
激戰至10時許，緬軍更番衝鋒10餘次，雖已傷亡200餘，仍不畏犧牲，冒砲火猛
衝；迄16時許，緬軍以正面攻擊無效，乃以主力轉向左翼蠻東、那潘陣地，繼續
猛撲，戰鬥十分慘烈，入夜仍鏖戰不休，戰至24時(即10日凌晨0時)，緬軍在傷亡
近百之後，終於突破那潘陣地。柳部以左翼被緬軍突破，感受威脅，遂主動放棄
南美陣地，轉移至南傘附近黃土坡之第二線陣地，繼續與緬軍對峙，這時緬軍已
傷亡500餘，柳部則陣亡隊長及以下官兵9人。

　　國府參謀總長彭孟緝得知上述戰況後，於元月11日對柳部下達第4號特別指
示[88]：

①南昆附近陣地必須堅守，利用既設工事拘束緬軍，另主動以教導總隊主
　力，暨位置於猛林附近之第3、5兩軍兵力，對猛林進犯緬軍之側背，積極
　發起攻勢，配合南昆既設陣地固守之支撐，殲滅緬軍於猛林、打勒之間。

②第5軍應另以一部兵力即攻猛叭，並威脅景棟以東，策應南昆方面之作戰，
　並於景棟、打勒間，作伏擊之部署與準備，以阻擊緬軍之增援部隊與補給。

柳元麟總指揮接到指示後，即令賴東3軍和猛龍5軍分別向北向東向緬軍的後面壓
迫，待各部隊完成部署之後，乃令南昆附近的駐守部隊於15日晨，向當面緬軍全
面出擊，當日8時30分即收復南美陣地，並攻占那潘敵據點多處。詎料第5軍王畏
天部攻擊那海弄未能得手，3軍楊汝翼部又於南倫河不克徒涉，致攻擊部隊缺乏
奧援，不得不再退回南傘、黃土坡陣地。16日3時，5軍楊文光20縱隊攻擊猛叭緬
軍，一度攻入市區，緬軍憑堅強工事頑抗，陷於膠著，後因景棟之緬軍來援，眾
寡易勢，該縱隊乃於7時撤回。

　　因15日南昆之出擊行動未能成功，國府參謀總長彭孟緝於16日再對柳部下達

88　同註14(A)。頁243。

第5號指示[89]：

此一戰鬥，將為基地防衛之決定性戰鬥，如能獲得勝利，應即進占猛林、打勒，打通與第3、5兩軍之走廊，進而攻克大其力，以擴大基地作戰向南之旋迴空間，轉變為有利態勢。

同時為顧慮猛勇方面的緬軍和共軍南下夾攻，因此再下達第6號指示[90]：

①對猛勇、猛右方面，應以積極之情報與搜索活動，嚴密監視敵可能之攻擊準備。

②對湄公河及其南岸綿密搜索警戒，防止敵對我基地核心之滲透奇襲。

柳元麟總指揮接到指示後，即令第5軍16師王畏天及3軍楊汝翼兩部，於17日6時起復向那海弄之緬軍圍攻，敵雖憑優勢火力堅強抵抗，激戰至午，亦已占領那海弄之東半部，詎猛林之緬軍來援，向柳部反撲，柳部以側後受敵，戰至黃昏，乃主動撤退。是役緬軍傷亡百餘，柳部亦亡4、傷15。

(7)17日的戰事之後，經過數日的戰事沉寂，國府彭參謀總長為爭取主動，於21日再下達第7號指示[91]：

索永指揮所應以適當兵力，於猛右、猛勇、玩法間實施襲擊、破壞、阻絕等游擊戰鬥，以牽制敵之行動。

然而不等柳總指揮依最新指示下達命令，緬軍即已於同(21)日午，開始對柳部南傘前線陣地不斷砲擊，至17時打得更為猛烈，以掩護其步兵向柳部右翼甘蔗園陣地猛攻，迄20時50分，緬軍再以主力攻向柳部的黃土坡陣地，並以一部迂迴黃土坡左翼，分別猛衝，均被柳部擊退。緬軍經過整頓後，次(22)日4時再興攻勢，在砲兵支援下反復衝鋒、猛撲，戰鬥至為慘烈，柳部沉著固守，緬軍未能得逞。是役緬軍傷亡近百，柳部亦亡2、傷4。

緬軍對南昆陣地，志在必得，因此從23日14時20分起，再度以大砲、飛機向南昆陣猛烈轟炸、射擊。到19時，緬陸軍第4、5、21、108等團，在砲空聯合支援下，發動全面攻擊，連續衝鋒8次，柳部南昆守備司令指揮之第9師25團、胡開

89　同註14(A)。頁244。
90　同註14(A)。頁244。
91　同註14(A)。頁244。

業第10師29團、李黎明第11師31團，在胡開業司令統一指揮下，堅強抵抗，奮勇苦鬥，激戰至次日拂曉，緬軍攻勢頓挫，形成對峙。此役緬軍傷亡約200，柳部亡2、傷5。

(4)共軍越過紅線後的戰爭

　　位於紅線區外的緬軍，雖是陸空大動員，全力以赴，經過多次的大戰鬥之後，還是無法打垮紅線外據點上的柳部，總是不是失敗而歸，就是膠著無所進展，所以緬軍不得不於1961(民50)年元月21日下午派出代表蘇敏昂上校親至猛育(猛右)，請求共軍越過20公里紅線區，協助清剿其他緬境內的柳軍，次(22)日即完成簽約的手續。簽約之後，共軍自24日起，再次將其三個戰鬥群的隊伍，由東到西並列，同時攻向南方的柳部各防地，最先發生戰鬥的地方是東方的索永指揮所防區，於24日晨，由第2軍第8師趙丕承部在巴西里、莊拉、叭坎亮、叭坎懇等陣地迎戰共軍的第三戰群。趙師利用有利地形及良好工事，予敵猛擊，再加上共軍輕敵，所以戰鬥至為激烈，是共軍承認犧牲甚重的地方[92]。除了趙丕承第8師的防區遭受攻擊之外，經由蠻拱鑽隙而來的共軍也同時進犯蠻桶賀和索永，因索永指揮所防區遼闊，兵力薄弱，造成各據點都是孤立戰鬥，無法互相支援。各據點應戰竟日，然後安全撤退，共軍傷亡約200人。

　　到了25日晨，當共軍的其他兩個戰群在嚮導帶路下，抄小徑逼近了江拉(遭遇了夏超教導總隊的第2大隊)、猛白了(在班鳩弄遭遇第3軍12師的35團)和南昆(在先丙坎和傈家遭遇第11師李黎明部)方面的防地時，由於眾寡懸殊，柳部為保全實力，於當(25)天正午12時，即決定實施「保山計畫」，自16時起，分別從索永(Wan Hsophyawng)、江拉、猛白了等地渡過湄公河，連夜轉移至寮境，因此柳部和共軍在江拉和猛白了防地的戰鬥，只有25日一天。據柳部的戰報，這一天的傷亡情況是：共軍傷亡約500，柳部陣亡官兵15，傷23。至26日上午8時許，柳部在猛白了基地部隊渡河尚未完畢，最後的渡輪仍在江中，而共軍即已趕到該渡口，兩軍即隔河在兩岸以機槍對射，所幸共軍的先頭部隊都是輕裝部隊，未配有重機槍及火炮，因此其輕機槍隨即被柳部的0.5機槍和75無後座力炮壓制下來，未對柳部

92　同註14(A)。頁245-6；251-62。

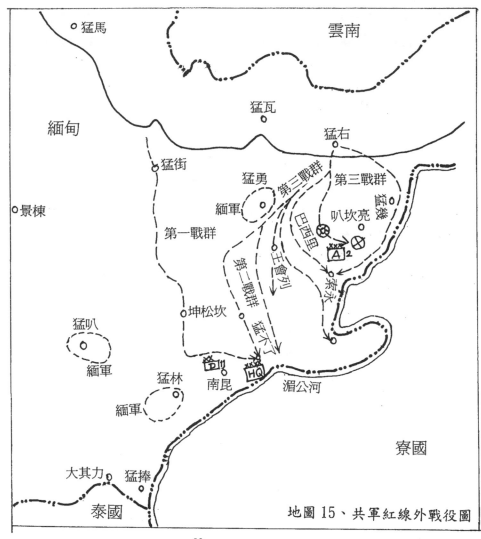

猛馬

雲南

猛瓦

猛右

緬甸

猛街

第三戰群

第三戰群

猛勇

猛幾

緬軍

叭坎亮

景棟

田西里

第一戰群

案永

第二戰群

王會列

坤松坎

猛木丁

猛叭

緬軍

猛林

南昆

HQ

猛捧

湄公河

緬軍

寮國

大其力　猛捧

地圖 15、共軍紅線外戰役圖

泰國

構成威脅，並非未隔河發生槍戰[93]。

　　當國府參謀總長彭孟緝得知柳部已實施「保山計劃」之後，為圖恢復反共基

93　(A)同註14(A)。頁246。
　　(B)同註14(A)。頁335。
　　(C)同註39。
　　(D)同註9。

地，隨即於元月27日到29日三天，連續下達第8、9、10三號特別指示[94]：

①該部應即擴大機動空間，對匪緬軍實施機動作戰，堅確控制泰、緬、寮邊
區，先求生存，再圖發展。

②寮境部隊以回塞、猛信為支撐，控制湄公河東岸地區，先求生存，再圖發展。

③緬境部隊統歸第5軍軍長段希文指揮，除以有力一部繼續牽制緬軍，妨礙
其渡河攻擊外，即恢復控制第3、5兩軍原有路西地區，擴大空間，以面式
機動作戰之要領，對匪、緬軍後續之攻勢，實施作戰。可能時，突擊猛撒
而占領之，以開闢第二基地。

柳元麟總指揮奉命後，即轉令3、5兩軍遵照。然因到了27日，緬軍亦進駐猛白了
和江拉後，共軍則繼續向南方推進，似有推向賴東和老羅寨之勢。3、5兩軍以共
軍之壓力過大，難以立足，亦分別由大其力、賴東地區轉移至泰緬邊界及泰北境
內地區。後因緬甸國會猛烈抨擊其政府讓共軍入境，且美國駐緬武官亦強烈要求
到戰地「參觀」，緬軍代表乃於2月1日下午趕至猛育(猛右)，要求共軍馬上撤
軍，當天午夜即完成撤軍簽約，約定一週內撤軍完畢[95]。因此，仍留在泰緬邊境
的3、5兩軍，才免於繼續被共軍追擊；而渡過湄公河進入寮境的柳部，短暫停留
二三日後，即繼續向南移動，至2月2日將其總部暫駐於回賽(Huei Sai)北方河岸
的南梗(Nam Keng)。最後，這場「江拉基地保衛之戰」也隨著共軍的撤回國境
而結束。

回顧這場進行了兩個多月的「江拉之戰」，柳元麟部隊的表現，它對緬軍的
作戰還能旗鼓相當，甚至還能略勝一籌；但是對共軍的作戰，則是好像被打得毫
無招架之力，這樣的部隊怎能寄望它去反攻大陸呢？柳元麟部隊在戰術上的訓練
應該沒有太大的問題，因為不但各軍自有其訓練基地和訓練活動，而且在總部亦
有其幹訓團，即軍官訓練團，但是部隊在戰略上的表現則是端賴於指揮官的將才
和謀略，而柳元麟在這方面的軍事修養則是顯然不夠的。當「江拉之戰」爆發之
後，總部的幕僚和參謀曾分別向總指揮柳元麟提出三套戰略：即東進、西進和南
進。

94　同註14(A)。頁247。
95　同註14(A)。頁291-3。

所謂「東進」就是當時柳元麟總部所採行「五華、昆明、楚雄、保山」計畫中的「保山」計畫，因為「五華」、「昆明」和「楚雄」都是指在不同的敵情下如何去保衛總部基地，到基地無法保得住時，就實行「保山」計畫來東進渡河進入寮國。在當時，總部的幕僚們也先後曾提出過「西進」和「南進」的計畫。所謂「西進」計畫，據當時5軍參謀長雷雨田的描述：當共軍進入緬境之後，段副總指揮兼軍長曾被蔣經國召回台灣，與上級商議今後的應戰之計，回來老羅寨之後，把要點告訴他(即雷雨田)，由他擬出一個「西進」的方案，送到總部之後，所有看過的人如夏超和徐汝楫等都說好，唯獨柳元麟一個人不同意。這個方案判斷，共軍和緬軍將會分從東西兩面夾攻江拉和猛白了。柳元麟的方案中有一個是「保山計畫」，主張先過湄公河，等敵人退了之後再回來緬甸，符合了柳元麟心中的「安全」要求。而段希文的這個方案則認為不能過湄公河，過了就回不來了。段希文的方案是依老總統的指示，台灣派來的特種部隊都不要消耗，只讓它保護總部，不讓他們到第一線作戰。戰爭一爆發，總部和特種部隊便退到5軍的軍部猛龍，而5軍就去攻占猛撒，使用那裡的機場，放棄猛白了的機場；接著，如果共軍追著總部來打，總部就再遷到猛撒，而5軍就再揮軍渡薩爾溫江，去攻打東枝，最後甚至要去攻打仰光，總部一直跟著5軍遷，如此一來，將可使緬軍和共軍分開作戰，並可把共軍吸引到泰國邊界，引起泰國和東南亞公約國家的重視和介入，他們就會來幫助柳部[96]。在柳元麟所保存的文件中，確有一份「柳元麟部基地於緬境內向西轉移之考察」的文件，在該文件中，也的確建議由5軍擔任基地之攻略，但只是西移至猛撒而已，並未有繼續攻略至東枝和仰光的說法。此外，在大陸作者所寫的《中國曾參加一場最秘密戰爭》中，亦提到當時總部確有「東進」和「西進」這兩個決策考慮的說法，只是未談其細節為何[97]。

另外一個所謂的「南進」方案，據當時身任南昆基地守備指揮部副參謀長的涂剛說：那是在部隊和緬軍在南昆激烈作戰、共軍還沒跨越20公里紅線區的時候，由南昆守備司令胡開業向總指揮所提出，認為部隊不應該只在南昆前線和緬軍打消耗戰，打蛇就要打頭，要直接攻打南昆後面的猛林，建議派3軍的沈加恩

96　同註67(A)。
97　同註52。頁273。

團攻打駐在猛林的緬軍指揮部，打爛緬軍的指揮部，占領猛林，把緬軍趕到猛林
以西或以北，這時總部就可以從猛不了經猛林而遷到大其力，就以猛林、南昆和
猛不了一帶為前線，守得住就守著，守不住就慢慢向南撤退，等到大其力也守不
住了，就再往西轉向猛撒那邊去，就讓整個柳部跟緬軍來捉迷藏。等到局勢穩
定，柳部大概又可以回去原地，不必渡河了。這個計畫提出來之後，柳元麟只同
意了一天，沈加恩團都已開始行動，第二天柳元麟就打電話來取消這個計畫，可
能因為這計畫不向東渡河，而是向南向西去投靠段希文的5軍，讓他心中感到不
安全[98]。

　　共軍撤回國境之後，緬軍的力量並不構成柳元麟部隊生存上的問題，所以國
府乃指示3、5兩軍駐留在湄公河西岸的緬甸地區，計劃繼續保留緬甸的基地，並
決定直接空投補給3、5兩軍。只可惜國府空軍於2月15日先對5軍在老羅寨實施第
一次空投時，因5軍地面工作人員的無知和粗心大意，一大早即將白色的「H」空
投板擺出，中午雖有緬飛機臨空盤旋飛行一、二個小時，仍不知將白色的空投板
迅速收起，並儘速通知台灣飛機勿來，以致從事空投的PB4Y型飛機於下午4時飛
入空投場時，即被3架緬甸空軍戰機包抄，而欲將之俘虜迫降於緬境內的機場。
空投飛機遭到緬戰機近距離包抄之後，仍然奮力向後掉頭逃跑，於是被緬機開火
攻擊，而運輸機的空勤人員亦以小鋼炮還擊，將兩架緬機予以擊傷，一架墜於泰
境的回海，另一架則迫降於緬境的景棟機場；而空投飛機本身則也墜落在泰境內
的老象塘。如今根據各方所得的資料，該空投機隸屬國府空軍3831特種部隊，編
號423，機員包括機長梁棟、副機長程振高和陳震澤、領航官劉朝臣和林升鴻、
通信官王翔雲、空投士曾思光等七人。當時在5軍負責空投連絡的電台台長是尹
連本，負責地面對空通信官是總部派去的姚糙心。國府飛機墜落時，領航官劉朝
臣和通信官王翔雲兩人跳傘逃生：一人降落在泰境，由泰警送交國府大使館轉回
台灣；另一人則降落在空投場附近的山區，在山裡躲藏一週後才被5軍官兵尋
獲，餓得很瘦[99]，他安全返回台灣若干年之後，曾再回美斯樂旅遊，探望故舊。

98　同註9。
99　(A)翁台生(1991)，《CIA在台活動秘辛：西方公司的故事》。台北市：聯經出版
　　事業公司。頁87。

失事的緬戰機及國府運輸機

←↓墜燬泰國回海的緬空軍戰鬥機

↑墜燬的國軍同型PB4Y運輸機

　　然而，根據這場「江拉之戰」也顯示出另外一個更令人深思的問題。本來，位於滇緬邊區森林中的這支反共游擊部隊，它的最大本錢和專長就是從事游擊作戰，游擊部隊官兵進入森林之後，應該如蛟龍之進入大海，顯得無比的勇猛和悠遊自得才是。但是，因為柳部的官兵在那裡堅持了10年之後，重要的幹部和不少的領導人已四五十歲以上，都面臨了婚姻的壓力，因此許多領導人和幹部們都在部隊中結了婚、生了子，並長時保有固定的基地之後，實際的生活條件和游擊戰鬥的生活條件已經互不相容，互相衝突，戰鬥型態在不知不覺中已由游動的游擊戰轉變成為正規的基地戰。尤其是當機場興建完工之後，這個游擊隊更是徹底的

（續）────────────────

　　(B)姚糙心先生訪問記錄。年月日。
　　(C)新店空軍烈士公墓墓碑。
　　(D)衣復恩(2000)，《我的回憶》。台北市：立青文教基金會。頁156。

變成了要打基地戰、陣地戰的正規部隊了，但是以柳元麟部隊所處的地理環境和
所具有的訓練和火力條件，無論在戰略上和戰術上都是不適宜的。

在緬甸尚未容許共軍超越20公里紅線區以前，柳元麟派出軍事素養極佳的胡
開業和李黎明兩位將軍戍守南昆的前線陣地，因為使用了空運而來的最新美援武
器來戍守陣地，使由西向東進攻的緬軍，攻打了一兩個月，都無法跨越國軍陣地
的雷池一步；但到緬甸開放20公里的紅線限制之後，人數優勢的共軍反而採用了
游擊戰術，從南昆基地的北方和後方連綿的高山森林中鑽隙蜂擁而來，一下子就
把人數相對比較稀少而又固守在固定基地和機場基地的柳元麟部隊衝垮了。

在那危急存亡之秋，柳元麟部隊唯一的應變求生之道，就是緊急渡過湄公
河，進入寮國避難。由於柳元麟對渡河的計畫已早有準備，所以柳元麟雖然是在
元月25日中午12時才下令實施保山計畫，居然也能於20小時內即緊急渡河完畢，
其效率可謂不差。

但是，當時在柳部中有軍事戰略眼光的高級幕僚都認為這個湄公河是不能渡
的，一旦部隊渡了河，這個部隊就回不來了，而這個部隊的前途也就完了。當時
那些幕僚們都還沒想到總部倉庫的武器來不及處理的問題，當時在蒙白了總部庫
存的美援武器多達5公噸以上[100]，都是柳元麟扣押應給5軍的武器，因來不及撤
運或銷毀，而為共緬聯軍所虜獲。當初柳元麟扣押這些武器時，他的動機只是基
於私怨而整肅段希文，但是他萬萬沒想到，他這種扣押武器的行為固然把段希文
整得很慘，但是很不幸地，這些被他所扣押的美援武器，最後因為緊急撤退渡
河，來不及搶運和銷毀，都落入了共緬聯軍的手裡，讓緬甸得以用來再度向聯合
國控訴國府侵略，並抗議美國的軍援為幫凶，最後竟成為美國用以強迫國府再次
撤軍的關鍵理由；因為緬甸扣押了這些美國援助台灣的武器，讓美國抓到了國府
違法使用美援武器的辮子，而讓美國總統和國務卿聯手強迫蔣介石總統，必須將
柳部撤回台灣。從這個角度看，李拂一說，滇緬邊區的反共基地是斷送在柳元麟
的手裡，這話一點不假。

---

100 甘乍納・巴格物提訕(1994)，《九十三師：帕當山的國民黨軍難民》（泰文）。清
　　邁：沙炎臘達公司。頁19。

五、柳元麟部隊撤台

「江拉之戰」發生之後,國府上至總統蔣介石,下至國防部各級長官都十分
關心戰局的發展,除國防部曾親自下達過十次作戰特別指示外[101],蔣介石總統
甚至在12月2日那天,曾經對參謀總長彭孟緝下達三次關於柳部應如何對付中共
和緬甸聯合進攻之作戰方針之指示[102];不但派特種部隊司令易瑾中將於1960年
12月初和1961年元月初兩度前往邊區視察(其副司令曾力民更是幾乎長駐邊區),而且
蔣經國也曾於1960年12月5日至12日間召喚5軍軍長段希文至台灣商議軍務(應亦包
括勸解柳段之間的心結,而段回防之後,亦曾依蔣的旨意,請雷雨田擬出一個不渡河的戰略方
案),其本人亦於1960年12月20日至24日間親至邊區視察。由此可見,國府上下
對柳部戰事不可謂不夠重視,而戰事則始終並無起色,總有不堪一戰的感覺。何
以致之?前方領導人的無能和私心自用而造成了部隊人事的不和,當是其中重要
的原因之一。

本來,在這場嚴峻的國共鬥爭中,肅清共諜是一項重要和必要的工作,但如
果把這項工作作為內部鬥爭的手段,到處亂給自己看不順眼的同僚戴紅帽子,則
肅諜工作反而成為破壞內部團結的元凶。不幸的,這種事情不但發生柳元麟和段
希文之間,而且也發生在柳總部的其他幕僚之間。柳元麟部隊駐在滇緬邊界地
區,中共間諜的滲透必定十分頻繁,因此蔣經國派了他的親信徐汝楫少將來擔任
柳總部的政治部主任。這位政治部主任居然在蔣經國視察柳總部的時候,當著總
指揮柳元麟的面,向蔣經國檢舉說:「這個部隊,共諜太多,像參謀處長梁震
行,政治部副主任朱心一,很明顯的是共諜,但卻是總指揮最信任、最得力的幕
僚,所以政治工作實在很難施行。」[103]根據筆者查考其實情,朱心一的品德不好
是事實,也會賣友求榮,但不至於是共諜;而梁震行則公認是個正人君子,絕對
不可能是共諜。因此,徐汝楫之舞劍,其志似不在於梁朱二人,而是在於給柳總
指揮難堪(其情節十分類似孫立人案:部下是共諜,長官必須負連帶責任)。只是他這種以

---

101 同註14(A)。頁240, 243-4, 247。
102 國史館檔案,《蔣中正籌筆》(戡亂時期)。
103 同註2。頁112。

「戴紅帽子」（或「抹紅」）作為內部鬥爭工具的作法，並無法鬥倒這位老蔣總統的親信，只是害慘了被他無故牽連的梁震行：害梁回台後，僅他一人的官階由少將核降為上校；雖未被定罪，但其損失也無人能為之平反。

　　柳部進入寮國的前後，一直都與寮國軍方保持密切的聯繫，寮國當局亦十分友善，表示歡迎柳部的到來，因此柳部轉進至寮國後，即積極重組寮境的各個部隊：除總部設在南梗外，由原南昆守備部隊和原第1軍殘部合組為新的第1軍，由胡開業出任軍長，駐守於寮國南他；第4軍則到寮國未泡卡（Vien Pou Kha）附近集結整理；並著手在這兩個地方展開基地重建的工作。總括而言，柳部是計畫先在寮國避避風頭，等日後風平浪靜時，再作重回緬甸的打算；如短期內不能回去緬甸，就暫時駐留在寮國，繼續保持這一股反共的武力。至於留在泰緬邊界上的3、5兩軍，則遵從彭孟緝參謀總長的特別指示，暫由副總指揮段希文指揮，並計畫由台灣直接空投補給（並令兩軍上報空投場），保持實力，以作為將來協助東岸部隊返回緬甸的內應。只是人算不如天算，因為柳部倉促渡河，來不及搬運，也來不及湮滅那些遠自台灣空運而來的多達5噸的美援武器，柳元麟即使到了戰事發生後都不肯將那些武器發給5軍，結果都被入境的中共解放軍擄獲，以後並被緬甸政府拿來在現場向各國記者公開展示。緬甸不但把這些擄獲的證據拿去聯合國控訴國府繼續侵略，並且拿來抗議美國支援國民黨的游擊部隊。更流年不利、禍不單行的事是，後來戰事結束後，台灣於2月15日用來空投支援5軍武器的一架PB4Y運輸機，又被3架緬甸軍機擊落於泰國邊界上的老象塘村（Ban Huei Rai）。這些事件經過報紙輿論的加溫煽火，在仰光引發了數日劇烈的反美示威暴動，美使館和泛美航空都被暴民圍攻破壞，緬警鎮壓暴民時，造成了2人死亡和50餘人受傷的不幸流血事件[104]。

　　本來，柳部進入寮國後，最初美國只擔心此事會造成寮國局勢的複雜化，擔心會給共軍一個入侵緬甸和寮國的藉口，因此經由莊來德（Everett F. Drumright）大使傳達信息給蔣總統：希望國府停止接濟緬寮邊境上的非正規軍。而蔣總統則抱怨美國居然看不見中共解放軍已進入了緬甸，只看見（在乎）國民黨的非正規部

104 DOS（Department of State, United States）(1961-63) *Foreign Relations of the United States*. Vol.23. Washington, D.C.:U.S. Government Printing Office. p95.

隊，它又不是中國政府的部隊，又不受命於台灣[105]。但後來經美國駐緬武官的調查證實，緬軍擄自柳部的美援武器確為美國援助台灣的武器時，美國政府才抓到國府違法使用美援武器的辮子，下定決心，強迫國府一定要把柳部撤回台灣。當美國政府於2月19日第一次把這個決定傳達給蔣中正總統時，蔣總統只答應撤退留緬的中國軍隊，而希望留寮的部分則仍留那邊。而蔣經國則堅決反對撤退[106]。

美國看蔣氏父子的反應如此，知道他們並不了解美國的決心。於是魯斯克國務卿和甘迺迪總統於2月22日上午經過討論後，向國府發出一份近似「最後通牒」的文件，其內容如下[107]：

(1)速即安排撤退願意回台的KMT，不願回者則解除武裝遣到泰緬；

(2)運用美國飛機將美製物資支援KMT，嚴重違反承諾；

(3)中國政府最近支援KMT的行為，違反1953-54所作的承諾，傷害兩國友誼；

(4)中國政府所作所為，美國難出力；

(5)美國不介入如何吸收KMT，只談解決問題需要何種幫助；

(6)美國要對不正確使用美國裝備作調查；

(7)中國政府必須知道，別國將要求美國對此事負責；

(8)這種嚴重傷害友誼之事不容繼續，如中國政府低估其嚴重性，美國將甚難置信。

假如上述各條聽起來很嚴重，那是刻意如此。

魯斯克的這個訊息於23日傳遞到台北，莊萊德大使先把這個文件拿給克萊恩看，希望他將此美國嚴重關切的事告知蔣經國，由他去說服他父親，以避免難堪[108]。24日上午，莊萊德即依正常管道去拜會外交部長沈昌煥，告知美的想法。沈昌煥馬上會見張群、蔣經國等高級官員，他們一直談到次日凌晨2時，才想出

---

105 同註102。Vol.23. P86-7。

106 同註102。Vol.22. P12。

107 同註102。Vol.22. P12-3。

108 同註102。Vol.22. P14。

一些對蔣總統的建議。25日早晨，沈昌煥等先向陳副總統兼行政院長報告此事，然後再去晉見蔣總統作進一步的討論，一直討論到下午1時，蔣總統才作了撤退部隊的決定，並於當天下午5時即召見莊萊德大使，由蔣總統親自告訴知莊大使，他決定撤退在緬寮邊區的游擊部隊，因為這個游擊部隊存在於那裡，尤其是發生了2月15日的空難事件之後，使他認識到這個部隊對中國政府無益，也對美國造成困窘。但蔣總統也強調，他將撤退那些願意服從命令的非正規軍，勢必還有不願撤退的，對他們，中國政府將和他們斷絕關係，不再補給他們。他們可能要繼續奮鬥下去，他們會拒絕放下武器[109]。事後，沈昌煥對莊萊德大使說，就他所知，這是蔣總統第一次意識到緬甸的游擊隊對中國政府無益；這一次，蔣總統是真的要把願意回台的人撤回台灣，絕不對留在那邊的人再作補給[110]。

　　根據前述的外交折衝過程可知，蔣總統在美國強大的壓力和幕僚費心的建議下，雖然被動地、無奈地同意了將柳部撤退回台的政策，但是卻同時也採用了「自願撤退」的原則：凡部隊願意服從命令撤台者，則國府派機將之接回；如有不願撤退回台，則國府也將尊重他們的決定，但是國府將不再補給他們。在這個原則下，因此也就無所謂「抗命不撤」的問題了。

　　3月2日，蔣總統簽署下達將柳部撤退回台的命令，由蔣經國去執行，故定名為「國雷演習」。3月5日，副參謀總長賴名湯中將與總政治部執行官王永樹中將同率「春曉小組」飛曼谷，並於8日下午6時30分抵達柳總部寮國南梗，先對高級領導幹部宣達撤退命令；次(9)日，再由王永樹召集柳部主要幕僚會議，宣達政府的撤軍命令。然後，即由代參謀長羅漢清和副參謀長梁震行開始規畫整個的撤退計畫，定名為「龍門計畫」。到11日，賴名湯再召集團以上各部隊長及總部科長以上人員，宣達上級決心轉移基地時，總部即已完成安排撤退的龍門計畫，並隨撤退命令頒發各單位。3月15日，14輛卡車的車隊開至清孔，教導總隊則全部集結在寮國回賽，16日開始，由回賽渡湄公河到清孔，按日分批車運至清萊，住

109　外交部檔案，《緬寮邊境非正規軍案》。（第1冊），民50年2月1日至民50年3月31日。見〈民50年2月25日蔣總統就緬邊反共游擊隊事件接見美駐華大使莊萊德氏談話記錄〉

110　同註102。Vol.22. P16-9。

宿一晚，次日繼續空運至清邁(其他靠近清邁的3、5兩軍則直接進入清邁)，再由清邁直飛台灣(遠駐寮國南他的1、4兩軍則由南他空運至泰國烏洞，再由烏洞直飛台灣)。其他部隊單位則按照計畫表接運，所不同的是，教導總隊飛台之後即直接送到原部隊歸建，而柳部人員則車運到成功嶺營區，再行輔導安置。

自3月17日至4月12日(依簽約截止之日期)止，共撤出柳部官兵3,477人，眷屬802人，義民13人，共計4,292人[111]。

但是梁震行在同日為柳總部所作的紀錄為4277人，相差15人，其各單位的運台人員數字如下[112]：

總部及直屬單位	756人
教導總隊	967人
一軍	645人(應是包括新的一軍和舊的一軍兩者)
二軍	201人
三軍	98人
四軍	278人
五軍	466人
義民及眷屬	866人
合計	4277人

後因尚有少數人員尚未撤畢，經泰方要求延長撤退期限，國府雖未同意延長日期，但同意繼續辦理撤退工作，到4月16日為止，柳部撤出的人員數字，其類別如下：

教導總隊——官1,001人，士官兵230人，合計1,231人。

柳部人員——官1,080人，士官兵1,123人，合計2,203人。

眷屬——776人。

義民——90人。

---

111 同註14(A)。頁160。
112 同註49(B)。

總計──4,300人。[113]

但實際的撤退工作一直進行到4月30日才截止，因此自3月17日至4月30日止，包括國內和國外，空軍共動用了C-46機333架次，C-119機33架次，共接運4,406人回台(內包括搭乘民航機來台人員)[114]。陸軍總部的統計人數則是4,409人，其中武裝人員2701人，眷屬261人，義民1,447人[115]。但是最後彙報到國防部人事次長室時，其總數仍是4,406人，但分類人數則是如下[116]：

武裝義民	2,700
(1)特種部隊	980
(2)反共志願軍	1,720
(a)幼年兵	146
(b)軍官	680(內和風案270人)
(c)士、官兵	894(內和風案1人)
官兵眷屬	248(官眷223，士兵眷25)
一般義民	1458
(1)退役官兵	794(官448，士兵346)
(2)退役官兵眷	486(官361，士兵124)
(3)12歲以下少年兵	6
(4)遺眷	58
(5)無依眷	7
(6)義民	108

以上的各項統計數字，因為來自不同的計算時間和地點，所以數字都互不相同，但是因為它分類的項目都不一樣，所以也各有其意義。根據最後彙報到國防部人事次長室的分類數字，由台灣派去柳部的官兵，其撤回人數是1251人(特種部隊980人＋和風案271人)，和當初計畫派去的1271人只相差20人，這20人應是陣亡、

---

113 國防部史政編譯局檔案，《國雷案歸國義(民)軍處理案》。民50年6月至民55年5月。見〈陸軍總部報告書〉。
114 14(A)。頁102，160-1。
115 111。見〈陸軍總部簡報〉。
116 49(B)。

被俘和失蹤的人數,所以由台灣派去的官兵應該是都撤退回台了。至於所撤回來的、真正屬於原來柳部的武裝官兵人數,則應該是只有2249人(志願軍1720人－和風案271人＋退除役官兵794人＋未足12歲少年兵6人)。其餘的906人(4406—2249—1251＝906)則是非武裝的軍眷、義民及其家眷了。

表3.1　柳元麟部隊的人數估計表

部隊單位	48.11 上級核定人數	48.11 部隊上報人數	49.11 部隊上報人數	50.03 部隊估計人數	50.4.12止 撤台人數
總部直屬單位	363	410	691	565	756
總部直屬部隊	194				
教導總隊	-	-	195	1276	967
第1軍	1336	904	895	784	645(新、舊)
第2軍	1106	826	716	-	201
第3軍	2260	2260	2278	2137	98
第4軍	1424	1054	956	413	278
第5軍	2999	2999	3024	2578	466
西盟軍區	351	167	291	623	-
第22師—守備部	-	432	670	-	-
第7縱隊	-	260	-	-	-
第9縱隊	-	59	-	-	-
第10縱隊	-	639	-	-	-
中卡支隊(屆)	-	208	239	-	-
怒江總隊	-	235	-	-	-
索永指揮所(2軍)	-	-	-	543	-
合　　　計	10033	10453	9955	8919－1276 ＝7643 (含和風人員 271人)	3411－967 ＝2444 (內含和風 人員)

資料來源:曾藝(1964),《滇緬邊區游擊戰史》;台北市:國防部史政編譯局,插表第十六。
　　　　梁震行記事簿。

根據上述的統計表來看,柳元麟部隊在江拉戰役之前的人數,保守的估計,應該是在9,500到10,000人之間,但是經過「江拉戰役」之後,兵員只剩下7373(＝7643－271)人,人員在帳面上損失了2000多人,其損失可算是十分重大;只是據筆者訪問高級幹部所得到的內部消息,謂各部隊所報的人數中有不小的比例是「空缺」或「空額」,大家都趁此機會消除「空缺」,所以實際的損失不會如

此慘重。如果不考慮自成獨立部隊的特種部隊，則本次柳部撤退了2249人回台之後，相當是撤走了柳部戰後剩餘人員的30.5%，雖然還有多數的69.5%留在原地區，但其總人數大約只有5124(＝7373－2249)人，留下來的部隊主要是3軍、5軍、西盟軍區和其他部隊的零星人員。

　　當柳元麟部隊於1961(民50)年4月底結束撤退工作之後，國防部乃於5月15日即下令將柳元麟的總部及所屬各軍師及教總等單位的番號撤銷，次(16)日即開始生效。而柳元麟總部接著於5月29日對內部發布撤銷部隊番號的命令[117]。

柳元麟部隊撤台

↑1961.4.12梅景、趙全英、朱芸芬、李玲。C46

↑左起：○○○、朱元琮、賴名湯、段希文。
1961.3.賴段會面，段願撤台。

→撤退人員順序登上C-119運輸機。

117　同註49(B)。

第四章
三頭馬車時期

第一節　段希文和李文煥的部隊

一、不撤部隊的處置

　　關於柳元麟部隊中的不撤部隊，他們之所以不撤，各有其不同的理由和原因。首先，西盟軍區的馬俊國部隊之所以不撤，是因為它駐於遙遠的緬北，其部隊要轉進到泰緬邊界，至少需要花費一個月以上的時間，而柳部的撤退案，蔣介石總統雖然於1961(民50)年2月25日即已拍板決定，但是正式撤退的命令，蔣總統是到了3月2日才簽署，而這個撤退命令，則是到3月8日，才由副參謀總長賴名湯親到柳總部去宣達，而且只給柳總部一週的時間去籌備撤退的工作，3月16日即開始將部隊車運至清萊機場，17日即空運台灣，並計畫在一個月的時間內空運完畢。所以，駐於緬北的西盟軍區馬俊國部隊，即使想撤退回台，在時間上也一定來不及南下，所以他們是客觀條件不容許而被迫留下來的。因為這樣，所以他們在事隔三個月後，台灣國府就恢復給予他們補給，並授與他們一個「滇西行動縱隊」的番號；以後，情報局1920區要成立自己的情報特戰部隊，馬俊國的滇西行動縱隊即成為其4個大隊中的第3大隊，直至1975(民64)年中泰建交前，隨著區部武裝部隊的撤銷而解散。而情況和他們相當近似的曾誠25師，他們因為負責和駐寮北猛信的寮國軍方連絡，因無法借路緬境南下，所以他們也因客觀因素無法撤台，故也被授與「滇南行動大隊」的番號，並獲得繼續補給。但是這個大隊於次(1962)年5月，被優勢共軍包圍攻擊，人員傷亡慘重，曾誠本人亦雙臂中彈受傷，被寮國友軍送至永珍就醫，至同(1962)年11月，寮國各方面勢力在日內瓦簽訂和

平中立協定，外國軍隊必須撤離，於是情報局乃將曾誠部予以撤銷[1]。

　　至於人數較多的3、5兩軍，他們的決定不撤乃各有其不同的理由。在3軍方面，因為3軍的官兵基本上是以當年鎮康縣自衛大隊的人馬為班底，其軍長又是鎮康人，他們不但是同鄉、同學，不少更有密切的宗親或姻親關係，所以3軍幾乎就是一支家鄉子弟兵的隊伍，全軍的向心力特別強，軍長的意見對全軍的影響力也特別大。軍長李文煥因非軍人背景出身，鑑於1954(民43)年第一次撤退時，許多沒有軍人資歷的部隊長的官階，都被核降了兩三個階級，所以他是自始至終都沒有撤台的意願；當賴名湯到南梗宣達了蔣總統的撤退令之後，不久，人數最多的5軍軍長段希文便首先表示，願意服從政府的命令撤台，而人數次多的3軍則一直沒有消息，於是總指揮柳元麟便有意親自到3軍去勸導李文煥，但柳元麟數度以電報與李文煥聯絡，都得不到李文煥的回音，讓柳元麟碰了個軟釘子。既然軍長的態度如此，其部下的去向自然可知，尤其是因為多數3軍官兵的家鄉鎮康縣就沿靠在滇緬國界線上，走到緬甸的國界線上，就可以看到家鄉；而如果撤退到台灣，這輩子可能就沒辦法再看到家鄉了。所以他們自然會傾向於集體追隨其軍長及長官，選擇不撤退之路。

　　相對的，5軍部隊的性質就和3軍大不相同。他們的軍長和師長等長官雖然也是雲南人，但是他們當初參加李彌部隊時，並沒有帶著家鄉子弟兵來，都是到了邊區之後才慢慢招兵買馬成立自己的部隊的，所以5軍兵員的異質性就比較高，不但縣籍分佈比較廣，而且種族的類別也比較多，於是部隊長對部屬是否撤退的影響力也相對比較小。基本上，對段希文軍長和他的多位師長和許多高級幹部而言，他們都是軍校或軍人背景出身，如果撤退回去台灣，不但不會影響其軍人事業的前途，可能還會找到更大的發展空間，所以他們是傾向選擇撤退回台的，至少是撤或不撤之間的差別不是那麼大。尤其是在3月8日賴名湯副總長到柳總部宣達蔣介石總統的撤退命令以前，整個柳部都是採行繼續保持現駐地的戰略計畫的，即總部率領1、4兩軍、教導總隊和索永指揮所的部隊駐紮在寮國境內，而3、5兩軍則由副總指揮段希文率領駐守在泰緬邊境上；因此才有2月15日在5軍總

　　1　國防部史政編譯局，《滇緬泰邊區馬俊國部經費支援案》。民50年8月至民53年6
　　　月。見〈民51年11月8日情報局長葉翔之呈參謀總長彭孟緝文〉。

部老羅寨實施空投之舉。但是在3月8日之後,段希文的態度也是決定服從命令、
決定撤退的,所以當時奉命下山到清萊老象塘村處理台灣失事飛機的石炳麟團,
他們就在教導總隊和1、4軍之後,很早就到清萊機場搭機經清邁而撤退回台灣去
了。其他的部隊也將按計畫下山到清邁省北方的芳縣地區,搭車前往清邁機場,
再上飛機撤台。然而就在部隊進行撤退行動的時候,情報局第三處的處長胡振
甲,特別來到5軍對段希文軍長秘密傳達上級的命令:請5軍留下不要撤退,繼續
留在邊區。因為段希文於1954(民43)年第一次撤台時,曾經有過一次「奉命不
撤」和「抗命不撤」糾葛不清的教訓,不敢再輕易相信中間人的傳話,所以他很
慎重地派其副軍長王利人(本名歐陽維法)搭撤台飛機親到台灣去查證。王利人到台
灣找到了蔣經國,蔣不直接回答他問題,而是請他去問情報局局長葉翔之。葉
說:「這麼重大的事,能我說了算嗎?」但是王利人也怕這麼重大的事口說無
憑,所以便請葉寫個便柬帶回覆命。5軍不撤之後的新師長張正綱說,他那時是5
軍軍部的參謀幕僚,曾經看過這封葉翔之以毛筆寫的便柬,開頭的前兩個字是:
「奉諭」[2]。也因為這樣,後來在1966(民55)年年底,才有派徐汝楫率國防部校閱
組到美斯樂和唐窩校閱部隊之舉[3]。

　　由於5軍是奉上級情報局之命不撤的,情報局並且給5軍段希文一個「龔志
松」的代號,讓該軍以後以此代號(化名)與情報局連絡。5軍奉命不撤之後,便依
情報局的指示:由副軍長王利人和參謀長雷雨田便將部隊帶到猛安(Mong Ngan)
的森林中躲藏起來,不要讓美國人看見,而段希文則到曼谷躲藏起來,相約躲藏
三個月後再恢復補給。雷雨田說:結果三年都過去了,情報局一直沒有恢復補
給,讓他們坐吃山空。不像3軍,他們事先即有準備,他們主動決定不撤之後,
就馬上布置生意線,做起「特貨」(即鴉片)的保鏢和抽稅的工作,所以他們的生
活沒有問題。而5軍是因為在奉命不撤的情況之下留下來的,總以為國府的補給
在三個月以後就會恢復,什麼準備工作都沒做,只靠有限的公積金度日,所以後

2　張正綱先生訪問記錄。1999年2月18日於泰北清萊密額張宅。
3　(A)雷雨田(2000),〈從戰亂到昇平看泰北蛻變〉,刊於《救總五十年金慶特
　　刊》。頁8。
　　(B)賀南聯誼會(2005),《賀南專輯》。台北市:賀南聯誼會。頁198-9。

來公積金用罄之後,就把生活搞得很慘[4]。

　　事情經過三個月之後,雖然段希文也曾經透過各種管道(情報局、外交部和外國教會等)向國防部和總統府呈請恢復補給,但可能是蔣經國的秘密命令並未事先徵得蔣介石總統和參謀總長彭孟緝的認可,所以5軍第一次請求恢復補給的案子送到參謀總長手中之後,總長便於1961(民50)年8月26日以簽呈向蔣總統提出建議:「對泰北部隊,除非向雲南邊境滲透,從事反共活動,否則暫不宜考慮再予援助,以免引起美方之誤會。」8月29日,總統府秘書長張群和參軍長黃鎮球則在總長的簽呈上再附上一張簽註之後送達蔣總統,而蔣總統則於9月5日在秘書長張群和參軍長黃鎮球的簽註上批示:「不理可也」;而在參謀總長彭孟緝的簽呈上則批示:「照辦」[5]。所以,段希文遇到了一個與李彌相同的命運,即其補給申請都遭到上級間接的、變相的否決,因為上級都要他們先把部隊推入大陸之後,才給予補給,但是在實際上,如果他們不能先有補給,他們根本就沒有能力把部隊推入大陸。段希文為了此事,常私下抱怨:為台灣背了黑鍋[6]。

　　3、5兩軍是柳元麟部隊中人數最多的兩個軍,在1959(民48)年11月的時候,3軍是2260人,5軍是2999人;1960(民49)年10月柳總部特別點驗5軍,當時的人數是3024人[7];1961(民50)年3月的時候,總部為推估撤退的人數,推估戰後3軍的人數是2137人(撤台98人),5軍是2578人(撤台466人)[8];1963(民52)年3月28日,3軍的人數為1528人,5軍為2465人[9]。以後,3、5兩軍在不同的時期都又各自招兵買馬,所以人數一定是彼此互有消長,但是因為3軍的生意做得比較大、比較成功,經濟力量比較雄厚,因此3軍後來的人數應該會比5軍較多些。

　　不撤退的5軍,由於期待國府於三個月後會恢復補助,因此沒有積極為以後的生計作準備;因此,當軍中的公積金用完之後,官兵的生活便陷入了困境。半

4　雷雨田先生訪問紀錄。1997年6月25日於美斯樂雷宅。(1999.2.20)
5　國防部史政編譯局檔案,《滇緬邊區游擊隊作戰狀況及撤運來台經過》。(第4冊),民40年6月至民52年7月。見〈民50年8月26日彭孟緝總長簽呈蔣總統〉。
6　張秀莉女士訪問記錄。2001年7月22日於曼谷張宅。
7　《梁震行筆記》。民47年至民50年。
8　曾藝(1964),《滇緬邊區游擊戰史》。台北市:國防部史政編譯局。插表16。
9　黃慶豐(1963),〈泰緬邊境訪孤軍〉,存於外交部檔案《滇緬邊境游擊隊》,(第1冊)。

年之後的(1961年)10月16日，泰國的副參謀總長他威即在其國防部長的辦公室對國府駐泰國大使杭立武說：有2,000游擊隊(指段部官兵)在泰，生活甚苦，日食一餐，衣不蔽體[10]。到年底12月18日，當杭立武大使會晤泰國國務院長沙立時，話題又是留泰的反共部隊。沙立院長告知，泰政府擬請美方對此批衣食無著之反共官兵給予接濟，已由副參謀總長他威向美駐泰大使楊格接洽云云[11]。到次(1962)年3月，段希文的5軍官兵已嚴重的衣食不週，南來曼谷借貸，但已無門，因此常去國府大使館報告，稱雖已自行電求上級，亦請館方從旁幫忙出力；但是段希文在以後的各次請求援助，都被國防部和外交部復以「撤退工作已經結束，關係早已結束，友邦採何措施，不再過問」的答覆[12]。

由於泰方的軍警首長都已深知不撤部隊生活艱難困苦，而又得不到台灣國府的援助，於是在1961(民50)年10月末的軍事會議中，泰方乃向美國泰勒將軍表示，在泰境之反共部隊為一有用之力量，建議美國予以每一人員每月12美元之維持費[13]。而美方意見也認為：如泰方能予劃定地區准許反共官兵從事開墾謀生，美方可以考慮援助。於是泰國他威參謀總長便於12月22日正式致函美國駐泰軍顧問團團長詹森，盼美方援助反共部隊每人每月12美元維持其生活。詹森並於12月28日復函已請示美國防部[14]。到了次(1962)年2月15日，泰國參謀總長的辦公室主任進而向杭立武透露：泰方不但建議美方援助反共部隊生活費，並且建議美方請該批反共部隊參加寮國南他戰事及戍邊工作，但美方明白表示，不同意後一項建議[15]。2月23日，美駐泰副館長安格爾也親自告知杭立武：泰方建議美方利用在泰寮邊區之反共部隊協助寮(總理浦米)政府軍作戰，美方不同意；但美大使館已建議華府，在泰東北部寮共滲透地區安頓反共部隊，分成若干隊分駐各

10　外交部檔案，《餘留反共義民》。(第1冊)，民50年10月1日至民53年4月30日。見〈民50年10月19日泰國大使館致外交部第147號電〉。
11　同註10。(第1冊)，見〈民50年12月20日杭立武致外交部第202號電〉。
12　(A)同註10。(第1冊)，見〈民51年3月19日杭立武致外交部第298號電〉。
　　(B)同註5。(第4冊)，見〈民51年4月13日總統府第二局簽呈總統府張群秘書長〉。
13　(A)同註10。(第1冊)，見〈民50年11月10日杭立武致外交部第169號電〉。
　　(B)同註5。(第4冊)，見〈民51年3月14日駐泰杭立武大使電外部請轉呈彭孟緝總長〉。
14　同註10。(第1冊)，見〈民51年1月9日杭立武致外交部第220號電〉。
15　同註10。(第1冊)，見〈民51年2月15日杭立武致外交部第257號電〉。

村,保留原有之武器,一面屯墾,一面保衛地方,美方可援助開辦費,並可補助一、二年之生活費;美方並已請泰方提出安頓該批反共部隊的計劃[16]。

在這段時間裡,由於駐泰大使杭立武向外交部彙報了甚多的泰美安置義民的電報,而外交部又將之轉報給國防部,於是國府便訓令杭立武今後避免與泰美雙方談論此事,以免美方誤以為國府有能力處理此事,於是杭立武乃於3月27日覆電遵令不再參與美泰對此事的討論。因此,杭立武除了彙報4月3日泰國參謀總長辦公室主任游康唐上校(Col. Yukonthorn)於前一天前往大使館面告的內容之外,以後就停止了這方面的報告。游康唐上校在該次的彙報的內容是:他代表他威總長與美國大使館經濟參事兼代美援分署副署長懷廷頓(Whittington)所商擬的安頓餘留反共官兵方案,其要點為每人每月補助12美元,並在泰東北沿國邊界每人撥給土地10萊(約4,000坪),自行墾殖。同時,泰方和美方都建議:請緬甸派觀察員來泰參加該項工作,以爭取其諒解[17]。泰國建議美方給予反共官兵安置計畫援助的案子,最後似乎並沒有得美國政府的同意,所以以後也就沒有下文了。但是以後因為泰共在泰北清萊地區鬧得很兇,泰國軍警清剿了七、八年,都束手無策,於是想到了當年建議美國幫忙實行以安置反共部隊戍邊的辦法,改由自己出錢來做。不過那已是將近十年以後的事了。

就在5軍經濟問題非常嚴重的時候,由於3軍軍長李文煥的創議,所以由段希文出面,於1962(民51)年3月26日召開了一次不撤部隊的軍事會議,並決議由3軍、5軍和其他不撤部隊於4月1日聯合成立「東南亞反共志願軍」[18]。將原來的副總指揮部改為新部隊的總指揮部,指揮留置於泰緬寮地區之部隊,總指揮暫由原副總指揮段希文代行職權,虛位以待國府再派新的總指揮。該「東南亞反共志願軍」的重要人事布置如下:

副總指揮:王少才

參謀長:和榮先;副參謀長:雷雨田、宋朝陽

參謀處處長:宋朝陽;補給處處長:陳嘉謀

16　同註10。(第1冊),見〈民51年2月23日杭立武致外交部第266號電〉。

17　同註10。(第1冊),見〈民51年4月3日杭立武致外交部秘電〉(使51字第860號)。

18　同註1。見〈民51年4月19日情報局長葉翔之呈參謀總長彭孟緝文〉。

政務委員會主任委員：王少才；政務委員會副主任委員：趙鈺甫、甫景雲

政務委員會委員：楊一波、徐劍光、趙丕承、彭季謙、文興洲

會計室主任：那秉善；經濟處長：吳公俠

第一軍

軍長：呂人豪；副軍長：朱鴻元

參謀長：曾憲武

第六師師長：呂漢三；副師長：黃國芳

第○縱隊司令：朱鴻元

第八師師長：甫景雲

第七師師長：環向春

第五軍

軍長：段希文；副軍長：王畏天

參謀長：雷雨田

第一縱隊司令：王畏天（原16師師長）

第三縱隊司令：張鵬高（原18師師長）

第三軍

軍長：李文煥（人事不動，一切如舊。）

　　這批不撤部隊雖然召開了這樣一個龐大的軍事會議，但因經濟困窘的問題無法解決，所以他們的決議只是淪為一個空殼子，無法付諸實施，最後還是各軍各自為政，自謀生路，例如參加第一軍的張書全、梁仲英和呂漢三等人，第二個月便率部五六十人投靠昆沙去了[19]。即使是5軍本身，為了求生存，部隊在兩年中就曾由6個師整編為第1(16師+19師，司令王畏天)、第2(17師+20師，司令朱鴻元)和第3(15師+18師，司令張鵬高)等3個縱隊，到了1963(民52)年5月的時候，又由縱隊編制恢復軍師編制，新編為4個師，分別由張正綱、央朝廷、熊定欽、沐國璽擔任4個新師的師長[20]。並且由於低窪的猛安地區瘴氣較重，官兵容易得病，於是於次

19　陳文(1996)，《昆沙》，台北市：允晨文化公司。頁139-141。
20　同註2。

(1964)年3月把軍部遷往位於山上的美斯樂[21]。

此外,游擊部隊於1961(民50)年3月到4月間的第二次撤退,由於國府是採行依「志願」撤退的原則,所以當撤退工作結束之後,原來選擇要撤退而後來變成「奉命不撤」的第5軍段希文部隊,因為他們期待補給會恢復,所以他們只是為了把部隊躲藏起來,而把駐地由緬甸的老羅寨先遷移到泰北清邁省的猛安鄉,以後再遷到清萊省的美斯樂,結果坐吃山空之後,把生活搞得很慘;最後,不得不追隨李文煥的辦法,也做起「特貨」的保鑣和抽稅的工作來。而自願選擇不撤台的第3軍李文煥部,因為預知今後不會再有補給,所以為解決部隊補給的問題,李文煥很早即將其主力由清萊省清孔縣境的萊腰山和萊帕蒙山地區,轉移到清邁省芳縣的唐窩及安康山地區,因為這個地區靠近當年李彌部隊出入泰緬國界的「猛漢—蚌八千」通路,適合去做「保鑣」和「抽稅」的工作,或是自己去做生意,只留下14師的400餘人繼續駐在原地區,所以他們的官兵生活雖然也很苦,但不致於淪到衣食不週的地步;至於由原第1軍軍長呂人豪出面所收容第1、2、4軍的不撤台官兵所組成的部隊約800餘人,則志願受編為寮北戰區部隊司令為溫拉提功的一個營(營長呂維英,副營長黃琦璉),下轄兩個連(第1連連長呂漢三,副連長張書全;第2連連長朱集三,副連長瞿述城),協助寮國政府軍剿共,算是以僱傭兵為生。只是一年多以後,寮國各方面勢力在日內瓦簽訂和平中立協定,外國軍隊必須撤離,否則即會引起寮共的抗議,於是呂人豪部被寮政府遣散,其人馬分別投靠段希文、李文煥或昆沙;寮政府並且也請段希文將其駐守寮國回賽以北,湄公河東岸的東棚(在清賢對岸)到南梗(約在清賢和昌孔中間的對岸)一線的朱鴻元部隊也調離寮境。最後,只有第3軍14師的部分人員約400人仍駐於泰國邊境的萊帕蒙山區,靠從事農業和養畜為生。

此外,在1962(民51)年中的時候,蔣經國曾經再想在滇緬邊區成立一支部隊,但是他要求絕對不要招募3、5兩軍的官兵,也不要和3、5兩軍有任何的關係,讓他們自生自滅,而想請李黎明來主持這件事。而李黎明得到這個指示之後,覺得情報局提供給蔣經國的這個參考意見實在是礙難實行;他認為,他要是

21　同註3(A)。頁8。

接受這個任務的話，其結果一定會和3、5兩軍發生衝突，甚至會彼此開戰！於是李黎明根據自己的想法，寫了一個參謀意見給蔣經國，由情報局代為呈轉。在這個參謀意見中，李黎明建議，由3、5兩軍各遴選160人給他，由他負責訓練，訓練完成後，就來執行情報局的工作任務，但是政府要給予3、5兩軍基本的補給，以讓他們能夠生活得下去。這樣子，這個部隊才不會和3、5兩軍產生衝突的問題。這個意見呈報上去之後，首先遭到情報局的反對，而蔣經國也不同意。後來情報局局長葉翔之也曾再次約見李黎明，但是約會見面的那個日期正好遇到葛樂禮颱風登陸，公館一帶整個淹水，交通阻塞，無法過去，所以未能依時赴約，以後他也沒有再被約見，於是這件事情就不了了之了[22]。

　　從此，為了生存，不撤退的3、5兩軍乃先後都走上為馬幫、商旅擔任保鏢和抽稅的工作，甚至自己也做一些買賣；不同的是，3軍做得比較早、比較大，5軍做得比較晚、比較小，於是整個撣邦的特貨貿易都掌控在段、李兩人的手中。到1965(民54)年底，昆沙再度歸順緬甸政府，並恢復其自衛隊隊長的地位，他因獲得泰國美塞華裔商人提供的訊息，謂可將特貨直接運到寮國回賽，賣給寮國強人溫拉提功設在那裡的海洛因廠。由於昆沙想大做一票特貨生意，以便購買武器，壯大其勢力，於是他在1967(民56)年初，索性把整個撣邦北部和佤邦的生鴉片全部買光，共得16噸。昆沙的這個舉動，大大斲喪了李文煥、段希文和馬俊國的主要生財之路，於是當他們三人於6月得知昆沙將派700人護送該批特貨運往寮國回賽之後，便決定成立一支1,400人的聯軍，並帶著無後座力砲，準備以大吃小，搶走昆沙的特貨；他們也可能是計畫搶了貨之後，就繼續運去回賽賣給溫拉提功，於是將攔劫地點選在金三角寮境的蠻關[23]。

　　6月26日，兩軍終於在蠻關展開遭遇戰，雙方不但出動機槍，並且也使出迫擊砲和無後座力砲，戰事非常激烈。地主國的涉案人溫拉提功先是倉皇失措，旋即決定扮演保衛國土的愛國者角色，翻臉不認人；他徵得首相浦瑪同意之後，從6月30日起，以水陸空三軍對入侵的部隊進行驅逐：每天以6架戰鬥機向雙方轟炸掃射，連續五天，每天至少兩次；在湄公河上，派出2艘坦克船在水面上巡邏；

22　李黎明先生訪問記錄。2002年3月19日於李宅。
23　同註19。頁166-9。

在陸上除了在北方有2個步兵營外,溫拉提功並調來了自己的第2傘兵營,將外來的兩方軍隊予以包圍。張書全經不起兩面夾攻,下令渡河撤退回去緬境,重型武器和特貨全部遺棄在戰場,全為溫拉提功所擄獲。段希文因無船渡河,又不願放棄輜重,而被寮軍包圍,經過兩個星期的談判,付了7,500美元的贖金,才得以僱船回到泰國,然後再乘坐18輛巴士回去美斯樂。總結這次戰爭,昆沙負傷74名,陣亡47名;而在聯軍方面則是負傷300多,陣亡170多。戰爭的結果,溫拉提功是最大的贏家,昆沙是最大的輸家,而聯軍則是偷雞不著蝕了一大把米[24]。

3、5兩軍在實質上雖然沒有正式組成一個聯軍,但是在形式上總是強調彼此是一體的,兩軍於1968(民57)年至少在形式上宣稱結合組成「五七三五」部隊,其中的「五七」是指民國57年,而「三五」則是指3軍和5軍,該聯合部隊的指揮官為段希文,副指揮官為李文煥,參謀長為王利人(王利人回台後則由雷雨田繼任);一直到3、5兩軍接受了泰國的管理之後,都還繼續沿用這個番號;那時候,陳茂修則被3、5聯軍派為駐於泰方「04指揮所」的聯絡官。

二、泰共勢力的膨脹

柳部從寮國和泰國撤退回台之後,原來駐於老羅寨(Ban Lao Lo)的5軍即遷往猛安(Mong Ngam),以後再由猛安遷往美斯樂(Doi Mae Salong);而原來駐於萊帕蒙山(Doi Pha Mun)的3軍,為解決其補給的問題,乃陸續遷往清邁芳縣(A. Fang)泰緬邊境上的唐窩(Thom Ngob)和安康山區,最後只留下第14師(師長楊紹甲)的師部直屬部隊和40團(團長由副師長楊大燦兼)駐於該地,總兵力約為400人。以後楊紹甲因健康問題調升副軍長,回去唐窩休養,乃由楊大燦升任師長。從此以後,寮共在中共的大力支持之下,不但勢力逐漸坐大,同時泰境之內的泰共(多為苗人)也逐漸蠢動。3軍14師為肅清泰國駐地內的泰共勢力,除實施反共宣導和醫療服務工作以爭取民心之外,並在防地實施通行證制度,以杜絕外來的共黨份子的透滲活動;自從師部毅然處理了曾赴中國大陸受訓的李納宗、楊同以及中共特務楊興盛、李永等八個頑固的泰共活躍份子之後,整個14師之防地,為之安寧[25]。

24 同註19。頁169-71。
25 陳茂修先生訪問記錄。1999年2月23日於泰國清萊陳宅。

在這段期間，唯有毗鄰泰寮邊界的寮境散牙烏里省(Saiyabouri Province)的寮(苗)共，仍然不斷進入泰境竄動騷擾，寮國浦瑪的政府軍鞭長莫及，無法獨力應付，於是乃於1964(民53)年3月中旬，與3軍14師所派出的250人，聯合攻打該地的寮共大本營竹生寨，將之摧毀，暫除禍根[26]。這種安寧的日子，一直維持到1966(民55)年14師遷回唐窩為止。

　　由於駐在萊帕蒙山地區的第3軍14師，成為泰共發展的一個障礙，泰共久想除之而後快，只是其武力一時做不到。於是泰共想出了一個「借刀殺人」的辦法，那就是四處去殺人搶劫，然後故意留下中國官兵丟棄的破舊衣帽和鞋子等物，栽贓為14師軍人所為，以讓泰國軍方來把14師趕走。第一次的栽贓事件發生在1966(民55)年2月8日深夜12時，泰共武裝人員約25名，帶著騾馬6匹，搶劫昌孔縣(A. Chiang Khong)蠻傘村(B. San)之僑商賴惜來的商店，泰共份子先以SKS步槍掃射該店，待主人驚惶逃走之後，即掠奪店內的商品，然後以騾馬運走，離去時，故意將檢獲的漢人官兵的破鞋舊帽留擲於現場，以栽贓為當時駐於帕蒙山回庫村(B. Huai Khu)的14師官兵所為[27]。

　　這件事情過後不久，泰共份子在1966(民55)年6月5日下午3時左右，泰共又製造了另外一個栽贓案件。在萊帕蒙山地區回庫(桃衣寨)的一位苗族頭人王保，他素來親近泰國政府，對駐在當地的14師亦十分友善。該天他從山上到壩子採購貨品，在回來的途中，被泰共頭子王老能所派的武裝分子3人，以美製大卡柄槍將他射殺，並故意在現場留下國軍在第二次世界大戰時的子彈，以及一頂國軍的舊軍帽和一塊雨布，然後秘密繞道逃走，栽贓為14師官兵所為，其族人和家屬也認為如此。這些栽贓事件一再發生之後，泰國軍警似乎也懷疑為14師的官兵所為，對14師官兵的聲譽十分不利，於是引起了該師參謀長陳茂修的警惕[28]。

　　再後來，在1966(民55)年12月5日凌晨1時，又有6個泰共分子帶了4匹騾馬，來到了滕縣(A. Thoeng)巴亮村(B. Pha Daeng)公路旁，再一次去搶劫一位潮州老

26　(A)谷學淨先生訪問記錄。1999年3月1日於谷宅。
　　(B)瞿述城先生訪問記錄。1999年2月26日於瞿宅。
27　同註25。
28　同註25。

華僑徐老三的商店，他們搶走了4馱的日用品物(如拖鞋、衣服、魚罐頭、香油等)之後，以美製小卡柄槍掃射該店，加以破壞，然後在離開時，又故意留下兩隻漢人官兵常穿的破鞋子在現場，也是栽贓為14師官兵所為。當這個事件發生後，陳茂修隨即趕往現場察看，正好當地的縣長、警察局長和邊防警察連長也都在現場，他們起初看到了物證鞋子，都認為可能是14師軍人所為。因為14師駐在當地已經好幾年，陳茂修和他們都已很熟，於是陳茂修就向他們解釋說：14師的官兵都有嚴格的軍紀，他們絕不會做這種事；如果有人做，我們一定將之槍斃；這顯然是泰共嫁禍於14師官兵的一種詭計。試想，如果是14師官兵犯案後逃跑的話，他們跑掉下來的鞋子應該是只有一隻，不會是完整的兩隻。泰方人員聽了陳茂修的解釋，也說：對啊，跑丟鞋子不可能同時跑掉兩隻啊！接著陳茂修再對他們說：這絕對是共產黨的陰謀，他願意以性命來擔保，並願在一個禮拜的時間內，將此事查明。但是事情只過了三天，滕縣的縣長就去找陳茂修，說這事情的確不是他們的人做的；並且說：案情已經查明，是山上的6個苗子，帶了4匹騾子去犯案的，名字都已查清楚[29]。

發生這些栽贓事件後，清邁區之邊防警察指揮官派洛中校，和一位曼谷來的傘兵團長同乘直升機飛到帕蒙山的桃衣寨，向陳茂修查問部隊的人數和生計等問題，陳都具實以答，並伸出長滿厚繭和傷痕的雙手他們看，說：這就是他們終日從事農耕和飼養雞豬的結果。他們看到身為參謀長的領導人也是如此辛苦工作，因此相信14師官兵的軍紀必定嚴明，也相信他們對泰共活動具有壓抑的作用，因此離去時對陳茂修說：你們可以安心的住下去，不必顧慮什麼[30]。

雖然栽贓事件在地方軍警和中央下級單位都獲得了澄清，只是當時有一位偽裝為醫生的美國情報人員，奉派到泰寮邊境地區工作，他無意中傭用了一個共產黨派來臥底的傭人，這個傭人不但向他報告這些栽贓和殺人的案件，並說當地漢人軍隊的紀律不好，常在苗人地區非法徵稅和搶劫。這位美國情報人員不察實情，便把事情向其上級報告，美方再將這些情報傳遞給泰國政府高層，而泰國高層也不了解實情，認為此事影響了泰國政府的聲譽，於是決定將駐在萊帕蒙山地

29　同註25。
30　同註25。

區的14師撤走。

1967(民56)年2月，泰國政府高層下達命令：將14師撤走；並於3月15日派了一位陸軍中校宋韜(散拋)去執行這個撤離的工作。由於事情已經無可轉寰，陳茂修只能退而求其次，請求宋韜中校給予部隊幾個月的時間，處理家畜及農作物等事務，因此到了1967(民56)年7月14日，泰國政府派了40部卡車，將14師官兵和眷屬即分兩批撤回唐窩歸建[31]。然而，就在3軍14師遷徙前不到一個月的6月17日深夜12時，苗共頭子王老能率領武裝人員8人，持SKS步槍將泰方派駐於回庫的12名邊防警察展開夜間突擊，全部都被打死，嚇得住在該地的那個美國情報人員第二天一早就亡命下山。此外，在14師部隊撤離之際，陳茂修特別安排了4位已娶傜、苗婦女為妻的官兵留下，以從事情報的蒐集工作，而陳茂修自己亦在距昌孔縣25公里的萬鶴村(Ban Hok)住下，以就近與其同志聯絡。經由這個安排，陳茂修成功地蒐集到不少珍貴的泰共的動態情報[32]。

第14師撤走後，不到四個月的時間，泰共分子在50多名中國共產黨幹部的協助下，並經由寮境運入大量的槍枝和彈藥，很快就組織和武裝起來，勢力日益壯大。事後，泰方根據所獲得的情報，獲知泰共份子在泰北的領導機關稱為「30所」，設在寮國猛賽省的猛昏區，下轄五個工作區：兩個區設在清萊省的昌孔縣，即萊腰山、萊帕蒙山的第24工作區和萊隆山(Doi Lung)的第52工作區；另外三個工作區則是難省(C. Nan)普畏山(Doi Phu Wei)的第14工作區、黎省(C. Loei)回昌艾縣(A. Huai chang Ai)苗寨的第45工作區、和彭世洛省(C. Phitsanulok)普欣隆戛山(Doi Puhinlongkla)的第23工作區[33]。

泰共勢力發展壯大之後，泰北清萊省山區的治安迅速為之惡化，泰共不但到處襲擊泰國邊防警察，而且經常是整個班、整個排的消滅，以致邊防警察都視上山巡視和駐守為畏途，於是政府便將駐守各村寨的邊防警察全部撤走，使山區成為了「無政府」的狀態。此外，泰共也任意封鎖公路，連泰國軍警車輛都屢遭伏

31　(A)同註25。
　　(B)甘乍納‧巴格物提訕(泰文)(1994)，《九十三師：帕當山的國民黨軍難民》。清邁：沙炎臘達公司。頁34。
32　同註25。
33　同註31(B)。頁34。

擊,難以通行,以致軍警調動,都要派裝甲車保護,才能通行。為整頓清萊省地區的治安,省長屈沙阿・素惕巴塞(Chusa-nga Sutiphasart)曾向陳茂修請教對策,陳茂修向他提出三項建議:(1)把公路兩旁500公尺內的草木砍光,使泰共無法在近距離內埋伏;(2)通令各縣成立自衛隊,以維持治安和蒐集情報;(3)請政府派兵征剿[34]。省長依計實施,第一項由省府自行實施,效果良好;第二項成立自衛隊之事,省長接納其軍事顧問,即第3軍情報參謀官詹年・米沙牙(Chamnen Misa-nga)中校的建議,商請陳茂修先行成立一300人(漢人200、傜苗100)的自衛隊,此事雖已徵得段希文和李文煥兩將軍的同意,但後來被泰國邊防警察最高當局反對而作罷。而在第三項方面,泰國軍方雖然亦曾派一兩個營的部隊攻打了兩次,並派飛機和大炮助攻,但勞師動眾的結果,只抓到一對苗共夫婦和一個中共顧問(苗名老邁),其餘的泰共份子都逃到寮境避難去了。等到泰國軍隊撤走之後,他們又再度回來作亂,因此問題始終無法解決。

1968(民57)年3月13日深夜11時左右,泰共武裝人員數十人下山攻擊萬鶴村(Ban Hok)陳茂修家附近的一個泰國警察崗哨,將兩個駐守的警察打死;該崗哨原有警員3個,另一個因送信到城裡而避過一難[35]。槍聲驚醒了家在附近的陳茂修,陳茂修提了散彈槍到樓上的窗戶觀察,看到一隊人馬由山上下來,從人影的移動可看得出是人員在走動,看到他們的指揮人員已先走到公路邊集結,似是指揮下一步動作,就在這時,陳茂修瞄準該叢人影射了第一槍,散彈槍的9粒子彈打中了3個人,兩個當場擊斃,另外一個人則是手被打斷,這被打斷手者是中共派來的幹部(苗語化名叫老通)。這時,隔壁屋子有一個人跑出來,往敵人的方向跑去,奔跑時帽子還被鐵線勾掉了,陳茂修認為必是敵人,於是也向他射一槍,此人應聲而倒。因為陳茂修的散彈槍只能裝3發子彈,他為再裝子彈,也怕敵人會馬上還擊,於是他趕快變換位置並裝彈,才剛剛離開射擊的窗口,泰共即以79小炮和步槍,猛烈的射向窗口。然後,泰共便邊打邊往山上撤走。

在這個事件發生之前,曾有一位泰國女老師,她非常愛好攝影,經常到處尋

34　同註25。
35　(A)同註25。
　　(B)同註31(B)。頁41-2。

找美景，泰共以為她是替政府工作，蒐集情報，於是把她殺了，真是冤枉。不過事情最嚴重的，莫過於清萊省省長被槍殺的事件。這位由泰國中南部半島巴蜀府（Prachuap Khirikhan）新調上來的省長，上任不到一年便被泰共殺害，他的名字叫巴雅・沙曼密（Prayad Samanmit）。這位新省長相貌英俊魁梧，十分勤政愛民，他對華人游擊部隊亦十分友善，但對泰共的認識不夠深刻。有一次，巴雅省長和他的那位中校軍事顧問詹年同到陳茂修家中訪問，並在陳家共用午餐。席間，陳茂修告訴巴雅省長：在萊隆山頂的那個直升機場，現在泰共已經部署了300名武裝人員，直升機降落後5分鐘，就會被攻擊，不能再使用了。可惜巴雅省長沒聽進去，不久，於1969（民58）年9月12日這一天，省長就收到清賢縣（A. Chiang Sien）蕭鄉（T. Saeo）靠近萊隆山的會光村（B. Huai Kuang）泰共頭子送來的信函，表示願意投降，希望省長先送他們一部報話機，以方便連絡安排各項受降事宜。由於省長於巴蜀府任內曾空手迎接50名共產黨份子出來投誠，所以不疑有詐，送了報話機之後，還約定於該（9）月20日前來省府辦公廳相會，由省長親自接待，後來又改為由省長前往萊隆山上相會。到了約會的那天，上午8時，巴雅省長便率了省府警察總巡詩牒・蓬帕曼（Sidaed Phumphraman）、第3軍情報參謀官詹年・米沙牙（Chamnen Misa-nga）、省長助理差萬・革察（Chawieng Kerdchart）、清賢縣警察局局長阿內・畢楊（Amnoi Phiyang）一同登上警察廳的直升機，先飛到清賢縣任務小組基地去接該縣縣長宋門・蓬敏（Sumbun Phummin）等七人一同前往。直升機再飛行約半小時，即降落在萊隆山上宋門縣長所事先已安置的「U」標誌上，宋門縣長並在不遠處的山頭上布置了兵力，以防不測。

當省長等七人下機後，已先到空降機場的會光村村長沙牙（Sa-nga），即上前來迎接和帶路。出發之前，省長為了向要投誠的共產黨份子表現真心和誠意，除了個人自衛性的手槍之外，交待大家把攻擊性的槍枝都放下，並叫宋門縣長把防彈衣也脫下，然後才由沙牙村長帶頭，巴雅省長第二，宋門縣長第三，警察總巡詩牒第四，情報參謀官詹年第五，清賢警長阿內帶著M16步槍在30公尺之後殿後護衛。因為山路很狹小，兩旁的野草又高達1公尺以上，故一行人是縱線魚貫而行，宋門縣長和沙雅省長的前後距離約1公尺，其他人之間則相距5至7公尺不等。當他們行走了數百公尺，進入了泰共的火網之後，泰共的第一槍槍聲響起，

巴雅省長應聲而倒，而宋門縣長就跳到右邊直徑1公尺的大樹後掩蔽起來，然後
是一陣響徹雲霄的槍聲，宋門縣長則繼續向右匍伏爬行20公尺，槍聲還是陣陣的
響起，宋門縣長還是繼續往遠離槍聲的方向再逃跑約40公尺，最後跳入一個長滿
茂密野草和野菜的水池中躲藏起來。一排排的槍聲還是陣陣的響起，直到躲藏了
20分鐘之後，終於聽到直升機的聲音傳來，它就在宋門的頭頂上旋轉，並慢慢的
降低下來，然後看見傘警（空降警察）一個個由繩子滑吊下來，他終於獲救。接著
傘警們由宋門縣長帶路，走到事件發生的地點，發現巴雅省長、詩牒總巡和詹年
參謀官，他們三個人都已當場罹難（泰方在罹難地點建立的紀念碑如下圖）[36]。這個泰
共槍殺政府官員的事件爆發之後，泰國全國震動，泰國最高當局才知道情勢的嚴
重，遂下定決心，肅清泰共。

←↑清萊省密額村「金三角文武警三烈士紀念碑」。

三、中泰交涉

自從泰國政府下令，要求駐在清萊府泰寮邊界山區的14師部隊撤走之後，泰
共在這個地區的勢力便迅速成長。接著，便不斷的襲擊泰國邊防警察，封鎖交

36　(A)見清萊省清賢縣蕭鄉密額村「金三角文武警三勇士紀念碑」碑文。
　　(B)見註25及註31(B)。頁36。其說法為「罹難七人」，與紀念碑的碑文不同，並
　　陳參考。

通，甚至設計殺害地方政府首長和高級軍警首長。泰國政府雖然動員軍警去清剿，但因為泰共所駐紮的據點都在山區，山高路遠，車輛和重兵器無法到達，而山區內又被泰共布滿了小型地雷，派出的部隊，還沒看到敵人，便被地雷炸得重創回來，除了在空中盲目掃射和轟炸外，可說是一籌莫展。最後沒辦法，終於想到借重3、5兩軍的游擊部隊，來幫助解決泰共作亂的問題。

在泰國借重3、5兩軍剿共之前，泰國軍方曾與國府軍方舉行過三次會談，討論如何處理該兩軍的歸屬和去留問題。第一次是在1968(民57)年，第二次在1969(民58)年，第三次在1970(民59)年。本來，國府始終就有意保留滇緬邊區反共力量，只是政府對3、5兩軍的指揮沒有信心，因此在1961(民50)年第二次撤退之後，寧可由情報局另外招兵買馬，成立新的部隊，也不補給和運用現成的3、5兩軍。但後來由於泰國政府的介入，蔣介石總統才交待蔣經國處理此事。由於3、5兩軍有著「抗命不撤」的前科，因此蔣經國接手此事之後，雖在決策上原則同意給予補給，但要求部隊必須按照政府的規定，重新整編，並由政府派人指揮，而段希文、李文煥兩位軍長也必須返回台灣，另派職務。為執行此案，國家安全局建議派遣王永樹或陳大慶前往3、5兩軍，宣達政府的決策，蔣經國以王、陳二人皆與該部隊淵源不深，恐難取信和勝任，因此特別指派曾在柳元麟總部任代參謀長的羅漢清將軍前往。

羅漢清奉命後，為求對外保密，即單獨一人於1968(民57)年4月往泰國，由泰國副參謀總長堅薩(Kriang Sak Chomanan)予以接待，並派直升機將羅漢清送往3、5兩軍的軍部，去視察其部隊，以後即由羅漢清分別與段希文、李文煥晤談。由於羅漢清在柳元麟時期曾任孟街(Mong Kai)訓練基地副指揮官(指揮官為副總指揮彭程；訓妥之官兵將編入教導總隊)，戰爭爆發後升任為總部副參謀長並兼代參謀長，因此羅漢清以老戰友的身份和情誼，分赴段希文和李文煥在曼谷的住所，轉達國府上級的指示，建議接納國府的決策。尤其是羅漢清赴泰之前，曾向段希文之父段克昌辭行，段父請羅漢清轉告段希文說：「該回來了，有本事早該反攻雲南去了，我老了！」這番話對段希文的影響應該很大。因此，段希文和李文煥原則上願意接受政府的政策，但因與部隊相處多年，深恐遽然離開，會影響到部隊的安定，因此請求於部隊改編就緒後，仍停留短暫時日，俟部隊習慣安定後，再

遵令離開。羅漢清雖然覺得這個意見有點意外，但是覺得也還合乎情理，所以特別回去台灣，向蔣經國傳達段、李兩人的意見；但是蔣經國不同意。於是羅漢清就再回去泰國情商段、李兩人，是否可以放棄這個意見？只是段、李對此提議，頗為堅持，不肯放棄，同時由於羅漢清也認為段、李所求有理，於是他再次第二度回台替段、李向蔣經國求情。蔣經國這次也認為段、李所言，仍是人之常情，可以接受，但強調有關政府決策，務必遵行，並強調絕不會虧待段、李。所以羅漢清第三次前往泰國轉達蔣經國的首肯之意之後，段希文和李文煥便決定接受政府的決策，並以書面作成協議，由段希文、李文煥、羅漢清三人簽字確認。羅漢清將此協議攜帶回來台灣，先給國安局局長周中峰和情報局局長葉翔之過目，均表滿意。次日，蔣經國約見羅漢清，羅漢清當面呈上簽字的協議，蔣經國甚為滿意，並詢問部隊整編就緒後，該派誰當部隊長？羅漢清回答說，該地屬情報局所管，由情報局簽報派遣為宜。過了12天，蔣經國再約見周中峰、葉翔之、羅漢清，當面指示周中峰行文泰國政府，告以段希文、李文煥部隊經國府派員前往會談整編，但段希文、李文煥沒有誠意，國府因此無法整編補給[37]。第一次的中泰交涉，即是如此而結案。整個交涉的過程，全由羅漢清一人獨挑大樑，會談地點不在曼谷國府大使館，而是在曼谷段希文和李文煥的住所。

關於這第一次由羅漢清所主持中泰交涉，明明已經是一個成功的案子了，為什麼這隻「煮熟的鴨子」居然還會「飛走」了呢？原來是情報局長葉翔之後來私下向蔣經國報告，謂據駐泰情報區區長傳回的報告，段希文於簽字後曾說「事實難以實施」之語，因此葉認為段的簽字沒有誠意，有心敷衍和欺騙，因此建議蔣經國不宜相信該協議。由於3、5兩軍和情報局派在該地區的情報人員有著利益上的衝突，3、5兩軍一旦被國府收編，情報局原來派在該地的情報人員的舞台便會為之縮小，這些情報人員不但在做中共的「情報」，同時也在做3、5兩軍的「小報告」（即負面的報告），所以情報局會得到這樣的報告，一點也不足以為奇，葉局長的這個報告可能是其情報人員所偽造的，目的只是為破壞、否定羅漢清努力所得來的成果，所以許多局外人才會批評情報局的外派人員是「外鬥外行，內鬥內

37　羅漢清將軍訪問記錄。2002年4月20日於紐約某飯店。

行。」當事情經過34年之後，羅漢清在紐約自我檢討，他說：當時他應該請情報局也派一個人來當他的談判伙伴，把談判成功的功勞分給情報局一半，或許這隻熟鴨就不會飛了。他十分自責自己當年沒想到這一點。

　　由於第一次的中泰交涉，是由國府派遣羅漢清一人與段希文、李文煥私下會談，結果雖然雙方都在協議上簽了字，國府方面還是認為段、李二人沒有誠意，不願接管和補給該部隊，因此泰方再次要求，安排一次由中、泰和段、李三方都參加的會談，所以才進而有第二次的會談。第二次會談確定要召開之後，1969(民58)年7月15日，台灣派易瑾(中將)、夏超(少將)、項生豪(少將)(情報局代表)和陳家任(上校)四人前往曼谷，21日召開會議時，泰方派堅薩(Kriang Sak Chomanan)、列(Ley Neaomali)、查倫(Charoen Pongpanich)、金達(Chinda Ram)四人參加，段希文、李文煥亦同來參加，會談地點是在曼谷中國大使館[38]。在這次會談的過程中，據泰方與會人員的私下傳述，會談時，中方代表以中文嚴斥段、李兩人，說他們二人販毒，要泰方將二人送台法辦；段則據理反駁，而李則沈默不語。會議結束後，泰方特別於次(22)日安排台灣代表團於北上泰北的清萊和清邁，於23日上午前往清萊美斯樂(Doi Mae Salong)視察段希文的第5軍，下午前往清邁唐窩(Tham Ngob)視察李文煥的第3軍；24日上午前往格致灣視察情報局整訓中的「苻堅部隊」，當天傍晚回到曼谷。會談結束，既然國府代表在會談過程中會和段希文發生言語上的衝突，所以國府代表的「會談報告書」也肯定不會說正面的好話，所以第二次的三方會談，也同樣是以失敗告終。

　　到1969(民58)年9月，泰國北部發生了清萊省省長和軍警首長等被泰共殺害的事件，震驚全國，泰國政府更加有意借用3、5兩軍協助剿共，於是他儂院長於該(1969)年12月25日，批准派出一個七人軍事訪問團赴台，商討3、5兩軍的歸屬和管理的問題。這個訪問團的團長為參謀總長他威(Dawee Chullasapya)元帥，團員有堅塞(Kriangsak Chomanan)、列(Ley Neaonali)、查倫(Charoen Pongpanich)和金達(Chinda Ram)、吞通(Tuntong Suranatad)和潘子明(泰名巴錫Prasit Rakpracha)。軍事代表團於1970(民59)年1月7日啟程赴台，12日結束返泰。會談時，台灣方面

38　(A)潘子明先生訪問記錄。1999年3月3日於曼谷黃埔忠烈館。
　　(B)同註31(B)。頁53-4。

的出席人員有參謀總長高魁元、易瑾、鄧文勳(化名鄧宗匯)和夏超。8日下午2:30
到6:30，中泰雙方代表召開第一次會談，這一次會談的要點如下[39]：

一、問題癥結

(1)李文煥堅不返台；

(2)段、李各要求國府補償贍養部隊的380萬銖私人債務。

二、泰方表示，願意與中方商談一切解決方案，俾對其國內輿論作一交待。

三、泰方提出三個建議方案：

(1)第一案　不論李文煥是否返台，要求中方整編段、李兩部隊，並解決鄧
(鄧文勳)、沈(沈祖佺，化名沈全)部隊之指揮管制關係，即泰方要求一併採
行聯合管制。

(2)第二案　段、李兩部隊均交由泰方自行處理，另與中方商談鄧、沈指揮
管制問題。

(3)第三案　將李部交由泰方處理，由中方整編段部，並同时解決與鄧、沈
之指揮管制關係。

四、中方的意見：

(1)鄧、沈為情報單位，中方具有約束能力，不能與段、李問題混為一談，
工作地點不在泰國，未生問題；若有問題，可以商量解決。

(2)中方要求泰方協助解決段、李問題，但必須徹底。

(3)中方對段、李無拘束能力，由泰方自行處理，如需中方協助，中方仍將
盡力協助。

次(9)日上午8至9時，中泰雙方的代表團長即根據前一天的會談要點，各提
出雙方的最後意見。中方參謀總長高魁元上將所提出的意見是：

(1)中方對段、李無拘束力，中方除同意中泰代表商談中方的意見外，中方
與泰方前所達成的協議，及經中泰政府批准之處理原則，仍然有效。

(2)目前段、李不服從，中方不能強制就範，如段、李回台，中方即有控制
能力；如中方有控制能力，方能使其部隊為中泰兩方共同的目標而努

39　(A)同註38(A)。
　　(B)同註31(B)。頁54。

力。

(3)段、李因其反共立場，中方予以莫大之同情，如段、李返台，保證段、李返台後之安全。

(4)對鄧、沈中方具有控制力，對段、李則無，應分開商辦，可與泰方合作情報之交換。

接著，泰方參謀總長上將也提出下列各點意見：

(1)聆悉高總長的意見，始悉段、李非中國政府所支援，泰方將採強烈手段，以解決此一問題。

(2)段、李所駐位置無共產黨徒活動，但因其反共立場，故泰方寄予同情。

(3)高總長保證段、李返台後之安全，泰方願再繼續說服段、李返台。

(4)鄧、沈為情報單位，實際上至少一半人員留駐泰國，當地人民對其位置活動均知之甚詳。

綜合國府和泰國兩方所作三次的商談，問題的焦點都是：台灣國府到底要不要恢復補給和指揮3、5兩軍？基本上，國府無論在那一個立場和觀點上都沒有放棄3、5兩軍的理由，因為在游擊部隊第二次撤台之後，只過了不到半年，國府就恢復補給馬俊國部(番號為「滇西行動縱隊」)和曾誠部(番號為「滇南行動大隊」)，而且在一年後，便計劃請李黎明另外成立新的部隊，但因李黎明不認同情報局的方案，以後才由情報局的1920區(區長鄧文勳)，逐步招兵買馬，建立一個擁有4個大隊的武裝部隊(編制為：12人一小組，3個小組為1個分隊，3個分隊為1個中隊，3個中隊加1個支援中隊為1個大隊；所以1個大隊至少約有432人)。既然國府在滇緬邊區還有成立部隊的需要和經費，為何不直接補給現成的3、5兩軍？可見其問題的關鍵，不是在軍事上有沒有需要，也不是經濟上有沒有能力補給，而是擔心給予3、5兩軍補給後，在軍事上無法掌握、指揮；因為在第一次撤退和第二次撤退的時候，在不撤退部隊中，固然有部分為「奉命不撤」者，但其中也有部分為「自願不撤」者，只因國府當局無法確信：恢復補給後，是否能有效掌握該兩個部隊；因此國府在初期和後期，曾經設下不同的恢復補給的條件。初期(1961年)時的條件是：段、

李兩部應即北進,待滲入雲南邊境後,再予以補給[40];後期(1969年)時的條件是:
段希文和李文煥兩位軍長必須在交出部隊後,回來台灣居住,國府才給予補給。

　　關於先前的一個條件,即「要求段、李兩部必須先滲入雲南邊境後才給予補
給」一事,回顧當時和稍後的情勢,這實在是一個過嚴的推諉藉口,因為1961年
才撤回台灣的柳元麟部隊和1969年以後才正式成軍的符堅部隊,他們在有政府補
給的條件下,都沒有能力滲入雲南邊境內,而是駐在雲南邊境之外的緬境和泰緬
邊境,如今竟要求沒有補給的段、李兩部先滲入雲南邊境內,再行補給,這實在
是強人所難。而關於後一個條件「段李兩將軍回台」一事,段希文最初表示願意
回去台灣,但李文煥則拒絕回去,他要求以難民身份留居在泰國。同時,李文煥
還向台灣的國府提出一個要求,要求國府償還在停止補給的九年間,他貸款用以
供養部隊的380萬泰幣債務,段希文說他的債務也差不多。而台灣國府則表示無
法對他們二人的私人債務予以負責。

　　就後一個條件而言,雖然台灣國府和段、李二人的談判,是在「回台」和
「債務」兩個問題上無法談妥,因此國府不願恢復補給,但是仔細比較這兩個因
素,還是以「回台」問題較為關鍵。由於3、5兩軍的官兵,絕大多數都是雲南家
鄉子弟兵,不少更具有宗族和姻親的關係,家鄉情誼十分濃厚,尤其是3軍,其
情形更是如此,因此,由台灣派來的空降指揮官,可能很難以指揮這樣的部隊。
尤其是因為3軍軍長李文煥不願回去台灣,國府怕他留在當地,繼續發揮其影響
力,有如地下軍長,使國府將無法有效掌握這個部隊。因為如此,所以國府在沒
有把握有效接管的情況下,寧可放棄並將部隊交由泰方去管理。

　　由於台灣國府的看法是:如果段希文和李文煥不願意回來台灣,即表示他們
並不真心願意將部隊交出,國府也無法去整頓、控制和管理這些部隊。因此當泰
國軍事代表團赴台之後,國府即清楚向泰方表達這個立場。國府代表表示:國府
對段、李兩位將軍長期與共產黨鬥爭十分同情;並認真表示:國府將保證他們二
人回台後的安全,如果泰方能勸導他們回台,國府將願意對該兩部隊的補給和管
理,全盤負責。至於國府情報局在泰境所成立的武裝部隊(約1700人)和國民黨中

　　40　同註1。見〈民50年8月19日情報局長葉翔之呈參謀總長彭孟緝文〉。

二組所成立的武裝部隊(約300人)，因為都在國府的掌控之下，將充分配合泰國政府的希望而作適當的處理。

　　泰國國防部參謀總長他威率團完成台灣之行後，即於1970(民59)年2月3日，邀請段希文和李文煥前往最高統帥部設置於曼谷五馬路野虎坪的前線指揮所，請他們聽取代表團赴台談判的簡報，並徵詢他們回台的意願。聽完了簡報之後，原來先前一向表示願意回台的段希文也改變了主意，表示願意和李文煥一樣，以難民身分居留泰國，並希望他們的部隊和眷屬也能獲准以難民身份居留泰國，他們將遵守泰國的法律，也不違背泰國的風俗習慣，只希望泰國安排他們謀生的土地，完全沒有提到金錢上的要求；最後並表示，如果泰國想利用他們在泰軍力量達不到的地區抵禦共產黨的滲透活動，他們也樂於效勞。他們表示，他們之所以不願回去台灣，因為他們和台灣沒有任何利益關係，他們無法拋棄長期共患難的官兵和這裡的親友關係。既然段希文和李文煥都表示不願回台，那就表示台灣將無法補給和接管這兩個部隊，也就表示台灣將放棄對這兩個部隊的統轄和管理；因此這兩個部隊的統轄和管理權，就自然歸於泰國政府之手了。

四、泰國政府管理下的3、5兩軍

　　當泰國政府擁有了對3、5兩軍的管轄權之後，最高統帥部參謀總長他威上將、副參謀總長堅塞中將、最高統帥部作戰處處長吞通准將等，仍於1970(民59)年秋季，兩次聯袂前往美斯樂及唐窩會見段希文和李文煥，商討「聯合剿共」的計劃，然後將此計劃以「遷徙難民計劃」的形式，送請國家安全院轉呈國務院。同(1970)年10月6日，泰國國務院會議通過這項計劃，讓當時居住在泰國境內的「國民黨中國軍隊難民」(泰方對李文煥第3軍和段希文第5軍之正式稱呼)以難民身份繼續留居在泰國，大部分居住在目前的原駐地，但讓其中居住清邁省芳縣(A. Fang)的3軍壯年者300-500人，遷往清萊省的萊帕蒙山，因為3軍部隊曾駐紮該地數年，對該地環境較熟悉；而居住清萊省美占縣(A. Mae Chan)美斯樂山5軍壯年者200-300人，則遷往清萊省的萊隆山[41]。由於3、5兩軍所要遷往的兩個山地地區，

41　同註31(B)。頁65-6。

當時正是泰共勢力猖獗的地區,因此在遷徙之前,必須對該地區先進行一些「準備工作」,使之具備適當安全的條件之後,再讓他們的眷屬也遷移過去。而所謂的「準備工作」,就是「先行清剿當地的泰共勢力」之意。因此,泰國為肅清泰北地區泰共之亂,終於自己主動來實行八、九年前建議美國援助推行的「屯兵清共」政策,開始時泰國每月只能給予3、5兩軍各10萬銖的補助[42];但是當3、5兩軍開始協助泰國軍方剿共後,除武器和實物的援助外,從1970(民59)年12月30日起,泰國政府開始編造3、5兩軍的經費預算,補助每人每月12銖,每軍每月各得25萬銖,即每軍每年各得300萬銖。而國府每月補給整個柳部5個軍的經費亦只是50萬泰幣而已,不足之數還要靠柳部由自設的「稅捐」補足,故3、5兩軍從泰方所獲得的經費補助比國府時代還更為優厚。1970(民59)至1984(民73)年泰國政府均按此標準發放。1984(民73)年減10%,1985(民74)年再減20%,1986(民75)年減30%,並宣告停止。但是以後因事實需要,繼續給予救濟,其歷年之救濟金額如下:1987(民76)年兩軍共得3,285,000銖,每軍各得1,642,500銖。1988(民77)年兩軍共得1,936,4,000銖,每軍各得968,200銖。1989(民78)年兩軍共得1,900,000銖,每軍各得950,000銖[43]。

(1)萊隆山、萊腰山和萊帕蒙山之戰

泰國最高統帥部為執行這個難民遷移計劃,特別成立一個「最高統帥部前方『遷移原國民黨中國軍隊難民指揮所』」,簡稱「遷移難民指揮所」。又因為這個指揮所設在清萊省昌孔縣淵鄉(T. Wiang)邊防警察第504排的營地,於是以該排末尾兩個號碼「04」作為無線電台的呼號,因此又將這個指揮所簡稱為「04指揮所」。

「04指揮所」成立之後,其組織成員如下:

指揮官:格信‧甘拉雅納功少將;

參謀官:他寧上校;

作戰官:吞通‧素宛納塔上校;

補給官:蘇林少校;

42　同註3(A)。頁8-9。
43　同註31(B)。頁132。

協調官：順吞‧空頌蓬中校。

三五聯軍派駐於04指揮所的聯絡官：陳茂修上校

由於這個「遷移難民指揮所」或「04指揮所」的成立，其目的就是為實行最高統帥部所擬定的「難民遷徙計劃」，所以，3、5兩軍青壯者遷村前的首次掃蕩泰共工作，即在這個「04指揮所」的督導下去執行。1970(民59)年12月5日，3軍隊伍由唐窩(Thom Ngom)出發，步行四天，於12月8日抵達美斯樂山，與5軍的部隊會合。3、5兩軍的部隊在美斯樂山集結編組之後，由3軍派出518人組成一個武裝部隊，以沈加恩為指揮官，李進昌、陳繼懷為副指揮官，谷學淨為參謀長，魯大湛為政戰處長，支隊長有馬文成、葉位中、王藎臣、李德昌(李文玉繼)、楊國卿(韓仲奎繼)、陳興集、王志明(李德興繼)、李永康等，奉令進剿萊腰山和萊帕蒙山的泰共分子，最後在萊帕蒙山的叭當(Pha Tang)建立難民村；而由5軍派出201人也組成另一個武裝部隊，以張鵬高(雷雨田繼)為指揮官，徐劍光(吳榮昌繼)為副指揮官，撒傑森(張正綱繼)為參謀長，第一總隊長為徐劍光，第二總隊長為吳榮昌，支隊長有李明珠、王相元、段世勳、張正達、楊學昌、字金郁、曹賢義、漢朝斌等，奉令進駐萊隆山區，最後在密額(Mae Aeb)建立難民村[44]。

1970(民59)年12月10日，兩軍的聯合部隊由3、5兩軍的聯軍指揮官段希文主持誓師，並根據泰國國務院通過的協議書，以堅文秘字特一號下達「堅文戰役」(Griang-Wen Battle)的作戰命令[45]。就在段希文下達作戰命令的同一天，3、5兩軍的部隊於午餐後，即由美斯樂步行下山，走到山麓的瑤家寨帕德村(B. Pha Duea)集結，然後計劃乘坐泰方提供的30輛軍用卡車，再由泰方將3、5兩軍編為三個車隊隊伍：5軍人數較少，編為一個車隊；3軍人數較多，則編為兩個車隊，每個車隊都各派有5名泰方邊防警察擔任嚮導，於夜間秘密運兵，擬於次日黎明前即同時抵達各戰鬥地點，對潛伏於萊隆山、萊腰山和萊帕蒙山的泰共分子，同時展開拂曉攻擊。但是由於該日下午到傍晚天下大雨，路面泥濘，而所安排的30輛軍用卡車，其中有20輛為只有後輪驅動，無法開到帕德村來接運，因為車輪會

44　同註31(B)。頁66。
45　(A)同註26(A)。
　　(B)同註31(B)。頁6-7。

陷入泥濘之中，無法行駛，必須要靠另10輛為前後輪同時驅動的大卡車來救援，才能拖出泥濘。於是泰國軍方只好把30輛軍用卡車都停放在美占縣(A. Mae Chan)以北1公里的巴桑村(B. Pa Sang)等候。所以由3、5兩軍組成的三個行車隊伍，都要由帕德村再步行18公里到巴桑村，才能上車，開往戰地。

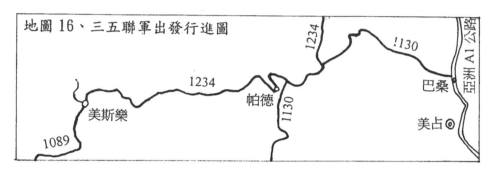

地圖 16、三五聯軍出發行進圖

依照車運計劃，由張鵬高所率領第5軍部隊201人，本來被安排於第一批車隊，分乘10輛軍車，並載運牲口8匹，預定於當天18時10分由帕德村上車出發，並預定於午夜24時抵達昌孔南方銅牛村(B. Thung Ngiu)下車，然後連夜步行登上萊隆山，於次(11)日黎明前，即可對位於回勒(會德)村(B. Huai Dor)的泰共基地實施拂曉攻擊。但是因為交通路況的改變，大家都要再多走18公里的泥濘道路，同時由於3軍的目標地點較遠，乃讓3軍先走，5軍殿後，當5軍走到巴桑上車時，應該已是午夜之後的兩三點，所以當他們抵達原定的下車地點銅牛時，已是次(11)日的上午9時了。指揮官張鵬高只好白晝即率隊攻上萊隆山，雖然攻下了回勒，並在回勒建立了自己的根據地之後，接著再分兵掃蕩四週不固定的泰共小據點，並搜索泰共儲藏物資的地方；但是由於泰共基地的泰共分子都早已聞訊事先逃散，與其他游動的、非固定基地的泰共分子一同藏匿在森林和山谷裡，不但行蹤不明，而且處處都布滿了地雷和詭雷，無法有效展開清剿行動。到了12月16日，張鵬高乃要求泰方派出3架次的飛機協助偵察敵蹤，指示目標。雖然找到了五處疑似泰共的小基地，但部隊到達目的地時，都已逃避一空，因此萊隆山地區是只經過零星的戰鬥，泰共即知難而退，戰地很快得以敉平[46]。

46　同註31(B)。

地圖 17、萊隆山、萊腰山和帕蒙山形勢圖

1.蕭鄉	6.銅牛	11.賓雅	16.回巴亮	21.帕當
2.昌孔	7.龍村/他堪	12.央洪	17.回龍	22.回庫
3.密額	8.萬鶴	13.邦卡	18.邦波	23.甘寨
4.會德	9.巴亮	14.回林考	19.帕列	24.回蒙
5.昆南什	10.春普	15.龍塘	20.邦孩	25.金邦

註：「龍塘」的泰名為「帕雅披帕」。

在3軍的兩個車隊方面,雖然也都需要步行18公里前往巴桑村,但因為李進昌所率領的第二批車隊243人,出發較早,所以到20點時即乘上了9輛軍車,載運著牲口10匹,出發前往目的地,於次(11)日凌晨4時抵達騰縣的春普村(B. Chom Phu),然後於9時30分步行爬山分別到達了回巴亮(Huai Pha Daeng)和回龍(Huai Lung),隨即對這兩個固定的泰共基地展開掃蕩,以後再清剿整個萊腰山(Doi Yaw)北半部的流動泰共分子。

接著,由沈加恩所率領的第三批車隊275人,也於稍後在巴桑搭上11輛軍車,載運16匹牲口,23時30分開車出發,並於次(11)日6時抵達騰縣(A. Thoeng)的邦卡村(B. Pang Kha),然後於11時步行抵達萊腰山南邊的回林考山(白土山)(Doi Huai Din Kau),進攻泰共設於龍塘(Lung Tang)[按:漢語又稱龍塘為「白土寨」,泰名為「帕雅披帕」(Phayaphiphak)]的總部基地,戰至12日16時,終於攻占下該基地。這個泰共總部的面積頗大,初步清查,發現裡面有一個小型武器修護廠、籃球場和地下隧道;再經過仔細搜尋之後,才發現這是一個很大的後勤基地,裡面儲藏了至少3,000桶的穀子,各種共產主義的書籍,還有大量的衣服和醫療物品。因為損失重大,所以泰共於13日之後,每日都來反攻,企圖奪回基地;在持續的攻守戰中,官兵死傷甚多。指揮官為消除泰共反攻的動力,也為防止戰略物資又被泰共奪回,所以對這些虜獲的物資,除收存少許的樣品外,都予以焚毀或破壞[47]。

12月12日所攻占的泰共總部基地,所虜獲各種各類的戰利品,依粗略的統計,計有:(1)各種中、英、泰、越文的共產主義書籍、革命歌本、軍事書籍及其他雜類書籍等54種,總數約有7,000冊以上,可裝載3輛六輪卡車;(2)醫藥及各種醫療器材價值約70,000銖;(3)米穀3,000桶;(4)軍服400套、布匹及20多台縫紉機(據聞,平日泰國人進去時,泰共都會針對不同的性別、年齡而縫製一套衣服贈送);(5)禮堂掛著列寧、毛澤東的肖像,另外還有毛章、蠟紙印刷機、收音機、旗子等,不勝例舉[48]。

然而,攻克萊隆山和萊腰山的泰共基地,只是第一階段的任務;接著的第二

47　同註31(B)。頁70-1。
48　同註31(B)。頁86-89。

階段的任務，就是清剿萊帕蒙山的泰共，擬訂於1971(民60)年4月開始攻打。萊帕蒙山和萊腰山是南北向的兩座長條平行山脈，萊帕蒙山在東，而萊腰山在西，中間是一條低凹的谷地。由於萊帕蒙山是泰寮兩國的界山，並以該山的山頂稜線為國界線。平均而言，萊帕蒙山東面的坡度比較陡峭，西面比較和緩，這種地形本來是一條很好的「易守難攻」的國防線，但是在泰共猖獗的時期，整個清萊區湄公河邊的三座大山(萊隆山、萊腰山和萊帕蒙山)都成為泰共的勢力範圍，那就沒有這個意義了。如今泰共雖然已失去了萊隆山和萊腰山的根據地，完全退守到萊帕蒙山一地，但是因為泰共的基地也都位於國界線上，寮共的人員和武器的支援可以源源而來，力量更為集中強大，於是就更不容易將之打垮。尤其是奉命征討萊腰山的3軍的兩個隊伍518人，在攻打萊腰山時遭到泰共頑強的抵抗，兵員損失頗大，必須再獲得補充，才能恢復戰力，所以泰方乃要求3軍再增援200人，5軍再增援300人，然後泰方再將這500人中的100人增援萊隆山，其餘的400人則增援萊腰山。

　　集合在萊腰山帕雅披帕村的3、5聯軍隊伍先分為南北兩隊：北隊約200人由陳繼懷率領，於1971(民60)年4月16日03:30時由集合地點向西走下山後，計劃經由央洪村(B. Yang Hom)沿公路北上，到龍村(B. Lung)的路口右轉，經金邦村(B. Chaem Pong)，約05:55時可以開到邦孩村(B. Pong Hat)下車，然後步行爬上萊帕蒙山，依次攻打帕當村(B. Pha Tang)、回庫村(B. Huai Khu)，最後攻到甘寨村(B. Kan Chai)，而和由南打向北的沈加恩部隊於4月25日在甘寨會師。而南隊約400人則由沈加恩率領，於1971(民60)年4月17日06:00時由集合地點向東走下山後，計劃向東經由農道村(B. Nung Tau)攻向回蒙村(B. Huai Mong)，然後再向北攻打帕寨村(B. Pha Chai)和甘寨村，最後就在甘寨和由北打向南的陳繼懷部隊會師。作戰計劃雖然如此制訂，而且實際的作戰行動也大體如此進行，但是因為在各個固定基地的泰共都頑強抵抗和誓死一搏，使得戰事的進行格外的劇烈，以致最後在甘寨會師的時間整整延後了10天之久。例如，北路軍於4月28日進攻回庫時，雙方槍聲未曾停止長達5日5夜，最後才終於攻下陣地；但是當陣地交給泰國邊防警察防守後，陳繼懷正繼續揮軍向南掃蕩，以進行南北夾擊更堅強的泰共甘寨陣地時，不意泰共竟使出奇謀高招，再回頭襲擊回庫，將駐守的泰國邊防警察全部消滅，奪回失地，迫使北路軍回頭再戰。

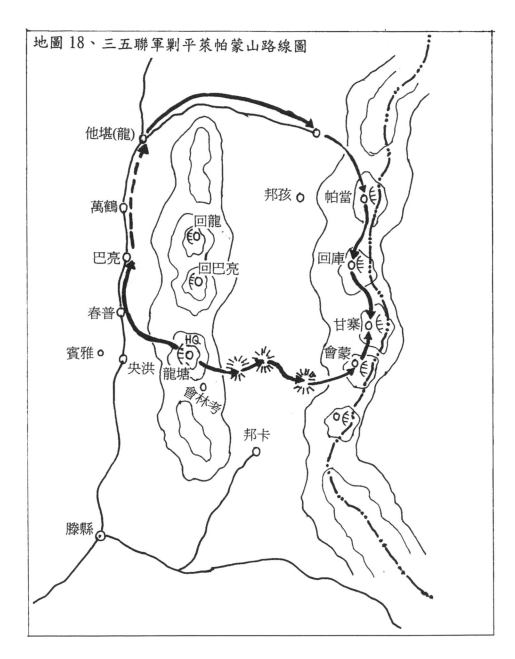

地圖 18、三五聯軍剿平萊帕蒙山路線圖

他堪(龍)

邦孩　帕當

萬鶴

回龍

巴亮　回巴亮　回庫

春普　甘寨

賓雅　會蒙

央洪

HQ

龍塘

會林芎

邦卡

滕縣

　　沈加恩和陳繼懷所率領的南北兩軍，終於在1971(民60)年5月5日這一天，成功的把萊帕蒙山國境內的泰共陣地全部光復，並在甘寨村成功會師。但是這並不

表示泰共都已全部都被消滅，他們只是臨時跑下山，進入寮國境內去避難而已。兩天以後，泰共頭子於5月7日05:00馬上就率了700人之眾，對各個據點進行猛烈的拂曉攻擊，其中竟以300人的兵力來進攻沈加恩的指揮部，可見是勢在必得。但是泰共連續攻擊了5個小時之後，都沒能攻下任何一個據點，反而遭受了重大的損失。到了11:00，泰共改變戰略，改為實施心戰喊話和叫罵，有時還用華語，胡亂叫喊叫罵，守軍無法忍受，也以同樣方式回敬之，於是雙方形成了一場口水戰，極像古時候在戰場上的互相漫罵。口水戰一停，雙方又以各種輕重武器重新互相射擊。最後，泰共分子還是無法得逞，只好悄悄地離開戰場，退回寮境[49]。

由於泰共分子只是被強勢的武力將之驅趕到相鄰的寮國境內，並非是被消滅掉，他們隨時都會偷渡進來騷擾、突襲和破壞，因此要維持這塊邊境山區的安全，政府勢必要在這動亂的山區內採行「屯兵」的政策，在泰共極可能來犯的地點上建立永久性的基地，駐紮足夠的兵力，隨時對來犯的共黨分子立即予以痛擊和鎮壓。最後，泰國政府選擇了帕當村作為永久性的屯兵基地。泰共在初敗之後的數年之間，果然不但經常對駐守於泰寮邊界上的3、5兩軍的基地施予突襲，而且也不斷地對駐防於帕列村(B. Pha Lae)、龍塘(Lung Tang)、回八亮(Hui Pa Daeng)等地的泰國陸軍和邊防警察進行突擊和包圍，因此使得3、5兩軍不但要應付自己防地上的作戰，同時也需要支援泰方的作戰，所以在泰方的要求下，不斷增援部隊，5軍增為7個支隊800餘人，3軍增為8個支隊1,000餘人[50]，然後兵力才足以主動搜尋進擊泰共的游擊基地和據點；而在泰共方面，他們展開了游擊戰之後，在山區森林中的基地，到處布置了小型地雷，偽裝得十分專業、隱蔽，雖然其威力沒大到會把人炸死的地步，但卻會炸斷雙腿，造成傷殘，形成作戰的負擔，所以清萊地區的剿共戰爭，乃是一場遍地流血的叢林游擊戰爭。

此外，過去泰共在其控制區內曾經吸收了不少居住當地的少數民族如苗民和瑤民等，他們實行著一種宛如兵農合一的制度，沒拿武器的時候看起來是農民，拿起武器就是泰共的武裝分子，使得剿共部隊無法找到明顯的戰鬥目標，雖有優

49　同註31（B）。頁101-2。

50　陶培揚(1994)，〈血染異域四十年〉，刊於《聯合報》1994年2月1日至17日。

勢的火力,在這種環境之下,也變成了無用武之地,所以除了實行「屯兵」的制
度之外,也同時實施一些政治作戰的方法,以政治宣導來勸說那些誤入歧途的當
地泰共分子,出來向政府投誠自新,必須如此,才能真正肅清國境內的殘遺泰共
分子。政府採行了這些政策之後,總共也征戰了七八年之久,歷經二十幾次大小
戰役和十次的定期掃蕩。前期是基地攻守之戰,後期則是修築戰略公路的保護之
戰,一直到了1979(民68)年6月,許多在當地吸收的泰共分子都相繼出來向政府投
誠之後,才逐步把清萊地區的泰共之亂全面掃平、全面肅清,整個的局勢才真正
安定下來。

在清萊地區剿共的初期,因為那時寮國還沒有赤化,如果能泰、寮兩國一起
來夾擊泰共,將可以較快地把泰共徹底肅清,所以段希文曾經建議堅薩副參謀總
長,請寮國政府軍也一同出擊,不知是泰國政府未向寮方提出,還是寮方不敢同
意,總之寮國政府軍一直沒有行動,於是泰共在泰國境內被追擊時,就流竄到寮
國境內去潛伏、避難,等待剿共部隊撤走之後,就又再度回來泰境作亂,以致才
要耗費這麼多年的時間,才將清萊地區的泰共之亂予之敉平。

此外,在開戰期間,泰國最高統帥部曾指派第五專區邊防警察指揮部副總巡巴
錫(Prasit Rakpracha)(潘子明)和04指揮所的吞通特級上校於1970(民59)年12月20日乘直
升機到萊腰山(Doi Yaw)沈加恩指揮部慰問,並指示繼續攻剿計劃,於該日下午4
時,直升機場遭受泰共突擊,傷了巴錫的手指,巴錫因受傷有功而由少校升為中
校[51]。更重要的是,泰皇亦於1971(民60)年7月19日親臨清萊省昌孔縣城的陸軍04
指揮部,接見段希文和李文煥,宣慰嘉勉有加。李文煥向皇上呈獻帕當之石,以
表達已收復失土之意;段希文則向皇上呈獻帕當之鮮花,以象徵國運如鮮花之欣
欣向榮[52]。

51　(A)同註38(A)。
　　(B)涂剛先生訪問記錄。1999年2月21日上午於涂宅。
52　(A)同註38(A)。
　　(B)同註26(A)。

不撤台的3、5兩軍

↑段希文晉見國府蔣中正總統。

→1971.7.19段希文於昌孔04指揮
　所普見泰皇呈獻帕當鮮花以
　示欣欣向榮。

General Tuan Shi-wen, commander of the Nationalist Chinese Fifth Army, at his headquarters on
the Thai-Burma border in 1967: "We have to continue to fight the evil of Communism, and to fight
you must have an army, and an army must have guns, and to buy guns you must have money. In
these mountains the only money is opium." *Weekend Telegraph, London, March 1967*

5軍軍長段希文。↑→

↑第5軍美斯樂軍部營門。

↑段希文主持會議。

↑美斯樂軍部營區。

↑軍民一家親。

1971年。

↑段希文和他的「美女」段憶華。
(「美女」＝ 美麗的女兒／住在美國的
　女兒)

←04指揮所指揮官格信少將多次訪問
　美斯樂：這是其中的兩次。

←1960年10月，李文煥等與
國府蔣中正總統合影。
站者：（由左到右）昭遠
　　　明、楊文光、趙
　　　丕承、王少才、
　　　李文煥、張偉
　　　成、李鑄靈、曾
　　　憲武。

→1971.7.19李文煥於昌孔04指揮
　所晉見泰皇呈獻帕當之石以
　示光復國土。

↑3軍軍長李文煥。

↑李文煥與貴賓步出唐窩軍部。

↑1972年○月陳茂修(中間站立者)於昌孔04指揮所簡報泰寮邊區敵情,由泰國副參謀長堅塞中將主持(正背鏡頭者),潘巴錫(左立者潘子明)翻譯。右立者為補給官蘇林少校,潘左旁坐者為作戰副處長吞通,蘇右旁坐者為統帥部補給廳長宋吉。

↑1971.3堅塞中將、格信少將、吞通准將、潘子明。

↑3、5兩軍官兵等待出征。

↑艾小石部亦參加保護修築公路之戰。

←1971年在萊帕蒙山上帕當60砲陣地的3軍。

3、5兩軍清剿泰共

↑集合出征。

↑傷兵抬送直升機運送後方。

↑戰地用餐。

↑陣地的哨站。

↑機槍、炮兵陣地。↓

←收復了帕
　當山的據
　點。

3、5兩軍清剿泰共擄獲的戰利品

↑1972.11.18在帕蒙山興明村虜獲的醫療器材。　↑1973-4在萊腰和萊帕蒙山虜獲的毛章及文具。↓

↑3軍在萊腰山會林考(白土寨)之戰中攻克了
泰共的重要基地，虜獲了大量的戰利品，
其中各種文字和書名的共產黨主義書籍約
有7,000冊，需要3輛六輪大卡車才能載完下
山。

→1968年3月13日深夜約11時，泰共數十人偷
襲萬鶴村的警察崗哨，將兩名警察打死，
被陳茂修以散彈槍打死了3名和傷了1名，
屍體被抬走，但留下了這些遺物。

3、5兩軍屯兵清萊，防止泰共死灰復燃

↑↓泰國空投糧食兵器給3、5兩軍官兵↑↓

↑開戰後不久，堅塞、吞通、陳茂修、他威、
　格信於04指揮部。

↓戰後，泰國補給廳長(左2)前來清萊戰地視
　察，陳茂修(右2)和段國相(左1)陪同視察；
　右一為其副官。

(2)考柯山和考牙山之戰

　　3、5兩軍協助泰國在清萊省的山嶺地區剿共，是從1970(民59)年12月開始，
前後歷經五個年頭，直到1975(民64)年3月底才將泰共在該區的固定基地全面肅
清；接著再加上三年的保護築路之戰，總計前後兩期的剿共戰就長達八年，終於
將清萊境內的泰共全面肅清。以後，由於泰國在這些泰共活躍地區，實行了以
3、5兩軍部隊屯兵的政策，使得泰共很難在清萊省境內的舊有地盤上死灰復燃，
因此，殘存的泰共分子不是逃到寮境，就是轉移到較南方的考柯和考牙山區。到
了1979(民68)年以後，考柯山和考牙山地區已變成泰共最猖獗的地區。泰共的發
展計畫是以考柯山和考牙山為基礎，然後將勢力向東西伸展，企圖將「北泰國」
一分而為南北兩部，泰共計劃先佔有北部，然後再逐步向南部侵吞。因此這一次
考柯山和考牙山之戰，戰略的意義十分重大。

　　考柯山和考牙山是南北毗鄰的兩座大山，考柯山在北，考牙山在南，兩山之
間是一片較為低窪的森林地帶。兩座山都位於碧差汶省(C. Phetchabun)境內，大
約是在碧差汶省省城和龍撒(A. Lom Sak)縣城直線中間點西邊20公里的範圍之
內。泰共的「中央政府」就設在考柯山區之中。在其控制區裡，泰共自設有醫
院、學校、兵器修理廠、被服廠等，泰國軍警曾對這個泰共根據地進行了七年的
征討，人員傷亡無數，執行掃蕩任務的直升機和戰鬥機，也被擊落數架，都未能
奏功。最後，泰方計劃沿著這兩座山興建環山戰略公路，以利坦克車、軍車的行
駛，以期能完全切斷泰共的外來補給，但是在開路期間，泰共橫加阻撓破壞，各
種車輛被泰共摧毀百輛以上，修路工作於是被迫停頓，無法進展。這時，由於泰
國政府已經有了在清萊省萊隆山、萊腰山和萊帕蒙山剿共的成功經驗，因此在
1980(民69)年11月，泰國最高統部再度秘密召請李文煥和雷雨田(段希文已於該年6
月18日過世)前往曼谷，商討再請3、5兩軍派兵協助剿平考柯山和考牙山的泰共。
泰國政府徵得3、5兩軍的同意之後，即由泰國軍方擬訂整個作戰的計劃，並送請
最高統帥部批准。

　　1981(民70)年元月中旬，泰國最高統帥部所擬定的作戰計劃，獲得了泰國國
務院的核准，決定由泰方出兵1,600人，另由3、5兩軍出兵400人，共同成立一個
2,000人的剿共隊伍。泰方所提出的400名人數，只相當於國軍編制的一個「大

隊」，人數不多，故李、雷表示可出兵500人，但泰方為避免張揚而婉拒。雷雨田和李文煥奉令後，即各從兩軍中挑選有戰鬥經驗的官兵200人，聯合組成一支「泰北志願自衛隊」，這是泰方特為此次作戰而賦予3、5兩軍參戰部隊的番號，前次剿共時並沒有授予番號，所以此次是以此番號出征考柯山和考牙山。這個自衛隊由陳茂修擔任指揮官，楊國光為副指揮官，谷學淨為參謀長，楊卓英為秘書。自衛隊下面再編為兩個中隊：第一中隊由第3軍的官兵組成，中隊長為段國相，副中隊長為李樹榮、李德興，砲隊隊長為沈文甫，中隊下面的三個分隊長分別是劉振東、張繼枝和白榮貴；第二中隊由第5軍的官兵組成，中隊長是吳榮昌，副中隊長為楊維剛，三個分隊長分別是思成章、李萬富和戈全國[53]。

　　1981(民70)年2月9日，新編成的「泰北志願自衛隊」由其參謀長谷學淨率隊出發，由清萊省的清堪(Chiang Kham)機場分乘2架運輸機，前往彭世洛(Phitsanulok)機場，然後再分乘30輛軍用卡車前往30公里外的泰國第3軍訓練基地，讓自衛隊先行分配和試用武器[54]。但身為正副指揮官的陳茂修和楊國光，則於2月15日才由清萊飛往彭世洛，當天隨即參加在泰國第3軍戰區司令部所舉行的軍事會報，由一位泰國傘兵中校營長說明第二天(16日)的軍事行動計劃。依照第3軍戰區司令部所擬訂的作戰計劃：第一階段的任務是由泰軍掃蕩泰共「中央政府」所在地的考柯山，而泰北自願自衛隊則重新編為5個突擊隊，扣除少數後勤人員之後，平均每隊約78人；每隊各按其指定的地圖方格座標，分別搜索區內的泰共的據點、陣地，展開掃蕩任務，將考柯山和考牙山之間森林地帶的泰共陣地先予以掃平，以切斷考牙山泰共的補給路線，並避免泰軍在攻打考柯山時遭到兩面作戰的困境；第二階段的任務則是由泰軍和泰北志願自衛隊共同清剿盤踞於考牙山的泰共。

　　在該次軍事會報中，泰方並且說明需要五天後才能運送補給給3、5兩軍的自

53　(A)同註25。
　　(B)同註26(A)。
54　(A)同註31(B)。頁22。
　　(B)同註25。
　　當自衛隊官兵試射武器時，那位負責做「作戰計劃」簡報的泰國傘兵中校營長在旁看到營養不良的自衛隊時，使用泰國話說：「這些國民黨軍隊就像難民一樣，怎能打仗？」在旁的陳茂修便向他解釋說：「我們的部隊每一個人每月只有80銖的伙食費，不夠吃，所以面瘦肌黃，而且已兩三年未訓練，穿著也不好，令人看不起眼，但是打起仗來絕無問題。」

衛隊,因此自衛隊指揮官陳茂修則認為,自衛隊人員已背負了沉重的裝備,只能攜帶三天的口糧,因此要求泰方在三天後一定要予以補給,否則官兵要餓著肚子打仗,將會影響作戰士氣;其次,自衛隊因是初來新的森林戰地,對地形和方向都摸不清楚,因此陳茂修也請求泰方的陸軍特種部隊,必須在每個突擊隊中都安排一個聯絡組(每組3~5人),負責通訊聯絡(聯絡砲兵和空軍的火力支援)和帶路的任務;最後一點是,自衛隊人員全部都投入了戰場,不留預備部隊,陳茂修深恐萬一前方有一個隊伍遭遇困難,後方將無法給予支援,為此而向該中校營長提出修正意見,但不為泰方所接受,因為這項作戰計劃已由其上級批准核定。

2月16日,自衛隊依泰方的計劃重新編為5支突擊隊之後,仍然聯合成為一個戰鬥大隊,由吳榮昌擔任大隊長,段國相和楊維剛為副大隊長。在突擊隊出發之前,陳茂修曾對部隊作了一番精神講話,以激勵官兵們的士氣;其內容大意是:在過去,雖然3、5兩軍也曾共同作戰過,但那時是由兩軍分別指揮;這一次戰役則是兩軍第一次聯合作戰,由他統一指揮,所以他希望大家的精神要凝固在一起,意志要集中,不能分心;他一定會對大家一視同仁,不分彼此,不分親疏,賞罰分明,絕對公平。在補給方面,他也一定會盡其所能爭取,大家不要有後顧之憂。眷屬方面,上級更會全力照顧,不必擔心。在賞罰方面一定嚴格、公平,命令不許打折扣,有功只要報上來,一定獎勵,有過一定嚴加懲處。這一仗攸關在泰難胞的生死存亡,只許成功,不許失敗。成功了大家就為社會團體、國家盡了力,將會感到榮耀;失敗了,難胞們將在這片土地上無立足之地,將不能在泰國生活。更何況大家每個人只要下定決心,拼命的打,也不一定會犧牲。如果猶豫不決,反而會危險。因此這一戰必須要拼命打贏不可[55]。這一番陣前講話,對部隊士氣甚有激勵作用。

突擊隊第一階段的掃蕩作戰開始之後,由吳榮昌率領著5支突擊隊穿越森林地帶,掃蕩了三天,抵達南考牙山的山麓、泰共陣地的前緣,展開六次的大小戰鬥,一共傷亡了12人,最後完成了掃蕩和牽制泰共的任務。掃蕩任務雖然完成,但泰共的損失並不大,他們只是撤退到考牙山的深山裡。而在泰國陸軍特種部隊

55　同註25。

方面，其4個連分別由考柯山的西面和西北面，向泰共的「中央政府」所在地區，展開圍攻和垂直攻擊。泰國陸軍的各路攻擊部隊，在空軍及砲兵的支援下，打到23日，終於將泰共中心區所設立的龐大指揮部、小型兵工修理廠、醫院、學校，及一切軍事訓練設施，全部搗毀[56]。

在突擊隊掃蕩的過程中，發生了兩件事。第一件是，有一組自衛隊的泰方帶路人員只帶了兩天路，就因為害怕而半途開溜了，泰方起初還怪罪自衛隊人員不照顧他們，後來才查明真相，結果這一個自衛隊在沒有帶路人員的情況下，也完成了任務。第二件事是，有一組自衛隊遭到泰共包圍時，恰巧陳茂修在叭噹作戰時認識的一位戰鬥機駕駛員（江撒少校）飛來執行任務，陳茂修特別請他在空中幫忙掃射敵人，幫助這組自衛隊打破包圍，突圍出來，完成任務[57]。

當第一階段的掃蕩作戰於2月25日結束之後，因為泰皇和國務院長要來戰地巡視，所以戰地指揮官披集便催陳茂修趕快發動第二階段的攻擊，以便有更大的成果呈獻給泰皇。當時陳茂修不知道背後的原因，還半開玩笑地對他說：「你們的部隊還沒有來，我們這幾個人怎麼打呢？等你的部隊來到之後，我們再一起打。」披集便以一種帶有一點強迫性的口吻對陳說：「我的部隊沒有來，你還是要打。」陳茂修沒辦法，只好認真的向他解釋：「因為現在還摸不清楚敵情，在地形、地勢不熟的情況下，我連作戰計劃都無法寫出來，因此不能冒然採取行動。」陳茂修進而反問他：「要是我現在聽你的話，開始進攻，萬一敗退下來，下一波由誰去進攻呢？誰還敢去？」披集不出聲，陳茂修繼續說：「打仗是要打士氣，打仗不能開玩笑，在敵情、敵勢還沒搞清楚之前就去打，如同閉著眼睛去瞎碰，怎麼會收到效果呢？我們一定要把敵情、地形偵查得清清楚楚，然後才下命令去打，一旦下了命令，就要非打下不可，絕不能做試探性的進攻，否則打輸了，會增加敵人的氣焰，削弱我方士氣，一定要充分準備好了才能打。沒有準備好之前，不能輕舉妄動。」披集詞窮，只好尊重陳茂修的意見。由於自衛隊無法在泰皇和國務院長前來陣地視察之前開打，故泰皇和國務院長於2月27日前來考柯山視察並到野戰醫院慰問傷兵之事，泰國軍方刻意不讓自衛隊知道，甚至也不讓04指揮所的

56　同註26（A）。
57　同註25。

指揮官巴撒特級上校知道，因為擔心他會洩密。這事使他很傷心氣憤[58]。

次(26)日，陳茂修為偵查考牙山的敵情，要求指揮部派一架直升機協助。指揮部慨然答應。直升機由一位少校擔任駕駛。陳茂修則帶了台長李如構和另一少校登上直升機，在考牙山上盤旋了六圈，目察考牙山的地形，但因敵人炮火猛烈射擊，無法低飛，收穫有限。再次日，改請04指揮部派兩輛有加力檔的汽車，載運陳茂修、李如構、谷學淨、甘乍納等一行九人登上考柯山頂，並走到其最南端，遙望、觀察對面的北考牙山，以找尋何者為較佳的攻擊路線，但距離太遠，觀察不清楚，幫助也不大。

所幸，陳茂修在第一階段的掃蕩作戰時，即要求吳榮昌和段國相，務必在開戰後的前一兩天掃蕩欽差寨時，即送幾個俘虜回來，因為再往前走就是原始森林了。吳、段於2月16日開打，17日便在泰共控制的欽差寨抓到了四個泰共分子，兩男兩女，其中一人為欽差寨頭人的女兒，很快即以直升機將他們送回後方的指揮部，經詢問之後，發現其中的老婦人所知有限，另一中年男人則太狡猾，都無法問出資料，於是將這兩人再送回其村寨。透過這個年輕女俘虜和另一個泰共連長所提供的第一手情報，陳茂修以數日的時間完成了敵情的蒐集工作，大體摸清了敵情和地形。掃蕩戰爭結束之後，本來還想進一步蒐集敵情資料，但並不如意，因此只好以眼前手中所掌握的資料來完成作戰的計畫。作戰計畫完成之後，陳茂修便向泰方表示：「我們已經準備好，你們的人呢？」泰方人員說：「河水太急，無法渡河。」當時，04指揮部的指揮官巴撒特級上校對陳茂修說：「據我的了解，這一仗希望陸軍來配合是不可能的了，請你相信我，這一仗必須你自己計畫著打，現在你就著手計畫自己去打。」陳茂修問：「為什麼呢？」巴撒回答說：「我已經了解，他們陸軍絕不會來配合，情勢已經肯定是這樣了」陳茂修說：「既然是這樣，我只有自己準備開始打，但請指揮部必須給予大力支援。」[59]因此，在第二階段攻打考牙山之戰，泰方未出一兵一卒，完全由3、5兩軍組成的自衛隊單獨去打，泰方只是給予後勤支援。攻擊考牙山的具體作戰計畫，也是由陳茂修在戰地中制定，報核後實施。

58　同註25。
59　同註25。

　　考牙山中的「考」，泰文的意思是「山」，「牙」的意思是一種「草」，所以考牙山就是「草山」的意思。考牙山和考柯山雖然南北相對，但考柯山是一座橢圓形的大山，而考牙山則是一座長鞍形的大山。考牙山上長滿了又高又粗又硬的茅草，雲南人稱之為邦邦草，連軍用的燃燒彈都燒它不著，整座山的走向是從東北到西南，山的南北兩端較高，中間較低，形成一馬鞍狀。北方的北考牙山或上考牙山雖較矮較小，但山勢甚為陡峭；南方的南考牙山或下考牙山雖較緩，但則較大較高，海拔約1200公尺。泰共在北考牙山設有一個陣地，而在南考牙山則是設有一個主要的大陣地，並在最高的山峰上設有四個有地道相通的小陣地。南考牙山的南面完全是懸崖，人員無法攀爬，因此作戰計畫只能由其東邊攻上去；而在北考牙山方面，泰共在其東邊設有重重的障礙，包括鐵絲圈、地雷、竹籤等，視界甚廣，強攻會犧牲很大；而在其北面，雖有懸崖，但辛苦一點，還是可以爬上去，所以作戰計畫就決定由這個方向攻上去。

　　由於自衛隊在前期掃蕩考柯山和考牙山間走廊地帶的10天中，已傷亡20多人，另思成章的50人突擊隊又配屬泰國陸軍部隊，尚未歸建，因此自衛隊的人力至為單薄，只有300餘人[60]。因此，陳茂修乃將已歸建的自衛隊人員重新整編為兩個攻擊部隊：(1)主攻南考牙山的部隊兵力220人(分為兩隊)，派吳榮昌為指揮官，段國相、楊維剛為副指揮官；(2)進攻北考牙山的部隊則只有96人(也分為兩隊)，派李樹榮為指揮官，李德興為副指揮官。兩個部隊決定於1981(民70)年3月4日晨6時，分別向南、北考牙山之敵，同時發起攻擊。

　　擔任攻擊北考牙山的李樹榮部，依命令，必須在拂曉6時即出發，結果他晚了半個小時，於是陳茂修便生氣嚴責李樹榮：要他必須拿下這個陣地，否則要找他算總帳；所以李樹榮懷著帶罪立功的心情，率領部隊出發之後，於當天中午12時即到達北考牙山東方正面的攻擊位置，因已知敵人陣地前設有多層的障礙物，有竹籤、拉雷、鐵絲網等，若自衛隊要由此處強攻，將會死傷慘重，因此李樹榮在該處與敵方的警戒部隊實行多次佯攻交火，達到牽制泰共兵力之後，即關閉報話機，在嚮導指引下，轉向該山的北面，潛行到泰共的側後方，攀登懸崖，於下

60　同註26(A)。

午2時攀登到山頂的西北角,該處恰好是敵人的死角,且範圍寬廣,所以自衛隊人員攀爬上去後,得以順利抵達敵方陣前而不被發現,隨即實行奇襲戰術,向泰共展開衝鋒突擊,戰至下午4時,一舉而攻下北考牙的最高峰。隊長李樹榮隨即要求泰方給予火力支援、補給、運送傷亡官兵。直升機降落一架次後,山頂東南面的泰共300餘人曾分兩路反攻,李樹榮沉著死守,激戰至夜,泰共無功而退[61]。此次自衛隊之所以得以順利衝鋒陷陣成功,是因為泰共的佈陣及工事錯誤,多有死角,他們在懸崖岩石方向並沒有建設工事監視,陳茂修擔心泰共也會如法泡製,也從同一方向反攻,因此立即命令修改工事,加強防禦工事構築,並將陣地前方的茅草叢清除,清理射界,使視界開闊,甚至請泰國空軍支援,空投汽油彈來燒除茅草,但效果有限,茅草太過粗硬,又潮溼,不易燃燒蔓延,最後還是靠人力清除,經過一番整頓後,終於堅固的守住了陣地[62]。

擔任攻擊南考牙山的吳榮昌部,接受攻擊命令後,3月4日晨6時即準時出發,開始執行戰鬥任務。部隊沿著南考牙山的山脊線,向泰共的大陣地推進,第一天他們就已接近泰共的陣地,但到晚上,他們又退下來,因為上面沒有水,無法煮飯;到次(5)日下午2時,部隊再從東南面推進到距南考牙山峰最高點尚有300公尺處,當再接近駐有500餘人的泰共陣地的時候,即遭遇猛烈的炮火的攻擊,數十發手榴彈齊向自衛隊襲擊過來,到當日傍晚,自衛隊的士兵即傷亡31人,打到傍晚5時左右,陳茂修認為自衛隊已不宜再攻擊,於是命令自衛隊暫時後撤,在距離敵方150至200公尺左右,挖築散兵坑,並做前後防範準備,留意來自後方的敵人攻擊,並等待補給,當天夜間並無戰鬥。第三(6)日,自衛隊開始缺水缺糧(雖然有米,但無水無法炊飯),於是陳茂修就命令後方行政官到龍撒城裡購買糯米飯,做成飯糰,用竹簍盛裝,與水一起空投到前方,但由於敵我對峙陣地範圍太窄,且飛機不敢低飛空投,受風力和高度的影響,因此空軍雖然空投糧食多次,但是地面部隊收到有限。由於支援困難,又缺水斷糧,戰地狀況十分不利,不能久困該地,陳茂修擔心敵人的增援部隊一旦到來,情況會更加不利,所以要求部隊次(7)日就要作好進攻準備(傷殘者儘速包裹、戰亡者就地埋葬等工作),並

61　同註26(A)。
62　同註26(A)。

命令吳榮昌，一定要在8日拂曉時發動攻擊，不能再等待。陳茂修問明了前方的地形，得知左線都是岩石懸崖，不能行動，而右邊則是敵人的耕種地，適合行動，因此指示吳榮昌精選50名(約當時作戰兵員的三分之一)精壯的敢死隊，由楊維綱率領，徹夜由右線迂迴摸索到敵人後方，相約於拂曉4時開始，吳榮昌率領著其餘的三分之二兵力，配合兩門75無後座力砲和12挺輕重機槍從正面全力猛攻，而楊維綱則在敵人背後展開猛烈攻擊，如此前後夾擊的結果，不但帶給敵方慘重的傷亡，也造成敵方手腳的慌亂，無法再應戰，匆匆向西面潰退，因此天亮不久，就攻下了南考牙的大陣地。部隊整頓休息一會之後，除傷者及少部分留守該陣地之外，其餘人員分為四組，再同時一鼓作氣，猛烈攻擊剩下的四個小陣地，並令已攻下北考牙山的李樹榮部也以75炮火力支援，終於在當天上午10時，也將這四個小陣地一舉攻下[63]。

南考牙山之戰，雖然死傷了較多弟兄，最後花了四天四夜的時間，才順利的攻下，完成了任務。官兵們三天三夜沒飯吃、沒水喝，因此有些人已經開始喝尿，有些人則取芭蕉樹幹上的樹汁來喝，但在空腹的狀況下，喝下生澀的芭蕉樹汁，胃都喝壞了。作戰時，三天沒飯吃還沒關係，但天氣熱沒水喝就受不了。這一次作戰，惟恐敵方增援部隊到來，未能達成任務，因此為爭取時間，所有陣亡的弟兄，不等直升機來載運，立即就地掩埋，然後拼命作戰，最後終能贏得勝利。

自衛隊全面攻下了考牙山之後，等到泰方部隊前來接防了，然後才帶著一身的疲累離開戰地，並於3月23日，凱旋返回清萊機場，接受各界盛大的歡迎。總計此次考柯山和考牙山戰役，3、5兩軍各出兵員200人，傷亡共計82人，其中陣亡26人，3、5兩軍各13人(按：陣亡者本來3軍少2人，但後來在回途中被泰國陸軍裝甲部隊的一個連長，氣憤不滿自衛隊打了勝仗，私自率手下伏擊，使3軍再陣亡2人，因此相同。)；傷56人，3、5兩軍各28人；送曼谷就醫14人，3、5兩軍各7人；打瞎眼2人，3、5兩軍各1人；腳被地雷炸斷者2人，3、5兩軍各1人。可謂是老天的安排，兩軍真的做到了完全的公平[64]。

63　(A)同註25。
　　(B)同註26(A)。
64　同註25。

3、5兩軍官兵搭飛機去考柯參加剿共戰役

←↑3、5兩軍官兵搭飛機到考柯。

←↑指揮官及幕僚一同視察戰地、研究
軍情。

↑以直升機運送傷兵。

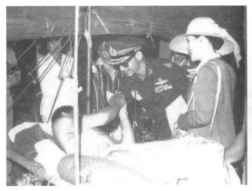

←1981.2.27泰皇及皇后蒞臨考柯視察並到戰
地的野戰醫院慰問傷兵。
↓運送補給和傷兵全賴直升機。

考柯、考牙戰役凱旋歸來

↑戰後泰國政府在考柯山上建立了這個紀念
碑,目前已是碧差汶府一個著名的觀光旅
遊點。

群眾熱烈歡迎3、5兩軍官兵勝

→正副指揮官陳茂修與楊國光先後致詞。

←↓民眾和學生熱烈歡迎、慶祝。

↓泰國接管3、5兩軍後，美國以每公斤250美元的價格收購3軍(32噸)、5軍(8噸)所儲存的生鴉片共40噸，由泰國軍方予以焚燒銷毀。

五、3、5兩軍官兵的入籍

當3、5兩軍還在清剿清萊地區泰共的後期，泰國內閣於1978年(民67)年5月30日批准了最高統戰部的建議：同意讓清剿泰共有功的3、5兩軍官兵入籍，並享有不受每年200人名額限制的特權；到同年8月，泰國最高統戰部為參戰的3、5兩軍官兵設立了一個「歸化入籍委員會」[65]。該委員會由15個政府單位各派一名委員組成，並由04指揮部的指揮官為主席，為確保歸化工作的效率，特別先將參戰官兵區分為若干批(組)，隨即展開讓參戰的3、5兩軍官兵及其眷屬申請歸化入籍泰國之業務，當時最高統戰部訂出了六項歸化入籍的條件[66]：

(1)參與掃蕩共產暴亂分子，在戰鬥中受傷、殘障、殘廢者及其眷屬；

(2)參與掃蕩共產暴亂分子，在戰鬥中死亡者的眷屬；

(3)(在戰區中)執行行政事務死亡者的眷屬；

(4)曾參與掃蕩於萊隆山、萊腰山和萊帕蒙山的共產暴亂分子者及其眷屬；

(5)原居於昌孔縣萊帕蒙山帕當村、和清賢縣萊隆山密額村者，和現在的眷屬、有良好行為表現者；

(6)居住於04指揮所管制區內滿五年，從事正當職業者，先取得隨身證，以後有固定住所後，再個別申請入籍。

歸化入籍的條件雖然區分為六項，但是其第一至第四項是特別為參加剿共戰爭的3、5兩軍官兵而規定，而第五、第六兩項則是為未參加剿共戰爭的3、5兩軍官兵而設，只要條件符合，即可提出申請。到同(1978)年8月30日，泰國內政部很快就批准了「第一批」官兵及其眷屬的入籍，其中有178個家庭，1,002人；接著於9月15日，內政部再批准「第二批」，其中有282個家庭，879人；以後隔了一年，到1980(民69)年2月5日，改由泰國內閣批准「第三批」人員入籍，其中有383個家庭，1,676人；以後再隔了一年，到1981(民70)年5月7日，內閣才又批准「第四批」人員，其人數是1,622人，但家庭數不詳；最後的「第五批」則是到了

65　TF327 (Task Force 237)(1987), *Former Chinese Independent Forces*. Bangkok: Task Force327.

66　同註31(B)。頁203。

1983(民72)年，才由內閣批准下來，人數是8,549人，1,542個家庭，這些數字應該是過去兩年來的累積人數[67]。因為這些歸化的工作是由軍方的最高統戰部所主管，由04指揮所或327特勤組所執行，所以最後能由327特勤組的業務報告中看到這些數字；但是到泰國內閣批准了「第五批」之後，到次(1984)年6月12日，即把主管歸化入籍的工作由最高統戰部移轉到內政部去，並由7月23日即開始實行，同時又把原來給予3、5兩軍官兵入籍不受每年200人名額限制的特權取銷，使和一般雲南人難民一視同仁，所以，以後3、5兩軍官兵申請入籍就變得非常的困難，所以能獲准入籍的人數也非常的少；更遺憾的是，這個獲准入籍的數字，從此也無處可以取得了。

由於「第四批」中缺少了家庭的數字，因此在真相分析上造成了一些「不足」的缺憾，為補救這個「缺憾」，特別以已知的家庭數，先求出一個「家庭平均人數」，即$(1002＋879＋1676＋8549)/(178＋282＋383＋1542)＝5.0785$；所以，如果家庭平均人數為5，則第四批的家庭人數即應是324。假定這個「家庭戶數」實質上就是申請入籍的3、5兩軍官兵的人數，於是到1983為止，泰國政府所批准的這五批家庭戶數的總和大約是2,709(即178＋282＋383＋324＋1542＝2,709)，這數字就相當是獲准入籍的官兵人數，但是少數沒有眷屬的陣亡官兵人數(X)，就不能在數字中顯示出來了，所以比較合理的數字應該是$2,709＋X$。

根據1961(民50)年3月柳元麟部隊於撤台前的各軍人數表，3軍是2137人，5軍是2578人，但3軍撤台了98人，5軍撤台了466人，所以不撤台的3軍人數是2039人，不撤台的5軍是2112人(見第三章)。到1963(民52)年3月28日，當3、5兩軍不撤台兩年之後，3軍的人數為1528人(應該還要加上駐萊帕蒙山14師的400餘人)，5軍為2465人。以後到打完「泰共之戰」後，人數或許會有所增減，但估計還會各維持在2,000人上下，否則不容易派出接近千人或千人以上的部隊出去協助泰國從事長期的剿共戰爭。因此，假如3、5兩軍都各有大約2,000人的部隊的話，那麼這兩個部隊的總人數就大約是4,000，而到1983年為止，累計五次入籍的人數則約有2,700餘人，所以大約還有1,300人未能及早、及時申請到泰國國籍，這1,300人

67　同註55。頁75,76。

就佔4,000的32.5%。進而言之，這1,300個官兵就代表着1,300個家庭，再乘以平均每家人口數「5」，其未能入籍的總人數大約就是6,500人，這對3、5兩軍這樣的小小部隊而言，這算是一個很大比重的數字。對這些無法入籍的官兵而言，他們就只能拿着難民證或是無國籍的外僑證(即「隨身證」)，需要和一般難民一起去排隊等候配額才能入籍，這無乃是一件令人感到遺憾的事。

　　綜觀本節所述，1961(民50)年3、4月，李文煥和段希文的3、5兩軍，因不同的理由而沒有撤退回台。他們把部隊駐紮在泰國邊境，由於沒有了國府的補給，他們只能靠著手中持有的這點武力，靠著做保護商旅進出緬甸的保鑣工作，同時自己也學著兼做這種馬幫生意的工作，如此才能自食其力，也才足以維持這個賴以為生的部隊，因此其艱苦情況，可想而知。然而，這種艱苦的生活才過了數年，3、5兩軍所臨時寄居的泰國也發生了共產黨造反作亂的問題，泰國軍警也清剿了數年，但正規軍卻無法應付泰共的游擊戰，而且有愈打愈旺之勢，於是泰方乃商請也精於游擊戰的3、5兩軍幫忙清剿。經過七八年時間的努力，也付出了不小傷亡代價，最後終於把泰北地區的泰共，整個的徹底清除殆盡，恢復了泰國政治的安定。由於打贏了這場延續數年的剿共戰爭，為泰國立下了大功，所以當時的泰國政府在軍方的建議之下，特別讓3、5兩軍的全體官兵，都歸化為泰國公民。這對已在滇緬和泰緬邊區打了近30年游擊戰的3、5兩軍官兵而言，這的確是個最好的結局。

　　這個結論的確含有一點邏輯辯證的味道，因為從1950(民39)年初開始，他們(三五兩軍官兵)的家鄉就被共產黨佔領了，共產黨在其家鄉實行階級鬥爭和無產階級專政，其實就是共產黨一黨專政，他們被迫不得不逃離家鄉，因此他們本來就是共產主義革命的受害者。離開家鄉之後，他們武裝自己，期望有一天能夠再打回家鄉去，討回公道，但是一時又做不到，只好等待時機，但是5年過去了，10年過去了，20年過去了，30年又要過去了，離開家鄉以後才出生的下一代都已經長大成人了，到底何時才能回去？還是永遠都回不去了？那個時候，他們心中的惶恐和徬徨，可想而知。然而說來很反諷的是，也是由於是那個侵佔他們家鄉的那個共產黨，居然還跟著追來到這個新的國家裡故技重施，似乎還要把他們逼上另外一個絕境。但是慶幸的是，這個國家並不歡迎這種違反人性的共產主義，於

是反而使得他們能碰到這個天賜的良機，藉著幫助這個國家剷除這種共產主義，建立了大功，最後獲這個國家頒給一個重大的獎賞：就是他們最需要的公民權。從此以後，他們終於可以在這個新的國度裡落地生根，結束那段長達30年流浪的和徬徨的歲月。

但是萬萬沒有料想到，這個「歸化入籍」的獎賞居然是有**時限性**的，而且這個期限也並沒有事先預告將於何時結束，而泰國內閣就在1983(民72)年(假設為年底)批准了「第五批」人員入籍之後，才事隔半年，就於1984(民73)年6月12日宣告將3、5兩軍入籍的工作，由軍方的最高統戰部移交給內政部，並廢除不受每年200人名額限制的特權。因為這樣，所以令許多3、5兩軍的官兵無法及時申請入籍，以致仍有大約三成的官兵，至今還持用難民證或隨身證(即無國籍外僑證)，雖然他們都還可以居住在泰國，但是他們在生活上、工作上、旅行上都會遭受很大的不便和損失。對這三成無法及時入籍的3、5兩軍的官兵，他們的不幸遭遇，的確是令人感到遺憾，檢討起來，我們固然可以批評泰國總理或泰國內閣十分小氣，不讓這些官兵擁有更多一點時間來辦理申請入籍之事。但是我們若設身處地來看這個問題，或許也可以看到3、5兩軍高層的疏失和應有的責任。因為據筆者私下訪談所知，泰方人員並不知道3、5兩軍可靠的人數數字，所以泰方在理論並無法知道3、5兩軍何時可以完成入籍的工作。因為這樣，所以泰方會擔心新移民會以3、5兩軍為跳板，非法達到快速入籍的目的。所以，如果3、5兩軍的人數是4,000人，則因為受理入籍工作從1978年8月1日開始，而到1983年(假設是到年底)為止，只入籍了2,700人，還剩1,300人，所以要在法律修改後的半年內，於1984年6月完成入籍工作，這真是時間不夠用；但如果當時3、5兩軍的人數只有3,000人，那麼以半年時間來完成300人(家戶)的入籍工作，雖然其工作量也不小，但就一定可以完成了。然而，從另外一個角度看，縱使泰方還假設3、5兩軍的4000人當時都還沒開始辦理入籍之事，但因為從考牙之戰於1981年3月底結束之後，到1984年6月12日為止，和平無戰爭的時間長達三年一個月，如果3、5兩軍的領導人和行政幹部能全力以赴，要辦這4,000人的入籍工作，都應該可以來得及辦，何況在有戰事的前三年中，已先辦妥了800餘人呢。所以，從這個角度看，3、5兩軍的領導人和行政幹部，也應該承擔起行政怠忽的責任。

　　數年之後，泰國政府用以解決北方中國國民黨武裝部隊的經驗，居然也被成功的運用在南方馬來亞共產黨武裝部隊的問題之上。泰國說服了馬來西亞政府，共同採取寬大為懷的政策，對馬共不但既往不究，而且允諾放下武器之後，如同北方的國民黨游擊部隊一樣，也無償給予每人15萊的土地以資自謀生活，從1987年7月到1989年12月間的兩年五個月之間，馬共的三個單位終於先後決定放下武器，解散隊伍，離開森林，這也算是泰北國民黨游擊部隊對泰國的另一貢獻吧。

第二節　情報局1920區及其部隊

一、馬俊國、曾誠部隊

　　情報局的前身是保密局，而保密局的前身則是「軍事委員會調查統計局」（簡稱「軍統局」）。軍統局於1938(民27)年8月成立之時，其局長由第二處辦公廳主任賀耀祖兼任，但由副局長戴笠負責實際工作，主任秘書是鄭介民。1940(民29)年鄭介民出任軍事委員會軍令部第二廳廳長後，由毛人鳳接任該主任秘書。抗戰勝利後，軍事委員會於1946(民35)年6月改組為國防部，而軍統局則於同年8月改組為國防部的「保密局」，局長為鄭介民，副局長為毛人鳳。1947(民36)年12月鄭介民出任國防部常務次長，不久再轉任參謀次長，但仍兼任保密局局長，後因與毛人鳳失和，於是辭去保密局局長，由毛接任局長，葉翔之任副局長。

　　1950(民39)年，國府遷移至台灣的初期，由大陸逃到香港的各省人物紛向台灣的國民黨總裁蔣介石報告，謂在其省區尚有多少力量，請求儘速支援，當時的「國民黨總裁辦公室」為有效應付這些反共需求的壓力，於是在香港成立一個「南方執行部」，鄭介民是首任書記長，專門執行支援大陸內部的反共工作。由於支援各項反共計劃和行動都需要政府給予財力支援，而在當時的國府各部門中唯有國防部的財源較為充裕，於是國府便在國防部之下成立一個「大陸工作處」，專門統籌辦理反攻大陸之相關業務，並把鄭介民由香港調回出任處長。由於反攻大陸並不只限於香港、澳門一個地區，當李彌部隊在滇緬邊區打響了知名度之後，國民黨中央黨部第二組(組主任鄭介民，副主任葉翔之)於1952(民41)年也向滇緬邊區派出「特派員」，並在李彌總部的所在地猛撒成立「雲南省特派員辦公

處」，派李彌為特派員，李先庚為書記長。後來，美國與國府簽訂協防條約之後，可能是美國反對在國防部下設置「大陸工作處」，於是在1955(民44)年3月24日，國府乃將「大陸工作處」裁撤；同時，國府也將1950(民39)年成立的「總統府機要室資料組」改組為「國家安全局」(首任局長為鄭介民)，接掌原「大陸工作處」在反攻決策層面的事務，而有關支援游擊部隊(如當時的柳元麟部隊)的具體業務，則移交給新改名為「情報局」的保密局。

其實早在李彌部隊時期，保密局即已秘密派員(單員或小組)到滇緬邊區進行情報蒐集的工作了，只是那時候因為有李彌部隊的保護，保密局的人員只專心做情報蒐集的工作，外人並不知道他們的存在。到1955(民44)年3月，當國府將「大陸工作處」裁撤並將保密局改名為情報局，同時將當時的柳元麟部隊移交給情報局主管之後，從理論上或名份上講，情報局從那個時候起，便算是有了自己的部隊了，只是其指揮權歸於參謀總長而已。1961(民50)年3、4月間，國府在美國的壓力下，雖然下令把柳元麟部隊撤回台灣了，但是當時還有自願留在泰緬邊區的3軍和奉命留下的5軍，以及來不及撤退的馬俊國部和曾誠部，可能是馬曾兩部的人數比較少，而且的確是駐地比較遠，來不及撤退，不怕美國人責怪，所以國府就同意由情報局秘密繼續給予補給；而段李兩部不但人數比較多，而且駐地就在泰緬邊界上，在美國人面前無理可講，所以就不敢再給予補給。等到事隔五、六年之後，大陸上發生了文革，鬧得天翻地覆，國府想要再度在邊區成立部隊，於1966(民55)年12月派徐汝楫前往3、5兩軍視察，並洽談重新收編之事，奈因3、5兩軍堅持要補發過去數年的欠餉，因國府無法答應而擱置。最後國府只好決定由情報局另外成立新的部隊。本章的內容，就是要討論柳元麟部撤台後，情報局在這個地區所管理和新成立的部隊，雖然柳元麟部隊也是情報局所管理和指揮的部隊，但因前面已以專章論述，故排除在本章的討論範圍之外，以避免重複。

1961(民50)年初柳元麟部隊的撤退案，雖然蔣介石總統於當年2月25日即已拍板決定，但撤退的命令則是到了3月8日，才由副參謀總長賴名湯親到柳總部去宣達，而且只給柳總部一週的時間籌備撤退的工作。於3月16日即開始將部隊車運至清萊機場，17日空運台灣，並計畫在一個月內空運完畢。當時馬俊國的西盟軍區部隊駐於遙遠緬北的營盤，因交通阻梗，其部隊要移轉到泰緬邊界，至少需要

花費一個月以上的時間，所以，駐於緬北的西盟軍區部隊，即使想服從命令撤退回台，在時間上也一定來不及南下，所以他們是客觀條件不容許而被迫留下來的。嗣後馬俊國迭次上電情報局，謂該部現有兵力312人，在未撤退前，每月由柳總部發經費39,700銖，折合台幣79,500元。自4月份起即斷絕補給，請求自4月份起按原來標準撥補經費，以維持生存。因為這樣，所以在事隔四個月後，國府情報局(局長葉翔之)乃於當年8月19日簽請國防部參謀總長(總長彭孟緝)，從7月份起恢復給予馬部原來的補給[68]。

至於曾誠一員，他當時是第2軍第7師(原25師)師長，也是柳部派往猛信與寮國軍方保持連絡關係之負責人。當時曾誠因與寮方之協議事務未了，故未能隨其部隊一同來台。嗣後曾誠在寮境收容柳部散兵75人，自動於寮北猛信地區與中共及寮共數度激戰，使猛信據點免於淪陷，中共曾屢次廣播該員頑固不化，故情報局認為該員尚屬忠勇，頗有可為，且其所控制地區接近滇南，對爾後大陸游擊行動及兵運等工作，甚為有利，故亦請比照馬俊國部標準予以支援，每月補給泰幣10,000銖，折合台幣20,000元，以後視發展狀況再酌予增加。公文中亦提及段希文、李文煥兩部，謂應令率部北進，俟滲入雲南邊境後，再行考慮支援問題[69]。

關於馬俊國和曾誠申請補給之案，情報局是先獲得國家安全局核准賦予馬俊國部「滇西行動縱隊」番號、予曾誠部「滇南行動大隊」番號之後，才於8月19日呈文國防部參謀總長，請核准給予補給。參謀總長再於10月19日簽呈總統，而蔣總統則於10月27日批准所請，並批示：「應以私人名義而非國防部或情報局名義出之。」[70]國府對馬、曾兩部之補助，合計為每月台幣95,191.34元，以匯率1：40.03兌換美金2,378元，再以1：20.90兌換泰幣為49,700銖。全年為台幣1,142,296.08元[71]。馬、曾兩部獲得國府之補給後，馬部奉命推向緬北的滇緬邊區，而曾部則駐守猛信基地。

到1962(民51)年5月3日，共軍千餘人協同寮共圍攻猛信之曾誠部，曾部因人

68　同註1。見〈民50年8月19日情報局局長葉翔之呈參謀總長彭孟緝文〉。
69　同註1。見〈民50年8月19日情報局局長葉翔之呈參謀總長彭孟緝文〉。
70　同註5。(第1冊)，見〈民50年10月19日參謀總長彭孟緝簽呈總統〉。
71　同註1。見〈民51年5月7日情報局局長葉翔之呈參謀總長彭孟緝文〉。

數不到100，寡不敵眾，曾誠乃於次日率部(包括駐猛信之黨部人員)突圍逃至猛南(猛信以南30公里)，以後逐日經猛龍、景果、景老、猛杆、班那，最後於5月10日轉進至回賽。曾誠於突圍戰鬥時，與敵肉搏負傷，左右臂各中一彈，臂骨一根折斷。適寮北戰區指揮官召西不拉翁將軍於10日來到回賽轉去昌孔主持寮軍的軍事會議，目睹曾誠受傷，乃囑其搭直升機同赴永珍，在寮國的軍醫院就醫，至6月30日出院，支付醫療費用500美金[72]。

最後，曾部因猛信戰役中失踪官兵18人，陣亡士兵1人，人員僅剩51人，而可用之戰鬥人員則僅有28人，且武器損失殆盡，情報局評估實難以重新整編再予運用，且同年11月寮國各方面勢力在日內瓦之和平中立協定簽訂後，所有駐寮外國軍隊必須撤離，故曾部今後在寮勢難立足，實已喪失其作用，於是情報局乃建請將曾誠部予以撤銷，安排曾誠回台，其餘人員則發給六個月薪資就地遣散[73]。

二、情報局1920區的部隊

(1)行動即突擊

當曾誠的「滇南行動大隊」撤銷之後，情報局所能掌握的部隊就只有馬俊國的「滇西行動縱隊」了。於是情報局即以馬俊國的「滇西行動縱隊」為主幹，而去執行游擊突擊工作的任務，期望一方面能透過實施突擊行動的過程來訓練自己、培養生存能力、逐漸發展壯大；另一方面是希望能透過突擊共區，誘發民眾的抗暴運動；基於這樣的一個宗旨，於是情報局於1961(民50)年10月制訂、頒布了一個「武裝突擊指導綱要」，規定今後的主要任務就是突擊下列所指定的目標[74]：

1.共軍(含民兵團隊)各哨所、指揮所、通信所、或小型據點；

2.共軍軍隊、騾馬、人力運輸部隊；

3.共區重要橋樑、涵洞、廠庫及重要軍事設施；

4.人民公社；

72　同註1。見〈民51年5月19日、7月27日情報局局長葉翔之呈參謀總長彭孟緝文〉。
73　(A)同註1。見〈民51年11月8日情報局局長葉翔之呈參謀總長彭孟緝文〉。
　　(B)同註5。(第4冊)，見〈民51年11月29日參謀總長彭孟緝簽呈總統〉。
74　國防部情報局(1981)，《史要彙編》。台北市：國防部軍事情報局。頁237-238。

5.中共黨部及行政機構。

至於突擊的次要任務，則是順便進行下列各項工作：

1.蒐集各種情報；

2.捕捉共俘；

3.破壞通信交通及重要設施；

4.散發心戰傳單，鼓動民眾抗暴。

從1963(民52)年到1965(民54)年間，情報局因為只有馬俊國部一個部隊，最後也只能指令這個部隊實施突擊，但因為該部隊不大，每年只實施一次小規模突擊，效果也不顯著。於是從1966(民55)年以後，情報局一方面以「按件計酬」的方式邀約李文煥部、段希文部和少數民族應報國部也來參加突擊行動，一方面情報局在滇緬泰寮邊區的情報組織也由「1920站」提高為「1920區」的層級，由「區」督導「站」，也派突擊組來執行突擊的任務，效果似乎是比以前好多了，但還是距離理想甚遠，因為以十數人的小組隊伍來突擊大陸，效果有如蚊子叮大象，不能產生令人聳動的效果，於是在同(1966，民55)年開始，情報局也自行籌劃成立較大型的特戰部隊——「滇邊工作大隊」。其實這項籌備的工作自1965(民54)年的6月即已開始，後來就正式擬出一個「苻堅計劃」，把將來所要成立的部隊稱之為「苻堅部隊」。「苻堅計劃」或「苻堅部隊」這名稱使用了三、四年之後，因為許多人都私下質疑：苻堅不就是淝水之戰的敗軍之將嗎？取此名字多麼觸人楣頭呀！所以「苻堅部隊」才於1969(民58)年3月以後改名為「光武部隊」[75]。

「苻堅計劃」的內容重點[76]：

一、兵力目標：苻堅部隊的總兵力以2,000人為目標，並採逐次編成，以即編即訓、即訓即用為原則。

二、指揮與建制：苻堅部隊以「大隊」為最高指揮建制，大隊之下設4個中隊，中隊之下設3個分隊，分隊之下設3個組，每組約10-14人；一個大隊的人數約為450~500人。大隊配置於工作站的基地，由站長統一指揮。而整個苻堅部隊則由1920區區長統一指揮，並直接對情報局負責。

75　同註3（B）。頁380。

76　同註3（B）。頁4。

三、任務：主要任務為配合滇緬寮邊境地區情報工作站執行敵後情報特戰任
務，如突擊、破壞、滲透、建立敵後秘密基地、發展游擊武力、接送敵後
工作人員、敵後情報布建、從事心戰等等。次要任務為各項區外的工作，
如維護工作站和工作組基地的安全、擔任泰緬寮之間的跨國交通運補。

四、編訓基地：選定泰國清邁省芳縣境內的馬亢山上的「格致灣基地」。

五、補給及運輸：(1)重要幹部由台灣派遣，經由泰國秘密進入基地；(2)一
般補給品，如糧秣、被服、裝具、藥品等就地採購；(3)武器彈藥等重
要軍品透過寮國右派軍方協助，由台空運至永珍，再秘運至基地；(4)
特種通材及武器經由寮北瑤家反共武力協助購補(因彼等獲CIA秘密支
持)。

(2)符堅(光武)部隊的成立

1965(民54)年11月14日(星期日)下午2時，情報局局長葉翔之率部屬到國防部
部長辦公室向蔣經國部長簡報「符堅計劃」，獲得蔣部長首肯和指示之後，隨即
按計劃全面展開工作。當(1965)年年底，由景棟工作站所招到的**第一梯次**的華僑
青年、少數民族子弟、和部分地方反共自衛隊等，一共數十人抵達了格致灣基
地，編成第一基訓隊，接受新兵入伍的基礎訓練。接著，由緬北萊吉山工作站在
密支那和瓦城所招到的**第二梯次**，對象是愛國華僑青年學生40餘人，於1966(民
55)年10月抵達了格致灣基地，該批青年學生熱愛國家，反共決心堅強，素質也
較高，他們編為第二、第三基訓隊，於接受新兵入伍基礎訓練之後，加上其他青
年，共有56名於次(1967)年4月1日進入士官班(另有通信班)受訓四個月，7月底結
訓，結訓後再實習一個月，即分發在已成立的大隊中擔任基層的幹部。**第三梯次**
新兵是由緬北營盤工作單位所吸收卡瓦山岩城反共自衛武力艾小石部200餘人，
加上營盤地區華僑青年及少數民族子弟共計300餘人，於1967(民56)年2月全部經
由寮國回興密渡湄公河進入泰北山區，順利抵達格致灣基地。**第四梯次**新兵是由
緬北萊吉山地區的工作單位在當陽、果敢、臘戌等地吸收華僑青年，及果敢漢
族、克欽族、卡瓦族等少數民族子弟共200餘人，加上紹興自衛隊百餘人，總計
300餘人，由36組組長姚昭率領，先赴萊吉山集結，再越過高山峻嶺、原始叢
林，輾轉繞道至寮國南梗集結，再秘密接應到泰境，行軍兩個多月，約於

1967(民56)年10月才全部抵達格致灣基地[77]。據云，這第四梯次的人馬是隨著昆沙的鴉片部對南下，不幸於6月底在寮國蠻關遇上了鴉片之戰，吃足了苦頭。

　　基於「即編即訓，即訓即用」的原則，部隊一面訓練即一面編組，所以在1968(民57)年元月和3月，第2大隊和第1大隊即按照計劃預定建制先後編組完成。在這兩個大隊之下都各轄有3個中隊和1個支援中隊，每個大隊連同大隊部參謀人員等，總兵力約為460人；第2大隊的大隊長是張重光中校，第1大隊的大隊長原來的安排是姚昭上校，後來姚昭奉調回台，不能北上，改為史必錄上校接任。第3大隊是於前一(1967)年10月由原馬俊國的「滇西行動縱隊」改組而成，仍由馬俊國擔任大隊長。第4大隊則是接收國民黨中二組雲南處的第6支隊約200人，加上寮國南梗1950組組長吳啟華上校所吸收的工作隊數十人，編成3個中隊，就地整訓，於1972(民61)年年底才完成建制，其大隊長為張重光上校，後來在該大隊要移師北上之前，再由彭彬上校繼任[78]。

　　依照國軍反攻大陸的戰略構想，「苻堅部隊」四個大隊兵力的部署，是以滇省與緬寮之間的國界線來劃分「區外」(緬寮邊境地區)和「區內」(滇南和滇西地區)兩個工作區，然後明確劃分四個大隊的責任區[79]。

大隊	基　　地	「區內」工作區	「區外」工作區
1	當陽萊吉山	騰衝、芒市、龍陵、耿馬	當陽、臘戌、貴街、猛茅、長青山
2	賀戛山	瀾滄、猛連、猛海、猛洪	營盤、景棟、賀戛山
4	猛街玩現	猛洪、雙江、江城	景棟、猛街、回興、南梗
3	葉庸	支援大隊：依情況需要適時機動支援各個大隊。	

　　「苻堅部隊」於第一階段尚在「區外」駐地時，其任務是配合工作站、組基地，發展「區內」敵後情戰工作，期能以「特遣武裝小組」(簡稱「特遣小組」，其成員包括無線電通信人員，通常為10~15人)，秘密滲透進入區內特定地區，建立小型秘密游擊基地，發展游擊武力，先由點發展至面，進而結合區內布建力量，構建滇西南地區為「灰色地帶」，以掩護工作人員進出，進行各項秘密活動。一旦反攻

77　同註3（B）。頁12-14。
78　同註3（B）。頁17-18。
79　同註3（B）。頁18-19，22。

大陸戰爭開打，「苻堅部隊」則為陸上反攻先鋒，迅速進佔滇西、滇南地區；或在區內游擊及組織布建力量策應、支援下，即時建立橋頭堡，接應國軍空降主力著陸，配合開闢大陸西南地區第二戰場，策應國軍台海反攻大陸主力作戰。因此，這個任務構想是否能夠實現的關鍵，在於「特遣小組」能否成功的滲透進入區內，先秘密建立立足生存的「點」基地為定。

「苻堅部隊」四個大隊在格致灣基地整訓完畢之後，隨即以戰備行軍的方式，由泰國格致灣基地移師到緬甸「區外」工作區的工作站基地。第1大隊(行軍人數350人)於1968(民57)年4月14日開始出發，歷經35天的行軍才到達萊吉山基地；指揮官是1951站站長兼大隊長史必錄上校，副指揮官是1936組組長彭城上校。第2大隊於1968(民57)年6月2日出發，於6月底到達1928組賀戛山基地；指揮官是1928站站長謝友賢上校，副指揮官是大隊長張重光上校。而第3和第4大隊則是遲至1973(民62)年才由其現駐地移師到其指定的「區外」工作區的基地；第3隊是於該年初自葉庸移師至薩爾溫江西岸的猛章、那谷建立基地；第4大隊則是於該年6月初才渡過湄公河進入緬甸，一路征戰，到6月底才到達猛街玩現基地，與1952站會合(但此站因績效不佳，1973年年底即被撤銷。第4大隊長也改由曹定松上校繼任)。

(3)光武(苻堅)部隊的表現

第1和第2大隊於1968(民57)年5、6月順利進駐其「區外」的基地之後，到1975(民64)年6月部隊解散之前，共有七年工作時間，故還有可觀的工作結果，而第3和第4大隊，因到1973(民62)年才遲遲遷入其基地，因為時間甚短，所以也就沒什麼成果可言了。首先，1928站(第2大隊)和1951站(第1大隊)在「區內」工作區的表現方面，由於受到客觀情勢所限，兩個站在這段時間雖然先後派出了12次特遣小組，企圖在區內建立秘密的反共游擊據點，進而建立面和區，以迎接全面的反共戰爭；但是這些派遣工作的失事率甚高，或入區後被伏擊犧牲了，或因無法立足而被迫退出來了，少數能成功派入的個案也只是短期的停留，蒐集或擄獲珍貴的情報而已，例如1928站所派出的一個組(組長康有培)，蒐獲中共中央絕對機密的原始文件，深獲國府高層的重視，建立了大功[80]。

80　同註3(B)。頁22。

其次，在「區外」工作區的表現方面，由於國府在滇緬寮邊境地區成立了「苻堅(光武)部隊」，取代以前柳部的角色地位，使中共再感壓力威脅，於是中共積極推出了兩項「借刀殺人」的措施：第一，中共從1969(民58)年開始，暗中擴大對緬共的支援，全面提供緬共經費、械彈、裝備，並暗中派遣幹部進入緬共，協助緬共指揮、訓練、作戰等工作，指導緬共對國府派駐緬寮邊區的工作站、組基地及「苻堅部隊」(1969年3月以後改稱「光武部隊」)，進行突擊、騷擾，以期能減緩或阻斷國府對大陸反共工作之遂行。第二，中共運用外交關係，給緬甸政府壓力，迫使緬甸軍方對國府情報部隊的態度，由現在的妥協姿態改為敵對行動。因此，從1970(民59)年以後，光武部隊就和緬軍和緬共發生了無數次大大小小的戰役，其中比較重大的戰役有下列幾個：

(甲)萊吉山戰役

緬軍在中共的外交壓力下，不斷的對萊吉山基地的1951站和第1大隊進行攻擊，站長和隊長基於不以緬軍為敵的原則，只是消極的自衛防守，並未強烈的還手反攻擊，緬軍以為對方畏戰，於是變本加厲，逐次提高戰鬥的劇烈程度，到1973(民62)年3月6日，當緬軍再次更猛烈進攻時，光武部隊決定給予猛烈的反擊，把緬軍打得大敗，以讓其知難而退。但緬軍卻似乎是惱羞成怒，反而於5月27日下午2時動用空軍及步砲協同作戰，發動更猛烈的攻擊，晝夜連續進攻了五天，而「光武部隊」則展現無比堅韌的防守力量，打死不退。等到緬軍已到了「一鼓作氣，再而衰，三而竭」的地步，當他們已經「意志消沉，士氣低落，鬥志全失，無力再戰」的時候，而光武部隊因有掩體防護，以逸待勞，於是於第六天易守為攻，對緬軍猛然強力反擊，打得緬軍兵敗如山倒，潰散而逃命。而光武部隊這時立即採行了「打倒而不打死」的原則，即時收手，不對緬軍趕盡殺絕，旋即脫離戰場[81]。這就是萊吉山之戰的經過。

(乙)南嶺基地，重創緬共

緬共在中共的唆使下，也於1974(民63)年元月12日派出其4046營，由營長楊四親率200餘人，利用夜色掩護而潛入突擊甫於去(1973)年初才進駐猛章、那谷基

81　同註3(B)。頁23-24。

地的第3大隊,該大隊因為警備不夠嚴密,深夜被該敵營突擊,愴惶而來不及應戰,以致被來敵擊潰,代理大隊長陳仲鳴中校當場陣亡,大隊部參謀人員亦有多人被俘;第3大隊駐那谷基地之第2中隊及支援中隊,除部份傷亡外,其餘主力都潰散失聯;唯有第3中隊因駐那谷外圍,倖免於難;次日,第3中隊由中隊長李德超率至南嶺基地待命。緬共突擊第3大隊成功後,次(13)日之夜即移師至猛章、八哥集結,準備下一步突擊南嶺基地。第三(14)日入夜,1951站副站長彭城令第3大隊的李德超中隊和第1大隊的段從信中隊組成突擊隊,夜襲已進入八哥集結的緬共部隊,約21時覓獲緬共在八哥後方高地上露營,正到處圍繞營火談天說地,已被勝利沖昏了頭,完全疏於戒備,於是突擊隊乘敵不備,發動奇擊,以營火為目標,強攻猛打,緬共來不及應戰,四處逃竄,最後逃至八林整頓待機。而突擊隊也為避免在夜暗中與敵膠著發生混戰,並未乘勝追擊,安全脫離戰場,次日拂曉返回南嶺基地。第3大隊之被俘人員,除負傷者外,皆在敵混亂狀況下,脫逃歸來。

1974(民63)年3月,1951站長兼第1大隊大隊長何興原和1963站長兼第3大隊大隊長木成武決定,兩大隊各派出兩個中隊組成突擊隊並附一個75無後座力砲分隊,共300餘人,向集結於八林(距南嶺一日路程)的緬共進行拂曉突擊,以眾擊寡,激戰數小時,終將緬共擊潰,逃往江邊。此戰雙方互有傷亡,但緬共的傷亡較大。緬共經八哥、八林兩次戰役,損失慘重,其士兵已食不裹腹,傷病累累,官兵亦意志消沉,士氣低落,逃亡者眾,緬共營中之第2連連長李某和排長周某,二人攜械向第1大隊投誠。第1大隊確認該二人並非假投降之後,尋即再組突擊隊,由該二人為嚮導,對該連駐地進行突擊,經猛烈襲擊掃蕩,徹底擊潰敵人。惜投誠之周排長身負重傷,返回基地後傷重不治。戰後,緬共營長亦被緬共中央撤職[82]。

(丙)賀戛山基地保衛戰

1972(民61)年4月中旬,駐於景棟的緬軍88旅在猛羊、猛累、猛卡三地,各集結了一個團的兵力,總兵力約為2,000人,然後逐步向南壘河及萊密山步步進逼,把盤踞在該山區一帶的許多小型反緬武裝,如秋風掃落葉,全部一掃而光,

---

82　同註3(B)。頁24-26。

然後繼續向光武部隊的賀戞山基地推進。4月27日凌晨4時，緬軍第4團的40人向第2大隊第1中隊一個分隊（約30人）防守的猛博前哨站企圖趁夜摸哨，被發現後開啟戰火，中隊長段茂昌連夜率一個分隊前往支援，天明之後，發現緬軍已占領了另一個高地，彼此對峙。段茂昌派出20名敢死隊，沿山溝迂迴繞至緬軍背後，秘密潛至攻擊位置，約定9時半先由前面陣地向緬軍發動猛烈攻擊，讓緬軍全神貫注前面的攻擊，然後敢死隊忽然從後面發動突擊，緬軍驚嚇得沒命的往山下逃命，一舉而將被占領的山頭攻下，緬軍並且遺屍2具。緬軍想偷襲第1中隊，遭受了重挫；改而進攻另一側的第3中隊，也是無功而退。

　　宦楨文站長審察了賀戞山的地勢，知道2801高地是整個賀戞山基地的制高點，有如基地守軍的咽喉，必須以重兵駐守，恰好第1大隊派其第1中隊趙國虎部前來支援，正好協助防守2801高地。到緬軍開始大規模攻擊之後，其攻擊重點果然全部集中在2801高地。緬軍在重兵器火力的掩護下，一波波的、前仆後繼地進攻該高地，而第2大隊也是精銳火力盡出，全力保護基地，但是在5月2日，2801高地終被緬軍攻陷，而緬軍也付出了一個副團長的代價。5月4日，宦站長認為敵眾我寡，以光武部隊的後勤條件，只能與緬軍打有限度的戰爭，堅守基地並無意義，於是下令當夜即撤離賀戞山基地，而移師到南方的葉屋基地[83]。

（丁）玩現戰役

　　玩現地區的緬共原為蒲滿族的自衛隊，兵力只有數十人，但自從接受中共的支援和訓練後，兵力增至200多人，主要幹部亦由中共邊防民兵幹部調派充任，接受緬共中央統一指揮，專門對駐在玩現地區的國府派駐站組和部隊進行襲擊，因此初成立的第4大隊和1952站的基地，無法在該地穩定立足，所進行的大陸工作效果也不彰，所以1952站於1973（民62）年底即予以撤銷，而第4大隊則暫駐該地，但移交給1928站督導和指揮運用，並派曹定松上校接任大隊長。曹大隊長接任之後，決定放棄過去「固守陣地」的被動攻策，改採「你到我家來，我到你家去」的主動游擊作戰方針，反守為攻，持續不斷的主動打擊敵人，終於讓緬共陷於被動，時時挨打，損失甚重。但是此種有效的戰略雖有效果，彈藥的消耗也甚

83　同註3（B）。頁26-27，392-394。

大，非光武部隊的後勤能力所能承擔，所以到1974(民63)年初，第4大隊即奉命移師到葉屋基地整補[84]。

(4)華山計劃

　　所謂「華山計劃」，就是「光武部隊」撤銷解散的代號。為什麼要撤銷解散？其主要原因是因為國際局勢的改變。從1971(民60)年國府退出聯合國後，國府的邦交國在一兩年之內就由八九十國劇減到三四十國，到後來，泰國也決定要在1975年7月1日和中共建交了。由於情報局1920區的後勤基地是設在泰國境內，而且主要幹部的輪調也都是要經由泰國出入緬境，沒有泰國的諒解和暗中協助，1920區及其部隊是不可能存在的。而在泰國和中共建交前的外交談判，1920區和光武部隊當然都是必談的一個大問題，這時候泰國為要順利和中共建交，就必然要拒絕國府再使用泰國土地為基地，所以國府只好應泰國的要求而將光武部隊撤銷。

　　在實行「華山計劃」的過程中，如果要做得漂亮的話，因為人員不多，只有2,000餘人，如能依自願原則，要回台灣的就回台灣，不願回台灣的就就地資遣；武器方面，則要賣、要送、或運送回台，也都無一不可，決定了，就能把事情解決了，不會留下什麼話柄和副作用。但是在實際執行的時候，大家把「華山計劃」理解為「化整為零」，於是把光武部隊的4個大隊分解成為以50人為一組的「中興工作隊」，預估可以建立大約40個「中興工作隊」；各工作隊互相獨立，由台灣或由某個總部單線與各工作隊直接聯絡。但是後來上級又頒下「半撥交，半資遣」的指示，意思似乎是：「中興工作隊」也不要了；但是其實地的作法則是：將各大隊的一半兵力帶槍撥交張奇夫(昆沙)部隊接收，另一半則是就地資遣。由於張奇夫的聲名在國際上是褒貶不一，而且是貶多褒少，特別是美國把他貶為「毒梟」。因此多數人都不願被撥交給張奇夫，這一半之分，就遇到了困難；最後，長官們為實現這個「半撥交」的指示，只好施之以人情說服，但是對這些被說服的一半，國府總是對他們有所虧欠。

84　同註3(B)。頁27-28。

情報局的1920區

←第一任區長鄧文勤獲寮國參謀總長溫納迪功上將授與寮國陸軍少將官階後合影於永珍。1968.10.10

↓坐者左起：王瑞(玉祥)、美國人、召相將軍、第二任區長杜心石、召相夫人愛麗絲、馬之光。

←葉翔之局長赴泰視察區部後轉往清邁會晤泰國最高統帥部堅塞上將後合影。
1971.10.18
左起：泰軍官、談品蓀、田九經、龐靖宇、堅塞、葉翔之、鄧文勤、干聰中將、朱季良、金瞻華。

↑泰國總理巡視清平農場。前排左起：陸治中、堅塞總理、賽慶祥、李保亭。後排為泰總理侍從人員。

↑葉翔之局長(中左)與泰國最高統帥部堅塞上將(中右)會談。1972.10

↑1973年泰國統帥部格信少將(04指揮所指揮官)訪問回莫基地,與第四任區長龐靖宇合影。

↑左起:陸治中、謝有賢、齊濬哲(中二組雲南處專員)、王興中副局長、龐靖宇。攝於清邁。

↑第三任區長朱季良到任,格致灣區部同仁列隊握手歡迎。

↑1745站站長馮撼山出發就任新職,第四任區長龐靖宇於回莫基地送別。1974.7.21

↑後排:左彥一、甄玉美、楊惠仙、許鴻芝、袁麗瓊、常小春、王玉芬、王蓮芬、常小秋、李鄭麗。
前排:丁照玲、范琪、李督察、李凌霄副區長、區台長、王曉南、蔣和坤。
　　　　　　　　　　　　1970.3 於格致灣

↑1966年雙十國慶,區部羽毛球隊與長官合影。後排左起:陳長風台長、胡督察、楊副區長、李孟霖副區長、馬季思副大隊長、黃復雲站長。前排右起:陳啟祐、王玉祥、黃雲龍、雷兆華。

↑1920區第3大隊的男女球隊與正副大隊長馬
俊國（中左）、馬季思（中右）合影於格致灣基
地。

↑李凌霄副區長、鄧文勳區長、李督察與區部
女軍官合攝於格致灣球場。

↑回莫營地大門。

↑回莫營地大門。

↑1975年5月鄭紹根和蔣克尼督導1951站執行「華山計劃」在
緬北南令站與幹部合影。
前排左起：潘尚毅、蔣克尼、鄭紹根、彭城、李而行、王
剛。
後排左起：姚烈、蔡政敏、王大炳、王信年、相平、任成
功、陳永進、王登河、鍾浩。

↑1920站站長周同。

→↓駐緬甸猛羊南營街第1大隊
　支台通信人員。

↓前排右1為陳明亮台長。

→1979年緬北站長李黎明拜訪
　段希文。

↑1936組組長姚昭（前
　李國輝師團長）。

←彭新有站長攝於萊
　吉山菌塘山基地站
　部前。

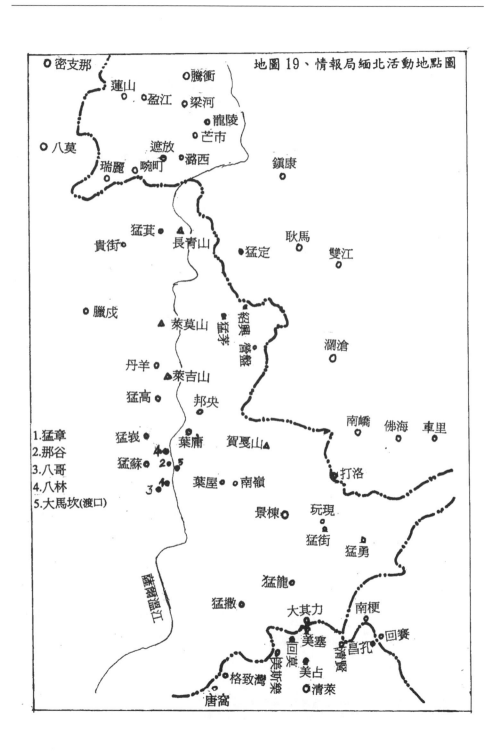

地圖 19、情報局緬北活動地點圖

第三節　國民黨中二組的雲南處及其部隊

一、李彌部隊時期(1953年2月1日至1954年5月31日)

　　國府於國民黨七全大會之後,為整合黨政軍各方面的力量,都用在反共大業上,於是推行黨政軍一元化的領導制度,對於遠在滇緬邊區的李彌部隊也不例外,1952(民41)年7月24日,國民黨中二組即核派李彌為「雲南省特派員」、李先庚為「雲南省特派員辦公處」(簡稱「雲南處」)書記長,期望透過黨部組織的運作,強化軍隊的整體作戰力量,以早日達成反共復國的使命。尤其是當時高唱著「三分軍事,七分政治」的政策口號,而政治工作的推動是由政黨來領導的,這樣一來,政黨的重要性比軍事還來得大。因此,政黨對李彌部隊或是對滇緬邊區的反共游擊部隊到底能發生怎樣的作用,我們很有興趣來作一個客觀理性的分析。

　　1952(民41)年10月24日,國民黨中央改造委員會第二組決定成立「雲南處」之前,即已在該地區以單線的方式布建了雲南省工作委員2人(唐逸卿、周爾新)、雲南省聯絡專員2人(羅石圃、李近林)、昆明市工作委員2人(朱大發、朱元澂)、滇西工作委員1人(王功鎏)和滇緬泰邊區聯絡專員1人(湯田烽),後來為有效統合、管理、指揮這些黨工人員,再請當時在滇邊區擔任「雲南人民反共救國軍」總指揮的李彌出任「特派員」,並請當年擔任抗戰時期緬甸遠征軍後勤工作的李先庚出任雲南處的書記長,並兼西南聯絡站主任;黨部核准該辦公處的經費為每月15,000元新台幣,而其中的3,000元為西南聯絡站的經費[85]。雖然根據李先庚於10月4日所呈報的工作計畫和12月16日所呈報的修正版工作計畫中,都把工作內容和工作地區劃分為自由地區和敵後地區兩大部分,二者似乎為平衡發展的兩大部分,但是根據該辦公處所任用的這些人員的任務來看,除特派員和書記長外,8人之中有7人為大陸敵後工作人員,僅一人為大陸境外聯絡人員,因此該組織的工作中心重點顯然為**大陸敵後工作**無疑。中二組核復雲南處2月份工作報告時,也確認了這個重點[86]。

85　中國國民黨大陸工作會檔案,《李先庚卷》。見〈民41年12月5日二一字第438號文〉。
86　中國國民黨大陸工作會檔案,《雲南處工作檢討座談會議》。(第1冊)。見〈民42

　　對整個黨而言，黨可以從事的工作類別甚多，例如組織(發展)、民運(群運)、宣傳(廣播、地下報、黑函、耳語)、情報、策反、行動、游擊、聯絡、交通、訓練、派遣、建台(電訊、報務)、秘密通信(密寫)、反間等等，幾乎可以說是無所不包。但是對黨的一個小規模單位如「雲南處」而言，它的工作項目就必須有所選擇，不可能包攬得太多。由於「雲南處」是設在滇緬邊區的前線戰地，因此在理論上，其黨務工作的目標應該是加強部隊的精神武裝，但是在實際上，這項工作已由軍中的黨部(即政治部)負責，所以其最重要的工作就是派遣種籽黨員進入敵後，吸收黨員，最好是能吸收到將來能充當地方幹部的人才；吸收黨員的目的是為了發展組織，當一個黨員吸收到3-5名新黨員之後，即建立一個小組，該黨員即升為該小組的小組長。以後，該小組如能在組內再發展出3個小組，產生了3個小組長，則該原小組長即升為工作員。若工作員下的3個小組長都再發展成為3個工作員，則升為工作專員；最後，工作專員表現優良則再升為一個地區的工作委員(如下表)[87]。

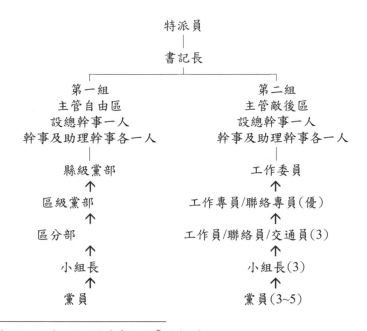

(續)───────────────────
　　　年3月17日中二組致雲南處函之「附件」〉。
87　同註86。(第4冊)。見〈民46年11月6日怒西站長李照輝述職案檢討報告書〉。

每一個地方都有黨組織事先在敵後號召民眾，為武裝部隊的行動做好開路先鋒的工作；同時，黨組織也要切實配合軍事的發展，每當軍事光復一地，黨組織就應該能隨即接收管理，以保有勝利的成果。所以在反攻雲南的時期，「雲南處」的基本任務是：**組織**（而且是敵後組織），其他與軍事反攻相關的次要任務是：**民運、情報、宣傳**、策反、游擊、行動、反間等[88]。至於與一般行政單位共有的工作項目如人事、會計、出納、總務、收發、文書(繕寫)等則自然包括其中，不在話下。

李先庚於1952(民41)年12月26日由台北飛香港，並於次(民42)年元月2日由香港飛曼谷；他在曼谷盤桓數日之後，即前往猛撒籌備「雲南省特派員辦公處」(簡稱「滇處」或「雲南處」)，並於2月1日起正式成立。當中二組核准雲南處成立時，其編制人員雖然宣稱有10人，但當雲南處正式在滇緬邊區成立之時，來到辦公處的編制人員只有特派員李彌和書記長李先庚兩人，其餘的8人中，最早來到辦公處的兩人是周爾新(雲南省工作委員)和羅石圃(雲南省聯絡委員)，他們是搭乘復興航空公司的第21次班機，於2月22日由台北直飛抵達猛撒。但周爾新到達後即被派為省府及總部辦公廳主任，在雲南處只是兼任性質；而羅石圃則被安排去主辦中興報及宣傳、搜集情報事項。而新聘人員廖展忠則於次(3)月4日才搭22次班機飛抵猛撒，到達後則被派為雲南處的總幹事，承辦全處的業務，並同時籌辦反共大學之學校黨部，以後學校黨部於7月1日移交給軍方黨部之後，再兼任新成立的黨務訓練班的教務主任，負責該班的行政事項，而處內主管敵後工作的總幹事則另行指派新人蕭仁瑞接任。雲南處自創刊中興報及開辦黨訓班後，工作量劇增，於是於7月增設助理幹事王懷民和曹誠二人。

然而就雲南處的領導工作而言，由於李彌於2月23日即奉召離開猛撒，經由曼谷返回台北述職，從此被軟禁在台灣，不能再回去前方戰地，但是其特派員的職務並未由代理的副總指揮代理，因此整個特派員辦公處的領導工作，實際上都是由書記長李先庚一人負責。從「雲南處」成立的2月份起，以後每個月都需要向台北的中二組傳送工作報告，因此，根據這些按月上呈的工作報告，即可大概

88　同註86。(第6冊)。見〈雲南處之工作任務〉。

看出當時黨務工作的進展情況。只可惜到民國43年12月以後，工作報告改為採用藥水密寫，或是以劣質墨水書寫，因此在事隔數十年後，檔案中的原始報告已全部褪色成為白紙，無法閱讀；只剩下中二組的核覆文稿，但核覆文稿只針對工作報告的問題提出指示或提出新問題，已無法重建原報告的全貌。

誠如前面所述，中二組成立「雲南處」的主要目的，其任務是要在敵後地區發展黨組織的工作，然後以此黨組織去從事民運、情報、宣傳、策反、游擊、行動、反間等工作。國民黨中二組之所以會選擇在滇緬邊區成立雲南處，其用意本來就是要依附李彌部隊的保護，伺機從緬北的滇緬邊區滲透進入雲南，然後再在雲南內部發展組織，進行各項黨務活動，以作為將來軍事行動的內應或其他響應等等。只是當「雲南處」於2月1日成立之時，第二天，李彌籌備多時的「海滇輪」從台灣高雄港啟碇出發，預計兩星期之內即抵達緬南海岸，而作為李彌總部通往海港必經的克倫邦地區，卻於元月間被緬軍攻陷佔領，李彌為維持通往緬南路線的暢通，乃於2月4日下達全面對緬作戰之令。到了3月，再由緬甸對李部發動全面的軍事攻擊，規模較大的戰役有緬東的「沙拉之戰」和緬北的「猛布之戰」，其他較小的戰爭不計其數，同時緬甸也向聯合國提出國府侵略的控訴。4月，聯合國通過決議：外軍必須撤出緬甸；5月，執行撤退案的「四國軍事委員會」成立於曼谷；6月，李彌部隊亦派出代表團參加四國軍事委員會。由於四國軍事委員會所進行的撤軍工作遲遲沒有進展，於是緬甸退出會議，重啟戰端，以致弄到11月才開始撤退，而撤退工作又斷斷續續拖延到次（民43）年5月才全部結束，所以，雲南處在成立後的頭兩年，都是在不安定和險惡的局勢中渡過。

由於當時緬北紛紛擾擾，正處在戰爭狀態之中，再加上聯合國決議要求李彌部隊撤退的壓力，使得李彌部隊是否還能立足於緬北都已經成為了問題，因此在緬北大環境逆轉的情況之下，雲南處要想以緬北作為安排地下工作人員潛進雲南的前線基地，其困難度不但很大，而且即使能取得小小的成功，其意義也變得不大了。所以中二組雖規定雲南處的每月工作報告，必須明白區分為「敵後地區」和「自由地區」兩個項目，但敵後黨務組織工作根本無法展開，當然也就沒有工作成果可言。為了推展黨務工作，2月份的工作報告中，書記長計劃要採行「遠距離布署」的方式，要在香港、曼谷、河內三地各派出一位工作委員，由該三地

向大陸派出敵後工作人員。但這個辦法立即被中二組否決，3月份以後，所有的敵後工作就只有先行派員到緬北的滇緬邊界地區，讓他們先去依附當地的土司(如滇西的李照輝、卡瓦山區的線光天和滇南的刀棟材，因為他們都已被「雲南處」聘為當地的聯絡委員)，先設法就地立足(例如化成緬僑緬商，在當地設立小本經營的小商店)，再慢慢等待(找尋)機會潛入雲南；如果邊境地區因戰爭而過於險惡，以致無法立足時，則所派出的同志還要返回基地等待有利的時機。至於雲南處初成立時所派任的聯絡委員、聯絡專員或聯絡員(如趙懷智、方克勝、范崇鈺、罕裕卿、李近林、楊稀等，他們多是以前的縣長或稍具人望者)，因為他們後來都奉命隨軍撤台，所以經由他們所發展的組織，也告終結。

　　當受到客觀條件的限制，無法推動敵後工作，雲南處即有意兼辦軍中黨務和華僑黨務，但因軍中黨務已由軍中的政治部負責，華僑黨務也已由中央黨部的其他組負責，結果都被中二組制止；至於李先庚於3月間才在軍中反共大學所成立的「學校黨部」，到了6月又奉中二組之命移交給了軍方的政治部。所以雲南處兩年間(42/2~43/11)的工作報告，其敵後工作就是派遣敵後工作人員到邊界地區，等待時機以潛入內地，但都沒有進一步的成果；其他的例行工作約可分為下列三項：

(1)防地內的地方黨務

　　緬甸防地內的馬幫僑商是雲南處唯一可以發展地方黨務的處女地，所以雲南處於3月成立了學校黨部之後，接著在4月就指定猛漢商會理事長馬在榮、馬輝和合仲四等三位新舊黨員同志為籌備委員，並擬定於5月即成立猛漢直屬華商黨部，但因戰爭造成商旅不通，華商都要遠離戰區避禍，故籌備委員會遲遲於6月1日才勉強成立，最後因部隊撤退，猛漢已不再是防地，該黨部是否成立，已無意義。接著在同年8月，再新成立直屬黨務訓練班黨部及非黨組織性質的「邊疆少數民族代表會」(以後於11月再擴大為「雲南邊區少數民族問題研究會」)，並聘請線光天等11位委員。

(2)黨務訓練班

　　黨務訓練班是雲南處於6月奉命勿介入軍方學校之後而於次月奉准建立，由特派員兼任班主任，書記長兼副班主任，廖展忠為教務主任。第一期於8月中旬

開訓，9月20日結訓，受訓的22名學員中，有20人被派北上至滇緬邊區，伺機進入敵後地區。第二期11月開訓，分黨務組(12人)和邊疆組(9人)，12月結訓。以後即因受到部隊撤退的影響，停止召訓。直到部隊的新總部重新在乃朗建立，才於1954年11月恢復召訓第三期和第四期，每期受訓時間約兩週，受訓學員都是軍中的政工幹部，不是派往敵後的幹部。

(3)中興出版社

民國42年3月，雲南處成立中興出版社，並以油印的方式出版《中興報》(週刊)，並計畫再發行另一種雜誌型刊物《反攻天地》(但並未出版)。《中興報》一直發行到同年10月總部隊開始移動撤退時停刊，一共只發行30期左右。週刊的發行對象為各部隊單位，並計劃經由緬甸或泰國寄送雲南。而中二組則指示：該報的宗旨應是發揮敵後宣傳的功能，故指示應轉型為地下報和黑函的形式為宜。但是無法送進敵後，也就無疾而終。

總括而言，雲南處在李彌部隊的時期，因為在前期之時面臨著連續戰爭的動盪，而在後期之時則又遭逢到部隊撤退的困擾，結果使得它最重要的任務——敵後派遣、發展組織——並無成果，所發展出來的滇西(包括潞西、瑞麗、隴川、梁河、盈江、蓮山、保山、永平、騰衝、龍陵等縣，站長為李照輝)、滇康(包括鶴慶、麗江、野人山、江心坡、瀘水、福貢、碧江、貢山等地，站長為劉振顯)、卡瓦山(包括瀾滄、耿馬、雲縣、滄源、昌寧、蒙化、緬寧、雙江、順寧等縣，站長為線光天)、十二版納(包括車里、佛海、南嶠、鎮越、江城、六順、江寧、思茅等縣，站長為刀棟材)等四個敵後工作站，名義上雖然是在敵後的工作組織，但事實上均不在敵後，所以中二組對雲南處這段時期的成績總評論是：沒有什麼成果可言[89]。

二、柳元麟部隊時期(1954年10月1日至1961年4月30日)

由於雲南處是在李彌部隊時期的後半階段才成立，那時候因為時局的不利，所以雲南處的敵後工作並沒有做出什麼成果來，但是在部隊(總部)和雲南處之間的人員還相處得水乳交融，十分友好。到了柳元麟時期，由於柳元麟在前面的

89　同註86。(第5冊)。見民44年5月葉翔之撰〈雲南特派員辦公處工作檢討總結〉。

三、四年還不是雲南處的特派員，而他又和該處的書記長李先庚有著頗大的私人怨恨，於是黨部雲南處於李彌部撤台之後就一直留在清邁，不敢遷往總部的所在地，因為深怕得罪了柳元麟。保持距離的結果，雖然使得雲南處和柳總部之間不再發生衝突，但是無形中，使得在兩個單位逐漸產生了一條鴻溝。這並不是一個好的現象，所以中二組於1956(民45)年3月19日把李先庚換下，而於5月派任另一位與柳元麟素無恩怨的新任書記長王巍(6月22日就職)。再歷經一年的觀察，覺得王巍和柳元麟的相處沒有問題，中二組才在次(民47)年4月26日聘柳元麟為特派員(6月1日就職)。到1959(民48)年3月，書記長進而換成了柳的好友羅石圃，並且於同(民48)年12月再把雲南處從清邁遷到柳總部的所在地江拉。中二組所做的這一切人事和地點的變動，其最後的目的，都是為了要消弭黨和軍之間的隔閡或鴻溝，以利反共事業的開展，可謂是煞費苦心。只可惜的是，雲南處才遷到江拉不滿一年，於次(1960)年11月22日，緬甸和中共聯軍就開始攻打柳部，幾天後，柳元麟就緊急指示雲南處：必須於次(27)日即動身遷往南方寮境的回興(位置約在江拉和泰國清賢的中途)，然後再於次(民50)年元月又遷回清邁。這就是在柳元麟部隊時期，雲南處人事變動的大概情況。

接著，再對雲南處在這一段時期的工作成果作一回顧。在柳元麟沒當特派員的這段時期中，先後共有李先庚(1954/10/1~1956/3/19)和王巍(1956/6/22~1959/3/17)兩位書記長(中間一兩個月的空白階段是由廖展忠代理書記長)。後段由柳元麟當特派員的時期也有兩位書記長，前一位是王巍(1958/6/1~1959/3/17)，後一位是羅石圃(1959/3/18~ 1960/4/30)，但是羅石圃本人的任期則是做到1964(民52)年3月，已超過了柳元麟的任期，而進入到了段李部隊的時期。現在本節將按照這五個階段的順序，逐個說明雲南處在各個階段的工作概況。

(一)柳元麟未當特派員時期的李先庚階段(1954年10月1日至1956年3月19日)

在李先庚當書記長的期間，他為什麼會和柳元麟發生衝突呢？這得從其歷史背景說起。柳元麟於10月1日獲派為不撤部隊(部隊的番號為「雲南人民反共志願軍」，用以表明它不是正規的軍隊)的總指揮後，他於10月27日即到達5軍軍部的所在地乃

朗，並在該地建立不撤部隊的新總指揮部[90]。柳元麟是到了1958(民47)年4月26日才被中二組聘為雲南處的特派員，並於6月1日就職[91]。因此，在6月1日以前，雲南處和游擊隊彼此是兩個獨立的單位：雲南處是由李先庚領導，而游擊隊則是由柳元麟領導。就在這黨部和部隊兩元化的期間，李先庚和柳元麟之間發生了很大的衝突，這衝突不但讓中二組的正副主任傷透了腦筋，同時也對雲南處的工作產生了不利的影響。

關於柳元麟和李先庚之間的衝突，其實遠在李彌部隊撤台時即已經產生，因為當時國府對撤軍問題的方案有兩個要點：(1)只撤退2,000人，以應付聯合國的決議案；(2)實行「天案」，把其他不撤退的人馬都暫時易幟成為克倫軍，以化解侵佔緬甸領土的國際法問題。但是，由於柳元麟所領導的李彌總部對第二個要點陽奉陰違，另行推出一個「東南亞自由人民反共聯軍」的辦法，並堅決反對四國軍事委員會其他三國代表都已同意的兩項提案：(1)四國代表到猛撒視察，(2)李部退出六個產糧地；特別是後者，李彌總部認為：如果同意撤出「六地」，則部隊將會面臨斷糧、餓莩的險境。因為柳元麟頻頻上電周總長，強調這些困難和危險，所以國府才認為李部在緬甸已經無法生存，於是在部隊還沒開始撤退之前，即已先作好了「全撤」的決策。

當周至柔於1953(民42)年11月19日致電命令柳元麟全部撤台之後，柳元麟也曾力爭「仍有生存之道，請免於撤台」，但當周至柔總長於12月5日搬出蔣總統也下令全撤的手令之後，柳元麟才改為「遵命撤退」。但是，各個部隊都在互相觀望，按兵不動，柳元麟一籌莫展。這時有人密告柳元麟，說李先庚替李彌帶信給甫景雲，勸甫不要撤退。這當然是公然違抗軍令的行為，柳元麟大為震怒，但又礙於李先庚不是部隊之人，無法以軍法辦他，於是柳乃下令將他暗殺，幸他機

90　柳元麟因是浙江人，又是黃埔軍校四期畢業生(1926/1~1926/10)，在軍中做到上尉連長和警備單位的少校營長之後，他很慶幸被選拔進入當時(1931)的陸海空軍總司令蔣介石的侍衛隊服役，以後蔣介石由三軍總司令做到軍事委員長和行憲後的總統，他都在蔣介石身邊擔任侍從官的工作，從少校做到少將。在過去，李彌當第8軍軍長時，為拉近他自己和蔣介石總統之間的距離，特地保舉柳元麟來做他的副軍長；以後當他再當游擊隊的總指揮時，基於同樣的理由，再把他請來當副總指揮。後來柳的機運還是很好，所以他進一步更有機會來接手李彌的總指揮職務。

91　同註86。(第5冊)。見〈民48年5月28日雲南省特派員辦公處簡況〉。

警,逃過一劫[92]。後來柳元麟於部隊撤退業務結束之後,於7月底回到台北。於8月27日,他竟然忘了自己是該部隊的指揮官,無緣無故的跑到外交部去,對外交部的官員說:現留緬之游擊部隊均為散兵游勇,彼等拒絕委員會及中國政府撤退之號召,自本年3月份起,緬甸軍隊即向彼等發動攻擊,今後該項零星人員,緬政府本身可採適宜措施加以解決等語[93]。既然柳元麟是以這種態度對待不撤部隊,不撤部隊必然視他為寇仇。因此,當柳元麟又被國府派來當這些不撤部隊的總指揮時,他們心中自然也是充滿了疑問,柳元麟當然也感受這種不受歡迎的尷尬。在這種低氣壓的情況之下,李先庚不幸被他抓到一個「干涉內政」的大辮子。柳元麟指責他:(1)越權使用部隊的電台,(2)和部隊接洽事務不經由總部,(3)隨便向部隊推薦高級人員,(4)以高薪收買軍方人員,(5)介入軍方黨務等等,於是柳元麟便把一切的新仇舊恨都發洩在他身上,進而再說他倡導雲南人大團結,對部隊進行分化、挑撥、煽動,造成了部隊的人事糾紛,使部隊對總部發生裂痕和離心力等。他對李先庚痛恨之深,幾乎到了即使由中二組出面調解,都無能為力的地步,此事也著實讓中二組傷透了腦筋[94]。

那麼李先庚到底做了些什麼事,為何做了這些事,以致讓柳元麟如此怒髮衝冠呢?原來在1951(民40)年的時候,總統府資料組曾先後派了周遊、許永鴻、沈家誠、劉濤、孟省民、何奇、陳興衡、陳明亮等八名通信官到李彌部隊來,一方面是讓他們擔任台長或報務官,以解決通訊人員不足的問題,另一方面則是讓他們到反共大學的通信隊擔任教官,以訓練更多的通信人才。1953(民42)年2月雲南處成立之後,因為陸續在北方各部隊的防地內派遣工作人員或聯絡人員,需要利用無線電傳達指示和信息,於是在特派員李彌的指示之下,就請這些通信官代為收發電報,而雲南處也發給他們應得的津貼。以後李彌部隊奉命全部撤台,但是

---

92 李拂一(筆名:移山)(2003),〈柳元麟將軍斷送了滇緬邊區的反共基地〉,刊於《廣西文獻》第102期,台北市:廣西同鄉會。民92年10月10日出版。

93 外交部檔案,《緬境游擊部隊續撤案》。(第3冊),民43年6月至民44年6月。見〈民43年8月27日外交部亞東司致國防部大陸工作處包副處長函〉。

94 (A)中國國民黨大陸工作會檔案,《指導雲南處加強敵後工作》。(第2冊)。見〈民44年5月5日中二組副主任葉翔之自曼谷致中二組主任鄭介民電〉。
    (B)同註86。(第5冊),見〈民44年5月14日中二組副主任葉翔之自曼谷致中二組主任鄭介民電〉及(第3冊),見〈民44年8月25日雲南處呈報第一次業務檢討座談會紀錄〉。

雲南處則奉命留下不撤，而且他們還繼續需要電台來聯絡，於是上級就指示將其
中的周遊、許永鴻、沈家誠、劉濤、孟省民、何奇等6名通信官移交給雲南處；
同時因為雲南處也期望能有部隊來保護，李先庚自然會傾向和李彌站在同一陣
線，所以他在蔣總統下令全撤之後，還冒大不韙出來替李彌勸導部隊不要撤退，
這個行動不但得罪了柳元麟，而且他後來回台後還被周至柔移送軍法論罪。以
後，柳元麟有機會再回去當這個不撤部隊的總指揮，他居然不懂得換角度來看問
題：啊！幸好有李先庚這些人幫忙把這批部隊留下來，他今天才有機會回來當這
個總指揮，他真是應該多謝李先庚這些人才對！可惜他卻不這麼想，他始終深念
著舊惡，只想到當時李先庚如何跟他唱反調，害他無法完成總統所交下的「全
撤」使命，今天他終於抓到李先庚非法利用部隊的電台替雲南處收發電報的罪
狀，而且是他所列舉諸項罪狀中最大的一項，這不但是「干涉內政」，而且是
「侵犯」了他的總指揮職權，再加上他所領導的這個不撤部隊又和他離心離德，
這一定都是李先庚在背後搞鬼，所以當他抓到了李先庚的罪狀證據之後，就藉機
大大報復這個心中之恨。以後，中二組了解了柳李之間衝突不和的根本原因之
後，於是在1955(民44)年5月中旬，派副主任葉翔之前往邊區和柳元麟情商此事，
達成協議：把資料組派給游擊隊，但在撤退時已移交給雲南處的6名通信官分為
兩半，一半(周遊、許永鴻、沈家誠)留在部隊，另一半(劉濤、孟省民、何奇)則分給雲
南處；以後，雲南處的電報就由雲南處自己的電台(劉濤、孟省民、何奇，再加上反
共大學通信隊畢業的余學讓和李學貴)來收發，以避免再發生衝突[95]。

　　本來，雲南處一成立的時候，因為外在環境條件十分惡劣，無法推展敵後工
作，書記長李先庚乃時而想碰碰華僑黨務，時而想碰碰軍中黨務，想在其他方面
求得工作表現，有點像是熱心外務，不務本業，因此中二組一直到1955(民44)年2
月核復雲南處1954(民43)年12月的工作報告時，還在一再叮嚀李先庚：雲南處的
「職責在發展滇省敵後黨務的工作，一切為黨務，一切為敵後，希本此意旨，善
盡本身職責，照本組指示規定法規教材辦理，不可捨本逐末，好高騖遠，發生偏
差。今後對涉外事項，非與該處有重大關係，應盡量避免。對華僑黨務，非有敵

95　同註86。(第5冊)，見〈民44年5月葉翔之撰「雲南省特派員辦公處工作檢討總結」〉。

後工作上之必要,不可過問。對游擊黨務,亦應以有利於敵後黨務工作之發展為
前提。」並指示他「希今後切遵本組已往各項指示積極展開工作,對處內工作人
員須另作合理確當之分工,並令切實認真研讀法令文件,了解敵後工作實況,研
究策劃敵後工作改進要點,務使職責明確,事有所歸,人有專責,方能監督指導
區內組織及人員依照上級規定及企圖達成工作任務。」最後,中二組並批評「該
處工作報告內容簡略,眉目不清,並無檢討改進意見,不便稽核,特抄附表式一
份,嗣後請照規定辦理。」[96]

　　李先庚於1956(民45)年元月奉調回台,於同年3月19日免去書記長一職。中二
組曾於2月到3月間開了四次檢討會來檢討雲南處的工作,其實也可說是對李先庚
書記長在該處的三年工作所做的一個總結[97]。該次檢討會的內容幾乎包含了雲南
處黨務工作的全部項目,內容十分廣泛,篇幅也十分冗長,但因為雲南處的主要
工作乃是要在敵後地區發展黨組織的工作,然後再以此黨組織去從事民運、情
報、宣傳、策反、游擊、行動、反間、交通、建台、訓練等工作,因此,如果黨
組織不能在敵後發展起來,則其他的工作項目都會變成空談和沒有意義。所以筆
者只把這次檢討會中有關敵後派遣和組織工作的部分提出來介紹。

　　敵後派遣及組織工作分為(1)派遣人數,(2)派遣後的聯絡和指導,和(3)派
遣的可靠性三方面來檢討。首先,在(1)在派遣人數方面——根據中二組的統
計,雲南處自1953(民42)年2月成立至1955(民44)年6月止,在緬北一共建立了滇
西、滇康、卡瓦山、十二版納四個工作站,所派遣的組織工作幹部,除已免職者
外,當時共計57人,其中滇西工作站43人,人數最多;在這派出的57人中,除滇
西站有28人在敵後外,其餘29人都是散布在緬北邊區一帶;而自1955(民44)年7月
至1956(民45)年元月止,共派遣幹部14人,全部停留在緬甸邊區,未能進入敵後
工作。根據中二組「幹部派遣,區內發展」的要求,這些派遣到敵後工作的幹部
理應全部進入敵後,但會有這麼多人滯留滇緬邊區,客觀環境的限制固為事實,

96　同註86。(第2冊),見〈谷超群電復何尤勝43年12月份及44年元月份工作報告〉
　　(谷超群為中二組之承辦人化名,何尤勝為雲南處之化名)。
97　同註86。(第36冊),見〈民45年2月10日、17-18日、3月8日雲南省特派員辦公處工
　　作檢討會之檢查意見及改進意見要點紀錄〉。

但主觀的原因則是由於該處採行了「不使主要幹部入區」的錯誤政策所造成。

其次，在(2)對派遣人員之通訊聯絡及領導方面——滯留在緬北的派遣人員中，雖然有15人經常有來信報告工作，但因信件都採用最原始的明函隱(暗)語，由於暗語數量很少，不能有效的反應工作意見，其價值不大。至於滇西站派入敵後的28名人員，只知他們分佈於潞西、隴川、梁河、盈江、蓮山、瑞麗、騰衝、龍陵等地，但該站或雲南處如何聯絡指導他們發展工作？已否形成組織？其組織詳情如何？其中有聯絡者或逕與各站聯絡，但因雲南處對這些事情從未轉報中二組，故中二組對這些問題也就毫無了解，這也似乎可確定，這個站雖然發展了不少人員，但是還談不上形成組織的地步。此外，原派滇康邊區工作站副站長盧方興曾報稱，對前趙懷智所發展人員計6個工作組及16個小組大部取得聯絡，但未能報明已取得聯絡的對象及其現狀如何？故判斷尚談不到有組織。新派滇康站站長劉振顯，雖報稱已發展有工作幹部50餘人及黨員350餘人，但多係流散緬北之忠貞同胞，在敵後部分亦無組織可言。此外卡瓦山區工作站副站長張國鳳同志雖報稱已在敵後吸收鄭文靜等19人，但均無聯絡，新派之卡瓦區聯絡組長及五個聯絡員，亦尚無工作績效。十二版納區工作站站長刀棟材前曾吸收岩鎮等17人交白日新聯絡，刀世華曾於1955(民44)年2月派岩應等6人由美塞出發前往十二版納區工作，但以後詳情如何？未曾接獲報告，故目前該兩區似亦尚無組織可言。這些問題(即無法成功派遣，或派遣之後無法形成組織)的形成，乃是由於在最初二年之派遣工作，該處未遵照中二組規定，對被派遣者教以密寫通訊聯絡辦法所致。至於後來的新派工作人員，才能採用密寫通訊的聯絡辦法。

再其次，在(3)派遣工作的確實性方面——中二組自始即要求：「每一工作站上自站長起以至工作專員、工作員、工作組長、小組長、乃至每一黨員、均應至少具備姓名、化名、年齡、籍貫、出身、經歷、現任職務或職業、工作路線、現任地點、聯絡方法等10項資料，此點必須嚴格執行，不能藉口交通通訊之不便而有所忽略」。因為如果連這些最基本的人事資料都不能建立，那麼所謂發展和派遣的人員，豈不都只是一些隱形人或空氣人而已！上級如何能夠去循名責實？事實上，中二組檢查雲南處的人事資料時，也發現其早期的人事資料，至今未能整理完畢補呈報；至敵後發展工作人員，至多報一姓名地址，甚或僅報發展若干

人，根本無人事資料之可言。而最新的人事更替，亦未能按照規定辦理更新。至
於1955(民44)年7月以後的新派遣工作人員，其人事資料才大致尚能依照規定辦
理。

　　綜合而言，雲南處因為受了以上三方面問題的限制，以致無法派遣較高水準
條件之幹部進入敵後，因此想要求得「區內發展」，殆無可能。同時也由於李先
庚在敵後工作方面沒有什麼成就可言，因此其每個月的工作報告只好把緬境內的
派遣都當成敵後派遣來報告，把正在進行中的案子也當作成果來報告，等到上級
來追問具體的細節時，於是就回答不出來，自然就會形成了公文上的「有去無
來，有問無答」、「新案不敘明原委，突然出現，無法處理」和「舊案不能隨時
控制繼續發展情況連續報告，難明趨勢，處理困難」的現象。

(二)柳元麟未當特派員階段的王巍時期

　　王巍於1956(民45)年6月，接掌了雲南處的書記長之後，雖然沒有碰上李先庚
那樣的大難題，但是當他正式上任還不到兩個月，他最有經驗的總幹事廖展忠於
8月離職回台，於是從台灣換來了中二組的吳志迅，但他也只做了四個月又離
去，12月再換來劉儒權，最後於1958(民47)年元月再換上蕭仁瑞(當蕭上任時，雲南
處的組織也開始縮編，不再分組)，不到三年的任期裡，換了4個總幹事，而且其中任
期最久的劉儒權還跟書記長還不太協調，王還曾被劉告狀到中二組，真是「家家
有本難唸的經」。由於柳元麟是於1958(民47)年6月1日才正式就職特派員的，所
以在王巍的任期中，其前兩年(民國1956和1957年度)是沒有特派員的，完全由王巍
當家作主，只有最後不到一年的任期才進入柳元麟當特派員的時期。那麼王巍當
家的1956和1957兩個年度中，雲南處的工作成果又如何呢？這可由其上級中二組
對該兩年度所作的「工作檢討報告書」獲得一個概略的瞭解。

　　中二組對「雲南處45年度(1956/7/1~1957/6/30)工作檢討總結」寫道[98]：

一、該處45年度幹部派遣平均數字尚合預定進度，但其中大部均係以區內發
　　展的方式派遣者，此種派遣方式有以下二大缺點，必須徹底予以改進：

　　(一)人事資料不完整(至少要有姓名、化名、年齡、籍貫、出身、經歷、現任職

---

[98]同註86。(第4冊)，見〈民46年7月12日中二組杜廣生致函雲南處沈正泉〉。

務或職業、工作路線、現任地點、聯絡方法等10項資料);

(二)有派遣而無工作,致使幹部派遣數字與工作成果不成比例。

二、該處組織布建大部仍停滯在滇緬邊境,未能深入滇省敵後腹地,今後至
少要深入到保山以東地區向大理、昆明腹地推進。

三、該處對各站組的情況未盡了解,故難作有效的指導處理,今後應切實予
以考核。

四、大陸反共革命運動最易在少數民族地區發動,該處應指導區內同志針對
實際情況進行宣傳挑撥分化,並相機進行小規模的零星破壞活動,並應
與組織及策反工作結合進行,以收聯繫配合之效果。

其次,中二組對「雲南處46年度(1957/7/1~1958/6/30)工作檢討結論」寫道[99]:

一、該處一年來工作數字上尚頗可觀,但在實質上並無進步,不足以表示實
際成果,組織宣傳交通建台均未在區內,名義上為敵後,實質上在緬
境,此為該處歷年來一貫缺點,該處本年內仍未能改正。

二、區內發展之幹部與黨員僅為冊列人員,且多不識字者,有等於無,今後
該處對雲南土地區區內發展應著重幹部,避免一般黨員群眾之發展,俾
能確實掌握。

三、該處現有之工作基礎,均係承襲前任之布置,本年度內對工作之指導效
率之提高等,均未能盡力加強,長此以往,舊有基礎逐漸衰退,難以保
持,新的工作,又無從開展;今後中央對該處在指導上應特別做好布建
之核實工作。

四、為切實調整該處組織力量之部署,現有敵後工作人員必須予以核實,對
滯留緬境未能入區之單位可作為該處之前進單位,改給緬境工作名義,
對區內者給以敵後名義,兩者清楚劃分,此一工作應由中央主動核定後
飭該處遵辦。

五、劃分清楚後,交付任務應視地區不同有所分別……

六、該處已報派工作名義者是否確實?有否失聯?或滯留緬境並未入區?應

---

99 同註86。(第6冊),見〈民47年5月中二組致函雲南處:民46年度工作檢討結
論〉。

於一個月內清理，并飭該處限期撤銷，如撤銷後能恢復區內聯絡者可再
准恢復其名義。

七、該處特派員柳元麟同志已於1958(民47)年6月1日正式視事，今後有關各
項工作均應向特派員報告并請示，至於該處基地是否應移駐緬境，亦由
柳特派員考慮決定。今後中央對該處之一切指示均以特派員為對象。

(三)柳元麟已當特派員時期的王巍階段

由於柳元麟已於1958(民47)年6月1日就任特派員職務，所以王巍書記長在其
第三個年度(但該年度的最後三個多月為羅石圃的任期)的工作時期，已進入了柳元麟
當特派員的時期。因此，王巍在這一個年度內的工作表現，同時也是柳元麟的工
作表現。由於王巍的第三年已進入1958(民47)年度(1958/7/1~1959/6/30)，所以要了
解該年度的工作表現，也可以參考該年度的工作檢討報告。根據「47年度的業務
檢查改進會議結論」，其重要結論有下列幾點[100]：

甲、滇邊環境的問題

雲南處現設在泰國清邁，無論與中央及前進站組，不但距離非常遙遠，而且
滇緬邊界地區多為高山森林，山重水複，雖然使中共難以封鎖邊界，但是對己方
人員的通行亦至為困難。雖然電訊交通可以傳達訊息，但因未建立正常交通，使
得經費器材的補給、文書的傳遞都遲緩無比，因此影響了前方工作同志的熱情，
使得組織的發展局限於邊境，無法向區內伸展，這是該處成立七年以來，工作難
以推展的客觀環境原因。解決此種客觀環境問題的根本辦法，就是應將該處處址
推進至緬北，推進之法是將該處人員逐個推進至前進站組，並轉化為該處，或直
接推進至緬北的曼德里，使能就近領導和指導緬北各站組，而現址清邁則作為後
勤補給站，並成功建立由清邁至新處址之間的有效交通線。只是現有前方各站組
負責人多為少數民族領袖，目標暴露，不僅不能入區，且在緬立足亦將有問題，
故為保衛現有基地，且準備入區，必須(1)招訓新幹部，仍以少數民族青年為
主，派為各站組幕後負責人。對內切實掌握區內工作，對外可打入親共團體，一
旦緬共進入該區，此批幕後幹部可乘機利用偽裝親共關係進入滇境。(2)滇處必

---

100 同註86。(第6冊)，見〈民48年6月22日總公司視察員主持昌新公司業務檢討改進
會議結論〉。

須經常派負責同志到前方站組，一以訓練幹部，尤其在區內可以出入之同志，應經常辦理個別訓練，以補救其對文字不能了解之缺點。並從而選拔預備幹部，如萬一各站組負責同志無法入區時，即由區內經過訓練之同志負起各站組領導責任。只是緬甸環境複雜，而該處人員雖大部份辦有緬證，但因既從未到過緬甸，而每年簽證亦未按期辦理，許多實際的困難必須一一加以克服。

乙、滇邊民族的特點

　　雲南邊境地區全為少數民族，不僅文化程度低，且多不識漢字。雲南處前進站組負責人多為少數民族領袖，雖具有號召力，而缺少秘密組織觀念與訓練，該處曾一再予以書面指導訓練，但收效甚少。該處又未面對這種困難而加以改進，故會發生的影響是：

(1)區內黨員全係親友，始終是感情結合，但不能轉化為組織。

(2)在某一少數民族地區發展組織，始終只限於該區，他們既無法接觸漢人之優秀分子，自不能向腹地發展。

(3)少數民族的長處是熱情勇敢真誠，缺點是衝動而沒有含蓄。用他們作武裝抗暴是其所長，要求秘密組織是其所短。所以每次突擊，不容易事先計劃，而出擊時又有非行動人員參加，使行動失去了組織性和紀律性。例如柳元麟在1958(民47)年6月21電請國防部准於7月中旬實施的的「安西計劃」，本來的目的是要把握時效響應6月9日爆發的卡瓦山抗暴運動，只是該抗暴活動規模太小，在柳元麟向國防部上電前三天即因寡不敵眾而已退入了緬境。另一方面，因為柳元麟已於4月底即獲聘為雲南處的特派員，故他於6月上任後，即有計劃經由雲南處的卡瓦山站和十二版納站也在突擊的目標地區發動群眾的抗暴運動，以擴大突擊行動的政治效果，但因為柳元麟部隊沒有能趕得及在預定的7月中即行發動突擊行動，一延再延，延到8月底、9月初才發動突擊，使得敵後民眾的抗暴運動和柳元麟的突擊行動無法配合，使得抗暴運動依約定時間發動起來了，而外面的突擊部隊卻沒有打進來，使中共很快就把抗暴運動弭平，犧牲了許多派遣人員和民眾，損失重大，並且使中共預先得到突擊的情報消息，而能預先早有防範準備，使突擊行動無法順利展開，戰果也不如預

期理想,同時中共並將糧食等戰略物資等先行後運,使突擊部隊無法就糧於敵,無法深入內地[101]。

此外,在非突擊目標地區的滇康站和滇西站也成功發動了抗暴運動,例如滇康站(新名羅孔站)副站長茶樹民在8月18日至22日之間,即在瀘水縣木尾村集合了千餘人發動抗暴運動,因中共的人民公社已深深惹起民怨,因此雖然僅是少數人持有步槍,多數人都是拿著毒藥弓箭為武器,但憑著充沛的民氣,即去突擊碧江縣政府,解決了民兵一排約40人及擄獲步槍30餘枝;突擊隊佔領了怒江上游的20多個村寨,將人民公社糧倉中的糧食分送給當地居民,並從碧江棉谷公社中擄獲人民幣30,000多元;直到三天後,中共派來兩個團的兵力前來鎮壓,茶樹民才率隊翻過高黎貢山,安全撤回緬甸。其次是滇西地區的李照輝,他也於11月中下旬在隴川發動突擊隴川縣賀蘭鄉兩次,共擊斃共幹8人,擄獲槍枝6枝,子彈100發[102]。兩次抗暴運動雖皆各有斬獲,但因為都未能和「安西計劃」同時發動,以致未能沒產生更大的預期效果。

(4)由於他們的文化程度低,對觀察情報不能深入,該處又未能加以訓練,所以每遇情報要深入追查時,沒有結果,多因他們的知識所限。

丙、人事編配的問題

(1)該處工作人員不能株守辦公室,本應常到各站組訪問考查訓練。但因人員所限,如陶其英主管會計情報建台人事訓練,劉濤主管組織民運交通策反宣傳心戰行動,不但不能外出視察,連在處內亦無法編整資料,以致黨員名冊工作登記,至該年五月始完成,情報資料一直無法整理完竣,全處無一人到過前站,其情況僅憑臆斷,在精神上自然隔膜萬分,該處亦變為承轉文電之衙門,且因資料未經整理,檔案冊籍零亂不全,對某些當地情況該處的了解程度常不如中央之深,過去情報人事資料零亂,即由於此。

(2)最近游擊總部奉令實行黨政軍情一元化政策,已設有聯合辦公廳,特派員曾電雲南處派幹事二員到總部辦公,該處連一人均無法抽調。

---

101 同註86。(第11冊),見〈民61年5月20日雲南處工作簡報的書面報告〉。
102 同註86。(第6冊),見〈昌新公司47年6月至48年1月工作報告〉。

　　1956(民45)年5月，國民黨中央派王巍出任雲南處書記長，直至1958(民47)年初，為配合軍方的安西計劃，反攻雲南，雲南處特派員一職改由滇緬游擊總指揮柳元麟兼任，以求與軍方密切配合展開行動，此時雲南處對滇省地區組織已稍具基礎，惜軍方的「安西計畫」一再延期，使雲南處的敵後組織，因準時發難而蒙受了極大損失。

(四)柳元麟已當特派員階段的羅石圃時期(1959年3月18日至1961年4月30日)

　　雲南處第三任書記長羅石圃於1959(民48)年3月18日到清邁就職，所以這一個時期是從羅石圃的就職之日起，至柳元麟辭去特派員之日止。羅石圃就任雲南處書記長之後，於7月中旬到江拉參加「黨政軍情聯合作戰會議」，因調查「段希文案」而順便巡視部隊的情報局副局長任致遠，也參加了該次會議。會後，羅石圃順便視察鄰近的「猛南組」(由「十二版納工作站」縮編)，歷時將近兩個月的時間，於9月初才再回到清邁。羅於此行中，得知中共自1958(民47)年10月在雲南開始實行人民公社後，對邊區控制更加嚴格，漢人根本不易入區，傣族亦多有限制，僅阿卡族尚可出入，但亦不得超過三次，否則即會被捕，所以在這一段時期中，敵後黨務工作的困難度已變得更加嚴峻。

　　此外，在這一段時期之中，雲南處還經歷了另外一場對自身工作十分不利的活動，那就是「搬家」，而且幾乎是在一年之間搬了三次家。第一次是於1959(民48)年10~12月從泰國清邁搬到緬甸江拉，第二次是於1960(民49)年11月27日由緬甸江拉搬到寮國回興(按：共軍已於22日一日內即掃清緬境20公里內之柳部)，第三次是於1961(民50)年元月再從寮國回興搬回泰國清邁。第一次和第三次搬家因為可以有較長的時間準備，而且可以分批慢慢的搬，所以搬家的壓力不會很大，也不會很苦；但是第二次搬家，因為特派員柳元麟拖到26日上午才通知雲南處，第二天中午就要啟程搬家，而且是一次冒著雨把東西搬完，所以幾乎把全處人員都集體累到病倒。尤其是要搬動的物件之中，有一台需要六個人合抬的、重達數百公斤的發電機，最是一個大包袱。

　　關於雲南處搬家的問題，那是因為在上一年度的檢討會中，大家都認為雲南處工作績效不彰的一個重大原因，就是該處與各站組的距離太過遙遠，無法有效的領導和指揮，因此建議把雲南處遷到現在站組的所在地(即臘戌或八莫)，要不

然，至少要遷到曼德勒(里)，而把清邁轉變成為後勤補給地。以後羅石圃接任了書記長，他在到任後的第一次處務座談會中，也認為把滇處的駐地放在清邁並不適當，因為由泰緬邊界到滇境已經十分遙遠，而由泰緬邊界到清邁又是一段很遠的距離，因此他認為滇處如不能推進到緬境(如丹羊)，退而求其次，如能遷至美塞或清萊，也較為理想。只因為柳元麟已是雲南處的特派員，為方便他視事，所以也有人提議把雲南處遷到柳總部的所在地江拉。然而，由於江拉位處緬甸極東的湄公河河邊，如果把雲南處遷到該地，除了在地理上能拉近與十二版納的距離之外，其餘一無是處，甚至比清邁更不方便，所以在1958(民47)年度的工作檢討會中，特派員柳元麟亦認為遷至江拉不妥[103]；但可能是當時國府正在推行黨政軍情一元化的領導，柳元麟已是這個地區的一元化領導者，為方便柳元麟就近指揮這四個單元的機構、組織，「為配合開展基地全盤計劃」，以對中共展開黨政軍情聯合作戰，所以最後上級還是決定把雲南處遷到了江拉(即江拉鄉的蠻景村)。1959(民48)年10月底開始第一梯次的搬遷，共分三個梯次於年底前搬完[104]。

　　當雲南處遷到江拉之後，總體而言，由於地理位置偏僻，陸空交通阻隔，無論公文的傳遞和經費的撥匯不但倍感困難，而且花費的時間更長；電訊亦較前更不通暢，致使與各單位失去了正常的聯絡，對工作效率和工作士氣的影響都很大。尤其是失去了便利的陸空交通之後，幾乎一切信息的聯絡都要依靠電報，電報量因此劇增，讓現有報務人員和譯電人員大呼吃不消，緊急請求增加人手，幸好有特派員可由總部臨時調派人手支援，否則真會把人累倒[105]。

　　雲南處遷到江拉之後，為充分利用其地利之便，除就近召訓十二版納的負責幹部(如白日新、方世華)之外，並利用軍方力量的保護，於1960年2月即派遣總幹事蕭仁瑞隨軍前往「空白地區」(因原站已被王巍書記長撤銷)卡瓦山區重新布建，擬在營盤街及金廠設立聯絡點。結果蕭仁瑞携帶了向軍方借用的手槍1枝、新買的馬1

---

103 同註86。(第5冊)，見〈民48年7月雲南省特派員辦公處47年度年終工作檢討結論〉。

104 同註86。(第5冊)，見〈49年元月雲南處49年上半年工作檢討意見〉；(第6冊)，見〈民48年10月20日第5次滇處座談會紀錄〉。

105 同註86。(第6冊)，見〈民49年2月10日滇處第7次座談會記錄〉；(第7冊)，見〈民49年12月13日滇處第20次座談會紀錄〉。

匹、單程旅費3,000銖、工作費10,000銖、半年生工費3,900港幣、工作活動費2,400港幣，隨軍前往卡瓦山區重新布建。但蕭仁瑞到了卡瓦山三個多月之後，雖經中央三次來電催飭，都無法向上級擬出工作計劃，只於6月間報稱已吸收女性工作員鄭文靜（其實該員早已為前任副站長張國鳳所吸收，並不是新募之人），工作漸有進展云云。但是雲南處於10月時判斷：卡瓦山區的工作並未展開，迄無績效可言。並且獲報，蕭仁瑞因墜馬受傷，正請求返回雲南處治病。但是當11月下旬中共和緬軍聯合發動戰爭之後，蕭仁瑞又來電稱正協助軍方作戰，可見其墜馬之傷並不嚴重，只是當時中共控制邊界日嚴，他即使盡其全力以赴，都未必能有所突破，如今看他三心兩意，其志向和能力都明顯不在於黨務工作上，故其工作就自然更難有所突破[106]。

　　此外，國民黨中央鑑於前(1958)年時羅孔站曾在碧江縣成功發動抗暴運動，於是再度指示羅孔站於1960(民49)年10月初再在滇西片馬地區策動一次抗暴活動，並指示附近的遮蘭站、蓮山站和較遙遠的卡瓦山地區同時響應，以誘發全面性的抗暴的運動。黨中央下達指示時，並同時增發雲南處港幣50,000元的週轉金，以資運用。但是因為前年發動碧江抗暴運動時，該站是以黨中央將有大量械彈支援，並迎接反攻大軍為號召，結果後來黨中央無法接濟，反攻大軍也並未到來，導致參加抗暴同志於事後遭到中共殘酷的整肅。故今年該站再奉命推進至瀘水縣三岔河，派員向區內同志聯絡起事時，各同志多不願再響應，以致抗暴運動未能再次成功發動，最後胎死腹中[107]。

　　到1960(民49)年11月22日以後，因緬甸和中共聯軍開始攻打游擊部隊，戰爭爆發後數日，雲南處即奉特派員之命由戰地先遷至寮國回興，然後再於次(1961)年元月由回興逐步遷回清邁。戰爭持續了兩三個月，最後當戰事停止之時，部隊也在美國施壓之下而奉命撤台。當兼任特派員的部隊總指揮柳元麟也撤退回台之後，雲南處則再度恢復到沒有特派員的時代。三個月後，「雲南省特派員辦公處」的招牌也於同(1961)年7月14日正式更改為「雲南地區敵後黨務督導專員辦事

106　同註86。(第6冊)，見〈民49年2月10日滇處第7次座談會紀錄〉及〈民49年6月20日滇處第11次座談會紀錄〉。
107　同註86。(第6冊)，見〈民49年10月11日滇處第15次座談會記錄〉

處」，還是簡稱為「雲南處」，但是書記長則改稱為「督導專員」或「專員」。

三、三頭馬車時期（1961年5月~1991年）

（一）羅石圃專員時期（1961年5月~1963年3月）

當柳元麟部隊撤台之後，只有段希文和李文煥的部隊還繼續留在泰緬邊區，雖然雲南處的人員和段李部隊的領導人也互相認識，但是雲南處並沒有和段、李部隊建立任何的公私關係，他們彼此之間頗有《老子》所說的那種「雞犬相聞，老死不相往來」的味道。

由於柳元麟部隊的撤台，無論對柳部或雲南處來說，都算是一種「突如其來」的意外事件，但是對雲南處來說，因為它一開始就是要以依附部隊為前提條件，所以當部隊撤台之後，它所要面臨的生存問題和目標問題就會顯得特別嚴峻。例如，雲南處的第一優先工作本來是從事敵後派遣、發展敵後組織，以作為日後柳元麟部隊反攻時的內應，如今這個戰鬥部隊撤回台灣去了，這項黨務工作還要做下去嗎？如果這樣的優先順序不切實際，又要如何重新調整呢？根據國家安全局於柳部撤退前（1961年3月13日）給中二組下達的指示，似已規劃「情報」為未來滇處工作的重點，因為該局指示：柳部撤退後，滇緬寮泰邊區之情報組織應行加強，並作新的調整與部署，並以(1)寮北猛信(2)緬東北景棟(3)緬北曼德勒或密支那等三點為中心，分別向滇南、滇西南和滇西發展**情報組織**[108]。

關於建立敵後組織的工作，雲南處從1954（民43）年後即先後在滇緬邊區建立了滇西（保山、騰衝、蓮山、盈江、梁河、隴川、龍陵、潞西、芒市、遮放、畹町、瑞麗、鎮康、新維（興威）、八莫、臘戌）、滇康（孫布拉蚌、葡萄、孟關、密支那、福貢、瀘水）、卡瓦山（瀾滄、雙江、耿馬、允恩）和十二版納（寧江、鎮越、佛海、南嶠）等四個站，並分別在各站下建立許多工作組（如括弧內所示）。這些站組雖然都冠上了敵後的地名，但實際上絕大多數都駐在緬甸境內，所以中二組雖曾一再指示雲南處，站組的名稱一定要以實際所在地為準，將來推進敵後之後，再冠以敵後之地名，但因有太多組是在緬北同一地方，以致使得此項指示礙難執行。以後為尊重上級的指示，

---

108 同註86。（第7冊），見〈民50年3月13日滇緬寮邊區情報佈署研討會議紀錄〉。

只好退而求其次，只將**站名**改為範圍較小的名稱，例如1957年將「滇西(雲南的西部)站」改為「怒西(怒江以西)站」，但是「怒西」還是可以包括原來的滇西(即怒西之南半部)和滇康(即怒西之北半部)兩站，而且這兩個站的範圍都很大，所以「怒西站」於1958(民47)年再分為「遮蘭」和「蓮山」(以後改為「八莫聯絡組」)兩站。而「滇康站」則初期改為「羅孔站」，後來再分為「密支那」和「羅孔」兩站。緬北的兩大站重新調整後，雲南處派其總幹事索省吾(化名蘇達生)於1960(民49)年3月前往緬北以流動巡迴方式去督導、訓練該兩大站的各個工作組的幹部，索省吾亦決定以祕密潛伏的方式留駐在緬北的曼德里。只是中二組卻於次(1961)年6月又重新將「密支那」和「羅孔」兩站合併為新的「密支那站」，並派索省吾為新站的站長，而原來的兩位站長則降級為副站長。至於卡瓦山站雖然未被改名，但因數年來始終績效不彰，所以在王巍擔任書記長時即將之撤銷；而「十二板納站」則先改為「車佛南站」，後來再改為「猛南站」，最後則改為「猛南組」。

　　由於中二組和雲南處在歷次的工作檢討會中，都認為雲南處目前的敵後工作做得並不理想，於是中二組頻頻督導雲南處，而雲南處則努力督導各站組，總是想盡辦法提高工作的績效。初期雲南處以電報書信去指導各站組的領導人，但發現效果非常有限，幫助不大；於是後來改為把各站的正副站長請到雲南處來面對面訓練、指導，回去之後，工作終於有了顯著的改善；但可能是這些正副站長的經驗還是不夠，他們還是無法把所學會的東西往下教其幹部，而雲南處也不可能把人數眾多的幹部都召到雲南處來辦講習訓練，於是進一步改為派處裡的幹部到各站去講習、指導；最後覺得處裡的一般幹事級的幹部的經驗和能力都還是不夠全面，於是再進一步改派總幹事級的高級幹部到各站組去講習訓練。這就是雲南處的索省吾(化名蘇達生)總幹事之所以會被派到緬北的滇西和滇康兩站，以在那裡從事巡迴督察和訓練的由來。

　　當索省吾被派到緬北巡迴督導滇西和滇康兩站屆滿一年之後，其間歷經了一場兩三個月的戰事，接著又是柳部的撤台，中二組可能是擔心雲南處下面的站組也會隨之瓦解掉，因此於1961(民50)年3月間指示羅石圃書記長將當時的羅孔站和密支那站再恢復為原來的密支那站，並讓索省吾來接掌這個較有行動力的大站，以穩住整個局面。由於羅石圃曾在雲南居住多年，深知滇邊土著的觀念，無論對

黨政軍單位，都認為如同傳統土司的世襲那樣，可由子孫包辦繼承，決不讓外人
插手，過去所派之設治局長被害者不知凡幾，故以後所派的設治局長即轉變作
風，到職時即邀請土司官訂約，讓土司每月繳銀若干，設治局即不管任何政事，
全由土司官自理。羅石圃認為緬北各站組負責人都是邊區土司，故深切顧慮作這
種空降式的人事調整將會發生問題，因此連續三次建議上級中二組，應該仍讓索
省吾留在曼德里工作為宜。但因為此項建議未被上級採納，於是羅石圃只好改採
疏導之法，以求化解問題於無形：一方面請索省吾直接寫信給站長劉振顯(化名李
又生)，請教劉密站是否需要他前往服務；另一方面羅石圃則以師生之誼以私函
告知劉，略稱索省吾檢查各站組後，讚許他為第一流人才，惟以業務不熟，且有
不明大義同志挑撥他與副站長之感情，致人事未能協和，故中央派索省吾暫為主
持，其任務在協助對同志之業務技術訓練，並協調同志感情，當這項任務初步有
成後，將即儘速將職務交還給劉領導，索即調回雲南處。

　　不幸的是，索省吾和羅石圃的信函並不能說服劉振顯，因為劉接獲雲南處的
組織調整和人事命令後，即分別向雲南處與索省吾提出辭呈，顯然是對職務被降
級一事不能接受，因此不悅而決定辭去副站長職務[109]。但後來劉振顯又接到雲南
處和索省吾的來信，謂索將於6月28日前去密支那和他會面。而劉則因為已經提
出辭呈，認為索來一定是來慰留，覺得禮貌上不能讓他來，一定要自己去曼德里
去看索才是，因此劉就趕在索要來密支那的前一天先到曼德里去看他。結果劉在
27日早上找到聯絡員何祖榮(代名姜中一)所開的旅社時，何太太驚恐的告訴他：索
省吾和楊仁遠(化名楊惠君)昨天(6月26日)晚上在住處被緬軍抓走了，今天(6月27日)
早晨天未亮，旅社又被包圍起來，也把何祖榮抓走了。劉振顯得到了這個噩訊，
於是急忙趕回密支那，通知站內同志做好一切滅跡的工作，一個禮拜後，劉也於
7月4日在密支那和胡家慶、李兆誠、張漢璽三位運用人員同時被捕[110]。再過一
週，到了7月11日，八莫聯絡組的組長思鴻義(化名趙思本)和台長許永鴻(化名劉彬)
及掩護人員劉保也在八莫被捕，並於7月14日被送至密支那監獄，電機並被搜
去。再過了四個月，副站長茶樹民(化名閻進貴)和工作專員李紹鄴(化名李子康)也於

109 同註94(A)。(第2冊)，見〈民50年7月23日羅惠補致葉翔之函〉。
110 同註86。(第7冊)，見〈民50年11月6日中二組滇緬寮邊區現行組織部署工作表〉。

11月25日被捕入獄[111]。至於遮蘭站站長李照輝則於事發後不久，即由雲南處派員掩護於10月12日逃到清邁避難，因此緬北滇西邊境上最大的兩個（或三個）工作站，就因為索省吾的被捕而整個實質的瓦解了，於是新的密支那站於1961（民50）年10月即撤銷，而遮蘭和八莫兩站組則於次1962（民51）年3月撤銷，所僱用人員或回台定居，或就地資遣[112]。

　　由於索省吾的被捕，關係著整個緬北工作站組的存亡，因此事件發生之後，中二組和雲南處都對索省吾的被捕原因作了一些檢討和分析。首先，據雲南處書記長羅石圃的研判，認為這是由於曼德里交通聯絡組組長何祖榮患了幻想自大症，以致洩密而造成。因為綜合各方的報告，均謂交通組長何祖榮在曼德里常以國民黨在緬甸的領導人自居，當台長吳楚豪（化名吳文犖）初到曼德里時，曾向多人介紹此係中央派來為其工作之電台台長。索省吾未到曼德里前，何即昭告其好友，謂索是中央派來協助其工作之書記長，其身分之公開暴露，僅欠未明掛招牌與招待記者而已。因為這樣，所以當索省吾奉派到曼德里時，雲南處即事先呈准將索與何隔離，所有交通工作均由另一交通組員楊仁遠（化名楊惠君）擔任，不料何祖榮因此牢騷滿腹，三數天必告狀一次，認為索楊兩人勾結抓大權柄；讓雲南處不得不一再去函勸勉。此外，他又認為雲南處之所以不讓他擔任實際工作，乃是由於曹誠在處內與他為難，因此他要求返台，以向中央直接控告雲南處，並稱已洽妥出境偷渡手續及船隻。至後來雲南處請准中央令其返台述職，他又宣稱時機已過，無法返台。以後他還是繼續來函痛罵索楊二人，並稱也令其妻到索的住處理論云云。多年來，雲南處任用了一個心理上有疾病的問題人物來擔任曼德里的交通聯絡組組長，要事情不砸鍋也難。

　　其次，當索省吾被捕事件發生後，雲南處曾收到前方余學讓（楊忠）、李紹鄰（李子康）、汪洋、劉振顯（李又生）、李照輝（普應謀）等五位工作同志的反映函件。汪洋謂索楊之遭捕，乃是中共駐仰光大使館授意緬方所執行。劉振顯謂索楊被捕可

111　同註86。（第5冊），見〈民51年雲南處五十年工作檢討報告表〉；（第7冊），見〈民50年7月26日滇處第24次座談會紀錄〉。
112　中國國民黨大陸工作會檔案，《緬甸工作檢討》。（第2冊），見〈民51年3月6日中二組致429同志〉。

能是受吳楚豪(吳文榮)所牽連，因為他四出宣稱是台灣派來的台長；至於思鴻義(趙思本)許永鴻(劉彬)之遭捕，可能係緬軍從索楊身上搜獲文件所致。而曹誠(石固)和劉濤(張毅)則謂思許兩人之遭捕，係緬方根據刑求楊仁遠(楊惠君)所獲之口供，因為楊仁遠被捕後，招供甚多，所以緬軍特別對他加重用刑，最後他受不了酷刑，在獄中割腕自殺殉職[113]。而何祖榮出獄時已神智失常，不久死於瓦城。至於許永鴻藏在尼姑庵佛龕後座的收發報機之所以會被搜獲，則是緬軍威脅經營米店之杜伊(思鴻義子思成章之妻)而獲得之供詞(親共的「仰光日報」刊登了這個新聞)。

最後，中二組總結了各方面的資訊，認為索省吾失事被捕的原因，計分下幾點[114]：

(1)匪緬勾結日益加緊。

(2)原有緬北各工作同志身分多已暴露。密支那站長李又生(本名劉振顯)曾被捕，尚未銷案，前羅孔站長茶樹民同志後被通緝，密站台長吳文榮(本名吳楚豪)自稱為台灣工作人員等。

(3)緬北各站組負責同志有門戶觀念、封建思想，抵制中央大員，蘇達生(本名索省吾)一派赴密站，即不受歡迎。

(4)為貫徹中央調整人事命令與隔離計劃衝突。

(5)蘇達生同志抵曼德里後，該地交通專員姜中一(本名何祖榮)同志以為大權旁落，從中搞鬼，暴露該員身分。

(6)緬北工作環境情況：密支那克欽族反對匪緬勾結及聯合撣族與吉蒙軍背叛緬政府，要求獨立，匪緬指係我方所為，致該地劃為管叛特區。

事隔30年以後，劉振顯在其所著的回憶錄《怒江風雲》中提到了索省吾之所以會失事的另一個原因。他說：「他(索省吾)人高馬大，肥肥胖胖，是特出的一型，他習慣吃麵食不吃大米。對飲食上不能配合與地方習慣打成一片。他每次出去理髮，以數十元的行市，付百元的大鈔，不要理髮師再找補，在行為上過份大方闊綽。他以商人身分掩護職業，但居所從不見有貨品出入，對掩護不夠審慎。同時瓦城是緬甸第二大都市，地方華僑思想，當時特別左傾，更是共黨諜報活動

---

113 劉振顯(1991)，《怒江風雲：滇康工作站回憶錄》，泰國清邁：作者自印。頁95。
114 同註94(A)。(第2冊)，見〈民50年8月18日中二組143致雲南處429電〉。

的中心。而以特出的類型、行為，怎能逃過共產黨的耳目，不被破獲那才是怪事。」[115]話說回來，雲南處所要做的工作本來就是一些祕密的地下工作，而參加工作的人員也一定要能隱藏自己的身分，事情才能持續的做下去，一定要做到最後成功的地步，身分才能曝光，否則一旦提早曝光，事情就會見光死。從這個角度來看，雲南處所招募的工作人員，他們在這一方面的訓練和要求，真的是做得不夠，所以才會頻頻出事。

　　綜觀1961(民50)年這一年，可以說是雲南處諸事不順的一年，其中對雲南處影響最大的事件就是游擊區發生戰爭及部隊撤台，使得由雲南處前往滇緬邊區站組的交通線都因部隊基地的放棄而喪失；其次是緬北最大的兩三個站組相繼失事，領導幹部先後被捕或被迫逃難，使得整個組織呈現解體和癱瘓的現象。就以這一年而言，雲南組因為面臨了這種重大的外在環境突變，並非雲南處工作人員的能力所能應付，所以上級中二組在該年度工作檢討中批評雲南處：「該處同志或以安於現狀，缺乏開創精神，或以人地不宜，缺乏工作路線，致影響該處工作之開展。」[116]實在是有點失之過苛和失之公允。

　　雲南處自從沒有了「特派員」之後，於1961(民50)年3月便開始裁員，到7月進而改名為「雲南地區敵後黨務督導專員辦事處」(但仍簡稱為「雲南處」)，最後員額編制被裁減萎縮到只設督導專員一(羅石圃)、總幹事一(蕭仁瑞)、幹事一(劉濤)、助幹二(李崇芳、楊蔚然)、譯電員一，共計六人。另設台長一(邵明志)、報務員一。這是除開辦時期外，雲南處人數最少的時期；而在外面的站組也幾乎全部解體、撤銷，只剩下一個猛南組由滇南逃難到寮國猛信。所幸被捕的在地幹部如思鴻義、劉振顯和茶樹民等很快就被釋放出來，李照輝也隨時可以從清邁回去，所以雖然面臨著兵荒馬亂的時局，但在雲南處新訂的「重賞」(指待遇不錯的「生工費」)之下，羅石圃經過一年的努力招兵買馬，又為雲南處在緬北地區再度建立一個規模也算相當龐大的「敵後組織」，並把這個成果於1963(民52)年6月間移交給其繼任者張兆蘇[117]。(見下表)

115　同註113。頁98。
116　同註86。(第5冊)，見〈民51年1月雲南處五十年度工作檢討報告表〉。
117　同註86。(第8冊)，見〈民52年6月雲南處敵後組織移交清冊〉。

敵後組織移交清冊表

移交人：羅石圃　　接收人：張　恕　　1963年5-6月

職　稱	姓　名	化　名	年齡	籍　貫	代　號	生[活]工[作]費
邦海站站長	李照輝	普應謀	44	雲南隴川	1001	(HK$650)
台長	彭光輝	彭　雲	34	四川		(HK$620)
站員	沈琴南	漁　樵	40	雲南騰衝	1002	(HK$200)
交通	桂立人	馬　正	21	雲南隴川	1003	(HK$200)
密支那聯絡組組長	王德華	李金坤	43	雲南蓮山	BZ112	(HK$600)
八莫聯絡組組長	思鴻義	隴　超	54	雲南蓮山	248	(HK$500)
猛南聯絡組組長	白日新	吳新民	50	雲南新平		(HK$400)
台長	楊杰					(HK$500)
副組長	白世祥	康定國		雲南新平		(HK$300)
交通員	岩軍真	劉　飛	34	雲南車里		(NO)
保山聯絡組組長	陳有權	馬正國	22	雲南保山		(NO)
密支那工作站站長	劉振顯	李又生	36	雲南騰衝		(HK$500)
副站長	茶樹民	閶進貴	36	雲南騰衝		(HK$350)
台長	吳楚豪	吳文榮		雲南保山		(HK$550)
木姐工作專員	韓自春	岳　相	23	雲南隴川	249	(HK$250)
區內新發展人員	張發達	李　應	45	雲南潞西	2604	(NO)
小組長	王常春	張　偉	20	雲南潞西	2605	(NO)
越界交通員	羅　猛	羅自芳	20	雲南隴川		(NO)
當陽大陸工作專員	楊維漢	李建光		雲南騰衝		(HK$200)
密支那大陸工作專員關建華	張秋雲		27	廣東開平		(HK$200)
南坎聯絡組	劉振錦	韋敏光	27	雲南騰衝	246	(HK$300)
杰沙大陸聯絡專員	王海明	楊國清	26	雲南瑞麗		(HK$200)
臘戌大陸聯絡專員	罕裕卿	林道誠		雲南耿馬	247	(1000銖)
緬北地區工作專員	曹　誠	石　固	42	雲南騰衝	M146	(HK$650)
台長	余學讓	楊　忠	32	雲南騰衝		(HK$500)
永珍大陸聯絡專員	鍾　靜	楊文祥	62	海南島	L1495	(HK$300)
果敢工作專員	汪一杰	汪利民	48	安徽無為	BE001	(HK$400)
台長	阮鴻勳	李志慶	31	雲南玉溪		(HK$540)
泰北大陸聯絡專員	合瑞興	合運隆	41	雲南河西		(NONE)
基地交通	李興森			海南島		(HK$300)
	趙國昌	郭　昌		雲南雲縣		(HK$200)
景棟交通員	李曰林	孫晏浩		雲南騰衝	M388	(HK$200)
大其力交通員	張漢忠	岩　柱		雲南車里		(HK$120)
基地交通員	乃英利			泰國		(1000銖)
	陳玉蓮(女)			泰國		(150銖)
臘戌交通員	李再華	李德泉				(HK$200)
緬甸失事人員	索省吾	蘇達生				(HK$500)

職　　　稱	姓　名	化　名	年齡	籍　貫	代　號	生[活]工[作]費
	許永鴻	劉　彬				(HK$350)
	李紹鄴	李子康				
	楊仁遠	楊惠君				
	何祖榮	姜中一				(HK$350)

(二)張兆蘇專員時期(1963年6月~1968年11月)

　　1963(民52)年2月開始，緬甸的尼溫政府實施緬甸式的社會主義，沒收中農以上人民的財產，廢止50元以上的大鈔等等，把比較有錢的華人都迫上了絕路，不得不逃離僑居地，把整個緬甸局勢搞得十分緊張，連帶的，中二組的緬甸組(基地設在密支那)工作人員也隨之無法繼續在緬甸立足，重要幹部全部由仰光轉移到清邁，但組長陳炳賢(化名柳戎光)卻因緬方拒絕批准出境而留緬，當時中二組針對基地客觀情勢與工作上之主觀要求，乃於該(民52)年6月，將緬甸組歸併於雲南處，二者合併編為一個單位，因此雲南處多了一些新的成員，並派張兆蘇(化名張恕)接替羅石圃(化名羅惠補)的專員職務[118]。

　　根據緬甸組的工作報告，在該組之下，一共設有5個敵後工作站：鎮康工作站、蓮盈工作站、騰保工作站、芒隴工作站及保山支隊，並宣稱每個工作站下都擁有一個游擊中隊；自去1962(民51)年7月份至1963(民52)年5月份止，這個緬甸組在滇西地區曾先後在敵後發動了武裝突擊31次，執行突擊目標33個，動員414人次，進行了大量的破壞工作[119]。照理說，新的雲南處在羅石圃所重建的敵後組織基礎上，再加入了這個充滿了行動力的緬甸組之後，應該是馬上就能脫胎換骨、如虎添翼才對；可是，當張兆蘇做了雲南處專員10個月之後，中二組對他工作績效的評價居然是：「事務性工作顯得十分繁忙，經費支出甚大(例如，民國53年該組全年的總支出是新台幣4,226,127.99元)，而實際工作則未見成效。」[120]

　　為什麼期望和現實的落差會這麼大呢？這實在是一個值得推敲研究的大問題。首先，我們先看雲南處專員張兆蘇就職一年(52/6~53/5)後，於1964(民53)年7月上呈了一個工作報告。他在該報告中說：當時雲南處在外的前進單位共有下列

---

118 同註86。(第9冊)，見〈民52年6月中二組加強策進西南地區工作實施方案〉。
119 同註86。(第8冊)，見〈民52年6月1日中二組主任葉翔之致國家安全局函〉。
120 同註86。(第8冊)，見〈民53年4月21日中二組5665致雲南處8778函〉。

九個（括弧內的錢幣為該站/該/組/該員/每月生[活]工[作]費）：

    (1)邦海工作站(3人)　　　　　　　　　　組長：李照輝(HK$1,570)

    (2)八莫聯絡組(4人)　　　　　　　　　　組長：思鴻義(HK$1,220)

    (3)木姐聯絡組(3人)　　　　　　　　　　組長：韓自春(HK$900)

    (4)臘戌聯絡組(2人)　　　　　　　　　　組長：罕裕卿(HK$800)

    (5)南坎聯絡組(4人)　　　　　　　　　　組長：劉振錦(HK$1,300)

    (6)果敢工作專員(單線)　　　　　　　　汪一杰(HK$400)

    (7)當陽大陸工作聯絡專員(單線)　　　　楊維漢(HK$200)

    (8)猛南聯絡組(2人)　　　　組長：康定國；聯絡專員：白日新(HK$500元)

    (9)永珍大陸工作聯絡專員(單線)　　　　鍾靜(HK$300)

交通人員則有下列五人：

    (1)大其力交通員　　　　　　　　　　　合維光(HK$200，泰幣200)

    (2)景棟交通員　　　　　　　　　　　　李曰林(HK$200)

    (3)臘戌交通員　　　　　　　　　　　　李在章(HK$200)

    (4)密支那交通員　　　　　　　　　　　陳邦(緬幣450)

    (5)曼德里交通通訊站(3人)　　　　　　溫學宏(HK$550，緬幣2200)

把上述組織名單和羅石圃的移交清單相對照之後，可以確認這9個工作或聯絡站組的人員，都是由前任專員羅石圃所移交下來人員，但羅石圃名冊中還有不少的人員（其中交通人員只有李曰林一人留下），他們都隨著專員的換人而跟著離職了。為什麼？例如密支那工作站的站長劉振顯(1991：103)，他於1966(民55)年底從密支那經泰國到台灣受訓，次(民56)年7月底他持國府的外交護照回去泰國清邁雲南處後，即向專員張兆蘇提出報告請求：因為他在緬北身分已經暴露，希望能把眷屬先接來泰國的難民村安頓，以免將來行動時有後顧之憂，同時因為他去年是正式離開緬境，再偷渡回去密支那，不適合再做公開活動；而他當時就是要回去做那些活動的，所以接眷之事，勢在必行。而張兆蘇不但不准所請，反而要求他儘快回去行動，否則就要沒收台灣國府簽發的護照，並給予處分。於是劉振顯認為張兆蘇這種長官，絲毫不懂得設身處地，體恤部下操心眷屬安危之情，只求急功，覺得不值得為他賣命，因此一怒而繳回護照並辭職。依此類推，移交名單中其他

許多人不願留下奉獻的理由，或許有些也是基於同樣的理由，有些則可能是尚未成功的被召募者。

現在再接著來看看由緬甸組轉來的的5個工作站及其游擊支隊。他們是：

(1)芒隴工作站兼雲南反共救國軍獨立第一支隊　　刀承忠(US$290)

(2)蓮盈工作站兼雲南反共救國軍獨立第二支隊　　左德祥(US$290)

(3)騰保工作站兼雲南反共救國軍獨立第三支隊　　楊德鈞(US$290)

(4)鎮康工作站兼雲南反共救國軍獨立第四支隊　　戴榮勳(US$290)

(5)保山工作站兼雲南反共救國軍獨立第五支隊　　張德興(US$290)

這5個工作站都是以雲南的縣市名為站名，每個站之下都設有一個游擊支隊(按國軍編制，一個支隊相當於一個團)的武裝人員，分別由刀承忠、左德祥、楊德鈞、戴榮勳、張德興等五個人為站長並兼任支隊長，每個站的每月維持經費是美金290元[121]。但是，筆者甚好奇：290美元怎可能維持一個支隊？莫非緬甸組「支隊」的定義只是一個「小組」而已？又他們的武器又從何而來？在在都是疑問。

誠如前段所述及，緬甸組的這5個武裝單位是非常有戰鬥力的，過去一年的成績也非常亮麗，但為什麼轉移到張兆蘇手中之後，這些部隊不但毫無表現，而且似乎還從人間蒸發消失了呢？原來當張兆蘇就職滿一年之後，他才於1964(民53)年7月20日向中二組報告緬甸組游擊支隊的真實情況[122]：

保山支隊　已完成整編，可寄予希望

芒隴支隊　尚未整編

鎮康支隊　名存實亡

蓮盈支隊　不定

騰保支隊　不定

對這些報告文字，雖然對「不定」一詞還有一點模稜兩可的解釋空間，但是既然「可寄予希望」的保山支隊都還是最近才「完成整編」的，那麼邏輯推論的結果就是：(1)其他四個支隊肯定是還沒有存在過；(2)在一兩年以前，甚至保山支隊

---

121 同註86。(第8冊)，見〈民53年7月25日雲南處致中二組：民53年度工作檢查及處理意見〉。

122 同註94(A)。(第2冊)，見〈民53年7月20日雲南處致函中二組：緬北游擊支隊情況〉。

也可能尚未成立。如果事實是這樣的話，而緬甸組居然敢向中二組報告說：自去(1962)年7月份至今(1963)年5月份止，緬甸組在滇西地區曾先後在敵後發動了武裝突擊31次，執行突擊目標33個，動員414人次，進行了大量的破壞工作[123]。好了，就算他們5個游擊支隊都已經成立了，那麼就憑這5個支隊，從當(1962)年7月至次(1963)年5月為止的11個月的時間裡，他們一共發動了31次攻擊，攻擊了33個目標，因此該組平均每個月出動突擊行動2.8次，而且每個月都突擊3個目標。但是，如果他們的突擊行動每次都是5個支隊一起行動的，那麼他們每個支隊就都出擊了31次，並且都攻擊了33個目標；即使他們的突擊行動是每次只派1個支隊出去做的，那麼每個支隊在這11個月期間也平均各出擊6.2次，出擊6.6個目標。平均約1.8個月就出擊一次。由於這樣優異的行動成績，即使是以前的專業游擊部隊也比不上它，緬甸組在國府稀少財源的支持下，怎麼可能辦得到？因為緬甸組所提出的這些工作報告，已經粗糙、不合情理到這個地步，任誰都會深深的質疑，所以這個緬甸組的吹牛和欺騙，也實在是做得太過份了一點！實際上，緬甸組自從於1958(民47)年4月23日成立之後，中二組即已先後得到從國家安全局和僑委會轉來的參考消息，謂該組具有黑社會背景的組長陳炳賢在緬生活奢侈，身分暴露，不能與當地反共僑團組織和睦相處，現已引起緬方治安人員的偵查等語[124]。而緬甸組的上級中二組也一時不察，居然也相信了緬甸組的謊言，真是令人匪夷所思！此外，緬甸組係黨部組織的乙種編制，下設組長一(陳炳賢)，副組長一(劉德修)，組員二(黃燿閭、陳偉謀)，報務員一(馬家才)，工作員一(陳志堅)，另交通員三，工友一。該組每月的經費預算為美金1050元，週轉金美金7000元，掩護費美金3000元，專款美金5000元。而支付給組長的錢除生工費美金350元外，再加房租美金200元，辦公費美金200元，一共是美金750元。如果他還虛報兩三個站的經費，那他個人的收入就真的是非常可觀了，當然可以過奢侈的生活。只是那時候雲南處已經在緬北和滇西邊境成立了滇西站和滇康站，而且滇康站的基地也已設在密支那，為什麼還要在密支那成立緬甸組呢？這個問題實在令人納悶和不解！

123 同註86。(第8冊)，見〈民52年6月1日中二組主任葉翔之致國家安全局函〉。
124 同註94(A)。(第1冊)，見〈緬甸組工作檢討資料〉。

　　關於緬甸組曾設立5個游擊支隊之事，如果從「事實為真」的方面來看，即假設緬甸組所作的這些報告都是真的，那麼其可能的原因是：因為緬甸組是在形勢非常緊急的情況下由仰光轉移到清邁來的，又因為其組長陳炳賢被緬甸禁止出境，以致使得該組人員對這些前進基地之聯絡指揮宣告中斷，於是工作才會陷於癱瘓的狀態，進而使得當時緬甸組和雲南處的合併只是一種形式上的結合，並不是實質上的結合，所以才會落到這個地步。如果事實上真的是這個樣子的話，那麼這是客觀大環境上的不利，這還情有可原。但是如果從「事實為偽」的方面去看，即緬甸組所報的5個游擊支隊都是虛假的，或是只有1個而把它吹成5個；而在工作表現方面也都是虛假的，或是只有一點表現而將之吹成五點，於是所謂的「緬甸組」就是一個騙局，而陳炳賢就是一個「反共騙子」。結果天助國民黨，碰到緬甸時局逆轉，上級要他將組織移轉到清邁，但是他哪裡有東西可以移轉，由於擔心騙局會被拆穿，於是他只好藉口緬甸政府不准他出境，他就可以繼續留在緬甸當他的地下組長，指使其老部下欺騙遠在泰國清邁的雲南處，以使騙局能繼續隱瞞下去。

　　如果緬甸組的幾個工作站和游擊支隊只是一個騙局，那麼張兆蘇在雲南處所能掌握到的人力資源，其實只有前任專員羅石圃所移交下來的那批舊人馬，而且絕大部分都留駐在滇緬邊區的緬甸境內。所以，張兆蘇向上級中二組分析雲南處工作績效不彰的理由時，也只能歸咎於緬甸大環境不利的這些因素了，它們是[125]：

(1)緬甸政府實行工商業國有化，限制外僑行動，致本處在緬北之基地皆在管制之列。

(2)緬甸政府廢止大鈔通用，以致各單位所領經費遭受損失，影響工作。

(3)緬甸對交通旅行加強檢查，影響交通聯絡。

(4)原有之經費劃撥關係，因緬局日非，大部逃離緬境，使經費劃撥發生困難。

(5)本處各前進單位同志，多數為邊疆少數民族，習性疏懶，缺乏責任感，雖嚴加督導要求，而收效不大。

(6)本處所在地與各前進單位，關山遙隔，交通不便，通訊欠靈，更由種種

---

125 同註86。（第8冊），見〈民53年7月25日雲南處8778致中二組5665函：前進單位民53年度工作檢查及處理意見〉。

限制因素，無法實地督導，有鞭長莫及之感。

因此歸納而言，這些不利的大環境因素計有緬甸時局嚴苛、邊疆幹部習性不良和地理條件阻隔等三大類，是這些因素使得黨務工作礙難推動。

張兆蘇出任雲南處專員之後，因為中二組把緬甸組歸併到雲南處，讓他碰上了這個荒唐的吹牛案，但因為當時大家(即雲南處和中二組)都相信有這麼一回事，使得雲南處上下都以為自己有了5支游擊中隊，於是邁出了自備部隊的第一步。同時也因為雲南處以為自己擁有了部隊，於是逼得緬甸組弄假成真，最後該組真的也在**保山工作站**(站長張德興)之下，倉促成立了32人的「雲南反共救國軍第五支隊」，並且雲南處也在同(1964)年8月，新成立的**滇南工作站**(站長環向春，化名張鎮，曾任柳元麟部隊第2軍25師副師長兼代師長)也成立了124人的第6支隊(該支隊的武器由站長兼支隊長自籌)；除此之外，也在騰保工作站、南坎聯絡組和八莫聯絡組成立了突擊組，但是這三個突擊組第二年就又撤銷了[126]。到第二(1965)年11月，第5支隊增為56人，而第6支隊則減為119人[127]。到1967(民56)年7月，因保山站站長張德興領導無方被降級，而把該站和南坎聯絡組、果敢聯絡組合組為**滇西工作站**(站長段澤)，支隊人數增為59人；第6支隊則增為132人；至於也在該年設立突擊組的單位則有昔董工作站、瓦松工作站和三島聯絡組[128]。因此雲南處設立部隊的風氣一時風起雲湧，所幸中二組在一開始就對部隊突擊費用設下了近乎「按件計酬」的補助原則：每人次不得超過美金10元；所以部隊經費才沒有無限制的膨脹。但也因為經費太過不足，武器裝備太過落後，連帶的也使得突擊行動的效果不大，而且供養部隊的費用也實在太高，非雲南處的有限預算所能長期負擔，所以到了下一任專員沈祖佺時，就把當時所剩下的唯一的第6支隊移交給情報局的光武部隊，移交前即已先改制為與情報局部隊可以接軌的**第4大隊**。

總括而言，在張兆蘇擔任專員的時期內，雖然黨部組織的站組數目都和前個專員時期相當，甚至較為減少，但因為開始建立部隊和突擊組，更因為張專員採

---

126 同註86。(第8冊)，見〈民54年1月雲南處8778致中二組5665函：雲南處民53年度工作檢討改進意見〉。

127 同註94(A)。(第2冊)，見〈民54年11月3日中二組致函雲南處：希加強開展緬北及滇區工作由〉。

128 同註86。(第9冊)，見〈民56年7月雲南處組織系統〉。

用港澳地區一般性正規做法，一切均求制度化、正規化，故形成經費開支大幅度的增加，但因為(1)受限於前進基地幹部及其所物色之專勤派遣人員多數水準較低，且對工作方法與技術亦不夠了解，以致未能按照規定，詳細地反應工作狀況，未能達成預期工作要求；(2)該處所屬緬北各前進基地單位，多數仍以密函通訊為主，由於函件郵遞遲緩，且間有遺失，影響工作的成果；(3)該處處址仍然設在清邁，處內人員缺乏前往前進單位實地督導檢查工作之條件，以致很難確實掌握各前進單位情況而作適時適切之指導措施。基於這些條件限制，以致使得其工作的成果和效益無法相對的提高。

(三)沈祖佺專員時期（1968年11月~1972年5月）

　　沈祖佺於1968(民57)年11月出任雲南處專員之後，在沈的第一年(1968/11~1969/10)任期內，大致是「蕭規曹隨」的時期。在這一年之中，沈專員所做的一件最重要的事，就是把當時雲南處所掌握的唯一可用的一支游擊部隊，即第6支隊，移交給情報局的光武部隊，移交前即已先改制為情報局部隊的番號「**第四大隊**」，以方便與之接軌。

　　沈祖佺到任的第二年(1969/11~1970/10)後，因為碰到中泰雙方於1970(民59)年元月在台北舉行第三次會談，商議如何解決段李3、5兩軍的去留問題，其中也順便提到情報局部隊（領導人為1920區區長杜心石）和黨部雲南處部隊（即第四大隊）的問題，但因會議主題不在杜、沈的部隊，故當時並未深談。但到了該(1970)年秋季，泰方向國府抗議杜、沈兩部把基地（包括辦事處）設在泰國境內，於是雲南處也和情報局同時被迫於雨季過後和年底之前（雲南處是12月23日），即把辦公地點由清邁遷至泰方所指定的格致灣。格致灣位於清邁芳縣西方泰緬邊境的山頭上，原是情報局人員及部隊出入緬境的一個小型基地，所以搬家對情報局沒有產生重大的影響。但是對雲南處而言，因為事起倉促，連住的問題都來不及解決就要馬上行動，所以只好臨時先以泰幣5,889.5銖向情報局1920區購買一間該區原來用作警衛隊隊部的竹屋，辦公、住宿都在其中，地方狹小，十分侷促。格致灣山頂營區長約800公尺，寬約300公尺，標高約1500公尺，四無居民。從清邁北行，至格致灣附近之公路為138公里，車行2小時30分鐘，然後折入僅容一車通道之小路，駕駛10分鐘至弄廣，由此換馬或步行至格致灣山腳，需行走1小時，隨即開始登山，

再走2小時即可登達格致灣山頂。因此由清邁至格致灣營地,全程交通時間約需6小時。每年4至11月為雨季,泥深及膝,這段山路的交通路況,十分艱難[129]。

1971(民60)年春節期間,情報局局長兼中二組主任葉翔之親自前來泰國,與泰方會商杜、沈兩部的處境問題,泰方決定准許杜、沈兩部在泰國邊界設立聯絡支援據點,但認為格致灣地點不夠隱密,必須搬遷到其他地點,並且強調:今後武裝部隊切勿繼續在泰國境內活動。杜、沈兩部得到泰方此一諒解與同情之後,於是乃以最大的效率,趕在雨季來臨之前,即在泰國更北方清萊省邊境上之回莫勘定好基地,在當(1971)年2月初即進行營造,3月初兩部即同時由格致灣遷去回莫新址辦公[130]。

在沈祖佺擔任專員的期間內,他對工作雖然富於衝勁和熱忱,努力推動各項工作,例如順利的把第4大隊移交1920區接管,並以1920區副區長名義對外活動,與1920區杜心石區長密切的合作,展現良好的工作績效。但可能是期間遇到連續辛苦搬家的事件,因此不但使有些工作的推動會遇到較多的阻礙,而且處內同志的相處也會比較容易發生衝突。例如該處在其任內第三年時連續發生康定國違法亂紀,唐志堅喪師失地,以及呂漢三、溫清華自相衝突等事件等,可能都是由此而來。但上級中二組認為沈專員對所屬人事配置久佳,策劃未週,督導失宜,也算是未善盡應盡之責,因此被中二組簽呈上級記大過一次,開了雲南處首長被懲處的先例。

雲南處自從張兆蘇開始成立武裝部隊之後,經費即急速的膨脹,上級中二組為約束經費的膨脹,於是在張兆蘇時期曾經規定:處內人員不能超過14人,在沈祖佺時期再規定:前進站組組織的部署,只能在美塞、景棟、曼德里、臘戌、八莫、密支那等六個點設**站**,其他地區則一律只能建**組**。但是由於工作上的需要,沈祖佺最後一年的處內僱用人數還是多達25人,而全年的經費也高達港幣100萬。由於當時的港幣匯率是每元折合新台幣7元,所以港幣100萬就是新台幣700萬,平均每月新台幣58萬,和1953(民42)年開辦時的每月12,000元相比起來,相

---

129 同註86。(第10冊),見〈民60年○月雲南處工作調整擬〉。
130 同註86。(第11冊),見〈民61年5月20日滇處工作簡報書面報告〉

差真是有了天壤之別[131]。

(四)齊濬哲專員及其以後時期(1973年4月~1991年)

1973(民62)年5月齊濬哲(化名齊正平)接任雲南處專員。以後的接任者有方昇、鍾奮麟(1989)、劉正納(1991)。到1991(民80)年，因為開放大陸探親已兩三年，從正式管道進入大陸內地蒐集情資更有效率，不必再從邊境的路線去蒐集大陸的情資了，所以雲南處的業務才告正式結束。

就在齊濬哲(化名齊正平)接任雲南處專員接任後三個月，中二組便於8月1日針對雲南處未來的角色和計劃，提出了一個重大改革的方向[132]：

(一)該處無論在工作上、事務上及爾後之國際情勢演變上，現設於回莫之基地已不適宜，今後該處處本部不宜以公開或半公開方式或依賴武裝保護以求生存，原則上應作地下活動方式部署，以秘密潛伏與群眾路線繼續開展工作。

(二)該處遷移部署應本保密原則，採逐漸轉變方式，凡具有長期立足與工作條件者，可分梯次下山，到預定地點潛伏工作，至身分已暴露或無居留條件者，可留回莫基地繼續工作。

在這個新政策之下，雲南處決定整個放棄過去公開或半公開的工作方式，逐步改採「秘密潛伏」和「群眾路線」的方式來開展敵後的工作。其實，遠在12年前柳元麟部隊撤台時，政策上便要採行這個措施了，所以這個改革措施的推出，已經是晚了12年之久。因為1953(民42)年2月1日雲南處在猛撒成立的時候，李彌的游擊部隊已經先存在那裡了，雲南處的主要工作雖然就是潛進敵後，替部隊先做敵後的聯絡、組織、宣傳、策反、情報、行動等工作，但是簡言之，其最終、最高的使命和任務就是做部隊反攻時的**內應**。但是當柳元麟部隊於1961(民50)年撤退回台後，滇緬邊區沒有游擊部隊了，雲南處也沒有再做**內應**的機會了，而且國安局都已指示中二組讓該處繼續去做**情報**方面的工作，只是中二組和雲南處沒有遵行而已。不僅如此，還有更令人費解的事：柳元麟部隊於1961年撤回台灣之後，國府在滇緬邊區同時留下情報局 (1920站，後來擴展為1920區)和中二組(雲南處)兩個單位做

131 同註86。(第11冊)，見〈民61年5月20日滇處工作簡報書面報告〉
132 同註86。(第11冊)，見〈民62年8月1日雲南處應變計劃要點提示〉。

情報工作，妙的是這兩個單位的主管都是同一個人：葉翔之。一個地區設置了兩個情報工作的單位，那已經是有點重複了；但主事者似乎還嫌不足以相互驗證情報的真實性，還讓國防部的特種軍事情報室（簡稱「特情室」）也插上一腳，也在該地區派出或僱用了自己的情報工作人員，而且這三個單位都同時在那裡做了10年以上的情報工作。筆者所能想到的一個理由，就是主事者希望經由這三條線各自單獨作業，可以互相檢驗情報的可靠性和真實性，只是筆者知道這三條線所僱用的工作人員，有不少都是僱用柳元麟部隊的不撤部隊中上級官階的黨員，因為他們的忠誠度沒有問題，而且只有這些人才會熟悉該地區的地理環境，但是這些人可能彼此都已互相認識，要不然很快也會互相認識，所以當事者所設想的賣點可能是不存在的。

此外，雲南處和情報局的1920區自從於1970（民59）年底同駐於格致灣後，平日兩邊的同志除了可以彼此互通情報之外，還可以彼此互相比較一下待遇的高低。經過比較之後，發現滇處的待遇平均比1920區低了30%，特別是滇處從台灣派來的人員，外派之後，台灣的眷補就停發，而1920區則不但眷糧眷補照領，而且還有子女教育補助費，真是所謂不平則鳴，所以從此以後，雲南處被迫年年都為其員工調薪。（見表9-2與表9-3）

雲南處例舉年份薪資表

	1967年	1973年9月	1974年7月
督導專員	HK$1,700	HK$2,760	HK$3,025
總幹事	HK$1,000+	HK$2,035	HK$2,259
幹事	HK$750+	HK$1,445-1,741	HK$1,579-1,958
助理幹事	HK$450+	HK$800-1,357	HK$1,262-1,439

雲南處1953年薪資表

	薪給	加給
特派員	0	NT$400
書記長	NT$500	NT$200
工作委員	NT$400	NT$150
聯絡委員	NT$300	NT$100
工友	NT$100	無

　　國民黨七全大會之後，國府為整合反攻力量，結合黨政軍為一元領導，於是於1952(民41)年7月24日，黨中央(中二組)即派李彌為中國國民黨雲南省的「特派員」、李先庚則為雲南省特派員辦公處的「書記長」，並於次(1953)年2月1日正式在李彌部隊的總部猛撤成立「雲南省特派員辦公處」，簡稱「雲南處」或「滇處」，該處的主要工作就是派遣幹部潛進敵後，替部隊先做敵後的聯絡、組織、宣傳、策反、情報、行動等工作，以待李彌部隊反攻雲南時，即號召人民起義，與部隊裡應外合，一舉而推翻中共政權。可惜時運不佳，雲南處甫成立，李彌本人即奉召回台，國府被美方要求而將之軟禁，不能再回防地，接著李部被緬軍傾全國之兵力大舉進攻，並向聯合國控訴侵略，以後李部即受到聯合國決議的壓力而奉命撤台。於是雲南處一方面因戰爭之故而無法派遣幹部進入敵後，而在另一方面又因李部已要撤回台灣，即使順利派遣了，也失去了做內應的用武之地。因此，使得雲南處在行動上左右不知所措，無從用力。所幸後來雖然在國府「全撤」的命令下，經由李彌和李先庚暗地的努力，仍能留下數千不撤的人馬，而使這游擊部隊能夠再度在原地上重生。

　　這個由不撤部隊再度成立的新部隊不但由柳元麟出任總指揮，並且於一年多以後也由他兼任雲南處的特派員，於是雲南處的主要任務還是和李彌時期一樣，還是做敵後派遣、敵後組織，以配合游擊部隊的反攻，而做好內部響應的角色。

　　但又很不幸地，國府為部隊派了一個不適當的總指揮，使得該部隊從成立到撤台，一直都處於齟齬不和之中，無法成為一支團結有力的勁旅，而雲南處也因此必然注定失去其用武之地。

　　等到柳元麟部隊撤台之後，上級再把雲南處留下來當作情報單位來使用，由於專業的不相稱，那應該是一種人力上的不適當運用。同時因為在該地做情報的單位除了雲南處之外，還有國防部的軍事情報局和特種軍事情報室兩個專業的情報單位，雲南處的存在也無異是一種疊床架屋。

國民黨中二組的雲南處

↑1953年雲南處書記長李先庚攝於該處猛撒辦公房舍之前。

↑朱家才、李先庚、閻元鼎。

←雲南處第三任書記長羅石
　圃(右一)和友人合影。
↓羅石圃(中間穿白襯衫者)
　就任黨部書記長後巡視北
　方站組,路經柳部第2軍時
　與甫景雲軍長及軍部人員
　合影。

結　論

　　本書所要探討的內容，乃是中國大陸落入共產黨之手後，國共兩黨部隊在滇緬泰寮四國邊界地區所發生一連串的大小戰事。按常理而言，因為這些戰事的規模都很小，而且幾乎都是非正規的游擊戰性質，因此，即使把它們的真相弄得再清楚，其軍事的意義和價值也不會很大。然而，發生這個地區的大小戰事卻會引起全世界人們眼光的注意，一方面是因為這個地區的範圍包含了世界毒品最大產銷地之一的「金三角」，另一方面是因為這個地區也是國際共產勢力和自由民主勢力長期角力的一個地區。

　　因為活動於滇緬泰寮邊區這個小小的反共游擊部隊，人數較多時也不過是一萬多人，但是它的指揮和運作所牽涉到的層次卻極高，在國府方面是上至三軍統帥的蔣介石總統，而在中共方面，其熱線也是上通到周恩來和毛澤東的層次的，所以這個小小游擊部隊的戰事，它在某個程度上可以反映出過去那場國共戰爭的本質和真相，透過對這個小小的游擊部隊觀察和研究，讀者或許也可以對類似「國民黨在大陸是怎樣輸掉的？」或是「共產黨是如何打贏這場戰爭的？」等大問題，而從中看到或得到部分的答案。這是本書研究的另一個深層意義所在。

　　對國軍在滇緬泰寮邊區（即「金三角」）從事反共游擊作戰的歷史，本書將之區分為「李彌時期」、「柳元麟時期」和「三頭馬車時期」三個階段來觀察和分析。先說第一個階段的李彌時期。李彌當年在滇緬邊區成立反共游擊部隊之事，從國府高層的行政院長、外交部長、參謀總長等的保守眼光來看，它當然是一個違反國際法的事件，因此都認為不宜，同聲反對；但是具有積極反共復國精神的李彌，他則從這個問題之中看到了機會，認為這個戰敗的部隊既然已經到了那個鄰國邊疆地方，那就應該趁機利用這個國際法保護，使中共無法越界攻擊的短暫

機會，趕快或儘快把這個部隊擴充裝備起來，使之成為一支有力的勁旅，然後一鼓作氣先把雲南拿下來，和台灣海陸空軍相呼應，再和中共一決雌雄。可惜的是，李彌當時只爭取到蔣總統一人的認可，而其他的有力人士如行政院長陳誠、參謀總長周至柔和外交部長葉公超等，他們都是拿現實的問題和困難來阻擋和反對。尤其是國府內的這些高層人士更會擔心：李彌一旦反攻雲南成功，他可能會把蔣總統接去雲南，對他們的仕途就不利了；因此他們在基本心態上，根本就不希望李彌成功，他們對李彌的軍事計劃，除了蔣總統已下命令者，不得不去做之外，其他李彌所請求的事，當然都只是消極和被動的抵制、拖延和反對，因此使得李彌在滇緬邊區的努力，一直都是處於「孤軍奮鬥」的局面，真是道盡了「自古英雄多寂寞」的苦境。

　　李彌在滇緬邊區建軍的初期，台灣的局勢正處於風雨飄搖之中，可以給予李彌的援助非常有限。按常理言，這批新敗之軍在補給斷絕的情況下，其生存都已發生問題，自然更談不上表現或發展，尤其是緬甸不斷以武力相逼，並且爭取到美國國務院的協助，不斷力勸國府，必須將此部隊撤回台灣，像這樣的一個小事件，理當在一年半載之內，即可順利解決。但是由於韓戰的爆發，美國為籌組聯合國部隊對抗中共暗中支援的北韓軍，於1950(民39)年9月初派一個軍援團到曼谷游說泰國的加入，李彌乃乘機向美國軍援團爭取武器援助，謂能進軍雲南，幫助聯軍牽制中共軍力於大陸西南，可以減輕聯軍在韓國戰場的壓力，該軍援團對李彌的建議也甚表贊同。後來，這個建議發展成為「白紙方案」，引起杜魯門的興趣。雖然中情局局長本人並不贊成這個冒險方案，但因為杜魯門和杜威競選總統時，國府高官曾公開支持杜威，惹惱了杜魯門，所以杜魯門當選總統之後，對國府和蔣介石都十分反感，這個時候，杜魯門認為這個方案不但可以為韓戰牽制中共的武力，同時也可以在蔣介石和毛澤東之外，培植中國的第三勢力，具有一石二鳥之效，因此毅然批准了這個白紙方案。李彌部隊因為獲得了這個有力的外援，然後無論在物質上和精神上都才能絕處逢生；尤其是必須有了美國出面與泰國交涉，泰國政府才敢給予李彌最大的協助。因為有了美國和泰國的私下協助，李彌部隊才得以在邊疆內陸裡，找到其生存、發展的最大憑藉。

　　杜魯門總統批准了「白紙方案」這個援助案之後，他當然希望能同時實現

「扶植中國的第三勢力」和「減輕韓戰的軍事壓力」兩大目標。但是對李彌而言，因為他是黃埔軍校四期學生，與蔣有師生之誼，並且認為蔣為當前反共復國不可或缺的當然領袖，此外，因為李彌為爭取美援一事，事先未向國府國防部報備，因此當事情還在進行之時，國防部便已來電要治他以叛國之罪，所以李彌不得不明白向美方表明，不願為接受美援之事而和國府、蔣介石脫離關係。李彌的這個政治立場，使杜魯門欲在中國成立第三勢力的期望落空，於是杜魯門對承諾給予李彌軍援之事，便單方私下打了大大的折扣：當李彌把部隊推進雲南之後，無論是陸運或空投，都只是象徵性地給予少量的武器，以表示並未失信。美國如此中途放手的結果，固然讓李彌的進攻雲南鎩羽而歸，同時也因為李彌的反攻雲南失敗，所以也就未能達到為聯軍牽制共軍的目的。

　　以今日的「後見之明」來回顧李彌部隊當時所面臨的國際環境條件，李彌爭取充分美援的最佳策略，應該是全面的配合杜魯門的想法，承諾在中國發展第三勢力，則美國可能不致要求李彌在未形成力量之前即反攻雲南，而可以等待力量培養到足夠強大之後，再來一舉突擊大陸，如此才能在大陸建立一個鞏固的基地，不必再退回緬甸；甚至還能進一步在中國內地建立一個以雲南省為主的反共基地，等到成為一個名符其實的第三勢力之後，再聯合台灣國府國軍，共同來夾擊中共，則泛國民黨的部隊或許可以搏得一個成功的機會。

　　雖然美國承諾要給予李彌的軍事援助後來變得很小，但是這些援助勢必要路經泰國而轉運；而泰國之所以願意幫助美國支援李彌，其主要的原因是泰國在二戰期間曾和日本結盟，讓日軍過境去攻打緬甸、馬來亞和新加坡，因此召來戰後英國強烈的報復，不但要在戰後獨佔泰國的商業利益，而且嚴防泰國在克拉海峽開鑿運河，以免斷喪其新加坡的衝要地位；因此，當泰國答應了美國加入了韓戰的聯軍，並答應幫助美國想要支援的李彌之後，那就等於是和這個世界的第一強國結了盟，於是泰國不但可以將功贖罪，洗刷其過去聯日的罪名，而且可以拉攏美國來抵抗英國的壓迫，這是泰國之所以會不怕得罪其鄰國緬甸，而出手幫助李彌的原因；其次，因為緬甸在歷史上曾經攻陷、征服、迫降泰國多達四次，素為泰國的世仇，因此，當泰國與美國結盟之後，即可以把美國倚為靠山，這也是泰國願意幫助李彌的一個歷史上的原因。

　　李彌在滇緬邊區反共事業的失敗，除了美援不足此一原因之外，其另外一個更重要的原因就是本書所反覆推敲出來的「內部間諜的破壞」。李彌不能得到國府的大力支援，其力量本來就已經很微小了，偏偏屋漏還更遭連夜雨，就是他重用了「被中共以人質裹脅而為其做間諜」的錢伯英、廖蔚文和柳興鎰，而且是分別任用他們三人為關鍵性的、如同「部隊中樞神經」的參謀長、副參謀長和參謀處長，以致李彌的一舉一動，都被緬方和美方(中共應也包括在內)看得一清二楚，因此都能拿出一些能制李彌於死地的策略。尤其是對李彌的反共事業具有關鍵性影響的「地案」，其中所包括的緬北「招兵」和緬南「海運」，都因錢伯英從中通風報信給美緬雙方，使得緬南的海運則因無法接頭而回航，緬北的許亞殷也被刺身亡，這都是因為對諜戰之疏忽，以致整個「地案」徹底失敗，而李彌本人也在美國的壓力之下被國府召回台灣軟禁，終生不讓他再離開台灣一步。李彌於1973(民62)年12月8日逝世於台北，享年72歲。一代名將，讓他空有滿懷的理想和魄力，就這樣的在台灣抑鬱而終。

　　李彌的「海運案」失敗之後，不久聯合國大會又通過了要李部撤台的決議案。面對這個國際的壓力，國府本來推出了一個「天案」的對應政策：**讓李部只撤退2,000人以應付聯合國的決議案；其餘的不撤人員則易幟藏身於克倫邦，以保存此反共實力於緬境**。國府之所以會推出這個政策，是由於緬甸的控訴案中宣稱，最初進入緬境的國軍只有1,700人，國府乃因此宣稱只對原始的1,700名國軍部隊具有控制力，只能承諾撤退2,000人，其他的兵員都是在當地召募而來，國府對他們沒有影響力，所以不能承諾也將他們一併撤台，能撤多少就算多少。美國新上任的艾森豪總統也能接受國府的這個訴求。既然如此，李部在撤出2,000人之後，其餘不撤的人員，再遵照國府的指示，徹底實施「天案」，將不撤部隊化為克倫軍，等到將來反攻大陸時再恢復為國軍，則邊區的這股反共力量或許還能保留。但是由於李彌當時已被軟禁在台灣，而由柳元麟所領導的李彌總部，又聽信人在緬南的錢伯英等人所發回來的造謠電報，謂克蒙兩族受緬方之威脅利誘及對李部之援助失望，其下級幹部已意志動搖，態度惡化，常藉故不供李部糧食，使緬南的李部將有絕糧之危。這項電報顯然不實，因為當時人亦在緬南的兩位最高部隊長姚昭和李達人都說，李部和克蒙兩族的關係密切，並無類似的危機

存在。但是錢伯英的這些謠言電報，卻使得李彌總部對國府所指示的「天案」喪失信心，擔心實施後「天案」會被克蒙兩族輕視和出賣，而將該天案束諸高閣，另行推出一個「東南亞自由人民反共聯軍」的新方案，並且未經李彌及國防部等上級批准即付之實施。此舉不但招致美緬兩方的譴責和攻擊，並且遭到周至柔總長的嚴斥。由於李彌總部已放棄「天案」的實施，以致衣復得代表在四國軍事委員會中，完全無法應付美緬泰三國代表在四國軍事委員會中所提出的(1)到猛撒視察、(2)讓出六個產糧地和(3)決定撤退人數等三個要求。因此，乃使得國府上級以為：李部已無法繼續在緬境生存，於是放棄先前只撤退2,000人的政策，而改變為將李部全部撤回台灣的新政策。

當國府決定將李彌部隊全部撤台之後，雖然總計有將近7,000人撤退回台，但是因為在撤退的人員之中包括了眷屬、難民和歷年的戰俘，所以實際撤退的李部人數只約為李部原有人數的一半，其餘的一半則選擇「抗命」不撤。在這次的撤退行動中，李彌部隊的元老團長李國輝也撤退回台了。在邊區的四年之間，李國輝已由上校團長晉升為少將軍長；但是回台之後，正規軍出身的李國輝，其官階也被由少將核降為原來的上校。可能是因為這個緣故，李國輝返回台北之後，他並沒有馬上到嘉義去就任其「第十二軍官戰鬥團」團長的職務，而是住在台北市的一家旅社裡，終日為保全他的官階而忙着應酬、奮鬥。但是他卻從此噩運連連，除了官階被核降之外，他先被其部屬潘培田等23人具狀向國防部控告，說他於四年前在戰地殺害了其副團長虞維銓；接著情報局又具函向軍法局舉發他盜賣軍火，真是應驗了「福無雙至，禍不單行」這句諺語。最後在李彌及豫籍立法委員及國大代表的奔走下，李國輝的殺人案雖然獲判無罪，但是其盜賣軍火案則被判了12年徒刑，他在牢中渡過了兩年的歲月之後，得到總統的特赦而結束了這場牢獄之災。然而由於他被判刑定案，軍人銓敘和榮譽都被革除，以致出獄之後，落得無處為生，將來死後也無法入葬國軍的公墓。這時候幸得衣復得之助，在台灣水利委員會中補得一僱員之缺，才有一份微薄薪金以維持家計，所以他返台後的日子過得並不如意。李國輝卒於1987(民76)年11月5日，享年78歲，並幸得潘培田關說之助，得以安息於台北五指山的國軍軍人公墓。

李彌部隊雖然已奉國府之命「全部撤退」回台，但該部在撤台前所成立的

「東南亞自由人民反共聯軍」，其旗下的第5軍(軍長段希文)全軍(轄李文煥第13師、劉紹湯第14師、馬守一第15師)以及其他軍的部分部隊，其中包括第2軍的馬俊國第9師、第3軍的文興洲第7師、第9軍的甫景雲第26師和李崇文第27師，他們於初期國府政策只撤2,000人時是「奉命不撤」。而於後期國府改行全撤政策時則是「抗命不撤」，這批不撤部隊在段希文軍長的領導下，暫時駐紮於泰緬邊境地帶。對這批約有6,000之眾的不撤部隊，雖然在軍令和形式上都是抗命不撤，但是因為其行暗合蔣介石總統的心意，所以當「雲南省反共救國軍」撤銷不久，蔣總統即有再秘密救濟之意，只因四國委員會尚未撤銷，被外交部長和參謀總長勸阻而作罷。到9月1日四國軍事委員會解散之後，新上任的代參謀總長彭孟緝，即於9月22日簽呈蔣總統，建議將不撤部隊授予「雲南人民反共志願軍」的新番號，並於10月1日派柳元麟為總指揮，在滇緬邊區再展開下一階段的反共游擊事業。

當柳元麟擔任了不撤部隊的總指揮之後，反共游擊部隊就進入到第二個階段的「柳元麟時期」了。在這個時期裡，由於發生了「將帥不和」的問題，終使這個部隊很快就走向衰敗之路。柳元麟和李彌同為黃埔軍校四期的同學，但因為他是浙江人，所以黃埔畢業後不到兩年，即被挑選為蔣總司令、蔣委員長和蔣總統身邊的侍從官，官階平步青雲升到了少將，成為了蔣總統身邊的親信。李彌雖然深知柳元麟長期以來都是擔任侍衛工作，缺乏帶兵和作戰的歷練，但為接近和取信高層，故特別請求國府最高當局派柳為其所掌第8軍的副軍長和後來游擊部隊的副總指揮。這個任命的請求，本來只是李彌所下的一步政治棋子，不意最後竟弄假成真，讓柳有機會被國府任命為游擊部隊的總指揮，而這個游擊部隊也因此而走入衰敗的命運。

當柳元麟接任游擊部隊的總指揮之後，他果然缺乏足夠的軍事才能去領導這個複雜的游擊部隊，於是他只好利用部隊間的矛盾而採取分化和拉攏的手段，以強化、鞏固其個人的領導權威，例如他把段希文5軍下的3個師，抽出其中的2個師來成立新的第3軍，把呂人豪1軍的3個師抽出1個師成立新的第4軍，最後他終於藉故革除了第1軍和第2軍的軍長；而5軍軍長段希文因防範比較周延，雖能僥倖逃避了被革職的命運，但卻被柳元麟無故剋扣軍餉和武器，痛苦更加深重。柳

元麟可以把一個本來反共士氣昂揚的反共游擊部隊，領導成為一個因內鬥不斷、內傷累累、無法團結、不堪一擊的部隊，這當然也是國府上層用人唯親，未能用人唯才的結果，最後終於淪至走向失敗的下場。

這個游擊部隊自李彌在緬甸成軍以來，緬甸雖然一再想憑自己的以武力將之驅除出境，但始終力不從心，無法如願。雖然如此，但是緬政府始終不願意讓中共部隊入境代勞，因為擔心會請神容易送神難，擔心共軍入境之後，會扶植緬共建立共黨政權或人民政府。後來這支游擊部隊歸柳元麟指揮之後，緬甸再度大舉興師前來征伐，結果還是無法如願以償，即使如此，緬方還是情願坐下與柳部和談，取得和平相處的口頭協議，不願意邀請中共派軍前來幫忙。由此可見，「不讓共軍入境」乃是緬甸政府的一貫政策。在緬甸政府的這個政策之下，柳部本可從此與緬方和平相處，私下壯大自己，待時機成熟，或許可以有成事的機會。但是，後來因為國府推出了一個「興華計畫」，擬在柳元麟部隊所駐守的金三角地區上，建立一個「陸上第一反攻基地」，計畫在這個基地上擴建出一支可用的武裝力量，以略取雲南全省為西南反攻的總基地。然而為實施「興華計畫」，不但要實施三個不同的計畫來運送武器和彈藥，同時還要實施三個和風計畫，運送1,000餘名幹部和特種部隊到滇邊的第一反攻基地。這些計畫的實施，都需要仰賴空投和空運，因此修建機場就成為實施這些計畫的一個先決條件。由於機場的修建乃是一項明顯、重大的工程，絕對無法在秘密中進行，所以一旦動手興建，它就一定會引起緬甸和中共的注意和警惕，且會對柳部帶來不利，因此必須深切考慮其利害得失。柳元麟身為前線陣地的指揮官，他未能及時諫止上級這個危險的計畫，反而以服從的態度接受並執行之，所以當這個機場完工使用半年後，緬甸終於忍無可忍，主動放棄既往「拒絕共軍入境」的政策，而改採「開放共軍入境」的政策，和共軍聯手將柳部趕出緬甸國境。最後在美國的壓力下，國府乃不得不下令將柳部撤退回台。「江拉之戰」的結果證明，游擊部隊在柳元麟的領導之下，對緬軍作戰還旗鼓相當，而對共軍作戰則幾乎是毫無作為可言；以柳部如此這般不堪的戰力而奢談反攻大陸，當然是一件不可能的事。

柳元麟部隊奉國府之命撤台之後，該部的第3、5兩軍卻因不同的理由而不撤台。第3軍因為台灣離其雲南家鄉太遠，而且不看好自己回台後的前途，故自始

至終即不願撤台；而願意撤台的第5軍則因為臨時奉了上級情報局的秘密指示而留下不撤，於是3、5兩軍乃繼續留在金三角地區。只是後來情況發生變化，情報局並未恢復5軍的補給，使之也變成了必須自謀生活的不撤部隊。以後，中國大陸爆發了「文化大革命」，社會呈現動亂的現象，於是國府又興起了在金三角地區重建部隊的計畫，並曾派人試探兩軍歸隊的可能性，但皆因條件談不攏而未能成功。

再以後，泰國因為國內共黨內亂的問題，三次主動和國府商談3、5兩軍的歸屬問題，最後因為段李兩位將軍不願回台，所以國府不願收編補給其部隊，於是國府同意將3、5兩軍交與泰方統轄。從此，國府乃專心由情報局以原有的滇西行動縱隊為基礎，在金三角地區重建以戰鬥為主要任務的武裝部隊，一共建立了3個大隊。而在同一個時期，中二組的雲南處於張兆蘇擔任專員的時期，也在滇南工作站之下成立一個突擊支隊，於是使得在同一時期之中，在金三角地區同時存在着三個由華人組成和領導的武裝部隊（即三頭馬車時期）：(1)原來的3、5兩軍、(2)情報局的部隊和(3)中二組雲南處的部隊。以後，由於雲南處無法長期負擔沉重的軍費，而且軍事亦非黨部人員的專長，於是乃於1969(民58)年將其突擊大隊移交給情報局，結束「三頭馬車」的局面。

情報局所建立的武裝大隊，每個大隊約有450~500人；原則上，其兵員都不向3、5兩軍挖角，而是透過秘密管道由緬北召募而來，以避免3、5兩軍的反彈。以後到1970年時，再接收中二組雲南處所建立的第4大隊，於是情報局就合計共有4個正規編制的大隊，其員額約為柳元麟時期的一個軍。由於情報局所成立的4個大隊，其兵員幾乎都是新兵，其幹部則都是來自情報局的情報官，雖然這些幹部的軍事知識和軍事能力不至於是一片白紙，但是讓他們帶領部隊和從事軍事上的戰鬥任務，由於專業和能力的不足，無法在敵後建立秘密的游擊據點，最多只是短期的停留，蒐集一些情報之後即被迫退了出來。因此，若從情報的觀點來作成本分析，其代價可說是十分的高昂，不敷所值。幸而後來因為中泰於1975年6月要建交，泰方不能再借道補給部隊，而要求國府將該部隊撤銷，才得以順勢結束這個軍費浩大的部隊。

國共兩黨在金三角地區的鬥爭，乃是兩黨在大陸鬥爭的延續。在這場延續了

數十年的國共鬥爭，無論是在大陸的大戰場或是滇緬邊區的小戰場，國民黨雖然
都輸給了共產黨，但是在最後的「三頭馬車時期」，爭氣的3、5兩軍終於戰勝了
中共支持的泰國共產黨，這場勝利不但讓3、5兩軍的官兵及其眷屬贏得了泰國的
公民權，就如同一個「中華之女」嫁入了「泰國之家」，終於得以結束那三十多
年的流浪歲月，而且也使泰國人民能免於遭受一場臨頭的赤禍之害。總而言之，
這一批曾先後奮戰於金三角地區的國軍反共游擊部隊官兵，在他們背井離鄉之
後，不是另去新的家鄉台灣，就是入籍泰國為民，這可說是他們在歷盡滄桑之
後，所得到的一個歡喜結局。

後記

　　討論完了金三角或滇緬邊區三個階段的反共游擊部隊本身的問題之後，或許應該進一步超越本書的研究範圍，再從較高層次的觀點去談一談，這個區域研究的結論對過去整個國共鬥爭的瞭解和對當前兩岸關係的展望，到底有何深一層的啟示？由於國府反共事業的對手是中共，所以在這場國共鬥爭中，國府除了要明白自己有多少斤兩之外，還必須要進一步知道對手的輕重；然後才能計算自己有多少勝算，勝利絕不可能僥倖而得。關於這樣的一個話題，曾經擔任李彌總部第26軍參謀長的左治曾說，他退休後曾回去大陸認真研究毛澤東的整套戰爭思想這些東西，他發現：毛澤東根據列寧的那一套東西所發展出來的「人民戰爭」，無論在中國戰史上或世界戰史中都是一種創見，因為國府和國軍上下在過去都不瞭解他們的那一套東西，所以國軍的正規部隊或游擊部隊都必然會注定失敗；國府要想能贏得勝利，就必須要能提出一套新的東西才行，否則不可能會贏。非常可惜和遺憾的是，筆者訪問過左治一次之後，不久他便身體違和，而他的兒子又定居美國，於是他就從台北搬去台中和其女兒同住，再不久就病重往生了，以致沒有機會再繼續請教他，無從聆聽他的研究心得，真是十分遺憾。後來慶幸讀到了《大紀元時報》所出版的《九評共產黨》，讀後發現，真能有一種令人振聾啟瞶和豁然開朗之感，並發現國民黨和共產黨鬥爭了幾十年，雖然發言盈庭，但是真的還不如這本書來得一針見血和清楚有力。根據該書及其他相關的著作，筆者歸納出一個結論：中國共產黨的力量主要是來自兩個法寶，第一個是「絕對服從」的**黨組織**；第二個是「拉多打少」的**戰略和戰術**。

　　就前者而言，根據動物行為學的知識，所有群居性的動物，如猴子、狼和狗等，牠們內部都有着一種井然有序的服從關係，因此牠們才能組成一個萬眾一心

的團體，一起去狩獵，也一起去打退侵略者，以維持其群體的生存。動物群體內的這種地位服從關係，是透過持續不斷的打鬥過程而建立起來的，共產黨很能充分的把這種動物組織的原理運用到其黨的組織上，不斷的在黨的內部推動整風、批判、檢討等各種鬥爭活動，因此能夠有效地完成其黨員的服從性和紀律性的教育訓練工作。實際上，共產黨也真的把其黨員訓練到有如軍人般絕對服從其上級的命令，所以他這個黨就能發揮出很大的行動力量；所以他就能輕易地把組織鬆散的國民黨打敗。

其次，就後者而言，所謂「拉多打少」，就是「拉攏多數，打擊少數」；那麼，誰是多數、誰是少數呢？在工商社會裡，工人(即無產階級)是多數，資本家是少數。在農業社會裡，佃農(即無產階級)是多數，地主是少數。從財富的角度看，窮人(即無產階級)是多數，富人(即資產階級)是少數。從年齡角度看，年輕人是多數，老年人是少數。因此，當共產黨聰明地把自己界定為一個「無產階級」的政黨之後，共產黨的革命工作，就是利用各種方法和手段去挑起這個「多數」者階級對那個「少數」者階級的矛盾和仇恨，然後帶領這個「多數」者階級去鬥爭那個「少數」者階級，被他拉攏的就是「紅五類」，就是伙伴、朋友和同志，而被他打擊的就是「黑五類」，就是罪人和敵人，最後共產黨一定是站在勝利的一方，於是在政治統戰上，就不但十分方便他把「拉多打少」的戰略和戰術施展出來，而且能把這個戰略戰術運用到爐火純青的地步。相對的，國民黨因為將自己定位為「全民政黨」，強調要兼顧所有大小各階級的利益，本來想討好各方，結果各方都不滿意，各方的支持比率都不高，以致成為失敗的一方。然而共產黨貪圖了這種廉價的成功之後，其不良的副作用也是很大的，因為社會上的許多階級，其人數比例雖然是少數，但是他們往往是社會創新的最大貢獻者；打擊了他們，不但將會使社會失去了進步的動力，嚴重的，甚至會使社會淪落於貧窮和退步的惡果。從中共建立政權到鄧小平實行改革開放以前的這一段時期內，中共經濟之所以會陷於嚴重的倒退和貧窮，都是由於粗暴的、無限上綱的實行「階級鬥爭」和「共產主義」這些違反最基本的經濟學原理和社會公平正義的政策的結果。財產固然是形成「資產階級」的主要元兇，但是因為財產也同時是人民所有社會權利的基礎，在很多時候，財產也是民族文化載體的重要部分，因此被剝奪了財產的

人民，也必然被剝奪了其精神和意志的自由，最後進而喪失了爭取社會和政治權利的自由。而失去了各種自由的人民，他們就是百分之百的奴隸。因為事實就是這樣，所以中共雖然把抗日戰爭期間最流行的那首抗日軍歌「義勇軍軍歌」(進行曲)欽定為國歌，以篡奪國民黨政府抗日的功勞，但是這首歌的歌詞卻一直被中共禁唱，只因歌詞的第一句就是「起來，不願做奴隸的人們」。

　　相對的，再回顧國民黨方面，他在抗戰勝利時擁兵350萬以上，而不認真或無力抗戰的共產黨雖然也趁機將其兵員全力發展到了90萬以上，但是國民黨還是佔有絕對的優勢，那怎麼會在三、五年之間就兵敗如山倒，就把整個中國大陸都弄丟了呢？筆者所曾訪問過的一些長者，他們退休後回去大陸家鄉探親，遇到了昔日戰場上的共軍對手，他們(退休共軍)都打趣的說：「你們那時候怎麼跑那麼快呀！我們拼命的在後面追都追不上啊！」又說：「其實我們沒有能力把你們打敗，是你們自己把自己打敗的。」口氣雖然帶有一點風涼，但也說出了國軍士氣的低落和內鬥的嚴重。所以我們現在要進一步追問：國軍的士氣為什麼會變成如此低落？國軍的內鬥又為什麼如此強烈呢？顯然的，每一個人從不同的角度看，都可以看到不同的原因和理由，例如，有人認為這是中共宣傳醜化國民黨所致；有人認為這是陳誠辦理復員政策失當所致；有人認為這是財經政策失當造成通貨膨脹和軍民生計困難所致等等。而一位將軍級的長輩則對筆者說：這些原因都不是最主要的原因；他認為大陸的失敗是失敗在於老蔣總統聽信了吳敬恆(稚暉)的建言，決心要培養蔣經國來接班的「家天下」這一念之誤。因為他一旦有了這個「家天下」的企圖心之後，他的為政之心從此就會發生偏差，從此他將會特別寵信那些能認同其想法的官員，即使他們是庸臣和佞臣，並且會逐漸疏遠那些不能或不願認同其想法的官員，即使他們是能臣和忠臣。如此一來，不需太久，就會造成人心的不服、造成幹部間彼此的不和與互鬥，最後就是造成了國民黨的分裂和力量的分散，於是分裂的國民黨就會輸給團結的共產黨，而讓中共得以坐收漁翁之利。

　　此外，筆者高二時的國文老師王醒魂少將，他曾對全班同學講過一則有關老蔣總統的小故事。他說：有一次蔣委員長在「盧山軍官訓練團」講話的時候，有一個學員對他講了一些「忠言逆耳」的不遜之言，蔣委員長即當眾大發雷霆，盛

怒地把講台上的麥克風、茶水、文件、桌布等,以雙手用力向左右撥落滿地。王
老師說:這是他親眼看見老蔣總統所發的一次最大的脾氣。因為類似的記述也出
現在後來駐美大使顧維鈞的回憶錄之中,因此筆者深信這個故事的真實性。當
然,筆者也相信蔣介石的脾氣絕不會天天都如此猴急暴躁,但可以肯定他在大陸
時期乃是一個非常性急和易於動怒的人。相對的,中國共產黨主席毛澤東的個性
則有如一隻老狐狸,深藏不露,正好是性急者的剋星,所以毛澤東在建立政權後
接受某西方記者訪問時曾得意的說:他這一生之中做了兩件大事,第一件事是打
倒了蔣介石,第二件事是發動文化大革命。他居然沒說他也抗了日,可見這是毛
澤東在得意之時、無意之間所透露出來的真心話和真實歷史。

時至今日,國共戰爭在兩岸對峙的情況下雖然已經暫時停息了六十年,但
是,不但兩岸之間的關係始終並不穩定,而且連台灣島內的政治局勢也並不穩
定。而兩岸之間的關係之所以不穩定,是由於兩岸的政府都宣稱自己的政府是代
表全中國的合法政府,而且採行「漢賊不兩立」的政策,隨時都準備打倒對方,
取而代之。而台灣島內政治之所以不穩定,是由於傳統的國民黨和新興的民進黨
幾乎是兩個全面對立、敵對的政黨;國民黨主張自己是代表全中國的政黨,將來
的政治目標是要光復大陸失土,主張台灣和大陸將來要走向統一;而民進黨則宣
稱它只代表台灣,主張將來台灣要獨立建國。面對這兩種內外雙方面的不穩定,
基本上都可以用國父孫中山先生的「三民主義」的觀點來理解。

國父孫中山先生所主張的三民主義,分開來講,就是:民族主義,民權主義
和民生主義。首先從民族主義的角度來看,雖然其本義是主張「民族國家」,即
一個民族組成一個國家,但是在實際上,基於最小經濟規模效益的理由,幾個鄰
近的大大小小民族勢必要共同聯合組成一個國家,才能達到最低經濟規模的要求,這
時民族主義的最高規範就是「民族平等」,而其反面即是民族間不同程度的不平
等如歧視、壓迫、剝削、奴役等,所以國父孫中山民族主義的中心精神就是民族
平等。在國父孫中山剛開始革命之時,他雖然主張推翻滿清,建立五族共和的政
權,其理想就是追求民族的平等。但是等到推翻滿清、建立民國之後,他就改為
主張民族同化,主張五族融合成為一個新的中華民族,實現「民族國家」的理
想,從根本上消除民族不平等的根源。所以,站在民族主義的立場來看,目前無

論國民黨和共產黨都認為自己是中華民族的一份子，在族群認同上並沒有衝突和對立，產生問題的是台灣島內的民進黨，因為它無論在在野時期和執政時期，都一直堅持自己是台灣人而不是中國人，一直堅持要獨立建國，只是因為美國政府的反對而不敢、也無力挺而走險而已。在政治理論上，因為台灣和大陸既然已實質分離統治近六十年，這種追求獨立的政治訴求本來也並無不可，但是民進黨卻忽視了一個冷酷的政治現實，即兩岸的分治乃是由於國共內戰和美國武力介入的結果，這已使台灣在作政治選擇時失去了一廂情願的餘地。在中共和美國都還強調「一個中國」原則的前提下，台灣要想追求獨立，其機率可說是零。在這種政治現實之下，如果民進黨當政時要強行獨立的話，那便是民進黨政府提供中共一個武力犯台的藉口，那是民進黨為台灣的中國人帶來了一場不必要的災禍。

其次在民生主義方面，過去國民黨在大陸上當政的時候，因為連年戰爭，承平建設的期間很短，談不上民生主義的建設；以後到中共統制了大陸，實行了徹底的共產主義制度，全面廢除私有財產之後，結果把中國大陸的經濟搞得一塌糊塗，這時台灣的國民黨政府當然有理由大張撻伐，鳴鼓而攻之。一直到鄧小平當權之後，中共才開始在經濟上搞改革開放，台灣經濟建設成果如果不是鄧小平的借鏡，至少應該是他的刺激，因此這無乃是台灣的存在，對大陸同胞所作的鉅大貢獻。到如今，大陸的經濟已經開始發展起來，台灣的企業都已紛紛到大陸去尋找商機，可見在民生主義方面，大陸上因為已走上了修正路線，其經濟建設已經比台灣取得了更大的優勢，因此在民生主義上，國民黨和民進黨都已沒有什麼可以反對中共的理由，因此兩岸在經濟建設上應該合作，互補互利。尤其是，因為大陸上從事經濟建設所依靠的主義或政策，已是一種極右的資本主義，所以共產主義在中國，只是一個空頭的口號而已。遠在二三十年前，蘇聯的諾貝爾文學獎得主索忍尼辛就曾說：「共產主義是人類文明的一件臭汗衫。」時至今日，原蘇聯及東歐共產國家都已脫下了這件臭汗衫，而中共則是遲遲還不願將之脫下而已。

最後在民權主義方義，這可說是台灣的國民黨和民進黨可以聯合反對中共的唯一理由，因為台灣的國民黨和民進黨都主張要實行多黨的、平等的、淵源於古希臘的、類似今歐美民主國家所實行的民主政治，而大陸上的共產黨則是於取得

政權之後，就實行一種百分之百的、一黨獨裁的專政制度，把國家政權完全攬為自己的禁臠，完全不允許任何實質反對黨的存在，甚至連言論自由層次的批評和反對意見，只要對象是共產黨，即遭到查封禁止，所以國民黨和民進黨才有理由全力反對。只是民進黨在反對中共的獨裁專政之餘，因為中共也是中國人，於是就不承認自己也是中國人，並進而主張台灣要從中國獨立出去，這顯然是一種矯枉過正。比較正確的做法是：先站穩民族主義的立場，然後大膽的和中共的代表坐在談判桌上，明白的說：「因為你們共產黨在政治上不實行民主制度，所以我們台灣暫時不能和你們統一在一起。請你們從事政治改革，那一天你們的政治改革追上我們的程度了，我們再來談具體的統一問題。」把難題拋回去給中共，讓中共自己去反省檢討。

目前，我們台灣所實行的民主制度雖然走在大陸的前面一大步，特別是現在又有了政黨二度輪替的經驗，大陸上在短期內大概不容易追得上；但是，反省起來，其實我們台灣所實行的民主制度也並不完美，我們現行的憲法雖然是在大陸南京時所制定，但目前已被台灣的政客修改成為一種「超級大總統」或「民選皇帝」的制度，連歐美民主國家所強調的「權責對稱」、「權力制衡」等機制都全被廢除掉，使得制度對總統完全失去了政治犯罪的免疫力，因此當失德的政客一旦僥倖登上了總統大位之後，雖然只是一任四年或是兩任八年，對國家和人民的傷害，都是一場莫大的災難；這樣的民主政治，不但遠離了國父孫中山先生的理想，甚至也還比不上許多第三世界的開發中國家。我們若不奮發圖強，大陸上的政治改革有一天很快就會趕上我們，我們豈能不戒慎恐懼。

在百年以前，當國父孫中山先生提出「三民主義」的時候，他就看出了歐美民主國家(無論是內閣制或總統制)，都因實行「權能不分」和「相互制衡」的政治制度，因而造成「民主」和「效率」雙雙打折和無法兼顧的問題，所以他特別在其民權主義中提出「權能區分」的辦法，其目的就是要建立一個能同時兼顧「民主」和「效率」的民主制度。一般說來，「帝制」(「皇權」)和「民主」(「民權」)的差別，就是在「帝制」時，國家的主權或所有權是屬於皇帝，而在「民主」時則是屬於全體國民。由於國父孫中山「權能區分」中的「權」就是國家的主權或所有權，所以國父所主張「民主」或「民權」，其具體的定義，就是把這個

「權」交給「人民」。而「權能區分」中的那個「能」，因為它就是用以治理國家或是管理眾人之事的權力和能力，所以這個「能」就應該交給政府。因此，「權能區分」就是要「人民有權，政府有能」。如果把民主國家和民間公司相比，則「國家元首」應該等於是公司的「董事長」，「國會議員」相當於「董事」，「人民」是「股東」，而「政府首長」就相當於公司的「總經理」，而各級的「官員」則都是公司的「職員」；但在現實中，許多「權能合一」的總統制國家常以政府首長為國家元首。當「權」和「能」區分之後，因為「權」和「能」並不是相互制衡的，而是「權」能百分之百的控制「能」，所以「權」和「能」之間不會產生因互相制衡而產生的問題，至少在理論上，兩者都應該能充分發揮其功能。

當「權」和「能」區分之後，「權」就交給了人民。這時在理論上，這個「權」就必須由全體人民集體直接來行使，那才是最充分、最完全的民主，這就是所謂的「直接民權」。但是在現代，即使是最小的國家，其人民的數量都還是非常大，因此，無論是制訂法律或是任命官員等政治權力，都很難由全體人民來直接行使，勢必要由人民選舉出少數的或單一的代表來行使，這就所謂的「間接民權」或「代議政治」。這個時候，「權」的行使問題雖然以「代議政治」的方法解決了，但是又產生了「代表性無法保證」的問題；特別是需要經討論過程的立法和決策，這個問題就會顯得十分重要。這個時候，我們本來可以要求代表扮演「傳話人」的角色，要求他凡事都回去選區徵詢人民的意見，即可提高其代表性，但是在較複雜的立法問題上，或是在一區多員的大選區上，這個傳話人的角色是礙難扮演的，這個時候想要維持「代議政治」的可行性，就唯有讓代表扮演「全權代表」或「全權代理人」的角色。這樣一來，「全權代表」的代表性就變得比「傳話代表」更低、更沒有保障了；這個時候，民意代表違反民意之事，就會經常發生，所以許多政治批評家常批評說：人民只有在投票的那一刹那，他們是國家（或民意代表）的主人，但是當他們投完票之後，他們便是國家（或民意代表）的奴隸了。

此外，因為現代的代議政治中，無論各級議會議員和各級政府首長的選舉，因為選區很大，所以其選舉經費都非常龐大，不但是大多數人民的財力不能勝

任，甚至許多有錢人也都感到吃不消，大家在從事政治競選時，都是把身家性命都投了進去的，輸了就是身家破產，甚至要負債逃亡，所以其競爭就會格外的激烈，因為大家都輸不起；即使是競選幸運勝出的人，因為還要考慮下一次的競選，或是還要償還眼前的競選債務，因此都要設法趁在位之時大撈一筆；當合法的手段找不到錢時，勢必就要設法貪污，這乃是民主國家吏治之所以會不清的重大原因。因此，從政治參與的角度來看，由於民主參選的經費是如此的浩大，所以它永遠是有錢人和資本家的專利，窮人和錢不夠多的人則因為無力參選，永遠都是被人統治的「奴隸」。所以，如何設法降低民主政治的運作成本，這乃是民主政治是否獲得成功的重要關鍵，但是國父對這個問題並未在其遺教中多加闡述，因此有賴我們後人繼承國父之遺志，努力加以研究突破。

其次，所謂「政府有能」，就是政府要有造福和服務人民的能力，用國父的話說，就是要建立一個「萬能政府」，而「五權政府」就是他所設計出來的「萬能政府」。一般而言，由於在經濟生產的工作上，其提高效率的一個基本方法就是「分工」，就是把一件複雜的生產工作分割成為許多簡單的部分之後，工人就比較容易把技術學會，並把技術做熟，所以一定能提高工人的工作效率，並能提高其產品的品質，而且在某個程度之內，效率的高低也會和其分工的粗細成正比例；這也可能是國父把歐美民主國家的「三權政府」改良為「五權政府」的原因。

所謂「五權政府」，其「五權」就是行政、立法、司法、考試、監察等五權。由於政府提供人民服務的部門乃是「行政部門」，中央政府及其以下的各級政府都是如此；而這行部部門為人民做事時，一定要具備下列兩個條件：一是法律，而且是專業技術性的法律，二是人員，而且是具有專業技術能力的人員。關於專業性法律的制訂，因為歐美民主國家議會的議員都是由選舉產生，他們原來都是一般的公民，大多議員都不具有制訂專業法律的能力，所以這些法律都要由政府中的專業官員先擬出草案，然後再由議會予以審議通過而已；既然如此，為使草擬專業法律的官員更加專業化，更提高其制訂法律的能力，國父就特別為這些專業立法的官員建立一個獨立的立法部門。關於專業人員的甄別和任用方面，因為中國自古即有公平的考試制度，為國家考選專業的人才，所以國父也特別為

這些專門替政府考選人才的專業人才，建立一個獨立的考試部門。當政府的行政部門有考試部門為其考選了合格的專業技術人才，又有立法部門為其制訂了充分的、適當的專業法律後，則這些專業的行政官員至少在理論上就應該能為人民提供有效率的、滿意的服務，必須如此，政府才算是完成了「為民服務」和「造福人民」的目的。但是，萬一有些行政官員的服務品質並非如此，那麼政府要如何來防止服務品質不佳和如何改進、提高服務品質的問題呢？這時候國父又看到了中國古代即有的監察制度，認為應該在政府中設立一個獨立的監察部門，然後由這個部門扮演今天法務部檢察官的角色，然後由他們密切監察前面的(1)行政部門，其人員是否依法提供人民有用的服務，(2)立法部門，其人員是否為行政部門和考試部門制訂適宜的專業法律，(3)考試部門，其人員是否依法為其他部門考選合格的人才？當監察官員發現政府各部門的弊端或怠惰等情事之後，即向司法部門提出檢舉或控訴，由作為第三者的司法部門來審判：情況是否屬實；如事情屬實，則給予應得的懲處。最後，如果監察部門對司法部門的審判不滿意，也可以進而向政府首長提出彈劾，彈劾司法部門失職；如果監察部門對政府首長的審判也不滿意，則最後還可以向國家元首來提出彈劾，彈劾政府首長失職。因此，在國父所設計的「五權政府」中，因為各部門的人員本來就事先經過功能的分工，然後再規定彼此如何密切合作，最後再加上監察人員的監督和鞭策，他們要想沒有效率也難。

至此，國父五權政府的設計雖然解決了政府平庸無能的問題，但在五權政府中設置了一個立法的部門之後，這個權不是和「權能區分」中人民的議會立法權發生了衝突嗎？筆者基於粗淺的法律常識，即知曉法律有著普通和專業之別，因此認為法律可以進一步區分為「目的性的法律」和「工具性的法律」兩大類，前者可簡稱為「目的法」，而後者則可以簡稱為「工具法」。所謂「目的法」，就是人民要求政府去實行、完成的所有工作項目，都包括在內；而所謂「工具法」，就是政府接受了人民的工作命令之後，政府決定要以何種方法、過程去完成這些工作的計劃或書面公報。所以，由代表人民的議會機關來制訂的「目的法」就是母法；而由政府的立法機關來制訂的「工具法」則是子法；子法必須本於母法，不能違反母法。當不同的法律經過區分之後，基於「法律區分」的原

圖1　權能區分與五權政府的關係

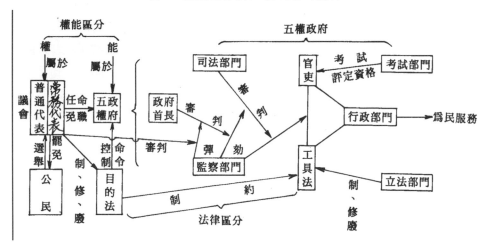

資料來源：覃怡輝(1992)，〈民主政治中的兩難問題及其可能的解決之道〉，刊於國立政治大學出版《中山社會科學期刊》第三期。頁47~68。

則，兩個立法權之間的衝突就可以迎刃而解。

　　雖然國父是以中央政府為例，然後以「權能區分」和「五權政府」兩套辦法來實現「人民有權」和「政府有能」(或「充分民主」和「萬能政府」)兼顧的理想，但是這套理想不應該只是中央政府的專利，筆者基於孔子「舉一反三」的原理，認為一個好的制度或辦法不應只讓中央政府獨用，而是應該也同時施行於中央政府之下的省市政府、縣市政府、和鄉鎮政府；所以，中央政府之下的省市政府、縣市政府、和鄉鎮政府，依理也應該以「權能區分」和「五權政府」的原理原則來規劃設計，然後才能像中央政府一樣，都能實現「充分民主」和「萬能政府」的理想。

　　當中央政府和地方政府都依照「權能區分」和「五權政府」的原理、原則而建立之後，那麼在各級五權政府的每一類部門之中，都可以建立一個上下左右流動的階層制度，每一個部門的官員，原則上，其地位都可以由較低的政府流向地位較高的政府，成為政府培養未來政治人物的搖籃和歷練場所；尤其是將這種階層流動的設計，再參考中國古代宰相、御史和考試制度的經驗之後，不但可以讓

五權政府在提高其效率的時候，同時還可以防止政府不同部門之間的同流合污。例如，當五權政府的制度在中央和地方全面實施之後，其中的行政部門因為是實際提供人民服務的部門，它手中擁有最多的人員和預算，為激勵其人員以最高的效率為民服務，故其薪資之厚，應為五權中之最；但因為行政部門權大錢多，為防止其人員流於貪腐，故應安排有最嚴厲之監督；那麼要如何來防止監察人員被行政人員賄賂收買、同流合污呢？這時候有兩套方法可以使用：（1）儘量把監察人員的薪壓到最低的程度，使行政人員的賄賂難以滿足其慾望；（2）讓監察人員擁有其監察對象副手的名銜或職稱，當該被監察的行政官員因被嚴格監察的結果，無論是因此而表現優良而升官或是因不稱職而去職，其空缺都由該監察人員來遞補。但是那些表現良好的行政部門首長，他們的上升之路並不是走向上一級的行政部門首長，而是有兩個方向可以選擇：一是升任同級政府的正副首長，二是升任到上一級政府的監察部門。為什麼要如此安排呢？因為上一級政府的行政區域一定比下一級政府的區域大很多，驟然而託付一個大任，會有令他不能勝任的風險，而且當時也可能會有許多位同級的對手一起競爭同一個位子，機會只能給予一個人，其他落選人都要向隅，所以，不如讓這些表現良好的行政首長都先升到上一級政府的監察部門，透過監察的工作過程而澈底了解該級政府所管轄的區域及其事務之後，再來尋求出任行政官員的機會，則可減少許多新手上路所發生的犯錯和不稱職的風險。

最後，再回頭去談一談民主政治制實際運作的成本問題。從過去到現在，由於大家都認為「直接民主」比「間接民主」更接近民意、更符合民意，所以大家都贊美「直接民主」之優越(最極端的人甚至還認為，只有全民都能參與的直接民主才是最好的民主)，並回過頭來批評「間接民主」的種種流弊。只是「直接民主」在理論上固然是好，但是在實際上，對廣土眾民的國家是行不通的，因為它在運作中無法把民主的兩個關鍵程序──「集會討論」和「表決」(舉手或投票，投票則再分記名或匿名)──付諸實施或表現出來。面對這樣的問題，為求讓「集會討論」成為可行，唯有經由競選的過程，由人民投票選出數量夠少的「代表」來代表人民去「集會討論」。但是如此一來，「直接民主」就變成了「間接民主」。而「直接民主」變成了「間接民主」之後，到底又產生了什麼新的問題呢？民主選舉雖然

不是流血革命，但舉辦民主競選活動時，其費用無論對政府和參選者，都是非常昂貴的，它不但限制了政府舉辦選舉的次數，而且也限制了窮人和錢少人的參與，最後它會變成資本家和有錢人的專利，對大多數人民是不利的；其次，由於能參與選舉的人都是社會較高階層和比較有錢的人，他們雖然被人民選出當代表，但這些代表對大多數的選民並不是同一類別的人，當代表自己的利益和多數選民的利益相衝突時，他們怎會可能還代表選民來說話呢？雖然選舉制度中也有罷免的辦法，但是這個制度也是由代表制定的，門檻又定得那麼高，讓選民很難發動，所以雖然有此辦法也等於沒有。

因此，面對著這些似乎是無解的問題，或許我們不應該再陷於過去的巢臼之中，我們或許需要來個逆向思考。因為「間接民主」本來就是為了解決「直接民主」的問題而被提出來的，我們怎能還繼續接受「直接民主」比「間接民主」好的這種說法呢？即使不反過來說「間接民主」比「直接民主」好，至少要說二者各有其優缺點，那才是比較公允吧！為了避免不必要的爭議，我們不妨放棄「直接民主」和「間接民主」的說法，直接回歸到問題的本身。總結前面所提到有關民主在實踐所遇到的兩大問題：第一個問題是「民主運作的成本，與選區的大小成正比例，昂貴的競選費用限制了人民的政治的參與」。第二個問題是「由於昂貴的競選成本有利於有錢人的參選，造成了有錢人代表無法代表窮人的代表性問題」。概括而言，兩者都是「人民有權」這方面的問題。

關於第一個問題的解決，因為競選費用的高低是和選區大小成正比例，所以參與國會議員(立法委員)的競選費用會比省議員高，省議員比縣議員高，縣議員又比鄉鎮議員(代表)高，最後，鄉鎮議員又比村里議員(如果有的話)高。最後，因為村里的選區已經很小，所以村里層次的民主競選應該是成本最低的選區了，應該是家家都有能力派人出來競選民意代表，財力的高低不再成為參選的障礙了(如果還是，就再降到「鄰」代表的層次)。為要實現人民政治參與的平等(不管是選舉權或是被選舉權)，這時，國家就可以規定：由人民直接選舉議員的制度就實施於「村里」的議會。當村里議員選舉完畢之後，就由村里議會的議員向上互相推選出1至2名鄉鎮議員，而後村里再辦理1至2名議員的補選，補足為規定的員額。以後依此類推，鄉鎮議員向上推選1至2名縣議員，縣議員向上推選1至2名省議員，省議員向上推

選1至2名國會議員(立法委員)，直到各級議會的議員名額都額滿為止。至於各級議員的名額到底應規定多少，可以先請學者代為客觀研究，何者為會議最有效率的人數，以作為規定各級議員人數的參考。

　　透過這種選舉制度，全國各級的議會和議員都可以上下緊密的連接起來，任何一位國民或里民的意見，如果的確是有創意的高見的話，一定可以透過議制度而一直往上傳遞，最後可能可以成為我們國家的法律呢。因此，這種基於民權主義的原理原則而建立的新的議會制度，應該可以充分發揮「下意上達」和「上意下達」的功能，違反民意之事，從此應該可以永遠杜絕。對於這個新的議會制度，因為每級的議會人數都不多，讀者或會擔心競選的買票問題，議員人數不多，買票更加容易，政治風氣豈不更壞？這點筆者倒不擔心，因為這新制沒有任期保障，買票者沒有回收期的保障，即使買票上去之後，若表現不佳，很快就會被再罷免下來，他會得不償失；同時，因為在這個新制議會中，每一個下級議會只能向其上級議會推出1至2名議員，如果這1至2名議員在短期內沒有表現，不能繼續往上爬升，那麼他們就會把其下級議會議員的上升之路堵死，所以每一級議會的議員都不會甘心去推選一位無能的、不能繼續往上爬升的同僚，以免反而阻擋、妨礙了自己上升的前途，所以違法失德的事，大家更是一定不敢做。這才是一個人民所歡迎的、對貪腐和無能都具有免疫力的民主制度。寫到這裡，想想過去一二十年來台灣政治風氣的敗壞，我們是多麼需要這樣的一個政治改革呀！

圖2　政權機關和治權機關之階層流動圖

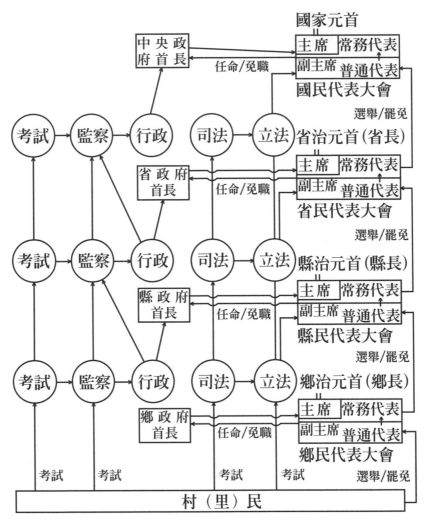

資料來源：覃怡輝(1984)，《三民主義的理論架構：「知識的三民主義」途徑的探討》。作者自印。頁81。(民國98年6月22日〈後記〉定稿)

參考書目

一、〔軍〕國防部史政編譯局
（檔案代號＝軍X-a；X=檔名代號，a=檔案冊號）

檔案代號	檔　　名	日　期	檔　號
軍1	滇緬邊區游擊隊作戰狀況及撤運來台 經過(4冊)	40/6-52/7	0520/3418
軍2	李彌入滇工作計畫	39/4-41/2	0520/4040
軍3	李彌呈滇緬匪情戰況及補給情形	40/1-41/4	0520/4040
軍4	請求赴滇緬邊區軍事任務及建議	40/1-55/3	0520/0562
軍5	緬泰越邊區我游擊隊行動受國際干涉 之處理及李彌致聯合國等函稿	39/6-42/5	0460/3412
軍6	滇緬邊區游擊部隊活動經費	38/10-42/5	0210/3418
軍7	雲南反共救國軍由緬甸回國案(7冊)	42/6-43/1	542.5/1073
軍8	雲南反共救國軍總指揮部編成案	39/3-43/6	581.29/1073
軍9	雲南反共救國軍幹部調派案(9冊)	40/6-42/8	325.2/1073
軍10	雲南省反共救國軍兵力駐地表	41/3-42/10	543.4/1073
軍11	雲南反共救國軍戰情報告	42/2-43/3	543.64/1073.2
軍12	雲南反共救國軍軍品撥補案(4冊)	40/2-42/12	780/1073
軍13	雲南反共救國軍軍法案件處理案(4冊)	40/4-42/8	013/1073
軍14	雲南反共救國軍經費撥補案(2冊)	39/12-42/10	250.2/1073
軍15	雲南反共救國軍人員處理案(2冊)	42/1-42/7	300.4/1073

軍43	滯留泰寮緬邊境部隊處理案	50/7-50/12	0534/3412
軍44	留置泰緬邊境國軍支援費案（2冊）	48/7-50/5	0252.2/7760
軍45	國雷演習專案經費案（3冊）	50/1-51/5	0252.2/6015
軍46	時代雜誌報導邊區游擊部隊販毒案	53/5-55/5	1321.33/6404
軍47	國雷案歸國義（民）軍處理案（3冊）	50/6-55/5	0365/6015
軍48	滇緬泰邊區馬俊國部經費支援案	50/8-53/6	250.2/3418
軍49	緬北作戰檢討報告案	50/4-50/5	0541/2196
軍50	支援泰國物資案（惠友演習）	61/12-63/3	0175.23/4040
軍51	李彌部隊撤退經費案	43/5-43/7	0252.3/4040

二、［外］外交部

（檔案代號＝外X-a；X=檔名代號，a=檔案冊號）

檔案代號	檔　　　　名	時　期	檔　號
外1	緬境國軍（12冊）	39/6/14-43/1/15	026
外2	緬境國軍（2冊）	42/9/1-43/8/17(55/9/2一件)	026
外3	留緬國軍所獲各項情報（3冊）	41/9/8-44/5/12	026
外4	第七屆聯大討論緬甸控我侵略（2冊）	42/3/26-42/4/27	012.93
外5	第八屆聯大辯論緬甸控我案情形（2冊）	42/10//7-42/12/31	012.93
外6	第九屆聯大辯論緬控我案情形	43/9/30-43/10/31	012.93
外7	緬控我侵略案資料	42/7/1-42/10/31	012.93
外8	緬甸控告我侵略	42/6/1-42/10/31	012.93
外9	緬甸控告我國侵略	40/1/1-42/3/31	012.93
外10	緬甸控我侵略案所提各項證件	42/10/7-42/11/26	012.93
外11	緬甸在聯大控我國留緬國軍（3冊）	42/2/1-44/2/28	012.93
外12	緬甸誣控案（2冊）	42/7/1-42/12/31	641.2
外13	緬境游擊部隊續撤案（6冊）	42/11/23-44/7/29	027.1
外14	緬寮邊境非正規軍案	50/2/1-50/3/31	027.1

外15	緬境中國游擊部隊撤退案曼谷聯合委員會紀錄(4冊)	42/4/22-43/2/15	027.1
外16	撤退在緬國軍	43/4/9-43/12/31	027.1
外17	葉公超部長與藍欽、杜勒斯談話紀錄	41/11/19-42/9/14 327/41	
外18	滇緬邊境游擊隊(4冊)	42/12/1-54/6/30	027.1
外19	葉公超部長談話紀錄及函件	44/4/1-45/2/23	407/1
外20	緬境國軍軍需用品送補	42/3/30-43/1/15	026
外21	餘留反共義民	50/10/1-53/4/30	027.1
外22	緬境國軍呂國銓軍長擬運用泰國配米盈利充實軍力案	41/9/13-41/9/24	026
外23	緬境游擊部隊撤退案剪報	42/10/1-43/6/30	027.1
外24	緬擊落我泰境飛機	50/2/17-50/2/28	012.8
外25	丁作韶在緬被扣	39/10/13-42/5/9	012.8
外26	滯泰緬境游擊隊員七十八人遣送碧差汶	44/8/1-49/9/30	027.1
外27	泰國碧差汶府我游擊隊員二十六人遣台	49/6/1-50/6/30	062.6
外28	滇緬難胞處理	45/7/1-50/8/31	062.6
外29	寮局說帖	44/4/1-51/9/30	001

三、[黨]中國國民黨中央委員會第二組(大陸工作會)

（檔案代號＝黨X-a；X=檔名代號，a=檔案冊數）

檔案代號	檔　　名	檔　號
黨1	李先庚卷	2-1-1-64
黨2	滇緬泰寮邊區游擊基地概況調查報告	4-4-1-11
黨3	雲南處工作檢討座談會議(11冊)	2-1-5-31
黨4	指導雲南處加強敵後工作(2冊)	2-1-7-6
黨5	緬甸工作檢討(2冊)	2-1-5-3

四、〔國〕國史館

（檔案代號＝國X-a；X=檔名代號，a=冊數）

檔案代號	檔　　　　名	檔　號
國1	蔣中正籌筆(戡亂時期)	2010.40/4450.01
國2	領袖特交檔案整編資料	
國3	開羅會議(第021卷)	

五、〔滇〕雲南游擊部隊原始文獻

（文件代號＝滇x，x=檔名代號）

文件代號	名　　　　稱	時　間
滇1	李彌和美國友人在曼谷之談話摘要	41/10
滇2	蘇令德保存的電報	42
滇3	李彌批寫的文件	43
滇4	緬東基地保衛戰經過概要	44/6/5
滇5	緬甸吞昂營長信件	44
滇6	柳部重要電報稿	44~45
滇7	五二三五部隊第四次軍務會議記錄	45/6/11-16
滇8	雲南人民反共志願軍歷年狀況綜合報告書	45/秋
滇9	臨時軍務會議	45/12/24
滇10	昆明部隊第五次軍務會議記錄	46/7/18-22
滇11	周建華總部建軍之得失	48/6
滇12	第二次軍務會議	44/6/10-13
滇13	昆明部隊實施安西計劃戰鬥詳報	48
滇14	柳元麟部基地於緬境內向西轉移之考察	49
滇15	柳部在江拉時期文電	46~49

六、〔法〕國防部軍法局

（檔案代號＝法X-a；X=檔名代號）

檔案代號	檔　　　名	檔　號
法1	李國輝等盜賣軍用品(第1卷)	271.72/4040
法2	李國輝等殺人案(第2卷)	271.72/4040
	〔本卷內容約30%為屬於盜賣軍用品案，70%內容為屬於殺人案〕	
法3	李國輝等殺人案(第3卷)	271.72/4040
法4	李國輝等殺人案(第4卷)	271.72/4040

七、訪問談話(錄音)紀錄

丁中江：滇籍報人，李彌之友。1997年12月5日於汐止辦公室

仇紹安：反共大學通信隊第三期結業。1997年6月22日於清邁某酒店。

左　治：第26軍參謀長。2001年8月16日於國立台北師院研討室

任　振：反共大學通信隊第三期結業。2007年2月15日於任宅。

朱鴻元：第5軍第17師師長。1999年2月26日下午於清邁熱水塘新村朱宅。

何大順：反共大學通信隊第二期結業，電台台長。

　　　　(1)1997年6月25日於清萊美斯樂何宅

　　　　(2)1999年3月4日於美斯樂何宅。

何以志：柳元麟總部辦公廳科員。2002年2月23日於何宅。

何正祥：反共大學學生隊結業，柳元麟的警衛排排長。

　　　　(1)2000年3月2日上午於清境農場。

　　　　(2)2002年7月23日。

谷學淨：第3軍第14師參謀長。

　　　　(1)1999年3月1日於清邁谷宅；

　　　　(2)2002年12月20日上午於曼谷榮華酒店。

李永康： 1999年2月18日於復華中學。

李先庚：國民黨中二組雲南處書記長(1)1997年10月12日於沈家誠宅。

　　　　(2)1998年7月5日。

　　　　(3)1999年6月20日。

　　　　(4)2001年4月14日。

李如構：反共大學通信隊第一期結業，電台台長。1999年2月26日於李宅：

李拂一：雲南西雙版納傣族文化學者，被李彌邀去滇緬邊區號召反共人士。

　　　　1998年5月24日於李宅。

李崇文：李彌時期的縱隊司令、師長。1999年2月21日上午於李宅。

李建昌：李彌總部通信營營長；反共大學通信隊隊長。2001年6月30日於李宅。

李炳昌：1999年2月21日上午於李宅。

李　瑤：李拂一先生之公子，台灣師大畢業，服務泰寮兩地之報業，消息靈通。

　　　　(1)2001年7月16日於泰國清邁某酒店。

　　　　(2)2001年11月13日於台北汐止潘培田宅。

李黎明：反共大學的教官，柳元麟時期的師長、防衛部副司令。

　　　　(1)2002年3月16日於李宅。

　　　　(2)2002年3月19日於李宅。

李勵吾：柳元麟時期第20師師長，總部辦公廳主任。

　　　　(1)2002年8月9日於李宅；(2)2003年3月28日上午於李宅。

李健圓：1999年2月28日下午。李文煥軍長的長女/次女李岱語：訪問兩位泰國將
　　　　軍錄音

沈家誠：反共大學通信隊教官，柳元麟總部電信總台台長。

　　　　2002年7月30日於沈宅。

姚　昭：軍校16期、李彌時期李國輝第193師第579團團長。情報局1920區的站長。
　　　　2001年11月10日於姚宅。

姚糙心：特種部隊派往柳部的通信官。2001年4月21日於姚宅。

姚璇琍：錢伯英夫人。經羅漢清將軍介紹，2002年由美國寄錄音帶過來。

胡慶蓉：丁作韶夫人。(1)2001年10月28日於丁宅。

　　　　　　　　(2)2002年7月27日上午於丁宅。

段國相：柳元麟部隊李黎明第22師的團長，段李時期攻打泰共的大隊長。

　　　　2002年6月25日於清萊帕當村。

修子政：軍校16期、李國輝團政工主任、軍部政工主任。1998年12月26日於修宅。

唐政亭：原第八軍砲兵營長，負責游擊隊的砲兵指揮官。1999年3月12日於唐宅

　　　　(相片)。

唐廷柱：柳元麟時期第4軍的參謀長。1999年2月22日於涂宅。

馬俊國：李彌時期的縱隊司令、師長，柳元麟時期的參謀長、西盟軍區司令；

　　　　情報局1920區的第三大隊大隊長。

　　　　(1)1997年6月23日於馬宅。(2)1999年2月28日上午於馬宅。

涂　剛：反共大學的教官，柳元麟時期的團長、防衛司令部參謀長。

　　　　1999年2月21日上午，22日上午於涂宅。

張正綱：反共大學的教官，柳元麟時期第5軍的軍部參謀；段李時期的師長。

　　　　(1)1999年2月18日於張宅。

　　　　(2)1999年9月11日於張宅。

張國杞：柳元麟時期第3軍的團長，段李時期的師長。

　　　　(1)1997年6月24日於張宅。

　　　　(2)2000年5月9日於台北市國軍英雄館

張秀莉：段希文的最後如夫人。2001年7月22日下午於張宅。

梁震行：李彌總部的參謀科長，柳元麟總部的參謀處長、軍參謀長、副參謀長。

　　　　1999年7月19日於梁宅。

陳　蕃：第3軍的團長。1999年2月26日上午。

陳茂修：柳元麟時期第3軍的師參謀長，段李時期的副師長。

　　　　(1)1997年6月27日於陳宅。

　　　　(2)1999年2月21日下午，23-24日於陳宅。

(3)1999年9月8-12日

陳振熙：國府駐泰大使館武官，李彌部隊的師長。

　　(1)1997年8月22日於陳宅。

　　(2)1997年12月2日

　　(3)？年3月15日。

陳啟祐：柳元麟時期通信隊第四期結業生，電台台長；情報局1920區台長。

　　1997年6月22日晚上於清邁某酒店。

陳訓民：柳元麟時期南昆守備區的團長。

　　2002年7月25日於陳宅。

師雲山：李彌時期的支隊副司令。2003年7月20日下午於台東市山地會館。

馮永中：李國輝師的團政工主任。2002年7月28日於馮宅。

蒙　顯：高級班，柳元麟時期第1軍的團長。

　　1998年春節後；2002年3月2日下午於蒙宅。

黃永慶：反共大學政幹隊結業，高級班，柳元麟時期第3軍的政治部主任。

　　(1)1997年6月24日熱水塘會所；

　　(2)1999年2月27日於清邁熱水塘黃宅。

　　(3)2002年12月13日曼谷黃宅。

黃近義：反共大學軍官隊結業，高級班，柳元麟時期第2軍的營長。

楊　沺：柳元麟時期第2軍26師的團長。(1)1998年春節後；

　　(2)2000年3月3日上午於清境農場

楊新植：柳元麟時期第3軍的團長，段李時期第3軍的師長。

　　(1)1997年6月24日於楊宅。

　　(2)1999年2月18日晚上於清邁李文煥宅。

　　(3)1999年9月13日。

楊國卿：柳元麟時期的團長，段李時期的中隊長。

　　1999年2月25日於楊宅。

榮增譽：李國輝師的文書官。

　　2002年7月26日下午於榮宅。

趙丞承：柳元麟時期第2軍的師長。

　　　　(1)1999年2月20日上午於趙宅。(2)1999年2月21日上午於李宅。

雷雨田：李彌時期李文煥縱隊的參謀長，柳元麟總部的處長，第5軍的師長，段
　　　　李時期段的參謀長，段過世，雷接段的指揮官職位。

　　　　(1)1997年6月25日於雷宅；

　　　　(2)1999年2月19-20日於美斯樂雷宅。

　　　　(3)1999年9月12日於美斯樂雷宅(錄音不佳)。

歐陽旻：193師師部的無線電台長之一。2002年7月24日下午於歐宅。

鄧漢豪：反共大學通信隊第三期結業生。2003年7月20日上午於鄧宅。

閻(閆)元鼎：李彌總部的副處長，柳元麟總部的處長、第5軍的參謀長。

　　　　　1999年9月15日於閻宅。

瞿述城：反共大學的教官，段李時期李部的副參謀長。

　　　　(1)1997年6月25日

　　　　(2)1999年2月26日晚上。

廖蔚榕：柳元麟留在曼谷的帳房。

　　　　1999年3月4日於泰國合艾市廖宅。

黎際有：通信隊第四期結業生，柳元麟總部電台台長。

　　　　1997年6月23日於清邁某酒店。

潘子明：抗戰時回國就讀軍校。

　　　　李彌時期任華僑師的副團長。

　　　　李彌部撤台後轉任泰國警察，官至中校。

　　　　(1)1999年3月3日於曼谷泰華英烈館。

　　　　(2)2002年12月19日於曼谷潘宅。

潘培田：李國輝師的排長。

　　　　1999年3月9日於餐廳(相片)。1999年3月13日(相片)。

劉定邦：李國輝師的連長。1998年9月6日下午於劉宅。

劉維學：李國輝師的營指導員、李國輝的軍械官。2002年7月29日於台中市劉宅。

劉學周：李彌的副官。2002年7月26日上午於高雄左營劉宅。

劉　濤：中二組電台台長。1999年3月1日於清邁劉宅。

鞏起國：李國輝師的連長。2002年7月21日下午於台東市鞏宅。

錢憲學：李國輝師的連長。2002年7月28日於錢宅。

譚偉臣：反共大學行政隊結業生，出身中醫世家。2002年7月25日晚上於譚宅。

羅漢清：李彌時期的師參謀長，柳元麟總部的代參謀長；回台後，曾出任金防部
　　　　副司令、國防部史政編譯局局長。
　　　　2002年4月21-22日於紐約羅宅及酒店。

八、書籍

[戰]曾　藝

　1964　《滇緬邊區游擊戰史》（上、下）。台北市：國防部史政編譯局。

[戡]國防部史政編譯局

　1983　〈西南及西藏地方作戰〉，刊於《戡亂戰史》（第13冊）。台北市：國防
　　　　部史政編譯局。

[情]國防部情報局

　1981　《史要彙編》。台北市：國防部軍事情報局。

[柳]柳元麟

　1996　《滇緬邊區風雲錄─柳元麟將軍八十八回憶》。台北市：國防部史政編
　　　　譯局。

[彌]張儤仇編

　1974　《李故主席炳仁上將紀念集》。未註明出版者。

顧祝同

　1981　《墨三九十自述》。台北市：國防部史政編譯局。

顧維鈞

　1994　《顧維鈞回憶錄》（全13冊）。北京：中華書局。

李達人

　1996　《留痕之三：萬里南旋》。台北縣中和市：作者自印。

李先庚

　1989　《奮戰一生》，台北市：財團法人李先庚會計基金會。

　1997　《八五憶往：九死餘生》，台北市：財團法人李先庚會計基金會。

　2001　《滇緬遊擊憶往》。清邁：雲南會館先庚古文書館資料室。

于　衡

　1955　《滇緬游擊邊區行》，再版。台北市：中國文化企業公司。

　　　　　　　　　　　　　總經銷：香港時報社

鄧克保(柏　楊)(原書未標示出版地)

　1964　《異域》。○○：平原出版社。

　1971　《中緬邊區游擊戰》。香港：現代出版社。(香港版《異域》)

　1991　《異域》。中和市：星光書報社。修訂初版。

柏楊

　1982　《金三角‧邊區‧荒城》。台北市：時報文化出版公司。

馬克騰

　1976　《異域》(下冊)。台北市：迅雷出版社。

譚偉臣

　1984　《雲南反共大學校史》。高雄市：塵鄉出版社。

朱力行著

　196x　《滇緬風雲》。台北市：國防部總政治部。

劉振顯

　1991　《怒江風雲：滇康工作站回憶錄》，泰國清邁：作者自印。

卓元相

　1976　《異域烽火》及其繼集。台北市：廣城出版社。

　1993　《異域烽火》(上、下)。台北市：躍昇文化事業公司。再版。

李利國

　1978　《從異域到台灣》。台南市：長河出版社。

　1980　《我在人類文明的生死分水線上》。台北市：時報文化。

賀聖達主編

1993　《當代緬甸》，成都：四川人民出版社。

陳　文

1996　《昆沙》，台北市：允晨文化公司

邱勝安

1982　《金三角風雲：泰緬寮棉邊區採訪錄》，台北市：世紀書局。

翁台生

1991　《CIA在台活動秘辛：西方公司的故事》。台北市：聯經出版事業公司

胡慶蓉(丁作韶之妻)

1967　《滇邊游擊史話》，台北市：中國世紀出版社。

1974　《滇邊游擊史話》，再版。出版者：程曉華(台南市東寧路19號)。

1977　《丁博士巨變歷險記》。香港：自由報—臺灣社。

吳林衛

1954　《滇邊三年苦戰錄》。香港：亞洲出版社。(香港銅鑼灣怡和街88號)

司馬徒、魯漢

1953　《反共十字軍鬥士李彌》，作者自印。

趙鴻德

1976　《萬里雙鴻記》(三版)。台北市：作者自印。

凱撒琳·拉穆(Catherine Lamour)著，思思譯

1982　《異域孤軍·金三角》。台北縣：廣城出版社。

徐仁修

1984　《金三角鴉片之旅：徐仁修帶槍專訪》。台北市：皇冠雜誌社。

1996　《罌粟邊城》。台北市：木樹文化。

羅石補

1978　《蠻荒行腳》，台北市：南京出版公司。

1978　《躍馬異域》，台北市：南京出版公司。

1979　《風雨記南行》再版(1955初版)，台北市：南京出版公司。

羅石圃

1991　《風雨緣：亂世佳人在中國》，作者自印。

唐柱國

　　1997　《最高機密：高級諜報員首度公開國民黨情報秘史》，台北市：新新聞
　　　　　出版社。

丁中江

　　1984　《濁世心聲》，作者自印。

賴名湯

　　1994　《賴名湯將軍回憶錄》，台北縣新店市：國史館。

張正藩

　　1954　《緬甸的現狀與華僑》，台北市：中央文物供應社。

林家勁、許肇琳等

　　1987　《泰國史》，廣州市：廣東人民出版社。

朱振明主編

　　1992　《當代泰國》，成都：四川人民出版社。

林聖詩編著

　　1959　《今日之泰國》，台北市：綜合出版社。

馬曜主編、李惠銓編輯

　　1991　《雲南簡史》，昆明市：雲南人民出版社。

張筱強、劉德善、李繼鋒合編

　　1994　《圖片中國百年史：1894~1994》（上、下）。濟南市：山東畫報出版社。

劉開政、朱當奎

　　1994　《中國曾參加一場最秘密戰爭》。北京：紅旗出版社；香港：賢達出版社。

趙勇民、解柏偉

　　1993　《蔣介石夢斷金三角》。北京市：華文出版社。

　　1994　《異域孤軍的真史》。台北市：風雲時代出版公司。

劉斌武編著

　　1997　《陳賡兵團征戰記》，北京市：國防大學出版社。

樊強著

　　1995　《輝煌西南》，北京市：解放軍出版社。

張伯金著

　2001　《亡命金三角：國民黨殘軍寫真》，北京市：中國社會科學出版社。

鄧　賢

　2000　《流浪金三角》，北京市：人民文學出版社。

侯德健

　1980　《落難的龍的傳人》。台北市：時報文化出報公司。

(清)薛福成輯

　1974　《滇緬劃界圖說》。台北市：成文出版社。

周光倬

　1967　《滇緬南段未定界調查報告》。台北市：成文出版社。

廖添富

　1974　《滇緬界務之研究》。作者自印。

甘乍納‧巴格物提訕(泰文)

　1994　《九十三師：帕當山的國民黨軍難民》。清邁：沙炎臘達公司。

賀南聯誼會(後改為「滇邊聯誼會」)

　2005　《賀南專輯》。台北市：賀南聯誼會。

　2005　《滇邊風雲錄》。台北市：賀南聯誼會。

大紀元系列社論

　2005　《九評共產黨》。台北縣中和市：聯鳴文化公司。

石　瑛(石錫瑚)

　1978　《自傳：雜記》。手稿本(未出版)

九、雜誌文章手記等

[輝]李國輝　(輝X：a＝李國輝　連載期次：頁數)

　1970　〈憶孤軍奮戰滇緬邊區〉，刊於《春秋雜誌》第13卷第一期至第17卷第
　　　　4期(1970.7.1-1972.10.1)。(連載25期/次)

柳元麟

1973 〈追懷滇緬邊區往事〉。刊於《留痕》。

(註：《留痕》之發行人為劉子兆，地址為台北市基隆路一段2-4號。

出版日期為No.1:60/10；No.2:61/10；No.3:62/10；No.4:63/10；No.5:64/10)

1987 〈李彌將軍與我〉，刊於《中外雜誌》第41卷第1期，頁55-60。

陳存恭等

1995 〈滇緬邊區反共游擊隊後期戰況紀要〉，刊於《軍事史評論》第二期。

台北市：國防部史政編譯局

[梁]梁震行

1958 《梁震行先生筆記簿》。梁震行先生自存。

胡士方

1990 〈我所知道的李彌〉（上、下），刊於《傳記文學》第56卷第5-6期，頁
(上)107-114,(下)76-84。

陶培揚

1994 〈血染異域四十年〉，刊於《聯合報》1994年2月1日至17日。

丁　流

1980 〈滇邊叢林中的大學〉，刊於《聯合報》1980年1月2日至3日。

1982 〈滇邊叢林中的大學〉刊於《雲南文獻》第12期，民國71年12月25日。
頁52-67。（轉載）

李拂一(筆名：移　山)

1997 〈李彌將軍隻身前往滇緬邊區收拾殘敗反攻大陸之經過〉，刊於《雲南
文獻》第27期，台北市：雲南省同鄉會。頁57-72。

2003 〈柳元麟將軍斷送了滇緬邊區的反共基地〉，刊於《廣西文獻》第102
期，台北市：廣西同鄉會。民92年10月10日出版。

雷雨田

2000 〈從戰亂到昇平看泰北蛻變〉，刊於《救總五十年金慶特刊》。台北
市：中華救助總會。頁250-263

寒　梅

1985 〈血染考可山〉，刊於曼谷《世界日報》1985年3月7-11日。

1985　〈血染考可山〉刊於《雲南文獻》第15期,民國74年12月25日。頁66-69。(轉載)

黃慶豐

1963　〈泰緬邊境訪孤孽〉,收於《外18-1-6》。

司馬芬

1990　〈悼念一代名將李彌將軍〉,刊於《台灣日報》1990年9月25日。

逸　力

19xx　〈李彌將軍死不瞑目〉,刊於《新府會報導》第11期,頁40-43。

青　山

1993　〈陳茂修將軍訪問記〉,刊於曼谷《世界日報》1993年3月3月26,29,30,31日。

朱心一

1981　〈段希文將軍遺墨〉刊於《雲南文獻》第11期,民國70年12月25日。頁40-41。

1982　〈從所謂金三角談被國際歧視的難胞〉,刊於《龍旗》第2卷第4期。

1984　〈段希文將軍事略〉刊於《雲南文獻》第14期,民國73年12月25日。頁112-113。

1991　〈李彌將軍是江洋大爺?:異域的是與非〉,刊於《中央日報》民國80.2.21

1991　〈「異域」的曲異〉,刊於《雲南文獻》第21期,台北市:雲南省同鄉會。民國80年12月25日。頁89-96。

謝雄玄

1961　〈苦戰滇邊十二年〉,刊於《新聞天地》第687期,1961年4月15日。

羅惠補

1969　〈滇緬邊區反共義軍撤退憶往〉,刊於《春秋雜誌》第10卷第5期至第11卷第5期(1969.7.1-1969.11.1)。

封　侯

1979-80　〈滇緬邊區游擊風雲〉,刊於香港《萬人雜誌週刊》第360(63)至

386(89)期[註：《萬人雜誌週刊》(1978-1981)為由《萬人日報》(1975-1978)改版
而來，這兩報刊都只經營三年即先後結束營業。]

姚葛民
　　1972　　〈反共名將李彌生平〉，刊於《春秋雜誌》第16卷第1期(61.1.1)。
丁中江
　　1974　　〈哭李彌將軍〉，刊於《春秋》第20卷第1期，63.1.1
田布衣(丁中江)
　　1953　　〈惜李彌〉，刊於《新聞天地》第226號，42.3.21。
　　1960　　〈滇邊沉默的戰爭〉，刊於《新聞天地》第670號，49.12.17。
　　1961a　　〈緬邊游擊隊能被消滅嗎〉，刊於《新聞天地》第681號，50.3.4。
　　1961b　　〈滇緬泰寮邊區喋血〉，刊於《新聞天地》第683號，50.3.18。
秦人泗
　　1951　　〈李彌苦鬥瀾滄江〉，刊於《新聞天地》第182號，40.8.11。
薛幼聖
　　1951　　〈李彌震撼了東南亞〉，刊於《新聞天地》第180號，40.7.28。
季　海
　　1951　　〈東南亞、滇西、陳振熙〉，刊於《新聞天地》第194號，40.11.3。
余　真
　　1951　　〈有朝氣、有幹勁〉，刊於《新聞天地》第194號，40.11.3。
余定邦
　　2000　　〈1937-1946年的泰關係〉，刊於中國社會科學世界歷史研究所《世界
　　　　　　歷史》，1：70，(總140期)。
謝公權
　　1951　　〈我離開滇緬泰邊區反共基地〉，刊於《新聞天地》第201號，40.12.22。
史郎因
　　1952　　〈呂國銓重入雲南腹地〉，刊於《新聞天地》第222號，41.5.17。
魯　史
　　1952　　〈不勝依依陳振熙〉，刊於《新聞天地》第223號，41.5.24。

史郎因

1952 〈國軍攻克瀾滄南嶠乘勝進軍車里佛海〉，刊於《新聞天地》第225號，40年6月7日。

羅耀庭

1952 〈沒有李樹輝這個人〉，刊於《新聞天地》第225號，41.6.7。

許今野

1952 〈憤怒的呂國銓〉，刊於《新聞天地》第252號，41.12.13。

荊伯鴻

1953 〈李彌對我微微一笑〉，刊於《新聞天地》第267號，42.3.28。

吳祖君

1953 〈李彌是怎樣失敗的〉，刊於《新聞天地》第268號，42.4.4。

徐進言

1953 〈緬甸同意中共軍入緬〉，刊於《新聞天地》第270號，42.4.18。

洪長同

1961 〈游擊戰士永遠撤不完〉，刊於《新聞天地》第686號，50.4.8。

謝雄玄

1961 〈苦戰滇邊十二年〉，刊於《新聞天地》第687號，50.4.15。

周爾新

1974 〈敬悼李彌將軍〉刊於《雲南文獻》第4期，民國63年12月25日。頁39-42。（本文亦載於中外雜誌第15卷第4期）

資料室

1976 〈滇緬北段未定界交涉及英人侵略事實〉，刊於《雲南文獻》第6期，民國65年12月25日。頁91-108。

1978 〈段克昌先生行述〉刊於《雲南文獻》第8期，民67年12月25日，頁57-62。

雲耀宗

1979 〈滇邊反共奮戰紀實：追憶前雲南反共救國軍第一軍政區司令李希哲先生暨所部在滇邊奮戰經過事略〉，刊於《雲南文獻》第9期，民國68年12月25日。頁64-66。

1983　〈抗英英雄李希哲〉刊於《雲南文獻》第13期，民國72年12月25日。頁129-133。

陳春木

1980　〈烽火泰邊行〉刊於《雲南文獻》第10期，民國69年12月25日。頁5-28。（69/8/8-17中央日報連載）

楊世麟

1980　〈滇緬邊區游擊訓練基地固護躬歷記〉刊於《雲南文獻》第10期，民國69年12月25日。頁57-63。

譚偉臣

1980　〈敬悼永不撤退的段希文將軍〉刊於《雲南文獻》第10期，民國69年12月25日。頁82-84。

1982　〈憶第一位反攻大陸名將──李彌將軍〉刊於《雲南文獻》第12期，民國71年12月25日。頁128-137。

1984　〈為何出版雲南反共大學校史〉刊於《雲南文獻》第14期，民國73年12月25日。頁63-73。

1985　〈李彌將軍對國家的貢獻〉刊於《雲南文獻》第15期，民國74年12月25日。頁92-99。

1986　〈震動世界的雲南省反共救國軍之形成及貢獻〉刊於《雲南文獻》第16期，民國75年12月25日。頁49-71。

金維純

1981　〈雲南健兒異域奮鬥三十年〉刊於《雲南文獻》第11期，民國70年12月25日。頁14-29。

申慶璧

1981　〈邱開基將軍八秩壽序〉刊於《雲南文獻》第11期，民國70年12月25日。頁145-146。[註：邱將軍夫人：敖乃華，女：學德、學真、學麗、學智。]

1983　〈李炳仁先生逝世十週年感賦〉刊於《雲南文獻》第13期，民國72年12月25日。頁128。

張枝鮮

1982　〈泰緬邊區紀行（上）〉刊於《雲南文獻》第12期，民國71年12月25日。
　　　　頁24-37。

1983　〈泰緬邊區紀行（下）〉刊於《雲南文獻》第13期，民國72年12月25日。
　　　　頁44-64。

張少俠

1983　〈段將軍的故事〉刊於《雲南文獻》第13期，民國72年12月25日。頁
　　　　125-126。

長　戈

1985　〈血染考可山讀後〉刊於《雲南文獻》第15期，民國74年12月25日。頁
　　　　70-71。

趙懷志

1987　〈遙慰異域袍澤〉刊於《雲南文獻》第17期，民國76年12月25日。頁
　　　　138-143, 137。

1988　〈大哥李祖科〉刊於《雲南文獻》第18期，民國77年12月25日。頁182-185。

李國輝先生治喪會

1987　〈李國輝將軍行狀〉刊於《雲南文獻》第17期，民國76年12月25日。頁
　　　　208-209。

李少恨

1990　〈老兵懷舊憶猛撒〉刊於《雲南文獻》第20期，民國79年12月25日。頁
　　　　122-124。（詩10首）

前雲南反共救國軍在台官兵

1990　〈現正上映之電影「異域」扭曲李彌將軍情節提出嚴重抗議啟事〉，刊
　　　　於《青年日報》第一版。民國79年9月16日。

青年日報

1990　〈嚴重抗議異域扭曲李彌將軍情節啟事〉刊於《雲南文獻》第20期，民
　　　　國79年12月25日。頁125-127。（轉載）

王　坪

1990 〈我從異域來談異域事〉刊於《雲南文獻》第20期，民國79年12月25日。頁128-129,132。

段家穀

1990 〈我看異域〉刊於《雲南文獻》第20期，民國79年12月25日。頁130-132。

楊兆麒先生治喪會

1990 〈楊兆麒事略〉刊於《雲南文獻》第20期，民國79年12月25日。頁171-175。

李先庚

1997 〈我所敬佩的李彌將軍〉刊於《雲南文獻》第27期，民國86年12月25日。頁178-179。

廖書賢

1999 〈民主鞏固：泰國政黨體系簡化之個案研究〉，刊於《東南亞區域研究通訊》第8期。台北市：中央研究院東南亞區域研究計劃。

覃怡輝

2002 〈李彌部隊退入緬甸期間(1950-1954)所引起的幾項國際事件〉，刊於《人文及社會科學集刊》第14卷第4期，2002年12月出版，頁561-604。台北市：中央研究院中山人文社會科學研究所出版。

覃怡輝

2002 〈李彌將軍在滇緬邊區的軍事活動〉，刊於《中華軍事史學刊》第七期。台北市：中華軍史學會。民國91年4月出版。頁75-116。

英文部分

Accinelli, Robert

1996 *Crisis and Commitment: United States Policy toward Taiwan,* 1950-1955. Chapel Hill: University of North Carolina Press.

Butwell, Richard

1963 *U Nu of Burma.* Stanford, California: Stanford University Press.

Cady, John F.

1958   *A History of Modern Burma*. Ithaca, New York: Cornell University Press.

1976   *The United States and Burma*. Cambridge, Massachusetts: Harvard University Press.

Dear, I. C. B.(ed)

1995   The Oxford Companion to the Second World War. Oxford: Oxford U. Press.

DOS (Department of State, United States)

1950   *Foreign Relations of the United States*. Vol. 6. Washington, D.C.:U.S. Government Printing Office.

1951a *Foreign Relations of the United States*. Vol. 6. Washington, D.C.:U.S. Government Printing Office.

1951b *Foreign Relations of the United States*. Vol. 7. Washington, D.C.:U.S. Government Printing Office.

1952-54a *Foreign Relations of the United States*. Vol.12. Washington, D.C.:U.S. Government Printing Office.

1952-54b *Foreign Relations of the United States*. Vol.14. Washington, D.C.: U.S. Government Printing Office.

1961-63a *Foreign Relations of the United States*. Vol.22. Washington, D.C.:U.S. Government Printing Office.

1961-63b *Foreign Relations of the United States*. Vol.23. Washington, D.C.:U.S. Government Printing Office.

Fineman, Daniel

1997   A Special Relationship: The United States and Military Government in Thailand 1947-1958. Honolulu: University of Hawaii Press.

Foot, Rosemary.

1995   The Practice of Power: US Relations with China since 1949. Oxford: Clarendon.

Hoefer, Hans, William Warren, Star Black and M.R.Priya Rangsit

1988   *Thailand.* Singapore: APA Publications.

Immerman, Richard H.(ed)

    1990   John Foster Dulles and the Diplomacy of Cold War. Princeton: Princeton University Press.

Johnstones, William C.

    1963   *Burma's Foreign Policy: A Study in Neutralism.* Cambridge, Massachusetts: Harvard University Porss.

Jones, DuPre (ed)

    1980   *China: U. S. Policy since 1945.* Washington, D.C.: Congressional Quarterly, Inc.

Kaufman, Victor S.

    2001   "Trouble in the Golden Triangle: The United States, Taiwan and the 93rd Nationalist Division" in *The China Quarterly*, No. 166, June 2001.

Leary, William M.

    1963   Perilous Missions: Civil Air Transport and CIA Covert Operations in Asia. Alabama: The University of Alabama Press.

Lintner, Bertil

    1994   *Burma in Revolt: Opium and Insurgency since 1948.* Boulder, San Francisco, Oxford: Westview Press

Maung Maung

    1953   *Grim War against KMT.* Rangoon: Nu Yin Press.

    1969   *Burma and General Ne Win.* Rangoon: U Myint Maung/ Religious Affairs Department Press

McCoy, Alfred W.

    1991   The Politics of Heroin: CIA Complicity in the Global Drug Trade. Chicago: Lawrence Hill Books.

MOI(Ministry of Information, Union of Burma)

    1953   Kuomintang Aggression against Burma. Rangoon: MOI

Ponting, Robert H.

1994　*Churchill*. London: Sinclair-Stevenson.

Taylor, Robert H.

　1973　*Foreign and Domestic Consequences of the KMT Intervention in Burma*. Ithaca, New York: Dept. of Asian Studies, Cornell University.

TF327(Task Force 237)

　1987　Former Chinese Independent Forces. Bangkok: Task Force 327.

Tinker, Hugh

　1961　The Union of Burma: A Study of the First Years of Independence. London: Oxford University Press.

Trager, Frank N., Patricia Wohlgemuth and Lu-yu Kiang

　1956　*Burma's Role in the United Nations, 1948-1955*. New York: Institute of Pacific Relations.

Walker III, William O.

　1991　Opium and Foreign Policy: The Anglo-American Search for Order in Asia, 1912-1954. Chapel Hill: University of North Carolina Press.

Young, Kenneth Ray

　1970　Nationalist Chinese Troops in Burma: Obstacle in Burma's Foreign Relations 1949-1961. Doctoral dissertation, Department of History, New York University.

附錄一
第一章補充

雲南總部（李彌時期）反共大學通信隊第1-3期結業學員芳名錄

隊長

第1-2期：李建昌(31，江西萍鄉)

第3期：陳明亮(29，湖北黃陂/麻城？)

副隊長

第1期：郭光旭(32，湖北公安)

第2期：陳明亮(29，湖北黃陂)

第3期：尹建中(23，雲南騰衝)（區隊長）

教官：（不分期）

李建昌、張武鈞(安徽合肥)、周　遊(四川涪陵)、許永鴻(江西宜黃)、孟省民、陳明亮、劉濤(山東○城)、周子平(湖南長沙)、沈家誠(浙江)、梁雲青(廣東)、周輝宇、楊光華、易鴻洵、張彩文。

學員

第1期：（16週：1952.04.07~1952.07.26）（1952.08.05分發各單位電台實習）

尚喜魁(23，熱河，第193師)、楊新鼎(26，雲南鎮康，第148縱隊)、雲耀宗(20，雲南景谷，保3團)、李耀明(31，雲南景東，第1軍區)、張仕誠(21，雲南景谷，第26軍)、李如構(21，雲南鎮康，第148縱隊)、張文煥(24，雲南順寧，第145縱隊)、阮鴻勳(21，雲南玉溪，第152縱隊)、陳聲(26，雲南寧洱，第1軍區)、羅家柱(22，廣東廣州，雲南總部)、張順生(26，雲南鳳儀，第153縱隊)、熊如沐(21，廣東梅縣，第161師)、朱開貴(22，雲南耿馬，第153縱隊)、劉映輝(19，雲南緬寧，第153縱隊)、楊樹基(19，雲南保山，保1師)、吳楚豪(15，雲南保山，保1師)、李智(24，雲南景谷，第1軍區)、嚴尚樸(25，雲南鎮南，第150縱隊)。（以上18名為結業後分發實習者）

高紹清(26，四川李房，第193師)、葉雲龍(19，廣東梅縣，第26軍)、石安貴(19，雲南瀾

滄，第193師）、王必達(24，四川大竹，第144縱隊)、師能詩(雲南)。（以上5名為結業後留隊補習者）

李鶴皋(21，湖南長沙)、湯郁欽(24，四川梁山)、黎榮佐(27，廣東羅定)、邵志剛(27)、袁榮輝、劉成智、黃永慶(25，雲南騰衝)、何有森、魯大業、吳明璋、杜章新、古鴻慶(19，廣東梅縣)。（以上12名為中途退訓者）

第2期(16週：1953.02.16~1953.06.06)(1953.06.10分發各單位電台實習)

段復惠(22，雲南永平)、何大順(20，雲南龍陵)、楊天舜(19，雲南昌寧)、劉寶環(23，廣東興寧)、沈文邦(18，雲南龍陵)、段曰芬(22，雲南騰衝)、朱希明(14，雲南佛海)、黃金華(21，雲南保山)、陳兆舜(18，雲南景東)、王光釗(21，雲南滄源)、楊太昂(16，雲南騰衝)、李和貴(22，雲南玉溪)、許建中(20，雲南寧洱)、鄺建民(23，廣東台山)、蔣炳忠(15，雲南保山)、劉應超(23，雲南緬寧)、馬家才(17，雲南昆明)、李學貴(20，雲南新平)、張大培(18，雲南騰衝)、趙國璽(18，雲南騰衝)、李紹鄴(16，雲南騰衝)、張　光(23，雲南景東)、傅　凱(30，四川簡縣)、葉　萍(30，浙江慈谿)、龔　仕。（以上25名為結業並分發實習者）

黃輝雲(30，雲南姚安)、張興禮(23，雲南騰衝)、趙國華(12，河北翼縣)。（以上3名為結業但留第3期受訓者）

王　健 (18，雲南石屏)、郭忠文(19，雲南峨山)、張肇昌(28，雲南雙江)。（以上3名為中途退訓者）

第3期(16週：1953.07.01~1953.12.31)(本應10月24日結業，因部隊撤退而延遲結業.

任　振(20，雲南騰衝)、余學讓(22，雲南騰衝)、張興禮(22，雲南騰衝)、吳大發(20，雲南鎮康)、陳文宗(17，雲南潞西)、梅學宏(19，雲南龍陵)、尹連本(17，雲南龍陵)、楊　杰(20，雲南龍陵)、仇紹安(20，雲南昌寧)、李國滿(20，雲南保山)、李如茂(19，雲南姚安)、張發權(17，雲南騰衝)、周聯霄(20，雲南鎮康)、楊世吉(18，雲南龍陵)、黃輝雲(32，雲南姚安)、楊　榮(22，雲南騰衝)、羅良逵(27，雲南昌寧)、楊　琪(27，廣西梧州)、罕萬傑(18，雲南鎮康)、李興茂(17，雲南潞西)、楊之胥(19，雲南龍陵)、高　雲(16，雲南賓川)、趙國華(13，河北翼縣)、熊福成(22，雲南羅平)

(以下4名為泰國僑生)

張　武(20，福建莆田)、鄧漢豪(26，廣東文昌)、楊　安(20，福建福州)、劉　勝(20，福建莆田)。

雲南總部(柳元麟時期)通信隊第4-5期學員芳名錄

教官

周　遊、許永鴻、李克溫、梁雲青、沈家誠、楊光華、仇紹安、何大順、

隊長

木成武(第4期)；李　果(第5期)。

教官：周　遊、沈家誠、梁雲青、許永鴻、李克溫、何大順、仇紹安等。

學員

第4期(1956.08.16~1967.02.25)

陳啟祐、吳成漢、黎際有、陳彥強、饒懷彬、林政泰、林振華、林愛國、黃曉、潘海初、陳必同、許慶壽、張萬龍、林化通、陳文政、陳光、林志成、林時光、王亨郎、黃宗鈿。

第5期(1959.07.14~1959.11.30)

陸祖涇、邱國苑、黎富恩、沈玉麟、馬振南、郭繼元、梁振東、韋達光、李旦元、王建元、徐梅章、李鎮光、陳文盛、蔡有金。(以上14名為泰國僑生)

楊世春、劉明卿、吳祖順、雷光輝、龐耀光、蔣慶榮、孔祖蔭、王學賢、王學琨、蘇家壽、何雲生、楊振福、王馬成、汪明聲、李發坤、楊光復、曹國良、董生周、黃純山、趙鑽賢(修護員)、趙國華、劉○○。(以上20名為部隊保送生)

第5期(特別附加班6人)(1960.04~1960.08)

覃宏球、覃怡輝、吳廣生、周世禎、盤漢南。(以上5名為泰國僑生)

張宗舜(順)。(以上1名為部隊保送生)

附錄二
第二章補充

雲南反共救國軍兵力編制駐地表　（1951年5-8月）

部隊番號	主　官	駐　地	兵　力
總指揮部	李　彌		
第26軍	呂國銓		
第93師	彭　程	猛羊	3,200　團長：譚　忠
第193師	李國輝	新旦、曼拉夫新	團長：張復生
第161師	陳振熙(官家檀代)—王敬篍		
保1師	甫景雲		(400+)團長：辛朝漢、楊文光
第2縱隊	刀寶圖	蓮山	1,500
第3縱隊	罕裕卿	班洪	1,500
第4縱隊	李祖科	神護關	2,000
第7縱隊	羅紹文	上塗坵	7,000(500+)
第8縱隊	李文煥(500+)		支隊：張國柱(200+)，文興洲(400+)
第9縱隊	馬俊國		
第10縱隊	李達人		
第11縱隊	廖蔚文	曼卡	2,500　支隊長：屈鴻齋、石炳麟
第12縱隊	馬守一	猛羊	700
第13縱隊	王少才		
第16縱隊		南爽	1,500
第17縱隊		瑞麗	3,000
第18縱隊		弗來	1,500
第21縱隊		戶撤、臘撒	1,800
第9專署		猛定	760
保3團	彭懷南	猛阿	600
特務團	胡景瑗	朋坦	700
獨立第7支隊	黃經魁	活曼	450
獨立第8支隊	蒙寶葉		470
獨立第10支隊	張偉成	旁帕	500
獨立第11支隊		滄源	
獨立第18支隊	李泰興		
獨立第21支隊	史慶勛		
獨立第○支隊	閔慶餘		
總　計			29,680(虛報甚多)

資料來源：地圖，外交部檔案，《緬境國軍》（第2冊），民39年6月至民39年9月。

雲南反共救國軍所屬主官姓名兵力駐地表　（1951年12月）

部隊番號	主　官	兵力	駐　地
總指揮部	李　彌	250	孟撒
省府特務團	胡景瑗	750	孟撒
第26軍　軍部	呂國銓	350	孟研(孟根)
第93師	彭　程	1200	孟卡
第161師	(王敬箴)	250	孟勇
第193師	李國輝	1400	邦央
保1師(第16縱隊)	甫景雲	750	孟湯
第2縱隊	刀寶圖	800	蓮山—盈江
第3縱隊	罕裕卿(副：李紹寬)	600	孟可克
第4縱隊	李祖科	400	固東—瀘水
第7縱隊	羅紹文		
第8縱隊	李文煥	1100	孟第、紅中、拉瓦
第9縱隊	馬俊國	800	乃向(蠻董南30里)
第10縱隊	李達人	800	坎朔、永樂
第11縱隊	廖蔚文	800	西盟
第12縱隊	馬守一	550	孟汗、乃東
第13縱隊	王少才—李崇文	300	滿相附近
第3軍政區保3團	彭懷南	900	孟羊
特1團(特務團)	王青書	350	貴街附近
特2團	傅其昌	350	貴街
獨立第7支隊	黃經魁	350	孟瓦、孟勇
獨立第8支隊	蒙寶葉	350	三島
獨立第10支隊	張偉成	400	孟羊
獨立第18支隊	李泰興	400	南傘附近
獨立第21支隊	史慶勛	400	隴川
總　計		14,000	

資料來源：曾藝(1964)，《滇緬邊區游擊戰史》。台北市：國防部史政編譯局。插表第5。頁88之後。

砠＝44兩

　＝2.75斤(1斤＝16兩)

　＝1.65公斤(一斤＝600公克＝0.6公斤)

收入：稅、運費、保鏢費

雲南反共救國軍主官姓名兵力駐地表　（1952年7月）

部隊番號	主官	兵力	駐地
總指揮部	李　彌	612	孟撒
第26軍	呂國銓	835	猛龍
第19路	李希哲	456	猛羊
第20路	段希文	40	猛勇
第21路	朱家才	115	猛普委
第93師	彭　程	1235	猛海
第193師	李國輝	1496	猛普委
第143縱隊	刀寶圖	826	蓮山
第144縱隊	罕裕卿	597	孟可克
第145縱隊	李祖科	450	營盤街
第146縱隊	宋朝陽	970	孟雷
第147縱隊	胡景瑗	720	克東以南地區
第148縱隊	李文煥	1150	言屋/葉屋
第149縱隊	馬俊國	825	猛普委
第150縱隊	李達人	809	猛撒、克東之南
第151縱隊	廖蔚文	850	營盤
第152縱隊	馬守一	450	孟漢
第153縱隊	王少才	640	邦央
第154縱隊	甫景雲	645	孟湯
第155縱隊	王有為	1049	孟其
第156縱隊	王敬箴	570	猛勇
第12支隊	李鴻彬	260	密支那
第13支隊	龔統政	425	貴街之南
第14支隊	彭懷南	450	猛雷
第15支隊	王震東	305	丹羊
第16支隊	方御龍	225	臘戌之東
獨立第17支隊	黃大龍	373	果敢
獨立第18支隊	李泰興	295	果敢
獨立第21支隊	史慶勳	340	騰衝梁河間
第19支隊	田世勛	330	果敢
第20支隊	多永明	238	臘戌之東
第23支隊	李發林	817	黑山
第24支隊	楊世麟	335	貴街之東
潞西縣大隊	蔣家傑	365	潞西附近
合　計		19,794	

資料來源：國防部大陸工作處(1954)，《滇緬邊境游擊部隊撤退紀實》。台北市：國防部大陸工作處。頁7。地圖／標示(本書存於外交部檔案《滇緬邊境游擊》第1冊。民42年12月至民51年4月。)。

「雲南反共救國軍」改制為「東南亞自由人民反共聯軍」對照表1953年7月28日

救國軍番號	反共聯軍番號	主 官	備 註
總指揮部		李 彌	1953.02.23返回台北
直屬警衛大隊	警衛大隊	李 勇	
直屬通信中隊	通信營	李建昌	
直屬機砲大隊	機砲大隊	陳代強	
第一指揮所指揮部	呂國銓		
第二指揮所指揮部	李則芬		
第十九路司令部	第一軍政區	李希哲	
第144縱隊	第144縱隊	方克勝	由12,13,16,20支隊組成，160縱隊撤銷。
第151縱隊	第151縱隊	陶逸(陶大剛)	
第155縱隊	第155縱隊	和榮先	由14,23支隊組成，第7縱隊及保1師撤銷
第二十路司令部	第二軍政區	葉植楠	
第146縱隊	第146縱隊	譚忠	
第159縱隊	第159縱隊	王伯蠱	以後改為第184縱隊
車里縣大隊	車里縣大隊	蒙振聲	
鎮越縣大隊	鎮越縣大隊	黃經魁	
第二十九路司令部	第3軍軍部	錢伯英	原為第21路，原第三軍政區撤銷
第147縱隊	第3軍第7師	胡景瑗	
第149縱隊	第3軍第9師	馬俊國	
第150縱隊	第3軍第8師	李達人	
第三十路司令部	第5軍軍部	段希文	原為第22路，由滇西指揮所改編而成
第143縱隊	第5軍第14師	劉紹湯	第24支隊編入第143縱隊
第148縱隊	第5軍第13師	李文煥	
第152縱隊	第5軍第15師	馬守一	
第三十一路司令部	第7軍軍部	彭 程	原為第23路，由第26軍部改編而成
第161師	第7軍第19師	羅伯剛	
第145縱隊	第7軍第21師	李祖科	第19支隊編入第145縱隊
第156縱隊	第7軍第20師	王敬箴	
第三十二路司令部	第9軍軍部	李國輝	原為第24路
第193師	第9軍第25師	李國輝	第15支隊編入第193師
第153縱隊	第9軍第27師	李崇文	
第154縱隊	第9軍第26師	甫景雲	
獨立第17支隊	獨立第17支隊	黃大龍	
獨立第18支隊	獨立第18支隊	李泰興	
獨立第21支隊	獨立第21支隊	史慶勳	
獨立潞西縣大隊	獨立潞西縣大隊	蔣家傑	

資料來源：國防部史政編譯局檔案，《雲南反共救國軍調派案》（共9冊），40.6-42.8

雲南省反共救國軍主官姓名兵力駐地表 （1953年12月）

部隊番號	主官	兵力	駐地	備考
總指揮部	李　彌	359	孟撒	
直屬警衛大隊	李　勇	262	孟撒	
直屬通信中隊	李建昌	148	孟撒	
獨立第17支隊	黃大龍	417	果敢	
獨立第18支隊	李泰興	282	孟岡	
獨立第21支隊	史慶勳	339	蠻盾	
潞西縣大隊	蔣家傑	365	潞西附近	
第一指揮所指揮部	呂國銓	495	孟可克	
第十九路司令部	李希哲	527	邦央—孟研	
第151縱隊	陶逸	773	孟研	
第155縱隊	和榮先	772	孟博	
第148縱隊	王伯蠡	612	滿相—孟研	
第二十路司令部	葉植楠	370	孟勇	
第146縱隊	譚忠	846	孟馬	
車里縣大隊	蒙振聲	147	孟黑	
鎮越縣大隊	黃經魁	126	孟坎	
第三十一路司令部	彭程	184	孟岡	
第161師	羅伯剛	999	孟岡	
第156縱隊	王敬箴	542	賴東	
第二指揮所指揮部	李則芬	157	克東以南地區	
第二十一路司令部	錢伯英	161	克東以南地區	
第147縱隊	胡景瑗	704	克東以南地區	
第149縱隊	馬俊國	614	沙拉	
第150縱隊	李達人	548	克東以南地區	
第三十路司令部	段希文	135	孟敦	
第143縱隊	劉紹湯	633	孟敦	
第148縱隊	李文煥	986	孟舖	
第152縱隊	馬守一	597	孟茅	
第三十二路司令部	李國輝	206	大別	
第193師	李國輝	1321	大別	
第153縱隊	李崇文	619	干都龍	
第154縱隊	甫景雲	821	孟湯	
合　計		16,068		

資料來源：曾藝著，《滇緬邊區游擊戰史》，插表第6。頁88。

李白英日記中的編制表

李白英(Li Phai Ying)在其日記中所記錄之「反攻大陸長官姓名」，該員在1953年元月8日在老依考(Loikaw)附近之對緬戰役中陣亡。此日記為緬政府用於控訴中華民國政府侵略的證據之一。名單如下：

總統	蔣中正	行政院長	陳誠
國防部長	郭寄嶠	參謀總長	周至柔
陸軍總司令	孫立人	海軍總司令	桂永清
空軍總司令	周至柔	總指揮兼校長	李 彌
副總指揮兼副校長	李虞夫	教育處長	許亞殷
副教育處長	吳祖經	總務處長	金樹華
副總指揮兼26軍軍長	呂國銓	26軍副軍長	葉植楠
93師師長	彭 程	193師師長	李國輝
軍官大隊長	胡景瑗	軍士大隊長	姚 昭
第一中隊長	尹可舟	第二中隊長	陳 良
第三中隊長	鄒浩修	主席兼總指揮	李 彌
第一縱隊司令	仝登文	第二縱隊司令	刀寶圖
第三縱隊司令	罕裕卿	第四縱隊司令	李祖科
第六縱隊司令	宋朝陽	第八縱隊司令	李文煥
第九縱隊司令	馬俊國	第十縱隊司令	李達人
第11縱隊司令	廖蔚文	第12縱隊司令	馬守一
第13縱隊司令	王少才(李崇文代理)		
保安第一師師長	甫景雲	保安第二師師長	王有為

民國四十九年十月十八日紀念

(註：應是民國41.10.18年之誤，因該員於42.01.08陣亡，而40.10.18年則反共大學尚未開學。)

表七　反共大學的隊別和期別　（紀元：民國）

隊　　　別	期　　別	受訓週數	受訓期間	備　　　註
1.軍官隊	第1期	11週	40.12.5~41.2.19(11週)	
			40.12.3~41.2.17(11週)	證書
	第2期	9週	41.3.10~41.5.17（9週）	證書
			41.2.25~41.5.11(11週)	
	第3期	6週	41.5.19~41.8.2（11週）	
			41.6.23~41.8.1（6週）	證書
	第4期	9週	42.3.2~42.5.3（9週）	證書
			42.2.16~42.5.3（11週）	
2.學生隊	第1期	11週	40.12.5～41.2.19（11週）	
			40.12.3～41.2.17（11週）	證書
	第2期	9週	41.3.10～41.5.11（9週）	證書
			41.2.25～41.5.11（11週）	
	第3期	6週	41.5.19～41.8.2（11週）	
			41.6.23～41.8.1（6週）	證書
	第4期	9週	42.3.2～42.5.3（9週）	證書
			42.2.16～42.5.3（11週）	
3.行政隊	第1期	15個月	40.12.5～42.5.4	
			40.12.3～42.5.2	
4.政幹隊	第1期	16週	41.~41.（16週）	
	第2期	16週	42.2.9~42.6.1（16週）	證書
5.通信隊	第1期	16週	41.4.1~41.7.1（13週）	證書(41.08.05分發實習)
	第2期	16週	42.2.16~42.5.18（13週）	42.06.10分發實習
	第3期	16週	42.7.1~42.9.30（13週）	因撤退而延至12月結業
6.寮生隊	第1期		40.12.5~42.中	詳見本文

復興航空公司空運槍炮到李彌部隊的數字和成效分析

品 名	單位	前方總數*	戰耗數	現存數S	空運數A	A/S的%
30步槍	枝	1,029	19	1,010	-	-
30-卡柄槍	枝	1,838	15	1,823	-	-
79步槍	枝	4,248	1,243	3,005	650	21.6
79騎槍	枝	700	-	700	700	100.0
45衝鋒槍	枝	8	-	8	-	-
90衝鋒槍	枝	374	-	374	300	80.2
45馬牌手槍	枝	16	-	16	16	100.0
79輕機槍	挺	234	115	119	10	8.4
79重機槍	挺	47	23	24	10	41.7
30機槍	挺	175		175	-	-
303輕機槍	挺	100		100	100	100.0
60迫擊炮	門	54		54	40	74.1
82迫擊炮	門	12		12	8	66.7
75無後座力炮	門	2		2	2	100.0
20機關炮	門	2		2	2	100.0

復興航空公司空運彈藥到李彌部隊的數字和成效分析

品 名	單位	前方總數*	戰耗數	現存數S	空運數A	成效分析
30步槍彈	粒	71,440	51,491	19,949	49,000	-15,049
30-卡柄槍彈	粒	192,800	121,750	71,050	54,000	76.0%
79步槍彈	粒	281,925	183,431	98,494	48,500	49.2%
45衝鋒槍彈	粒	6,055	3,500	2,555	-	-
90衝鋒槍彈	粒	122,595	79,680	42,915	54,000	-11,085
79輕機槍彈	粒	156,800	119,090	37,710	92,500	-54,790
79重機槍彈	粒	21,000	-	21,000	-	-
30機槍彈	粒	98,225	80,530	17,695	-	-
303輕機槍彈	粒	106,500	68,570	37,930	106,500	-68,570
60迫擊炮彈	顆	3,540	2,450	1,090	1,760	-670
82迫擊炮彈	顆	873	585	288	428	-140
75無後座力炮彈	顆	230	135	95	230	-135
20機關彈	顆	600	-	600	600	100.0%
2.5火箭炮彈	顆	24	-	24	24	100.0%
手榴彈	顆	26,902	19,851	7,051	1,000	14.2%

*包括「空運數A」
資料來源：同註71。（第1冊）。

李國輝殺人案之起訴書

國防部起訴書（殺人案）

民國44年元月○日（上旬）

公訴人　國防部軍事檢察官胡開誠

被　告　李國輝　男，年45歲，河南省武安縣人，本部上校參議，在押

被　告　何永年　男，年46歲，河南省魯山縣人，本部上校參議，在押

　　　　劉　占　男，年34歲，河南省寶豐縣人，陸軍第0599部隊第一大隊第
　　　　　　　　　二中隊第三分隊附支准尉薪，在押

　　　　楊　棟　男，年40歲，河南省郟縣人，陸軍第0599部隊第三大隊第八
　　　　　　　　　中隊上尉組長，在押

　　　　鄭德顏　男，年32歲，山東省平度縣人，陸軍第0599部隊上尉隊員，
　　　　　　　　　在押

　　　右列被告因一案業經偵查終結認應提起公訴，茲敘述罪事實及該據並所犯法
條如左：

甲、李國輝、何永年等殺人事實：卷查鄭德顏供稱：「團長（按李國輝）集合我與
　　李英俊（已陣亡）、楊棟、劉占、陳杰（已陣亡）、五個人到第一營營外路上，
　　對我們說副團長虞維銓破壞團體，叫我們到他住的地點拉出來打死，如果拉
　　不出來，就打死在房間裡。」又供：「傳令兵將虞維銓叫出，離開會場約七
　　八十公尺，劉占從身後攔腰將虞抱住，我們四人上前互相扭奪，虞即摔倒，
　　李英俊拿了自帶的槍，從腦額打一槍，陳杰將他的槍交給我補了一槍，虞就
　　死了。」

　　楊棟、劉占兩被告所供，除關於李國輝在第一營門口集合被告等五人講說：
　　「虞維銓破壞團體，叫我們去抓他，如果抓不到，就當地殺死他。」與鄭德
　　顏稍異外，餘均完全相同，此等情形不僅被告等在嘉義憲兵隊及本部軍法局
　　兩次偵查時供述甚詳，四十三年十二月十四日軍法局偵查庭，提與李國輝當
　　庭對質訊問鄭德顏：「他（李國輝）究竟叫你殺死沒有？」鄭供：「他是叫我
　　去打掉，如果抓不出來，就打在房間裡。」李供：「我只叫他們逮捕，沒有

叫殺死他。」訊問劉占、楊棟：「你們對剛才李國輝與鄭德顏講的話有何意見？」該二人一致供稱：「假如不是李國輝命令我們可以殺死的話，我們怎敢打死他。」（偵查卷二第36頁一面）即在軍法局審判庭(44)年元月十二日第一次訊問時，該被告等仍供同前情，鄭德顏且拍胸堅供：「我憑良心說，沒有記錯。（按指前供李國輝叫我們把虞打死）」上述不利於己之共同告白，既非出於強暴威脅利誘或其他不正之方法，且與證人陳昌盛、吳金銘等所供「當槍剛響過，團長即宣布虞維銓要拖隊伍走，團體不能存在，所以我派人將他殺掉。」等情相符，自得採為證據。

再與李國輝四十三年十二月十四日軍法局偵查庭所供：「我集合兩團體講話，我說：『一個部隊應該團結，現在有人要破壞。』虞副團長也上台演說：『我是遵奉總理遺教，先有破壞，然後才建設，破壞分子就是我。』我回去後，即與幾位營長商量，他這種行為應軍法從事，決定派五個人去逮捕他，不幸他拒捕，在途中就被拘捕他的人打死了。」（偵查卷二第十二頁二面）庭上繼訊：「你不是主張殺死虞維銓嗎？」又供：「我主張拘捕虞後，問清楚後再殺，何說這是我的責任。」（偵查卷二第十九頁一面）並何永年同年同月同日略供：「最近在新竹聽前第一營營長姚昭講過，他說是李國輝下的口頭命令，把虞副團長抓起來，假如虞反抗的時候，大家就打。」（偵查卷二第十五頁二面）庭上繼訊：「對打死虞副團長的兇手作何處置？」又供：「是李國輝下的命令，沒有處置。」（偵查卷二第十七頁二面）暨吳金銘四十三年十一月四日在嘉義憲兵隊及(44)年元月廿日軍法局偵查庭先後略供：「是我派傳令兵寧輝到會場把虞維銓請出來的，是何永年交待的。」（偵查卷一第十八頁二面及會審卷一第101頁一面）等語相互參證，李國輝既以軍法從事之決意，立即派人持槍逮捕，何永年亦以拘殺為己任，派傳令兵自會場將虞喊出，則鄭德顏等五人中途槍殺虞維銓之所為，當與李何二人本意，當屬毫無違背，其共同殺人殊甚明顯，雖被告鄭德顏於44年二月七日會審庭翻異其供：「李國輝叫我們五人去活抓他(虞)的。」又供：「劉占去抱他不住，他拉槍拒捕，李英俊即用槍打死他。」並否認自己曾補擊之事實，姚昭亦於44年元月廿日變更前在嘉義憲兵隊及43年十一月六日所供：「是李

國輝口頭命令槍殺他（按指虞維銓）的」為「叫他們去逮捕他。」冀圖將全部
責任，委諸已死之李英俊，脫卸大家刑責，但卷核鄭德顏翻異其供最大理由
為「一、我不識字，丁宏奎以領餉名義騙我們蓋章（會審卷二第53頁一面），
我被丁宏奎欺騙，有劉劍萍知道（會審卷二第71頁一面）；二、我當時有沒有
開槍，可向劉占、楊棟訊問；三、丁宏奎說：『我們將責任推到李國輝的身
上，與我們沒有事，奉指揮官之命殺人與我無關，並叫我說當時打死虞維銓
時要我承認打過一槍，表示說我說的都是真的。』」關於第一點，經於44年
四月十八日就陸軍第十二軍官戰鬥團詢問丁宏奎，他堅決否認有以領餉名義
欺騙鄭德顏簽名蓋章之事實，且當時提出鄭德顏親筆函一件，證明其確識
字，質之劉劍萍，雖亦謂丁宏奎曾以領餉名義欺騙余定國、周定西及該本人
多人，但將四十三年十月十二日及同年月十三日控訴李國輝原狀紙兩件交
閱，並未列有該余定國等姓名，劉劍萍即改稱：「因為補發薪餉單上我簽名
蓋過章，他既沒有拿那個東西去告狀，是我誤會了。」最後並自表愧悔說：
「原來我們以為他會拿我們的名義去告狀，所以我們寫報告聲請作廢，現在
證明他既沒有用我們的名義去告狀，我們誤會了，願意接受處分。」則所謂
受騙，所謂劉劍萍知道，當屬空言。關於第二點劉占、楊棟已歷次供明李英
俊打了一槍，鄭德顏又打了一槍，會審庭雖二人均供稱：「他（按指鄭德顏）
沒有帶槍」以作為未能補槍之有力反證，但陳杰如何要被告補槍，如何將槍
轉交被告，及被告如何忍心向虞打了一槍等事實，早經該鄭德顏於四十三年
十一月六日在嘉義憲兵隊、軍法偵查庭、會審準備庭先後供述詳盡，未便輕
易抹煞。第三點，殺人為自然犯，縱屬下愚，亦知係具有反社會性之犯罪行
為，若確無其事，該鄭德顏等何肯受人欺蒙而捏造事實，向法庭自白陷己於
罪，又何能與他人所供情節相符，其屬飾詞狡賴，尤堪確認，果如被告等翻
異後，所供係奉命逮捕，而非槍殺，劉占既從身後攔腰抱住，餘四人亦上前
奪槍，該虞維銓何能拒捕，更何須向頭部開槍，置之死地，其所以必如此
者，則為就地槍殺，而非存心逮捕，昭然若揭，何況李國輝所謂：「他們有
帶繩子。」經訊諸實施害之鄭楊劉三人：「當天是誰帶繩子？」一致回答：
「沒有看到。」（偵查卷二第37頁二面）按之最高法院24年上字第643號及第

945號判例,自不容被告等空言動搖自白之效力;至姚昭前供「命令槍斃」,後言「命令逮捕」,幾經嚴詰,均理曲詞窮,不能自圓其說,尤無採信價值。

乙、虞維銓被害原因:關於虞維銓被害原因,經派員查詢,不僅告發人丁宏奎等略稱:「徐蚌會戰下來,在上海170師578團(按:當時應是237師709團)是由虞經手成立,當時團長王聖宇請假離職,由虞率領部隊到江西,王團長回來後,又隨王經湖南、貴州、四川到雲南霑益。38年11月間,王團長離職,由李國輝接充,同年12月9日,盧漢叛變,隨同李團長向滇緬邊區撤退,行至猛宋附近,與陳匪賡部激戰,李團長受傷,部隊由虞負責指揮,並用擔架將李護送至安全地區,如果他有叛變意圖,在後有追兵,前無去路的危急情況之下,他還不叛變投匪嗎!他在徐蚌會戰沒有叛變,在滇緬邊區情況緊急時沒有叛變,足見他的思想堅定。」聲請保釋李國輝等之劉劍萍略稱:「他(按指虞維銓)平日言行很好,但他的性情急燥,開口就要槍斃人家。」並無為匪事實。即李國輝在本部軍法局亦歷供:「在開紀念週時,我對大家說,在這艱苦環境,應該團結一致。虞維銓對大家說,破壞團體的就是我,要打倒無能的指揮官」(會審卷一第75頁二面)暨何永年供:「39年10月16日李國輝與虞維銓因開紀念週鬧意見。」亦非因係匪諜而逮捕,所謂叛變,所云投匪,不過有意加重其罪名而已,至究其所以磨擦之真正原因,據何永年43年12月29日狀稱:「主因我(按指李國輝)兼的團長沒讓給他(指虞)」(會審卷一第33頁一面)姚昭43年11月6日在嘉義憲兵隊及本局詢問時供云:「虞維銓不滿李國輝,是想當團長的原因」(偵查卷一第73頁二面)與關係人譚忠、羅伯剛等談話,亦據稱:「虞維銓投匪是不會的,與李國輝意見不合,當屬實情,就在紀念週,他們互相攻擊,可以知道。」

丙、建議:基於以上結論,李國輝、何永年等共同殺人罪嫌重大,其殺人原因為人事不和,亦可明瞭。惟李國輝等苦戰滇緬,遵命來台,對國家不無勤勞,雖虞維銓由滬經手成立該團,經湘黔川滇而至猛撒,歷盡艱苦,亦係有功,然在紀念週公開詆譭長官,肆意發洩,實屬干犯軍紀,為期本案事實益臻明確,無枉無縱,應就下列各點更為審判:一、傳喚經手埋葬虞維銓屍體之復

興指揮部副官杜九梟到案，研究虞身究中若干槍，中何部位，察其是否故殺。二、再傳姚昭確研前供「李國輝口頭命令槍殺」，後供「口頭命令逮捕」，時僅數月，何故不同，其依據何在，察其有無庇護或串供情事（據姚稱李國輝被收押後，渠在李家住了兩天，李太太整天哭哭啼啼）。三、鄭德顏等三人在會審庭既供李國輝命令只許逮捕，如拒捕只許還擊，不得打死，而該三人竟將其擊斃，不特劉、楊二人曾供鄭與李英俊各擊一槍斃命，鄭亦歷次自白，渠用陳杰手槍補擊一槍，並供劉占從後將虞攔腰抱住，楊上前奪槍，應共同負殺人罪責，該三人翻悔前供，但既係奉命與李英俊等共同實施，自有意聯絡，亦不能不負共同刑責，先將此點向三人言明，再窮詢鄭德顏翻供原因及其理由，並就所供路線，切實依法調查，以證明是否可動搖其自白效力（注意24年上字第634號及945號判例）。四、其他與犯罪成立有關各點，亦須詳切研究依法調證。（完）

李國輝殺人案之判決書

民國44年3月2日

國防部軍法局判決書（第一次）

國防部判決　44年度理玷字第10號

公訴人　本部軍事檢察官

被　告　李國輝　男，年45歲，河南省武安縣人，本部上校參議，在押

　　　　　選任辯護人　滕昆田律師

被　告　何永年　男，年46歲，河南省魯山縣人，本部上校參議，在押

　　　　　　劉　占　男，年34歲，河南省寶豐縣人，陸軍第0599部隊第一大隊第二中隊第三分隊附支准尉薪，在押

　　　　　　楊　棟　男，年40歲，河南省郟縣人，陸軍第0599部隊第三大隊第八中隊上尉組長，在押

　　　　　　右被告等共同指定公設辯護人　楊世永

　　　　　　鄭德顏　男，年32歲，山東省平度縣人，陸軍第0599部隊上尉隊員，在押

指定公設辯護人　張西京

右被告等因被人嫌疑一案，經軍事檢察官提起公訴，本部判決如左：

主文　李國輝、何永年、劉占、楊棟、鄭德顏均無罪

理由

本案軍事檢察官起訴意旨，略以被告李國輝、何永年均係本部上校參議，於民國39年10月16日，分任前復興部隊指揮官及參謀長時，暫駐緬甸猛撒，因與所屬第709團副團長虞維銓意見不合，面令該團連長劉占、楊棟、鄭德顏、陳杰(已陣亡)及副營長李英俊(已陣亡)同往謀殺，將虞維銓用槍擊斃，認有共同殺人嫌疑，依刑法第271條第一項提起公訴，移付審判。但因據被告李國輝、何永年辯稱，當時以虞維銓煽動部屬，意圖叛變，故飭劉占、楊棟、鄭德顏、陳杰、李英俊等攜繩前往逮捕，因虞維銓持槍抗拒，致被李英俊格斃，事前並未唆使殺人，有第一營營長姚昭知情可證等語。經訊姚昭，據稱39年10月16日，李國輝面令劉占等逮捕虞維銓時，渠確在場耳聞，並非謀殺，足證被告李國輝、何永年所持辯解，尚非虛構。至被告劉占、楊棟、鄭德顏前於偵查時，雖曾自白奉李國輝之命，共同殺害虞維銓，該鄭德顏並自承與李英俊各開一槍，將虞維銓擊斃，然被告雖經自白，仍應調查其他必要之證據，以察其是否與事實相符，刑事訴訟法第270條第二項定有明文，前項自白既經該鄭德顏等於審判時一致供稱，係受人教唆，意圖架陷長官，俱非事實，並相互供證當日陳杰攜有繩索一根，旨在逮捕，鄭德顏未帶槍枝，無從發彈，以證明其自白確與事實不合，核其供詞，不但與共同被告李國輝、何永年及證人姚昭等所供情節均吻合，堪以採信。且虞維銓身死後，李國輝曾將拒捕格斃情形，電報前雲南反共救國軍總指揮部，准予備查有案，是被告等並無同謀殺人情事，尤無疑問，至虞維銓持槍拒捕時，被李英俊開槍格斃，容或不無防衛過當之處，然此種防衛行為，係屬李英俊臨時起意，不能證明被告等事前互有犯意聯絡，縱有未當，亦難令負共同刑責，此外別無具體事證足資證明被告等有同謀殺人行為，應均依法諭知無罪。

據上論結，應依戰時陸海空軍審判簡易規程第二條第一項前段第八修，刑事訴訟法第293條第一項判決如主文。

本案經本部軍事檢察官胡開誠涖庭執行職務

中華民國四十四年二月十五日

國防部軍法合議庭

審判長　吳中相

審判官　林興琳

　　　　馬　璋

　　　　董舒翹

　　　　解寄寒

李國輝殺人案的第二次判決書

民國44年7月22日

國防部軍法局判決書(第二次)

事由：擬判李國輝等殺人嫌疑一案無罪

公訴人　本部軍事檢察官

被　告：李國輝　男，年45歲，河南省武安縣人，本部上校參議，在押

　　　　選任辯護人　滕昆田律師

　　　　何永年　男，年46歲，河南省魯山縣人，本部上校參議，在押

　　　　　劉　占　男，年34歲，河南省寶豐縣人，陸軍第0599部隊第一大隊第
　　　　　　　　　二中隊第三分隊附支准尉薪，在押

　　　　右被告等共同指定公設辯護人　楊世永

　　　　　楊　棟　男，年40歲，河南省郟縣人，陸軍第0599部隊第三大隊第八
　　　　　　　　　中隊上尉組長，在押

　　　　　鄭德顏　男，年32歲，山東省平度縣人，陸軍第0599部隊上尉隊員，
　　　　　　　　　在押

　　　　右被告指定共同公設辯護人　張西京

右被告等因被人嫌疑一案，經軍事檢察官提起公訴，本部判決如左：

主文：李國輝、何永年、劉占、楊棟、鄭德顏均無罪

理由：

本案軍事檢察官起訴意旨，略以被告李國輝、何永年，於民國39年10月16日，分

任前復興部隊指揮官及參謀長期內，暫駐緬甸猛撒，因與所屬第709團副團長虞
維銓意見不合，面令該團連長劉占、楊棟、鄭德顏、陳杰(已陣亡)及副營長李英
俊(已陣亡)，同往謀殺，將虞維銓用槍擊斃，認有共同殺人嫌疑，依刑法第271
條第一項訴請審判；但訊據被告李國輝、何永年辯稱，當時以虞維銓煽動部屬，
意圖叛變，故飭劉占、楊棟、鄭德顏、陳杰、李英俊等前往逮捕，因虞維銓開槍
抗拒，致被李英俊還槍格斃，事前並未唆使殺人，有第一營營長姚昭知情可證等
語，經訊劉占、楊棟、鄭德顏所供情節既無二致，即迭訊姚昭，亦俱稱當日親聞
李國輝面令劉占等逮捕虞維銓，並非謀殺，且虞維銓身死後，劉占、楊棟、鄭德
顏、陳杰、李英俊等五人即將虞維銓開槍拒捕，及李英俊還擊致死情形面報李國
輝，並經當時在場耳聞之張復生、張學信、陳顯魁、劉揚等一致證明屬實，是虞
維銓係因拒捕格斃，已堪認定。至被告鄭德顏前於偵查時，雖曾自白奉李國輝之
命，共同殺害虞維銓，並稱於李英俊擊中虞維銓頭部後，再取李英俊之槍，向其
腿部補發一彈，然被告雖經自白，仍應調查其他必要之證據，以察其是否與事實
相符，刑事訴訟法第270條第二項定有明文，前項自白迭經鄭德顏於審判中辯稱
43年11月4日，我因病住新竹家內，同事丁宏奎由嘉義團部新至新竹，告知被告
人將受偵訊，如諉為奉命執行即無責任，當時誤信為真，故偽稱係奉李國輝之命
槍殺虞維銓。次日聯袂返隊，曾在新竹火車站邂逅前復興指揮部警衛營營長吳金
銘，可資證明云云。詰之丁宏奎，雖否認有唆使鄭德顏諉過卸責情事，然該丁宏
奎對於43年11月4日親往新竹面晤鄭德顏，邀其返隊受訊，次日偕返嘉義，在火
車站邂逅吳金銘各情，則均直承不諱，足見鄭德顏所持辯解，尚非無因，且當日
同去五人，僅鄭德顏一人未帶槍彈，如屬預謀殺人，則於李英俊擊中虞維銓頭部
後，其他人均可繼續開槍，毋需鄭德顏借槍補發，況據當日經手埋屍之杜九皋到
庭據稱，僅見虞屍頭部有血，未見身上染有血跡槍痕，尤足證明鄭德顏初供再取
李英俊之槍向虞維銓腿部補發一彈一語，亦非真實。矧查虞維銓身死後，李國輝
曾將拒捕格斃情形，電報前雲南反共救國軍總指揮部，准予備查有案，是被告等
並無同謀殺人情事，委無疑問。至虞維銓持槍拒捕時，被李英俊開槍格斃，容或
不無防衛過當之處，然此種防衛行為，係屬李英俊臨時起意，不能證明被告等事
前互有犯意聯絡，縱有未當，亦難令負共同刑責，此外別無具體事證足資證明被

告等有同謀殺人行為，應均依法諭知無罪。

據上論結，應依戰時陸海空軍審判簡易規程第二條第一項前段第八修，刑事訴訟法第293條第一項判決如主文。

本案經本部軍事檢察官胡開誠蒞庭執行職務

中華民國四十四年七月二十二日

國防部軍法合議庭

審判長　吳中相

審判官　林興琳

　　　　馬　璋

　　　　董舒翹

　　　　解寄寒

李國輝盜賣軍火案之起訴書

民國四十四年十一月廿六日完稿

民國四十四年十一月廿八日行文

國防部起訴書（盜賣軍火案）

被　告　李國輝　男，年46歲，河南省武安縣人，本部上校參議

被　告　何永年　男，年46歲，河南省魯山縣人，本部上校參議

　　　　鄒浩修　男，年33歲，安徽省壽縣人，陸軍第十二軍官戰鬥團中校副大隊長

　　　　石炳鑫　男，年37歲，雲南省瀾滄縣人，陸軍第一軍官戰鬥團少校隊員

　　　　張蘭亭　男，年32歲，山東省益都縣人，陸軍第十二軍官戰鬥團第一大隊第三中隊上尉分隊長

右列被告因盜賣軍用品一案，業經偵查終結，認應提起公訴，茲敘述犯罪事實及證據並所犯法條如左：（因原文為直排，故用「左右」，如橫排則應改用「上下」。）

李國輝任本部上校參議，四十年留緬任一九三師師長期間，於雲南總部成立後向

該總部呈報師彈械時,少報卡柄槍19枝、七九步槍5枝、三〇步槍19枝、自動步槍7枝、三〇三步槍2枝、左輪手槍23枝、九公厘手槍3枝、拉把手槍1枝、十響手槍3枝、七九輕機槍1挺、拉機手槍1枝、三八步槍1枝、卡柄槍彈3126發、六〇砲彈189發、八二砲彈88發、七九步槍彈3325發、九公厘衝鋒槍彈5780發、三〇三彈6930發、三〇彈7940發、手榴彈179個、左輪手槍彈341發、擲榴彈66個、火箭彈5枚、十響彈81發、拉機手槍彈465發、步槍彈38發。迨四十三年二月間,留緬部隊行將撤返來台之際,時李國輝已調升第三十二路軍司令(即第九軍),而一九三師番號已改為第二十五師,師長改由何永年充任,該李國輝得悉部隊行將返台,乃召集何永年等商定,將該師前開雲南總部無案槍彈,由何永年飭張蘭亭送由第三十二路軍司令部參謀處長鄒浩修、補給處長石炳鑫等負責私自零星出售,除少數卡柄槍及自動步槍(數目不超過十枝)贈與當地友軍外,餘均賣與當地村鎮頭目,案經本部情報局查悉,移送偵辦到案。

證據及所犯法條

本件經訊,據被告李國輝、何永年、鄒浩修雖各否認其有出售槍彈之情事,惟訊據被告張蘭亭則對其對李國輝、何永年等商議決定,將二十五師雲南總部無案槍彈乘收繳私槍之便,由其負責將該項槍彈送交軍部參謀處,由參謀處長鄒浩修出售,除少數卡柄槍、自動步槍(數目不超過十枝)贈送當地游擊部隊外,餘皆賣掉等語(見四十四年八月四日筆錄)。卷查六四一五部隊(第九軍)四十三年二月四日(43)利皋字第〇四二號命六四一六部隊(二十五師)呈報私有械彈之代電原件上有師長何永年批示,由張召集營長以上主管面訊數目後再加公家多餘辦呈。及一九三師先後任主管軍械人員丁世忠、郭俊臣於四十二年十月二十二日辦理移交時,原始清冊內載卡柄槍現有數253報總部數234,七九步槍現有數160報總部數155,三〇步槍現有數129報總部數110,自動步槍數25報總部數18、三〇三步槍數16報總部數14、左輪手槍數33報總部數空欄、九公厘手槍現有數9報總部數6、大拉把手槍現有數1報總部數空欄、十響手槍現有數3報總部數空欄、七九輕機槍現有數7報總部數6、拉機手槍、三八步槍現有數各1報總部數各空欄、卡柄槍彈現有數19819報總部數19693、六〇砲彈現有數296報總部數107、八二砲彈現有數110報

總部數22、七九步槍彈現有數32847報總部數29522、九公厘衝鋒槍彈現有數10222報總部數4442、三〇三彈現有數21393報總部數14463、三〇彈現有數12613報總部數4673、手榴彈現有數332報總部數153、左輪手槍彈現有數341報總部數空欄、擲榴彈現有數140報總部數74、火箭彈現有數21報總部數16、十響彈現有數81、拉機手槍彈現有465、步槍彈現有數38報總部數均為空欄，可資參證。

復經以一九三師溢賬械彈究是何單位收受詰訊石炳鑫，則答稱：「繳到補給處就即轉到參謀處。」再以參謀處長鄒浩修所稱參謀處並未管理此事質之石炳鑫，則答稱：「在業務上講，他們應當管理這部分業務，關於這事，他們參謀處第二科科長韓承文知道得很清楚，請問他好了。」等語（四十四年九月二日筆錄）。是則前一九三師於李國輝任師長期間向雲南總部呈報械彈時以多報少，至四十三年回台前後時，李國輝任第三十二路軍司令與何永年任該師師長，彼此商定將該次雲南總部無賬槍彈運送第三十二路軍司令部，並由何永年以收繳私槍命管理軍械人員張蘭亭將是項槍彈運至第三十二路軍司令部交由補給處轉送參謀處收受之事實已甚明顯。復查雲南省政府連絡處(44)台辦字第091號函檢送六四一五部隊向前前雲南總部呈繳該部所屬人員私有槍械之文件，僅有該部上尉附員譚發明手槍二枝（見六四一五部隊四十三年二月十三日利皋字第046號代電）。經傳訊前第三十二路軍司令部參謀處參謀韓承文，訊以是否知道六四一五部隊返台前在緬出賣械彈，則答：「駐在猛撒時曾賣過一批械彈，其來源不知。」再訊其賣給何人，則稱：「是賣給當地村鎮的頭領的。」復訊其出賣槍枝其價格，則云：「以緬甸硬幣為準，步槍手槍約為每枝一百五十元，卡柄槍二百元，付錢有以泰國幣或緬甸幣付的。」再詰其由誰經手出賣，則答：「先由石炳鑫經手的，他回台後由鄒浩修經手賣的。」再詰其是否親見，則稱：「我親眼看到當地老百姓來看槍，我向翻譯說，他們是來買槍的，有的來看看就走了，成交的有二、三次，買有五、六枝槍。」續訊其看到賣出槍枝之種類，即答以：「我看到賣成的是步槍，也看見來看的，有卡柄槍及左輪手槍。」等語（見四十四年八月四日筆錄），核與情報局卷內該韓承文及張蘭亭等所供相符合，且調閱雲南總部軍械分戶帳一九三師名戶四十二年十月份現有械彈數量核與丁世忠、郭俊臣移交清冊內報總部數相符合，復查該一九三師改為二十五師來台後，按照其前報總部逐月損耗及返台前在緬繳

撥一部分外，直至四十三年六月三十日各項械彈尚未結清，有雲南省反共救國軍總指揮部(44)農武字第0894號代電可稽，事後雖經派員按照雲南總部帳面(即一九三師報總部數)以轉撥友軍械彈收據充賬，惟各項槍彈仍係或多或少參差不齊，設以一九三師四十二年十月二十二日丁世忠與郭俊臣移交清冊現有數結算，則有出入更巨，其中虛情自為顯然，再以韓承文及被告張蘭亭先後在本部及情報局所供相互參證，則被告李國輝、何永年、鄒浩修、張蘭亭等顯有觸犯刑法第二十八條、陸海空軍刑法第七十七條，共同盜賣械彈之罪嫌，而被告李國輝在其任一九三師師長任內將械彈以多報少，並犯有刑法第二百十三條、第二百十六條之罪嫌，爰依戰時陸海空軍審判簡易規程第八條、刑事訴訟法第二百三十條第一項提起公訴。

中華民國四十四年十一月廿六日

軍事檢察官胡開誠(印)

中華民國四十四年十一月廿八日

本件證明與原本無異　書記官許玉琳

附錄三
第三章補充

雲南人民反共志願軍軍令組織系統表　1960年5-11月

各單位主管姓名	駐地	人數
總部	江拉	691
總指揮　柳元麟		
副總指揮　　　　彭程		
段希文		
王少才		
曹正元		
夏超		
夏季屏(1961.1-)		
參謀長　　　　　馬俊國—和榮先—羅漢清		
副參謀長　　　　吳伯介—辛中科—李鑄靈		
政治部主任　曹正元——徐汝楫(1960/8-)		
1軍　呂維英(呂人豪)——吳運煖	三島　孟瓦	895
2師　蒙寶葉	孟馬孟街	
4團　蒙顯		
5團　徐家庭(運輸團)		
6團　張鎮民		
3師　曾憲武	孟右	
7團　李國崧		
8團　葉文強		
9團　陳德富		
2軍　甫景雲——吳祖伯	孟勇	716
7師(原25師)　曾誠—環向春，副：李國華		
19團　李榮		
20團　向湘騏		
8師(原26師)　趙丕承，副：袁慕愚		
22團　計會然		
23團　楊油		
3軍　李文煥	賴東	2,278
副軍長：劉紹湯—魯朝廷		
12師　景壽頡		
34團　羅傑		

各單位主管姓名	駐地	人數
35團　張國柱──張國杞		
36團　李仕		
13師　魯朝廷	賴東	
37團　楊新植		
38團　李進昌		
39團　李東漢		
14師　劉紹湯──楊紹甲	孟捧	
副師長：		
參謀長：陳茂修		
40團　楊大燦		
41團　沈加恩		
42團　王志明		
4軍　張偉成	三島	956
副軍長：李泰─梁榮─程傳河		
5師　張偉成──李泰		
13團　楊萬章		
14團　林文彬		
6師　黃琦璉		
16團　陸右軍		
17團　李輝		
5軍　段希文	老羅寨　孟果	2,487(3,024)
15師　馬雲菴(庵)──雷雨田		427
43團　馬綏學		
44團　沐國璽		
45團　石炳麟		
16師　王畏天		458
46團　夏鵬照		
47團　魯(李)新科		
48團　央朝廷		
17師　朱鴻元		516
49團　唐春秀		
50團　趙有弼		
18師　張鵬高		393
52團　熊定欽		
53團　藍紹萱		
54團　楊國光		
暫19師　楊一波(原第19縱隊)		287
55團　轟德明(原第1支隊)		

各單位主管姓名	駐地	人數
56團　黃興和(原第2支隊)		
暫20師　楊文光(原第20縱隊)		226
58團　張佑民(原第1支隊)		
59團　李元(原第2支隊)		
滄緬縱隊　彭委濂		
西盟軍區　馬俊國(三直屬支隊,四大隊,五隊)		
第9縱隊　馬俊國(直屬支隊?)		
第1支隊　降廷樑		
第2支隊　木成武		
第3支隊　屈鴻齋		
第10縱隊　蘇文龍		
怒江縱隊　徐劍光		
第1支隊　沈應林		
第2支隊　余開榮		
南昆(孟帕落)守備區　胡開業(後改為新編第1軍,轄10師、11師,原1軍、4軍之殘餘分別編為新2師、新3師。)		
10師(20師)　胡開業		
28團(58團)　涂剛——徐劍光——陳訓民		
29團(59團)　何子鈺——徐之煒		
11師(22師)　李黎明		
31團(65團)　田平,副:李吉		
32團(64團)　涂剛——段國相		
9師　梁震行(未就任、未編成)		
25團　陳訓民		
獨立團　何子鈺		
獨立團　　　　副:張樹浩(1959/5/1-1960/春)		
獨立團　文興洲		
教導總隊　夏　超		
第1大隊　蕭靖戎		
第2大隊　何金浪		
第3大隊　何勁軍		
第4大隊　趙鴻光		
第5大隊　孟廣喜		
第6大隊　王來昌		
南錫支隊　岩坎展業		
滄緬縱隊　彭季謙		
紹興部隊　趙　呆		
北卡支隊　黃大龍		

各單位主管姓名	駐地	人數
中卡支隊　屈鴻齋		
馬上大隊　岩　老		
翁戛大隊　李岩可		
班則大隊　岩　三		
困馬大隊　皓　勒		
南洋大隊　岩　坎		
警衛大隊（警衛團）　劉文華		
重兵器大隊　古少卿		
機砲大隊　楊錫昌		
通信營（隊）　沈家誠──梁雲青（前身為「電訊總台」：許永鴻──沈家誠）		
本部大隊　馬貴山		
政工隊　薛漢		
運輸大隊　王和泰──李繼堯		
野戰醫院　龐龍生		
孟新訓練基地　彭程　　副：羅漢清		
孟龍訓練基地　段希文		
南昆訓練基地　王少才		

資料來源：(1)曾藝(1964)，《滇緬邊區游擊戰史》；台北市：國防部史政編譯局，插圖48, p248-。
　　　　　(2)梁震行記事簿。

附錄四

滇緬邊區柳部第三軍是「奉命不撤」嗎？

一、問題之緣起

今(民國101)年3月9日，撒光漢先生以電子郵件告知我，謂桃園縣政府已決定：在兩蔣園區中，將頭寮賓館外面的大溪遊客中心改設為「經國紀念館」，並在其二樓長期展示經國先生的事蹟。幸得撒先生消息靈通，事先獲悉此項消息。因為經國先生曾經冒險親蒞金三角地區視察柳元麟游擊部隊，所以撒先生乃極力向園方爭取加入這一部分之事蹟。園方最後同意撒先生之請求，並請他幫忙提供圖片及撰寫該部隊之簡史。當時，撒先生雖以附件將簡史之完稿寄來，並謂展示場地最近即將完工，如有錯誤，請我儘速幫忙訂正。但是事有不巧，當撒先生寄我電子郵件之時，我已於2月24日即飛往泰國，直到3月29日才回來台灣；在泰沒帶電腦，而回台之後，4月初又去了上海十天，以致累積上千封郵件，經過兩個多月，慢慢回頭看信，直到6月6日才看到撒先生的來信，火速回信問他：是否誤了他的事情，並向他致歉。次(7)日，撒先生回信，謂文稿已送黨史會和蔣家後人審查及認可，並已送交廠商製作完畢，展場亦將於6月13日開幕。我乃放下心中之巨石，慶幸沒誤了他的大事。

心情放鬆之後，我才細心閱讀撒先生所撰寫的簡史文稿，其內容雖大體無誤，但其文中兩度強調五、三兩軍都是「奉諭留下」的寫法，則殊令我不能苟同，因為在拙作《金三角國軍血淚史》中，我所發現的歷史真相是：第二次(柳元麟部隊)撤退回台時，政府是採取的開放政策，讓部隊自願選擇是否撤退；五軍本來想撤退，而且也已經著手進行撤退的工作，但後來的確是奉命留下；而三軍李文煥軍長則是自始就不想撤退，但柳元麟私下想勸三軍撤退，雖曾多次電報相約見面，但是李軍長就是一直不回電，也避不見面，所以三軍絕對不是奉命留下，而是自願留下。因為政府的政策是自願撤退，所以不撤退的三軍也絕對沒

有「抗命不撤」的問題[1]。

我於8日將這個意見以電郵告訴撒先生，請他務必更正這個錯誤之後，撒先生於同(8)日即回我電郵，表示不認同的我的看法，因為他看到石炳銘先生所寫的《雲起雲落》，在該書262頁上即有李先庚出面作證說：是他本人親奉蔣總統極機密的口諭，轉告三、五兩軍不必撤台的。石先生在書中也說：因為有了李先庚的作證，救總和國防部才開始友善對待三、五兩軍，並開始給予救助和發放戰士授田補償金等。撒先生質疑我的認定：若一切如我所言，那我是否也應要求石先生修改他的書；若三、五兩軍都又被重新認定為抗命不撤，那國防部所發的戰士授田證補償金和救總的救助是否也都要收回？豈不徒增困擾？所以他要堅持選擇對三、五兩軍都有利的說法，特別是：要為無辜的三軍後代著想。

因為有了以上的聲音，所以我勢必要對這個問題重作一番解釋和回應。

二、我的所知、所見

由於撒先生和石先生的言論都是基於李先庚的「親身作證」，所以我必須針對這個焦點，根據拙作《金三角國軍血淚史》中所寫，再作一個補充的說明。

關於李先庚老先生所說「親奉蔣總統秘密口諭，令三、五兩軍不撤」之語，我當然也曾聽他說過，但因為我曾訪問過他很多次，所以我也曾聽他說過：他在李彌部隊撤退時期，他也曾親奉蔣總統的秘密口諭，令段希文等部隊長不要撤退。當我還在蒐集研究資料之時，我認為他在李彌時期和柳元麟時期都曾擔任傳

1　據江拉總部軍官訓練團初級第二期學員李學華戰友告知：
　「民國五十年第二次撤軍之際，在部隊動身前往泰國之日前夜，在初級班受訓之第三軍學員數人，趁午夜之際集體攜械離開部隊，有同學問我是否同行加入第三軍行列？但被我一口拒絕，因我已下定決心隨部隊回國。」這個行動不但證明三軍部隊的向心力甚強，也可以作為三軍上下都「自願不撤」的佐證之一。
　其次，三軍軍長李文煥曾於1975年向泰國外交部委員會提出一份很長的聲明書，在其聲明書第一條即說：
　「……在1953年(佛曆2496)，李彌將軍領導的93師，已經撤退回台灣，因此，93師已經沒有留在這些地區裡，93師撤退回台灣時，本人等沒有一齊撤退回去的原因，因為本人等不是中國國民政府的正規部隊，不像93師是國家的正規軍，以及台灣島，土地面積有限，從事農業生產會造成無地可種的問題，基於本人等，大多沒有什麼學識和維生技能，因而，請求能夠繼續居住於泰國，事實如此，一般民眾不知道事情真相，以為本人等，仍然是93師成員，逐漸造成一再的誤會，傳布至今。」所以李文煥本人的聲明書就是三軍是「自願不撤」的佐證之二。

達老蔣總統口諭的秘密任務，所以沒有懷疑這兩個秘密口諭的真實性；但當我蒐集到充分的史料、開始考證資料的真實性和開始寫稿之後，我就認為李先生所說的兩次秘密傳達老蔣總統口諭中，最多只有一次為真，但也有可能兩次都是假的。對於這個考證的過程，因為當時我在寫書時，李老先生仍然健在，我實在不忍心將之寫下，但如今因為撤先生咄咄相逼，且李先庚老先生也已經往生多年，所以我只好和盤托出，一切都讓讀者來自作一個公評。

根據檔案資料，國府為推行黨政軍一元化的領導制度，國民黨中二組於民國四十一年7月24日，即核派雲南省反共救國軍的總指揮李彌為黨的特派員，並派李先庚為「雲南省特派員辦公處」（簡稱為「雲南處」）的秘書長。到民國四十二年4月以後，李彌部隊因為受到聯合國決議案和美國的壓力而必須撤台時，國府本來並不想撤，所以才接受李彌的不撤的請求，而於6月推出「天案」的計劃，除撤退兩千人以應付聯合國的決議外，其餘部隊都改旗易幟成為克倫軍，到反攻大陸時，才再換上自己的軍服，以期能把這股反共力量繼續留在緬境。但是後來是因為人在緬南的共諜錢伯英，一直謊報克倫族的假情報給代理總指揮柳元麟，說克倫族不穩，並有抗糧的可能，使得柳元麟總部認為克倫族已不可靠，恐會招來危險，所以把政府所規劃的「天案」束諸高閣，而於9月另行推出「東南亞自由人民反共聯軍」的組織，未等政府核可，即付諸實施，並趁派代表到曼谷參加四國撤軍委員會開會之際，讓代表逕行召開記者會，反對撤軍，招來國際的一片撻伐。再加上此時李部又不斷的反對讓出緬甸所要求讓出的六個產糧地區，謂一旦讓出，即會陷於餓殍，無法生存；此外，並請求政府於曼谷四國軍事委員會開會之際，緊急空投械彈和物質，以利今後之生存。

最後，政府因考慮李部既不願實行「天案」，又不能自力在緬境生存，所以才由老蔣總統先後兩次親自下達手令將部隊全部撤退回台，如不遵令撤退，則以抗命論處。這個時候，只有被軟禁在台灣的李彌，不斷透過各種途徑，叫部隊不要撤台，其中可能幫忙傳達李彌命令的人，計有前任代理總指揮蘇令德、黨部書記長李先庚和連襟熊伯谷等人。但那時候，蘇令德一被警告，即馬上奉命回台；熊伯谷一被命令回台，則推說非部隊中人。李先庚如說他是奉李彌之命，勸部隊不要撤台，那必定十分可信；但若強說是奉老蔣總統之密諭，則不免有陷老總統

於不正、不義之虞。但據石炳銘之轉述,李先庚居然說他是親自傳達老蔣總統之機密口諭,叫三、五兩軍不要撤台,這樣的說法,分析起來,實在經不起事實的考驗,因為在李彌部隊於11月開始撤台之時,當時的代理總指揮柳元麟已將部隊番號改為「東南亞自由人民反共聯軍」,由原李部成立一、三、五、七、九等五個軍,其他民族的反共武力則分別成立二、四、六、八、十等五個軍,一軍是原來的廿六軍(軍長呂國銓),三軍軍長錢伯英,五軍軍長段希文,七軍軍長彭程,九軍軍長李國輝;雖然李部的編制已由縱隊改為軍師,段希文也確是新五軍的軍長,但是當時的李文煥,卻只是段希文五軍下面的一個師長而已,並不是三軍的軍長。以後李文煥之所以能做上軍長,乃是柳元麟繼任不撤部隊的總指揮之後,削段希文五軍的藩,將其下面的三個師抽出來成立新的三軍的結果,但那已是三年以後的事。所以,李先庚說他曾經親自傳達老蔣總統之機密口諭,叫三、五兩軍不要撤台之事,在理論上,這事絕對不可能發生在民國四十三年李彌部隊撤台之時;同時另外還有一個佐證:即李彌部隊於民國四十三年5月9日撤退完畢之後,李先庚於同年六月(日不詳)才由邊區回台,一直停留到9月6日才再回邊區,他根本不可能親身傳達蔣總統之不撤口諭,更何況,那時候也根本還沒有李文煥三軍的存在,所以我先排除了李彌部隊撤退時期的「口諭事件」,而認為「口諭事件」只可能是發生在民國五十年柳元麟部隊撤台之時。

但是,李先庚有可能於民國五十年親自傳達老蔣總統之機密口諭,叫三、五兩軍不要撤台嗎?我看到的答案也是否定的,因為共軍於民國四十九年11月20日進入緬甸攻打柳元麟部隊(簡稱「柳部」)之後,兩個月之間,就把柳部從緬甸趕到寮國境內,只剩三、五兩軍還留在泰緬邊境上。再由於共軍在緬境機場倉庫擄獲了約四噸美國援助台灣的武器,讓緬甸得以向美國提出強烈的抗議。美國將此事查證屬實後,乃於五十年2月19日向國府提出強烈抗議,並要國府將柳部撤回台灣,而蔣總統答應撤退留在緬甸的部隊,但希望留下在寮境的部隊,而蔣經國則反對撤退。美國看到蔣氏父子的反應如此,乃進一步於2月22日對國府下達要求撤退的最後通牒。該通牒於2月23日送達台北,24日上午由美大使莊萊德親送外交部長沈昌煥,25日早晨由外交部長向行政院長陳誠報告,然後晉見蔣總統報告,一直討論到下午1時,蔣總統才作了撤退的決定,並於下午五時召見莊萊德

大使，親自告訴他這個決定。所以在2月25日之前，國府並沒有撤退柳部的想法，所以才會有2月15日空投物資給老羅寨五軍事件的發生。

老蔣總統於2月25日決定將柳部撤退的決策之後，3月2日簽署此撤退命令。3月8日副參謀總長賴名湯飛曼谷，3月9日到達寮國南梗柳元麟總部宣達此命令。3月15日，柳部的教導總隊在寮國回賽結集完畢，而接運車隊則開到回賽對岸的泰國清孔；3月16日，教導總隊渡河到清孔，然後乘車到清萊。3月17日，教導總隊由清萊搭飛機到清邁，再轉機直飛台灣。其他單位人員比照同樣模式撤台。蔣總統是在如此短的時間內作成了這個重大的決策，他還會反覆無常的又叫李先庚去秘密傳達這樣的一個指示或命令嗎？基本上，我認為蔣總統不會；如果他會，他就是一個很善用權謀的人，他在大陸上就不會輸給毛澤東了。在考證史實的過程中，我也曾經以為是李先庚患了記憶上的錯亂，讓把李彌時期撤退時，他曾勸說段希文不要撤退之事，張冠李戴為柳元麟時期撤退之事，後來才確認到，這也不可能。至於相信李先庚曾做過這件事的人，他應該設法去外交部和移民署尋找李先庚確曾於民國五十年2月25日到3月15日部隊開始撤台期間，曾經有去過泰國的紀錄，然後才有可能證明李先庚曾經做過傳達蔣總統不撤秘諭的任務，否則那就是迷信、盲從。至於我呢，因為我不相信李先庚曾做此事，所以我沒必要去做這個白工。

以五軍而言，段軍長本來就接受上級的勸說，決定要撤台的，但後來在撤退時，忽然得到情報局第三處處長傳振甲親自帶來上級指示，要五軍留下不撤。段軍長為了確認這個命令的真假，還特派了他的副軍長王利人（本名歐陽儒法），搭撤退飛機到台灣去查證。王到台灣後，找到了蔣經國，但蔣經國不直接回答他的問題，而是請他去問情報局長葉翔之。葉翔之說：「這麼重大的事情，能我說了算嗎？」但是王利人也怕這麼重大的事情口說無憑，所以便請葉寫個便束給他帶回去覆命。五軍不撤之後的新師長張正綱說，他那時是五軍軍部的參謀幕僚，曾經看過葉翔之以毛筆寫的便束，開頭的兩個字是「奉諭」。何況在五軍中受我訪問過的人裡，誰也沒說過李先庚曾經扮演過什麼角色啊？加以台灣國府本來就向美國承諾：將採行自願原則將部隊撤退回台，而李文煥本來就不想撤退，又何勞李先庚奉老蔣總統之密旨來勸他不撤呢！既然李文煥本來就可以選擇自願不撤，

他又沒有犯下抗命不撤之罪，我們後人又何必如此不殫煩去造假，徒費口舌筆墨，替他戴上「奉命不撤」這頂假帽呢？假如歷史可以依時局的變化而改寫，那我們的行為和大陸上中共篡改抗日戰史的行為又有何異！（請再參考拙作頁264-267、273-276，第三章第五節柳元麟部隊撤台；第四章三頭馬車時期，第一節段希文和李文煥的部隊，一、不撤部隊的處置）

三、後記

民國五十五年，段希文和李文煥同獲有關單位安排，邀請回國參加國慶，但李文煥因為心中有所顧忌，不敢前來，段希文就對他說：「那就由我先去，等確認一切都沒有問題之後，你再去。」於是李文煥就派他的師長楊新植為代表，隨段軍長先行來台參加國慶活動、並到情報局為蔣總統祝壽，後來於11月返泰前，更在高雄西子灣晉見了蔣總統。

等事實證明一切都安全無虞之後，李文煥才於同年12月來了台灣。據一位長輩相告：段希文在台時曾獲蔣經國單獨召見，本來約定談話時間為一個小時，但一開談之後，談得投機，居然談了兩個小時。以後李文煥來台，蔣經國亦同樣約談一個小時，但結果只談了15分鐘，談話就結束了。為什麼呢？原來蔣經國在寒喧後，開頭第一句話就責問李文煥：「你為什麼要做鴉片？」李文煥一聽，想都沒想，就理真氣壯的責怪政府不補給，以致不得不步入此途等語，蔣經國一聽，話不投機，所以只談15分鐘就結束了。但蔣經國和段希文談話時，開頭也是問了同樣的問題，為什麼還能歡談兩個小時呢？原來是段希文一聽蔣經國的責問之後，他就馬上認錯，承認做鴉片是不對的，承諾以後儘量不做，不得已時也要儘量少做。因為段希文有了這個態度，所以蔣段兩人才能談得下去。事實上也是如此，例如當年美國出錢每公斤250美元要泰國收購三五兩軍的鴉片存貨時，三軍就能交出32噸之多，而五軍則只能交出八噸而已。

（本文投稿於台北市雲南同鄉會出版之《雲南文獻》第42期，民國一○一年12月25日出版。）

經國紀念館(攝影／覃怡輝)

附錄五

第四章補充

泰國清萊府泰國志願軍自衛隊陣亡官兵紀念碑

　　佛曆二五一三年，正是毛共向外擴張勢力，企圖赤化東南亞之時，其位於泰北中部重鎮彭世洛附近，考柯考牙山區建立之泰國共產黨偽政府根據地，已經營多年，乃命其北部清萊府泰寮邊境約三千五百多名泰共造反作亂，襲擊軍警及政府人員，阻擾交通，誘殺地方政府首長，致使邊境一帶風聲鶴唳，居民惶恐不安。清萊新任府尹巴錫先生保民有責，乃商請陳茂修先生轉請我軍主官協剿，當時我反共志願軍指揮官兼第五軍軍長段希文先生、副指揮官兼第三軍軍長李文煥先生，立表同意。清萊府尹之建議計劃到達統帥部後，參謀總長他威上將即率副總長堅塞中將、作戰處長團通准將，前來協商進剿事宜，成立聯合(零四)指揮部於昌孔，以格信少將為指揮官，段李兩先生即派陳茂修先生為零四指揮部聯絡官，負責連絡補給，協助策劃指揮。第三軍派沈加恩先生為指揮官，率八個支隊兵力約千人，負責東區，清掃萊腰山、帕蒙山各地泰共；第五軍派張鵬高先生為指揮官，率七個支隊約八百餘名，掃蕩西區萊弄山泰共陣地。兩路大軍於是年十二月十日開始攻擊，經多次戰鬥，並蒙　泰皇陛下親臨宣慰，士氣大振，又得政府空軍砲兵有效支援，將各據點陣地次第占領，繼即清除潛伏附近時來侵擾之殘餘份子，至二五一七年戰鬥結束，傷亡官兵五百餘名。接著政府為鞏固邊防，興築戰略公路，又遭退入寮境殘餘泰共及寮共阻擾，損失頗重，再經我軍掃蕩，始完成是項築路工程，傷亡官兵五十三名。

　　政府為求國家社會安定，繁榮進步，決心剷除泰國共產黨在考柯、考牙山區根據地，以清禍源，經多年陸空作戰，已將其側衛考柯山攻陷佔領，而險峻峭坡之南北考牙山泰共主陣地，敵人始終憑險頑抗。二五二四年命我三五兩軍組織自衛隊南下增援，兩軍領導人李雷兩先生派陳茂修先生、楊國光先生為正副指揮官，各方聞悉，頗以此混合作戰部隊，非其原率領者為憂，但陳氏以軍人天職，

毅然遵命，率隊四〇三人如期出發，仰仗皇上天威，官兵用命，政府陸空砲兵大力支援，終於殲滅敵人，光復領土，從此徹底根除共黨禍患，現該區已成觀光勝地，遊人絡繹不絕矣！

是役三五兩軍傷亡人數相等，共八二名，計各負傷二八名，陣亡一三名，雙目失明及斷腿者，兩軍亦各一名，竟會如此公平，人皆稱奇云。

總計歷年各次戰役，傷亡官兵六百餘名，埋葬於昌孔縣湄江之原者一七二名，多年來忠骸俠骨一直荒煙蔓草，無力興建墓園，良用悲嘆。幸蒙我中國佛教會台灣省分會淨心理事長慈悲，救助墓園建築經費二，三三二，六三一銖，得以興建完成，使忠魂俠魄有所憑依，存歿均感，爰將史實垂碑紀念，以誌不朽焉。

（紀元換算：佛曆－543＝公元；公元－1911＝民國；佛曆－2454＝民國）

情報局部隊突擊大陸雲南之歷次戰役統計表(1963-1975)

日　　期	計劃代名	執行單位	突擊目標	兵力	成　　果	損　失
1963/4/18	無	馬俊國部	瀾滄縣富岩翁戛科鄉政府	24	亡連長3士兵60+，發心戰傳單4760份	亡3俘傷各1失蹤6
1964/9/-	無	馬俊國部	滄源縣半擺鄉公所	12	亡政委1，傷亡30+	亡3
1965/9/21	雲龍	馬俊國部	鎮康縣猛棒政府及徐魁鄉政府	40	亡12，衝鋒槍1及軍品多件	
1966/2/23	武定	1920區	滄源縣小滿令鄉政府	25	亡4傷10+，農民識字課本2冊	
1966/3/13	鎮邊	1920區	西盟馬上區弄岑鄉政府	35	亡5傷9，俘1步槍1	俘1失蹤1
1966/3/26	天柱	李文煥部	鎮康南傘區白岩軍連部	25	亡8傷10+手槍1軍品多件	亡3傷2
	劍南	李文煥部	鎮康縣棒孔區政府	28	亡數人	
1966/5/1	神拳	李文煥部	鎮越猛臘區孟莩鄉班角村軍械庫	20	亡4傷5炸軍械庫1	
1966/6/28	雨前	1920區	龍陵芒市三棵樹鄉政府	6	亡3獲步槍2，糧票通行證多件	亡2失1
1966/7/11	雙城	馬俊國部	孟連蠻廳鄉政府	12	傷20+焚屋4文件多件	
1966/9/30	敦煌	段希文部	潞西班打山合作社	42		
1966/10/7	新光	1920區	孟連蠻廳鄉政府軍隊排哨	46	亡6傷數毀營房1	
1967/4/1	壽星	1920區	孟連蠻井生產大隊邊防站	27	傷10+步槍1發心戰品1,000	
1967/4/30	滅鼠	馬俊國部	西盟永宋區政府		傷11電台1貿易公司	

日　期	計劃代名	執行單位	突擊目標	兵力	成　　果	損　失
					倉庫6	
1967/6/27	興霸一號	1920區	孟連共軍據點	18	情報資料19件	
1967/6/29	黃忠	1920區	車里大猛龍火光村鄉政府	11	亡2傷多人	隊長負傷不退
1967/7/7	南冬	1920區	車里大猛龍叭裝組哨站	16	亡8文件10藥1箱	
1967/7/19	武威	1920區	車里南阿河哨站	15	亡3步槍1軍服文件等	
1967/8/28	鵬程	1920區	鎮越孟臘區邊防指揮分所	12	亡24衝鋒槍1彈63	傷
1967/10	四維	1920區	西盟糯格人民公社	10	亡2傷7手槍1	
1968/2/16	雙十	1920區	孟連雙相人民公社哨所	9	亡8毛章毛像軍帽幣	
1968/4/28	倫理	符堅部隊	滄源上下庸恩民公社	10	文物1批心戰品800	
1968/5/21	一二一	符堅部隊	孟連孟阿合作社	6	亡經理7心戰品7,000	
1968/11/25	複那	符堅部隊	車里大猛龍鄉政府民兵工作隊	120	傷4俘女共幹2軍用品及文件	
1968/12/3	虎嘯	符堅部隊	孟連臘浦共軍營房	120	亡25傷30+毀營房1文件多件	亡2俘2傷2
1968/12/20	雲麾二號	符堅部隊	西盟軍政要點	310	傷亡95糧倉4鄉公所糧局各1輕重武器14	亡8失8傷3
1969/1/29	日光	光武部隊	西盟新廠共軍據點	8	亡7傷5手槍證章文件多件發心戰品800份	
1969/3/12	神龍	光武部隊	孟連臘浦共軍據點	14	三案共傷亡共軍70公安幹部8	亡3失3
	飛虎	光武部隊	孟連蠻朗公安派出所及東乃共軍	12		
	飛雲	光武部隊		12		
1969/3/27	飛龍	光武部隊	西盟永宋邊防據點	34	傷亡60+	
1969/3/29	虎嘯	光武部隊	孟連南簡共軍據點	20	傷亡60+	亡8
1970/7/25	伏魔	光武部隊	孟連縣政府		亡7傷10+毀辦公室1衝鋒槍1	
1970/8/16	南星	光武部隊	皓寨共軍措施		傷亡10軍裝具1批	
1971/3/12	忠勇	光武部隊	孟連共軍措施		傷亡30+槍5	
	忠勤	光武部隊	孟連共軍措施			

資料來源：同註7。頁238-241。

情報局部隊防衛大陸雲南共軍突擊之戰役統計表（1963-1975）

日　期	計劃代名	執行單位	防衛目標	兵力	成　　果	損失
1968/10/20	騰光	符堅部隊	越界之共軍	120	亡19傷40+，獲步槍5，馬3及文件多份	亡1傷3
1969/4/16	虎嘯	光武部隊	永必烈基地	不詳	千餘人來犯，傷亡130餘。	

資料來源：同註74。頁238-241。

附錄六
中英地名(人名)對照表

猛/孟/(孟力)=Mong, Moung, Muang
溫=Wan(緬語)=Ban(泰語)=板/滿/曼

一、地名部分

(1)緬甸部分

2 劃

八莫(Bhamo)

九谷(Kyukok)

3 劃

乃朗(Doi Nawg)

三島(Hsan Kho)

干都龍(Kantulong)

大其力(Tachileik)

大高/台苛(Takaw/Tarkaw)

4 劃

木姐(Muse)

毛七/馬欽(Mawchi/Mowchi)

巴安(Hpa-an/Pa-an)

巴奔(Papun/Papon)

丹羊/當陽(Tanyan/Tang Yang)

丹洞(Thandaung)

瓦邦(Wa State)

5 劃

卡洛比/卡諾畢(Karoppi)

卡列高克島/克里高克島(Kalagauk Island)

永恩(Vingagun)

打勒(Tarley)

6 劃

江拉(Keng Lap/Kent Lai)

同大(Tongta)

(溫)米津/麥京/密京(Wan Mekin)

回興(Ban Ha Heen)

那雨布(Nabub)

那馬克威(Namaklwe)

那腰(Na Yao)

老羅寨(Ban Lao Lor)

邦桑(Pang Sang)

邦央(Pang Yang)

邦加/版加(Panga)

7 劃

克東/克當(Kyeidon Hattaung)

弄丹(Longtang)

(溫)沙拉(Wan Hsala)

克倫尼(Krennie)

克倫/吉仁族(Karens)

克倫邦(Karen State)

克欽(Kachin)

克耶邦(Kayah State)

8 劃

苗瓦底/苗瓦地(Mayawadi)

帕老(Pa Lau)

東枝/裳吉/唐基/同基（Taunggyi/ Taungji）

東豐（Tonghong）

東瓜/東固（Tungoo/Toungoo）

果敢（Ko Kan/Kokang）

9 劃

南昆（Wan Kawkaw）

南國/蘭圭/涼培（Langwe/Laingbwe/Hlaingbwe）

南坎（Namkhan/Namhkam）

南畔河（Nanpan R.）

奎香（Kweshan/Khweshan）

哈絲丁島（Hastings Island）

眉苗（Maymyo）

版加（Panga）

10 劃

馬克力克（Mawkareik）

馬力壩（Malipa）

班中（Paingkyone）

蚌八千（Ponpakyem/Pangpahkyem/Ponpakyin）

哥都尼政府（Kawthulay State）—革命政府，建都於Toungoo

哥都尼（Kawthoolei）——國（Kaw），大理（Thoolei），即大理國。

11 劃

密丹（Midan）

密支那（Myitkyina）

密威（Mikwi）

密鐵拉/密特拉（Meiktila）—在東枝之西、曼德里之南，有一監獄

曼德勒（里）（Mandalay）

猛林/猛嶺/芒林（Monglin / Muang Len）

猛乃（Mong Noi）

猛毛(Mong Mau/ Mong Mou)——近泰緬邊界

猛瓦(Mong Wa)

猛叭/猛俾雅克(Mong Hpa Yak)

猛丙/猛平/摩彬(Mong Ping)

猛白了/猛不了/蒙不了(Mong Pahlyo; Mong Pa-liao)

猛右/猛育(Mong Yu)

猛舖/猛布/猛普委(Mong Pu / Mong Pu Awn)

猛令(Mong Leng)一部隊將之稱為「猛滿」

猛可盤(Mong Hopan)

猛羊/猛養(Mong Yang)

猛朽/猛蘇(Mong Hsu)

猛坎(Mong Hkain)

猛拉(Muang La)

猛林(Mong Linn)

猛馬(Mong Ma / Mong Mad)

猛茅(Mong Maw)11——又名新地方,近中緬邊界

猛畔/蒙板(Mong Pan/ Mong Pang)

猛歇/猛黑(Mong He)

猛敖/猛敖特/ 猛莪(Mong Awt)

猛街(Mong Kai)

猛研(Mongyen / Mong Nyen / Mongnyen)

猛敦(Mong Ton / Mong Tong)一在猛撒西南方

猛董(Mong Tom/ Mong Tun)一在猛撒東南方

猛楊/猛阮/猛湯(Mong Yawn/ Muang Yorn)

猛寬/猛關/猛廣(Mong Kuan)

猛勇(Mong Yawng)

猛漢(Mong Han/Mong Hang)

猛蘇(Mong Hsu)

猛滿(Mong Man)—即地圖上之「猛令」

猛撒(Mong Hsat)

猛捧(Wan Pung / Mong Phong / Mong Pong)

猛卡克(Mong Kak)

猛可克/猛哥(Mong Kok)

猛派克(Mong Pak)

猛寧(Mong Nim)

猛萁(Mong Chi)

猛海(Mong Hai)

猛龍(Mong Lung)

臘戍(Lashio)

紹興(Motlong)

捫林邦(Meng Ling State)

12 劃

景棟(Keng Tung)

萬沙浪(Wan Hsele)

蒙族(Mons)

蒙邦(Mon State)

喀欽邦(Kokan State)

13 劃

溫卡那(Winkana / Winklana)

14 劃

維多利亞海角(Victoria Point)

15 劃

溫卡那(Winkana / Wanklana)

蕩俄(Ban Tang-aw)

潘派(Hpangpai)

樂伊考/ 羅依考/ 壘固(Loikaw)──克耶邦首府

德林達依省（Tenasserim）

撣族（Shans）

撣邦（Shan State）

緬甸族（Burma/Myamar）

16 劃

穆（摩）爾門／毛淡棉／棉城（Moulmein ／ Mawlamyine）

薩爾溫江（Thanlwin ／ Salween River）

（2）泰國部分

Doi＝萊，雷，賴，崍

3 劃

大炮／兵牙（Bin Yai）

4 劃

巴亮村（Ban Badeng）—紅森林

瓦威山（Doi Wawi）—茶房

5 劃

永告／清盛／昌賢（Vien Gou ／ Chiangsen）

白土寨（Ban Dinkaw）

央洪村（Yang Hom）

他堪村（Ban Ta Kam）

甘宰（Gan Jai）

6 劃

安康山（Doi Ang Khang）

米艮山（Doi Mae Ngon）

米埃／美愛／美艾（Mae Ai）

回莫（Huai Mo/Ban Huai Mok）

回（會）夢（Huei Muong）

回（會）隆（山）（Doi Huei Luang）

回昌艾(Huei Chang Yai)

回海/會凱(Ban Huai Khai)

回巴亮/ 會巴亮 (Huei Badeng)

回庫/ 會庫 (Ban Huei Ku)

回寒(Ban Huei Han)

同(童)昌縣(Thung Chang)

回春坡/會沖普村(Ban Huei Chom Phu)

考柯山(Kaw Ko)

考牙山(Kaw Yai)

老烏(Lao Wu)

邦波(bang Bo)

邦哈(Bang Ha)

那外(Na Wai)

邦卡村(Bang Ka)

7 劃

芳縣(Fang)

8 劃

帕噹(Pha Tang)

帕集山(Doi Pha Ji)

9 劃

美占/米占(Mae Chan)

美速/米索(Mae Sot/ Mae Saut)

美(米)沙雷/美瑞(Mae Suei)

南邦(Lampang)

美斯樂(Doi Mae Salong)

美豐頌(Mae Hong Son)

10 劃

唐窩/唐俄(Ban Tham Ngob)

11 劃

清邁(Chiang Mai)

清萊(Chiang Rai)

萊隆山/ 萊弄山 (Doi Luang)

(萊)帕蒙山 (Doi Pha Mong)(11)

萊腰(Doi Yiaw)

萊東/賴東(Doi Tung)

桄柿/美塞(Mae Sai)

清孔/昌孔/清康(Chiang Kong)

密額/米厄(Mae Em / Mae Aeb)

清堪(Chiang Kham)

猛安(Ban Huo Muang Ngam)

12 劃

彭世洛(Phitsanulok)

(曼)達端/大端(Ban Tha Thon)

湄公河(Mekhong River)

14 劃

滿堂/曼堂(Ban Tang)

滿星疊(Ban Hintch / Tordthai)

15 劃

盤縣(Phan)

滕縣(Theng)

興明(Ban Seng Ming)

16 劃

龍潭(Luang Gang / Luang Tang)

黎府(Li)

難府(Nan)

(3)寮國

未泡卡(Vien Pou Kha)

回塞(Ban Houei Sai)

回興(Ban Ha Hen)

沙耶武里省(Saiyaburi Province)

東朋(Tung Pung)

南他(Nam Tha)

南梗(Ban Nam Keng)

猛信(Muong sing)

寮族(Laos)

蠻關(Ban Kuan)

二、人名部分

A. 美國部分

(1)總統(白宮)

胡佛(Herbert Hoover)—美國總統

羅斯福(Franklin D. Roosevelt)—美國總統

杜魯門(Harry S. Truman)—美國總統

艾森豪(Dwight D. Eisenhower)—美國總統

(2)國務院

艾奇遜(Dean Gooderham Acheson)—美國國務卿(1949/1-1953/1)(1893-1971)

杜勒斯(John Foster Dulles)—美國國務卿(1953/2-1959/4)

赫德(Christian Herter)—美國國務卿(1959/4-1961/1)

麥錢特(Livingston T. Merchant)—美國副助理國務卿

派深思(J. Graham Parsons)—美國副助理國務卿(1959/5-1961)

艾理遜(John Moore Allison)—美國主管遠東事務助理國務卿(1905-1978)

魯斯克(David Dean Rusk)─美國主管遠東事務助理國務卿,美國國務卿(1961/2-1968)(1909-1994)

威廉・波利(William Pawley)─艾奇遜的特別助理,諾斯羅普公司董事長。

柯樂博(Allen Clowes)─美國務院中國科科長

布蘭克(Wendell Blancke)─美國務院主管緬甸事務官員

洛奇(Henry Cabot Lodge)─美國參議員,美國駐聯合國首席代表

沃倫・奧斯汀(Warven R. Austin)─美國參議員,美國駐聯合國代表

師樞安/史壯/斯特朗(Robert Strong)─美國駐台北代辦

史丹敦(Edwin E. Stanton)─美國駐泰大使(1946-1953/6)

唐諾文/陶努萬(William J. Donovan)─美國駐泰大使(1953/7-1954/8)

藍欽(Karl Lott Rankin)─駐華公使、代辦、大使

莊萊德(Everett F. Drumright)─駐華大使

鍾華德(Howard P. Jones)─駐華代辦、公使

董遠峰(Robert W. Rinden)─駐華使館秘書

大衛・凱(David Mck. Key)─美國駐緬大使

謝巴德(William J. Sebald)─美國駐緬大使

史諾(William Snow)─美國駐緬大使(1959/12-1961/5)

詹姆斯・韋布(James Webb)─美代理國務卿(1951/8-1953)

亞伯特・富蘭克林(Albert Franklin)─美駐緬一等秘書

盧德(Rood)─

羅柏森(Walter S. Robertson)─國務院遠東事務次長(助理國務卿)(1953-59)

胡彼得(Peter Hoper)─駐華使館秘書

石泰克(Genald Stryker)─駐華使館秘書

(3)國防部

約翰遜(Louis A. Johnson)─美國防部長(1949/3/28-1950/9/12)

馬歇爾(George C. Marshall)─美國防部長(1950/9/12-1951/9/12)國務卿(1947-49)

麥克阿瑟(Douglas MacArthur)─美國陸軍五星上將,韓戰聯合國軍總司令

保羅・格里菲思(Paul Griffith)─美國防部助理部長

史密斯(Wallter Bedell Smith)─美國中央情報局(CIA)局長(1950/7-1953/1)

艾倫‧杜勒斯(Allen W. Dulles)─美國中央情報局(CIA)局長(1953/2-1961/11)

蔡斯(William C. Chase)─美國駐台軍事援助顧問團團長

史迪威(Joseph Warren Stilwell)─美國陸軍四星上將，二戰中國戰區參謀長
　　(1941-1944/10)

魏德邁(Albert Coady Wedemeyer)─美國陸軍四星上將，二戰中國戰區參謀長
　　(1944/10-1946)

梅爾比(General John Melby)─美國「東南亞軍援顧問團」團長

爾斯金/歐斯金(Major General Graves Erskine)─海軍少將，美國「東南亞軍援顧
問團」副團長

梅利爾(Frank Merrill)─美國陸軍少將，為CIA工作

朱斯特(Sherman B. Joost)─Princeton大學畢業，美國CIA駐曼谷站長，負責SEA
　　Supplies Corporation。

培德(Willis Bird)─美國CIA駐曼谷人員
　　　(William Bird)─CAT駐曼谷代表

包瑞德(David Barrett)─美駐華陸軍上校武官

唐因/唐英/多恩(Frank Dorn)─美國陸軍上校

巴摩爾(Raymond I. D. Palmer)─上校，四國軍事委員會美國代表

雷德福(Arthur Radford)─美國海軍上將

陳納德(Claire L. Chennault)─二戰駐華飛虎航空隊隊長

威勞爾(Whiting Willauer)─民航空運隊(CAT)副總經理

B. 泰國部分

阿難陀(Ananda Mahidol)─泰八世皇

蒲美蓬(Bhumibol Adulyadej)─泰九世皇

披汶(Pibun Songgram)─國務院總理(16/12/1938-1/8/1944；8/4/1948-9/1957)

比里‧帕南榮(Pridi Phanomyong)─攝政王、國務院總理(3/1946-8/1946)

寬‧阿派旺(Khuang Aphaiwong)─國務院總理(6/1945-17/8/1945；2/1946-3/1946；

10/11/1947-8/4/1948)

探隆・那瓦沙(Thamrong Nawasa)─國務院總理(8/1946-8/11/1947)

屏(Phin Coonhawan)─國務院副總理

炮(Phao Sriyanond)─警察總監

輯(Cheep Praphannetivudh)─泰警上校,漢名「陳思漢」

安南達(Andando Songgram)─披汶之子

樸・沙拉信─SEATO秘書長、國務院總理(9/1957-12/1957)

沙立・沙納叻(Srisdi Dhanarajata)─國務院總理(2/1959-12/1963)

他儂(Thanom Kittikachorn)─國務院總理(12/1957-2/1959;12/1963-10/1973)

訕耶・探瑪塞─國務院總理(10/1973-2/1975)

克里・巴莫(Kukrit Pramoj)─國務院總理(4/1975-4/1976)

謝尼・巴莫(Seni Pramoj)─國務院總理總理(17/9/1945-2/1946;2/1975-3/1975;
    4/1976-101976)

他寧・蓋威遷(Thanin Kraivichien)─國務院總理總理(10/1976-10/1977)

江薩・差瑪南(Kriangsak Chomanan)─國務院總理(11/1977-2/1980)

炳・丁素拉暖(Prem Tnsulanonda)─國務院總理(3/1980-7/1988)

察猜(Chatichai Choonhavan)─軍事代表、國務院總理(7/1988-2/1991)

阿南・班雅拉春(Anand Punyarachun)─國務院總理(3/1991-4/1992;6/1992-9/1992)

川・立派(Chuan Leekpai)─(呂基文)國務院總理(9/1992-7/1995;11/1997-2/2001)

素金達・甲巴允(Suchinda Kraprayoon)─國務院總理(4/1992-5/1992)

班漢(Banharn Silpaarcha)─(馬德祥)國務院總理(7/1995-11/1996)

查瓦立(Chavalit Tongchaiyudh)─國務院總理(11/1996-11/1997)

巴博(Praphrat Charusathien)─元帥(Field Marshal)

格信・卡拉雅那坤(Kroeksin Kalayanakun)─少將,04指揮部首任指揮官

C. 緬甸部分

宇奴(U Nu/Tnakin Nu)—總理(1/1948-6/1956；2/1957-10/1958；4/1960-3/1962)

蘇昆雀(Sao Hkun Hkio)—緬外交部長

宇鐵漢(U Thi Han)—緬外交部長

宇巴瑞(U Ba Swe)—國防部長、總理

尼溫(Ne Win)—總理(9/1958-4/1960；3/1962-3/1974)

宇柏金(U Pa Kin)—緬駐泰大使

安吉(Aung Gyi)—總陸軍上校

宇(烏)敏登(U Myint Thein)—緬外交部長、駐聯合國大使

貝林丹(James Barrington)—駐美大使

旺技—准將

蘇瑞泰/蘇瑞璋—緬甸第一任總統、民族院院長

南含坎(Chaonan Hern-Kham)—蘇瑞泰之妻

召光正(Chao Kon Zoeng)—撣族聯合陣線領袖

帽欽貌禮(Bomkhingmalay)—內政部長

蘇貌—總理

丹瑞(Than Shew)—總理

蘇山波陣(Saw Ba U Gyi)—吉仁族領袖

蘇山頂(Sawmsanthin)—吉仁軍首領，准將

蘇巫弄(Sawmbumdaung)—吉仁軍軍官

蘇暴(Sawmbawk)—喀欽族退伍軍人

D. 寮國部分

康列(Kong Lae)—傘兵上尉營長

薄瑪(Souvanna Phowma)

薄米(Phoumi Nosavan)

E. 英國部分

艾德禮(Clement Atlee)—英國首相(1947-51)

安東尼・艾登(Anthony Eden)──英外相(1951-55),首相(1955-57)

赫伯特・莫里森(Herbert Morrison)──英外相(1951)

史匹特(Richard Speaight)──英國駐緬大使

華林格(Geoffrey Wallinger)──英國駐泰大使

史考特(Robert Scott)──英國助理外相

東南亞公約組織(South-East Asia Treaty Organization, SEATO)

中央研究院叢書

金三角國軍血淚史(1950-1981)

2009年9月初版　　　　　　　　　　　　　　定價：新臺幣650元
2019年12月初版第六刷
有著作權·翻印必究
Printed in Taiwan.

著　　者	覃	怡	輝
叢書主編	沙	淑	芬
校　　對	蔡	耀	緯
封面設計	蔡	婕	岑
編輯主任	陳	逸	華

出 版 者	中 央 研 究 院	總 編 輯　胡　金　倫
	聯經出版事業股份有限公司	總 經 理　陳　芝　宇
地　　　址	新北市汐止區大同路一段369號1樓	社　 長　羅　國　俊
編輯部地址	新北市汐止區大同路一段369號1樓	發 行 人　林　載　爵
叢書主編電話	(0 2) 8 6 9 2 5 5 8 8 轉 5 3 1 0	
台北聯經書房	台 北 市 新 生 南 路 三 段 9 4 號	
電話	(0 2) 2 3 6 2 0 3 0 8	
台 中 分 公 司	台 中 市 北 區 崇 德 路 一 段 1 9 8 號	
暨 門 市 電 話	(0 4) 2 2 3 1 2 0 2 3	
郵 政 劃 撥 帳 戶 第 0 1 0 0 5 5 9 - 3 號		
郵 撥 電 話	(0 2) 2 3 6 2 0 3 0 8	
印 刷 者	世 和 印 製 企 業 有 限 公 司	
總 經 銷	聯 合 發 行 股 份 有 限 公 司	
發 行 所	新北市新店區寶橋路235巷6弄6號2F	
電話	(0 2) 2 9 1 7 8 0 2 2	

行政院新聞局出版事業登記證局版臺業字第0130號

本書如有缺頁，破損，倒裝請寄回台北聯經書房更換。　　ISBN　978-986-01-9491-3 (精裝)
聯經網址 http://www.linkingbooks.com.tw
電子信箱 e-mail:linking@udngroup.com

國家圖書館出版品預行編目資料

金三角國軍血淚史(1950-1981) /
覃怡輝著 . 初版 . 新北市 .
中央研究院、聯經 . 2009年
496面；17×23公分 . （中央研究院叢書）
ISBN　978-986-01-9491-3（精裝）
[2019年12月初版第六刷]

1.軍事史　2.中華民國

590.92　　　　　　　　　　　98014237